精通Spring

Java Web开发技术详解

微课视频版

孙卫琴◎编著

清華大學出版社
北京

内容简介

在 Java Web 开发领域，各种新技术层出不穷。本书介绍了用 Spring 开发 Java Web 应用的各种技术，包括 Spring MVC 框架、数据验证、拦截器、异常处理机制、Web 应用的国际化、服务器端异步处理客户请求、AOP 面向切面编程、通过 Spring JDBC API 访问数据库、通过 Spring Data API 访问数据库、RESTFul 风格编程、WebFlux 响应式编程、用 Spring 整合 CXF 开发 Web 服务以及用 Spring Cloud 框架开发微服务等。本书还对目前比较流行的技术解决方案所蕴含的思想做了深刻的阐述，包括 MVC 设计模式、依赖注入、控制反转、前后端分离、服务器端推送、Token 机制、AOP 编程思想、对象-关系映射、响应式编程模型、RESTFul 架构、分布式的 Web 服务架构以及分布式的微服务架构等。

无论对于 Java 开发的新手还是行家来说，本书都是精通 Spring 和 Java Web 开发技术的必备实用手册。

图书在版编目(CIP)数据

精通 Spring：Java Web 开发技术详解：微课视频版/孙卫琴编著.—北京：清华大学出版社，2021.9(2022.8重印)
(清华科技大讲堂)
ISBN 978-7-302-58833-7

Ⅰ.①精… Ⅱ.①孙… Ⅲ.①JAVA 语言－程序设计 Ⅳ.①TP312.8

中国版本图书馆 CIP 数据核字(2021)第 158152 号

责任编辑：闫红梅
封面设计：刘　键
责任校对：刘玉霞
责任印制：宋　林

出版发行：清华大学出版社
　　网　　址：http://www.tup.com.cn，http://www.wqbook.com
　　地　　址：北京清华大学学研大厦 A 座　　**邮　　编**：100084
　　社 总 机：010-83470000　　**邮　　购**：010-62786544
　　投稿与读者服务：010-62776969，c-service@tup.tsinghua.edu.cn
　　质量反馈：010-62772015，zhiliang@tup.tsinghua.edu.cn
　　课件下载：http://www.tup.com.cn，010-83470236
印 装 者：三河市科茂嘉荣印务有限公司
经　　销：全国新华书店
开　　本：185mm×260mm　　**印　张**：24.5　　**字　　数**：598 千字
版　　次：2021 年 11 月第 1 版　　**印　　次**：2022 年 8 月第 2 次印刷
定　　价：89.90 元

产品编号：090086-01

前 言

在过去的近二十年里，笔者在 Java 领域的软件开发、创作和教学中，有幸见证了 Java 技术的整个发展历程。Java 技术的发展与软件技术乃至工业技术的发展都遵循一种共同的产品开发趋势：从独立、不可重用且不可拆卸的产品逐渐发展成为各种框架和可重用组件搭建出来的、巨大的组合产品。

Spring 框架为 Java Web 开发提供了全方位的支持。最初它主要是通过 Spring MVC 分支框架控制 Web 应用，处理客户请求的流程，为数据验证、异常处理和国际化提供简单易用的 API。

随着 Web 技术的普及，一些超大型网站（如淘宝和京东等）的日均客户访问量超过了千万，这对网站的并发性能和运行性能提出了新的挑战。为了迎接这些挑战，在 Java Web 开发领域，Spring 框架吸收或自行研发了一些新的技术、解决方案和软件，例如：

(1) 服务器端和客户端交换 JSON 格式的数据，从而更加方便、灵活地表达各种复杂的数据结构。

(2) 通过前、后端分离减轻服务器端的负荷，让大量客户主机分担一部分处理简单业务逻辑（如客户端数据验证）以及展示业务数据的任务。

(3) 为数据库的 CRUD(Create、Retrieve、Update 和 Delete，新增、查询、更新和删除）操作提供统一的访问方式。

(4) 通过 SSE(Sever-Sent Event，服务器端发送事件）技术使得浏览器能依靠轮询捕获服务器端发送数据的事件，并把接收到的数据显示到网页上，从而产生服务器端主动向客户端推送数据的效果。

(5) 通过 Spring Data API 和支持 ORM(Object Relational Mapping，对象-关系映射）的独立的持久化层访问数据库。

(6) 通过 WebFlux 响应式编程实现 Web 服务器端与客户端的异步非阻塞通信。

(7) 通过 WebSocket 实现 Web 服务器端与客户端的双向通信。

(8) 通过 Web 服务技术实现 B2B(Business To Business，企业到企业）方式的远程服务调用。

(9) 通过微服务技术实现分布式 Web 应用，把 Web 应用的各个模块分布到不同的主机节点上，从而扩充软件系统的 CPU、内存和硬盘等硬件资源，提高应用的运行性能和并发性能。

本书介绍了用 Spring 开发 Java Web 应用的各种技术，包括 Spring MVC 框架、数据验证、拦截器、异常处理机制、Web 应用的国际化、服务器端异步处理客户请求、AOP 面向切面编程、通过 Spring JDBC API 访问数据库、通过 Spring Data API 访问数据库、RESTFul 风格编程、WebFlux 响应式编程、Spring 和 CXF 整合开发 Web 服务以及用 Spring Cloud 框架开发微服务等。本书还对目前比较流行的技术解决方案所蕴含的思想做了深刻的阐述，包括 MVC 设计模式、依赖注入、控制反转、前后端分离、服务器端推送、Token 机制、AOP 编程思想、对象-关系映射、响应式编程模型、RESTFul 架构、分布式 Web 服务架构以及分布式微服务架构等。

随着软件的不断更新，软件的 API 的用法也在不断变化，这使得应用程序也要做相应的调整。为了让读者能轻松地紧跟软件技术发展的步伐，本书花了不少篇幅，用形象、生活化的例子帮助读者理解各种技术中蕴含的思想。只有领悟了这些思想，才能在技术的发展中把握主动权，高屋建瓴地运用 Spring 以及与它集成的软件，开发出便于维护、扩展和性能卓越的 Java Web 应用。

组织结构和主要内容

本书内容由浅入深，前后照应，主要包含：

(1) 第 1 章～第 10 章详细介绍 Spring MVC 框架的各种用法。

(2) 第 11 章介绍 AOP(Aspect Oriented Programming)面向切面编程技术，以及如何利用 AOP 输出日志。

(3) 第 12 章～第 15 章侧重介绍模型层的开发，并介绍如何开发包含视图、控制器和模型层的完整范例；在模型层分离出访问数据库的 DAO(Data Access Object，数据访问对象)层，在 DAO 层通过 Spring JDBC API 以及 Spring Data API 访问数据库；创建采用 RESTFul 风格的 Web 应用，为操纵数据库的 CRUD 操作提供统一的访问方式。

(4) 第 16 章介绍 Spring WebFlux 框架的用法，创建支持异步非阻塞通信的 Web 应用。

(5) 第 17 章利用 Spring WebSocket API 实现 Web 服务器端与客户端的双向通信，并介绍了一个实用的聊天室范例。

(6) 第 18 章通过 Spring 和 CXF 的整合框架开发 Web 服务，实现分布式的 B2B 方式的通信。

(7) 第 19 章通过 Spring Cloud 框架开发微服务，实现分布式的 Java Web 应用。

本书每一章都提供了具体的范例程序，所有的范例程序都由笔者亲自设计和编写，扫描下页二维码可以获取完整的源代码。本书配套视频请先扫描封底刮刮卡中的二维码，再扫描书中对应位置的二维码观看。

适用对象

本书适合所有的 Java 开发人员。通过阅读本书，读者既能掌握最新的 Spring 开发技术，又能领悟各种最新 Java Web 开发技术中蕴含的深刻思想，还能把握技术发展的趋势。本书既可以作为 Spring 学习用书，也可以作为实用的 Spring 开发参考工具书。

写作规范

为了节省本书的篇幅，在显示范例的源代码时，有时做了一些省略。对于 Java 类，省略显示了 package 语句和 import 语句；本书大部分范例创建的 Java 类都位于 mypack 包下；

对于 JavaBean 类,还省略显示了属性的 getXXX()和 setXXX()方法。

在本书提供的 SQL 语句中,表名和字段名都采用大写形式,而 SQL 关键字,如 select、from、insert、update 和 delete 等,都采用小写形式。

致谢

本书在编写过程中得到了 Spring 软件开发组织、Apache 软件开发组织和 Oracle 公司在技术上的大力支持。此外,清华大学出版社的编辑老师为本书做了精雕细琢的润色,进一步提升了本书的品质。在此表示衷心的感谢! 尽管笔者尽了最大努力,但本书难免会有疏漏之处,欢迎各界专家和读者朋友批评指正。

孙卫琴

2021 年 6 月 15 日

源代码

目录

第1章 Spring、Spring MVC与Java Web应用简介

在覆盖全球的因特网上，Web 应用搭坐 Web 服务器端周游世界，成为目前主流的软件应用形式之一。在用 Java 语言开发 Web 应用的过程中，开发技术在不断地革新，从而提高了代码的可重用性和可扩展性，并且提高了开发效率。

视频讲解

在 Java Web 开发技术的发展历程中，出现了形形色色的框架软件和工具软件。Spring 凭借其轻量型的架构、卓越的性能和简单易用的 API，友好地与其他软件集成，把其他软件整合到越来越庞大的 Spring 家族中。因此，Spring 是目前 Java Web 开发领域最受欢迎的框架软件之一。

为了帮助读者理解 Spring 框架在 Java Web 应用中发挥的作用，先举一个现实生活中的例子。有一个建筑工程队要盖一幢高楼，这个工程队的人员对砌墙铺砖很在行，但对大楼的框架设计缺乏专业的技术和经验，他们不知道该如何设计出安全、实用且便于团队分工合作的整体框架。幸运的是，有一个名叫 Spring 的第三方设计团队愿意免费帮他们设计和搭建框架。有了 Spring 团队的参与，这个建筑工程队如虎添翼，显著提升了盖楼的效率和楼房的质量。

这个 Spring 团队最初只是为楼房提供整体框架结构，后来他们根据客户不断提出的新需求，与时俱进地推出了更多的分支框架。例如，对楼房的厨房、客厅和盥洗室都提供了现成的、性能卓越的分支框架。

如果把软件开发团队比作建筑工程队，那么 Java 软件应用就是高楼大厦，而 Spring 为 Java 软件应用提供了现成的软件框架。如图 1-1 所示，Spring 技术在发展的早期主要是为整个应用程序提供整体框架，各种被共享的、提供不同服务的 Java 对象可以作为 Bean 组件注册到 Spring 框架中，应用程序能够方便地从 Spring 框架中获取这些 Bean 组件。应用程序无须管理这些 Bean 组件的生命周期，这个任务由 Spring 框架代劳。

随着 Spring 技术的不断发展，它逐渐渗透到软件应用的各个层面。对于 Java Web 应用，出现了专门的 Spring Web MVC 框架(后文简称为 Spring MVC 框架或者 Spring MVC)，参见图 1-2。

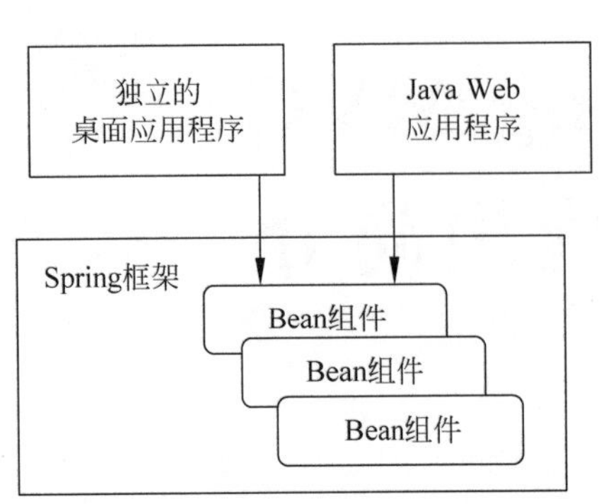

图 1-1　Spring 技术最初为应用程序提供整体软件框架

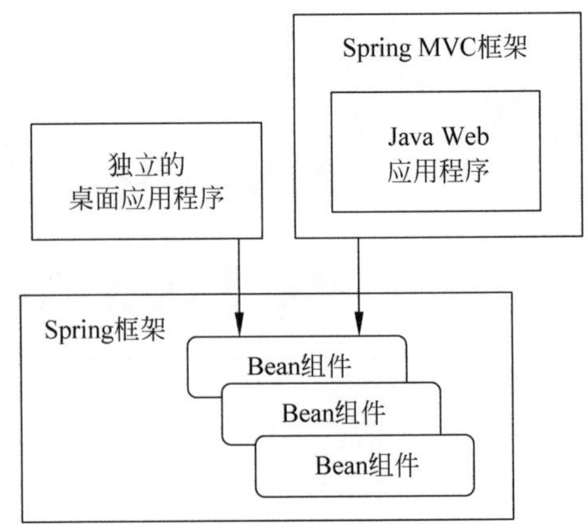

图 1-2　Java Web 应用的 Spring MVC 框架

Spring MVC 为 Java Web 应用提供了现成的通用框架,它可以大大提高 Java Web 应用的开发速度。如果没有 Spring MVC,开发人员将花大量的时间和精力设计和开发自己的框架;如果在 Java Web 应用中恰到好处地使用 Spring MVC,将把从头开始设计框架的时间节省下来,使得开发人员可以把精力集中在如何解决实际业务问题上。

此外,Spring MVC 是一群经验丰富的 Java Web 开发专家的智慧结晶,它在世界范围内得到广泛运用,并得到一致认可。因此,对于开发大型、复杂的 Java Web 应用,Spring MVC 是不错的框架选择。

本章首先回顾开发 Java Web 应用涉及的关键技术,由于本书的重点是介绍 Spring 框架的运用,因此没有对 Java Web 开发技术进行全面、深入的探讨。本书在创建视图层的 JSP 文件时,需要使用 JSTL 标签库以及 EL 表达式。本章接着介绍了 MVC 设计模式的结构和优点以及在 Java Web 开发领域的两种规范: JSP Model 1 和 JSP Model 2,最后介绍了 Spring MVC 框架的工作原理。

1.1　Java Web 应用概述

Java Web 应用的核心技术是 JSP(Java Server Page)和 Servlet。此外,开发一个完整的 Java Web 应用还涉及以下技术。

(1) 表示业务数据的 JavaBean 组件和处理业务逻辑的 Java 类。

(2) 自定义 JSP 标签。

(3) XML。

(4) Web 服务器端。

图 1-3 显示了按照 MVC 设计模式创建的 Java Web 应用的结构。1.3.1 节将进一步介绍 MVC 设计模式的概念。

1.1.1　Servlet 组件

Servlet 在 Web 应用中担任重要角色。Servlet 运行在 Servlet 容器中,可以被 Servlet

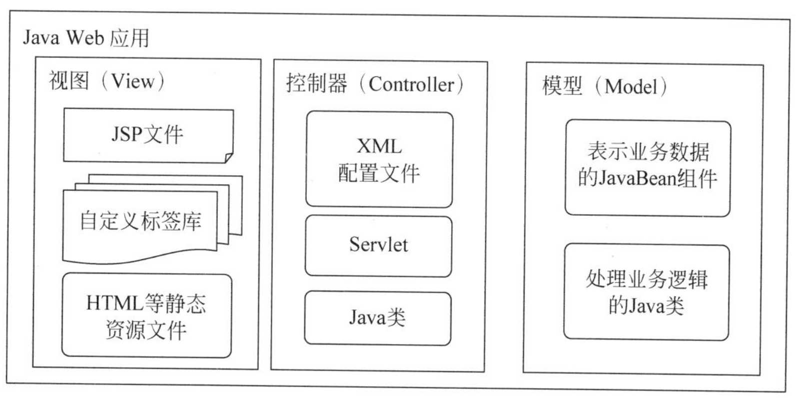

图 1-3 Java Web 应用的结构

容器动态加载来扩展服务器端的功能，提供特定的服务。Servlet 按照请求/响应的方式工作。在 Spring MVC 框架中，核心控制器组件 DispatcherServlet 类属于 Servlet。

当客户请求访问某个 Servlet 时，Servlet 容器将创建一个 ServletRequest 对象和一个 ServletResponse 对象，ServletRequest 对象中封装了客户请求信息；接着 Servlet 容器把 ServletRequest 对象和 ServletResponse 对象传给客户所请求的 Servlet，Servlet 把响应结果写到 ServletResponse 对象中；然后由 Servlet 容器把响应结果返回给客户。图 1-4 显示了 Servlet 容器响应客户请求的过程。

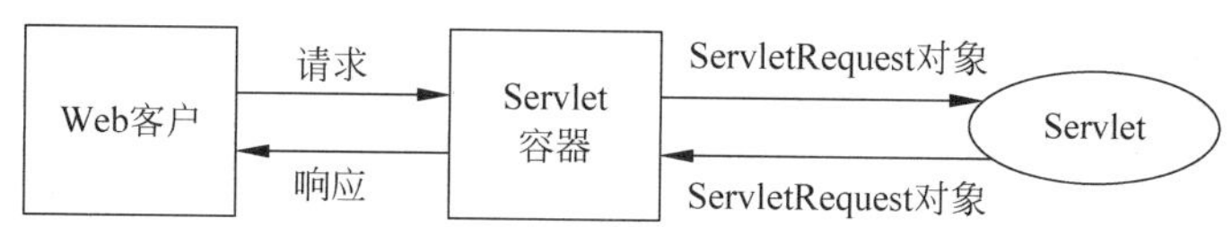

图 1-4 Servlet 容器响应客户请求的过程

在 Java Servlet API 中有以下 4 个比较重要的接口，它们分别表示基于 HTTP 通信协议的 Web 应用的请求、响应、HTTP 会话和 Web 应用的上下文，它们可以用来存放特定范围内的各种共享数据。

（1）HttpServletRequest 接口：表示 HTTP 请求。Servlet 容器把 HTTP 请求信息保存在 HttpServletRequest 对象中，Servlet 从该对象中读取客户的请求数据。此外，HttpServletRequest 对象可以存放 request 范围内的共享数据。HttpServletRequest 接口是 ServletRequest 接口的子接口。

（2）HttpServletResponse 接口：表示 HTTP 响应结果。HttpServletResponse 接口是 ServletResponse 接口的子接口。

（3）HttpSession 接口：表示 HTTP 会话。Servlet 容器为每个 HTTP 会话创建一个 HttpSession 对象，该对象可以存放 session 范围的共享数据。

（4）ServletContext 接口：表示 Web 应用的上下文。Servlet 容器为每个 Web 应用创建一个 ServletContext 对象，该对象可以存放 application 范围的共享数据。

例程 1-1 能够读取客户端提供的 userName 请求参数，然后通过 HttpServletResponse 对象生成 HTML 格式的响应正文数据。

例程 1-1 HelloServlet.java

```
@WebServlet("/hello")
public class HelloServlet extends HttpServlet {

  /** 响应客户请求 */
  public void service(HttpServletRequest request,
                 HttpServletResponse response)
    throws ServletException, IOException {

    //读取请求参数 userName
    String userName = request.getParameter("userName");

    //生成响应正文
    response.getWriter().println("<html><head>"
                      +"<title>helloapp</title></head>");
    response.getWriter().println("<body><b>Hello:"
                      +userName+"</b></body></html>");
  }
}
```

通过浏览器访问 http://localhost:8080/helloapp/hello? userName=Tom，Servlet 容器会调用 HelloServlet 类的 service()方法生成响应结果，它的响应正文是 HTML 格式的网页数据，浏览器把收到的 HTML 网页数据展示出来，参见图 1-5。

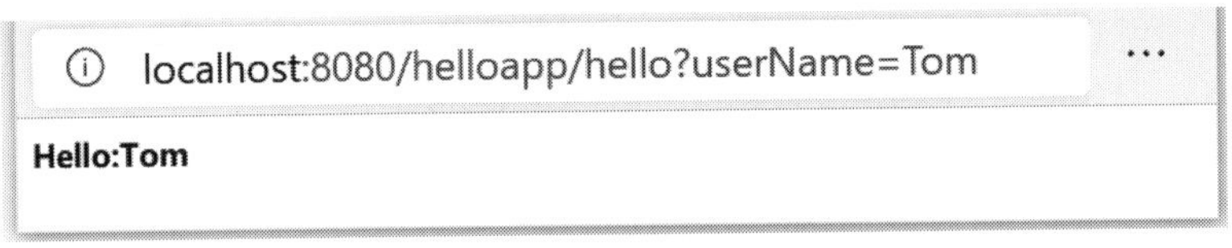

图 1-5 浏览器展示 HelloServlet 类生成的 HTML 网页数据

在 Servlet API 中，HttpServletRequest 接口、HttpSession 接口和 ServletContext 接口分别提供了在 request 范围、session 范围和 application 范围内保存和读取共享数据的方法，例如：

```
setAttribute(String key, Object value);        //保存共享数据

getAttribute(String key);                      //读取共享数据
```

在保存共享数据时，应该指定属性 key。在读取共享数据时，将根据这个属性 key 来读取匹配的共享数据。例如以下代码把 ShoppingCart 对象(表示购物车)存放在 session 范围内，存放时指定属性 key 为 cart。

```
ShoppingCart shoppingCart = new ShoppingCart();

//把 ShoppingCart 对象存放在 session 范围内
session.setAttribute("cart",shoppingCart);
```

在其他 Web 组件中，可以通过这个属性 key 读取 session 范围内的 ShoppingCart 对象，例如：

```
ShoppingCart myCart = null;

//从 session 范围读取 ShoppingCart 对象
myCart = (ShoppingCart)session.getAttribute("cart");
```

1.1.2　JSP 组件

在传统的 HTML 文件(*.htm 或 *.html)中加入 Java 程序片段(Scriptlet)和 JSP 标签，就构成了 JSP 网页。Java 程序片段可以生成显示在网页上的数据，访问数据库，重新定向网页以及读取 HTTP 请求数据等，总而言之，它能实现建立动态网站所需要的各种功能。所有程序操作都在服务器端执行，网络上传送给客户端的仅是 JSP 生成的响应结果。JSP 技术大大降低了对浏览器客户程序的要求，即使浏览器不支持 Java 语言，也可以访问 JSP 网页。

当 Servlet 容器接收到 Web 客户要求访问某个 JSP 文件的请求时，它会对 JSP 文件进行语法分析并生成 Servlet 源文件，然后对其编译。一般情况下，Servlet 源文件的生成和编译仅在 Servlet 容器初次调用 JSP 文件时发生。如果原始的 JSP 文件被更新，Servlet 容器会监测到这种更新，在下次执行 JSP 文件之前重新生成 Servlet 并进行编译。图 1-6 显示了 Servlet 容器初次执行 JSP 文件的过程。

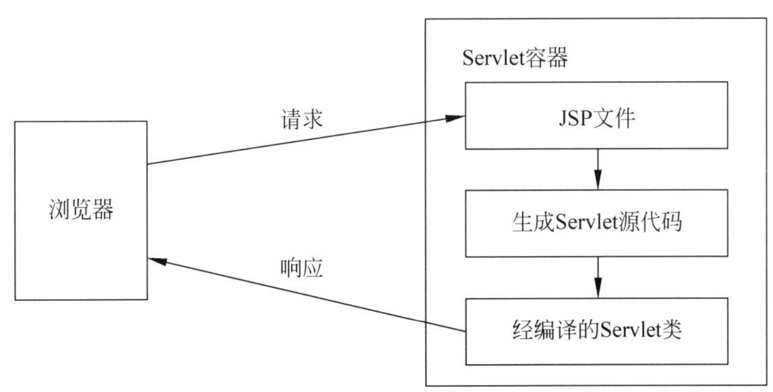

图 1-6　Servlet 容器初次执行 JSP 文件的过程

例程 1-2 的作用与例程 1-1 相同，它能够读取客户端提供的 userName 请求参数，然后生成 HTML 格式的响应正文数据。

例程 1-2　hello.jsp

```
<html>

<head><title>helloapp</title></head>
<body>
  <%
      //程序片段:读取 userName 请求参数
```

```
        String userName = request.getParameter("userName");
    %>

    <b>Hello: <% = userName %></b>
  </body>
  </html>
```

通过浏览器访问 http://localhost:8080/helloapp/hello.jsp?userName=Tom，Servlet 容器就会执行 hello.jsp，它的响应正文也是 HTML 格式的网页数据，浏览器把收到的 HTML 网页数据展示出来，参见图 1-7。

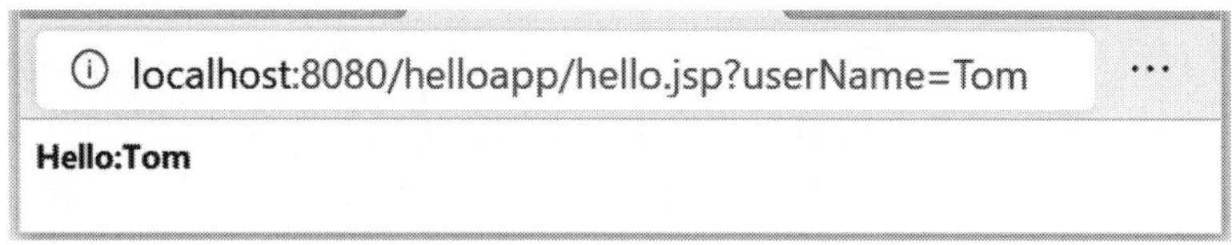

图 1-7　浏览器展示 hello.jsp 生成的 HTML 网页数据

尽管 JSP 在本质上就是 Servlet，但这两者的创建方式不一样。对比 hello.jsp 和 HelloServlet 类的源代码，可以明显看出两者的优缺点如下。

(1) Servlet 完全由 Java 程序代码构成，擅长流程控制和事务处理，但是通过 Servlet 生成动态网页很不直观。

(2) JSP 由 HTML 代码和 JSP 标签构成，可以方便、直观地编写动态网页，但是如果在 JSP 文件中加入大量程序片段，会大大降低 JSP 文件的可读性，而且调试起来也很困难。

因此在实际应用中，会根据 Servlet 和 JSP 各自的特长进行分工合作，采用 Servlet 控制流程，采用 JSP 生成动态网页。在 Spring MVC 框架中，JSP 位于 MVC 设计模式的视图层，Servlet 位于控制器层。

1.1.3　共享数据在 Web 应用中的范围

在 Web 应用中，如果某种数据需要被多个 Web 组件共享，那么可以把这些共享数据存放在特定的范围内。共享数据有以下 4 种存在范围，它们的大小关系参见图 1-8。

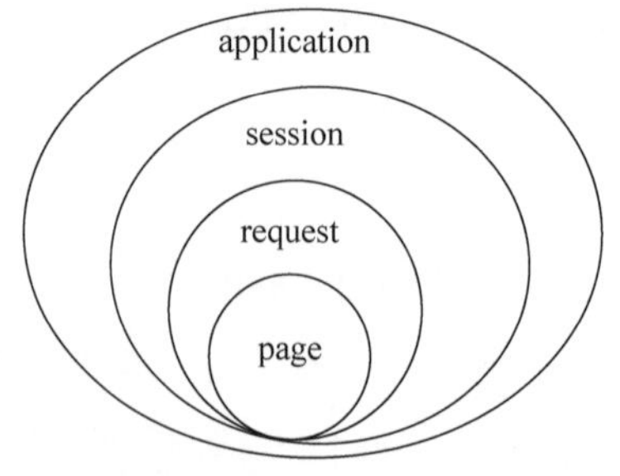

图 1-8　共享数据在 Web 应用中的 4 种范围

(1) page 范围：共享数据的有效范围是客户请求访问的当前 JSP 网页。

（2）request 范围：共享数据的有效范围包括客户请求访问的当前 Web 组件，以及和当前 Web 组件共享同一个客户请求的其他 Web 组件。如果客户请求访问的是 JSP 网页，那么该 JSP 网页的<%@ include >指令以及< forward >标记包含的其他 JSP 文件也能访问共享数据。request 范围内的共享数据实际上存放在 HttpServletRequest 对象中。

（3）session 范围：共享数据存在于整个 HTTP 会话的生命周期内，它被同一个 HTTP 会话中的 Web 组件共享。session 范围内的共享数据实际上存放在 HttpSession 对象中。

（4）application 范围：共享数据存在于整个 Web 应用的生命周期内，它被 Web 应用中的所有 Web 组件共享。application 范围内的共享数据实际上存放在 ServletContext 对象中。

提示：图 1-8 根据 4 种范围的生命周期的长短，直观地比较了它们的大小，但并不意味着这 4 种范围之间存在包含关系。例如，存放在 request 范围内的共享数据不一定也存放在 session 范围内。

“范围”这个词，在现实生活中，有时是对空间的限定，例如一只鸟被关在笼子里，这只鸟的活动范围是鸟笼；有时是对时间的限定，例如一个公园规定它的门票当日有效，过期作废；也有时同时包含了对空间和时间的限定，例如一只小鸭子白天的活动范围是池塘，晚上的活动范围是鸭窝。

“范围”这个词，在 Web 应用中，同时包含了对空间和时间的限定。例如，把共享数据 userName 存放在 request 范围内，意味着在空间上，userName 存放在当前 HttpServletRequest 对象中；在时间上，userName 的生命周期取决于当前 HttpServletRequest 对象的生命周期。

在开发 Web 应用时，有一个重要的概念是 HTTP 会话。当客户第一次访问 Web 应用中任意一个支持会话的网页时，就会开始一个新的 HTTP 会话，Servlet 容器会为这个会话创建一个 HttpSession 对象。当客户浏览这个 Web 应用的不同网页时，始终处于同一个会话中。HTTP 会话拥有特定的生命周期。在以下三种情况中，会话将结束生命周期，Servlet 容器会将 HTTP 会话所占用的资源释放。

（1）客户端关闭浏览器。

（2）会话过期。

（3）服务器端调用了 HttpSession 对象的 invalidate()方法。

在图 1-9 中，Web 客户与 Web 应用进行了三个回合的通信。对于每一个“请求/响应”回合的通信，Servlet 容器都会创建 HttpServletRequest 对象和 HttpServletResponse 对象。当前回合的通信结束时，这两个对象就结束生命周期。

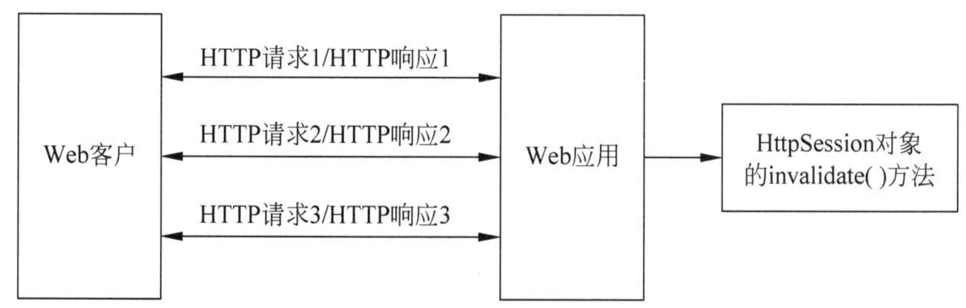

图 1-9 HttpServletRequest 对象、HttpServletResponse 对象和 HttpSession 对象的生命周期

另外，假定前两个回合的通信处于同一个 HTTP 会话中，因此这两个回合的通信共享同一个 HttpSession 对象。假定在第二个回合的通信中，服务器端最后调用了 HttpSession 对象的 invalidate()方法，那么当前的 HttpSession 对象就会结束生命周期。在进行第三个回合的通信时，Servlet 容器会创建一个新的 HttpSession 对象。

把共享数据保存在 session 范围内，有助于服务器端在同一个 HTTP 会话中跟踪客户的状态。例如在购物网站中，把 ShoppingCart 对象存放在会话范围内，就可以跟踪客户的购物车的状态，方便地更新和读取购物车中的商品信息。

在图 1-10 中，客户小张和客户小王同时与购物网站应用展开了各自的 HTTP 会话，小张和小王都会在各自的 HTTP 会话中，经过多次"请求/响应"通信，在购物网站上选购各种商品，他们的选购信息存放在对应的 HttpSession 对象的 ShoppingCart 对象中。

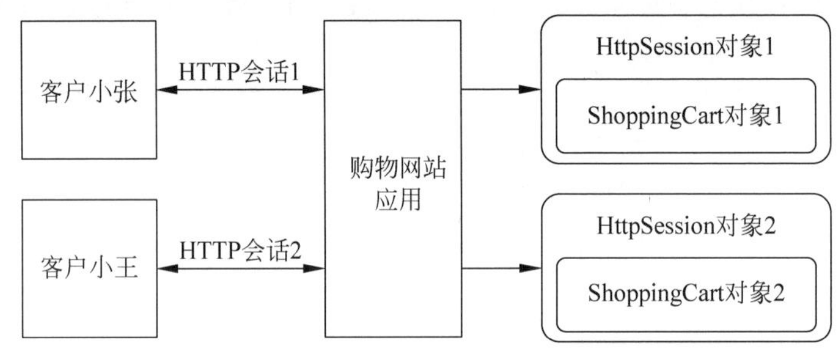

图 1-10 购物网站通过 session 范围内的 ShoppingCart 对象跟踪客户购物情况

如果在 session 范围内保存大量的共享数据，也会带来一个问题，那就是会消耗大量的内存资源。假设一个网站同时被 10 000 个客户访问，每个客户的 HttpSession 对象占用 0.5MB 内存，那么所有的 HttpSession 对象共占用 5 000MB 内存。解决这个问题有以下两个方法。

(1) 运用 Java Web 容器的 Session 管理工具，对 Session 进行持久化管理，把一部分暂时处于不活动状态的 HttpSession 对象转移到硬盘上，如 Tomcat 就提供了管理 Session 的功能。

(2) 如果把共享数据保存在 request 范围内也能完成与存放在 session 范围内同样的功能，那么优先考虑保存在 request 范围内。因为 HttpServletRequest 对象的生命周期比 HttpSession 对象短得多，当服务器端响应完本次客户请求，相应的 HttpServletRequest 对象就结束生命周期，Java 虚拟机会负责回收该对象占用的内存。

1.1.4 JavaBean 组件及其在 Web 应用中的存放范围

JavaBean 是一种符合特定规范的 Java 对象，在 JavaBean 中定义了一系列的属性，并提供了读取和设置这些属性的 get()方法和 set()方法。JavaBean 可以作为共享数据，存放在 page 范围、request 范围、session 范围或 application 范围内。在 JSP 文件中，可以通过专门的标签定义或访问 JavaBean。假定有一个 JavaBean 的类名为 CounterBean，它有一个 count 属性，以下代码显示了在 JSP 文件中分别定义 4 种范围内的 JavaBean 对象的语法。

```
//在 page 范围内
<jsp:useBean id = "myBean1" scope = "page" class = "CounterBean" />
//在 request 范围内
<jsp:useBean id = "myBean2" scope = "request" class = "CounterBean" />
//在 session 范围内
<jsp:useBean id = "myBean3" scope = "session" class = "CounterBean" />
//在 application 范围内
<jsp:useBean id = "myBean4" scope = "application" class = "CounterBean" />
```

JSP 提供了访问 JavaBean 的属性的标签，如果要将 JavaBean 的某个属性输出到网页上，可以用<jsp:getProperty>标签，例如：

```
//把 myBean1 的 count 属性的值输出到网页上
<jsp:getProperty name = "myBean1" property = "count" />
```

如果要给 JavaBean 的某个属性赋值，可以用<jsp:setProperty>标签，例如：

```
//把 myBean1 的 count 属性设为 0
<jsp:setProperty name = "myBean1" property = "count" value = "0" />
```

当 JSP 与 JavaBean 搭配使用，JSP 可侧重于生成动态网页，业务数据由 JavaBean 提供，这样能充分利用 JavaBean 组件的可重用性，提高开发网站的效率。

在 Spring MVC 框架中，模型层用 JavaBean 表示业务数据，视图层、控制器层和模型层之间还会通过 JavaBean 传递数据。

1.1.5 自定义的 JSP 标签

JSP 标签库技术支持开发人员在 JSP 文件中使用自定义标签，这些可重用的标签能够处理复杂的逻辑运算和事务，或者指定 JSP 网页的输出内容和格式。自定义 JSP 标签可以使 JSP 文件更加简洁，有助于将 JSP 文件中的 Java 程序代码分离出去，使 JSP 文件侧重于通过 HTML 语言向客户展示所请求访问的数据。自定义标签有以下 5 个优点。

(1) 标签具有可重用性，可以提高软件开发效率。

(2) 可以在 JSP 页面中以静态或动态的方式设置自定义标签的属性。

(3) 标签可以访问 JSP 网页中的所有对象，如 HttpServletRequest 和 HttpServletResponse 等。

(4) 标签可以相互嵌套来完成复杂的逻辑。

(5) 标签可以替代 JSP 文件中的程序片段，使 JSP 文件变得更加简洁，提高可读性。

对于 Spring MVC 框架，可以在 JSP 文件中访问 JSTL(Java Server Page Standard Tag Library，JSP 标准标签库)标签库中的自定义标签。此外，Spring MVC 还提供了用于生成 HTML 表单等的标签库，熟练地使用这些标签库，可以简化开发交互式的、包含大量 HTML 表单的 Web 应用的过程。

例程 1-3 的 JSP 代码先创建了一个 names 集合，然后通过 JSTL Core 标签库中的<c:forEach>标签遍历这个集合，输出集合中的所有元素。

例程 1-3 通过<c:forEach>标签输出集合中的元素

```
<%@ page import = "java.util.HashSet" %>
<%@ taglib uri = "http://java.sun.com/jsp/jstl/core" prefix = "c" %>

<%
HashSet<String> names = new HashSet<String>();
names.add("Tom");
names.add("Mike");
names.add("Linda");
%>
<c:forEach var = "name" items = "<% = names %>" >
  ${name}  
</c:forEach>
```

运行以上代码，得到的输出结果为 Tom　Mike　Linda。<c:forEach>标签等价于例程 1-4 的 Java 程序片段。

例程 1-4 通过 Java 程序片段输出集合中的元素

```
<%@ page import = "java.util.Iterator" %>
<% //第一个 Java 程序片段
  Iterator<String> it = names.iterator();
  while(it.hasNext()){
    String name = it.next();
    //把 names 集合的元素作为 name 属性存放在 page 范围内
    pageContext.setAttribute("name",name);
%>

<% //第二个 Java 程序片段,对应<c:forEach>标签的主体
    name = (String)pageContext.getAttribute("name");
    out.print(name + " ");
%>

<% //第三个 Java 程序片段
    pageContext.removeAttribute("name"); //删除 page 范围内的 name 属性
  }
%>
```

第一个和第三个 Java 程序片段完成<c:forEach>标签的任务，在每一次循环中，先从 names 集合中取出一个元素，把它作为 name 属性存放在 page 范围内，接着执行标签主体，然后从 page 范围内删除 name 属性，从而确保只有当前标签主体才能访问 name 属性。

第二个 Java 程序片段完成<c:forEach>标签主体的任务，从 page 范围内读取 name 属性，并输出它的值。

对比例程 1-3 和例程 1-4 可以看出，在 JSP 中用自定义标签替代 Java 程序片段能够显著简化 JSP 代码。

1.1.6 XML语言

XML(Extensible Markup Language,可扩展标记语言)是一种用来创建自定义标记的标记语言。XML可用来描述结构化数据。XML的标记通常包含一对起始和结束元素,在元素之间插入相应的数据,例如:

```
<friend>
  <name>Linda</name>
  <phone>68834567</phone>
  <address>Shanghai,China</address>
</friend>
```

以上代码由4个元素构成:<friend>、<name>、<phone>和<address>,它包含的数据代表了通讯录中一个朋友的通讯信息。

XML文件常用作各种软件应用的配置文件。在基于Spring MVC框架的Web应用中,有两个重要的配置文件:web.xml和Spring MVC的配置文件。web.xml文件用于配置Java Web应用,如Servlet组件;Spring MVC的配置文件主要用于配置和Spring MVC有关的Bean组件。

如果要深入了解XML,可以访问https://www.w3.org/TR/REC-xml。

1.1.7 Web服务器端

任何一个Web应用都离不开Web服务器端。Web服务器端和浏览器客户程序进行基于HTTP协议的通信,Web服务器端会根据客户的HTTP请求,返回相应的HTTP响应结果。

本书使用的Web服务器端是Apache软件组织开发的Tomcat服务器端,它是一个开放源代码的软件。Tomcat不仅可以作为独立的Web服务器端,还可以作为优秀的Java Web容器运行Java Web应用。图1-11显示了Java Web应用和Tomcat之间的关系。

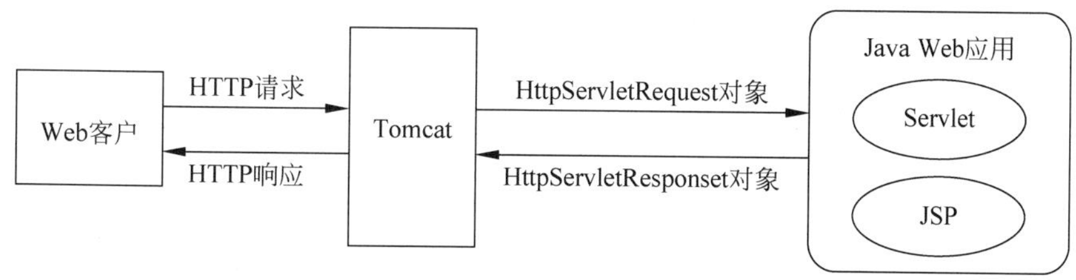

图1-11　Java Web应用和Tomcat之间的关系

1.2 Web组件的三种关联关系

Web应用程序如此强大的原因之一是,它的组件能彼此合作和聚合信息资源。Web组件之间存在以下三种关联关系。

(1) 请求转发。

(2) URL 重定向。

(3) 包含。

存在关联关系的 Web 组件可以是 JSP 或 Servlet。对于 Spring 应用(本书特指运用了 Spring 框架以及分支框架的 Java Web 应用),Web 组件还包括 Controller 类。这些 Web 组件都可以访问 HttpServletRequest 对象和 HttpServletResponse 对象,它们具有处理请求和生成响应结果的功能。本节将讨论这三种关联关系的概念,以及如何通过 Java Servlet API 实现它们。

1.2.1 请求转发

请求转发允许把客户请求转发给同一个应用程序中的其他 Web 组件。这种技术通常用于 Web 应用控制器层的流程控制器,它检查 HTTP 请求数据,再把请求转发到合适的目标组件,目标组件执行具体的请求处理操作并生成响应结果。图 1-12 显示了一个 Servlet 把请求转发给另一个 JSP 组件的过程。

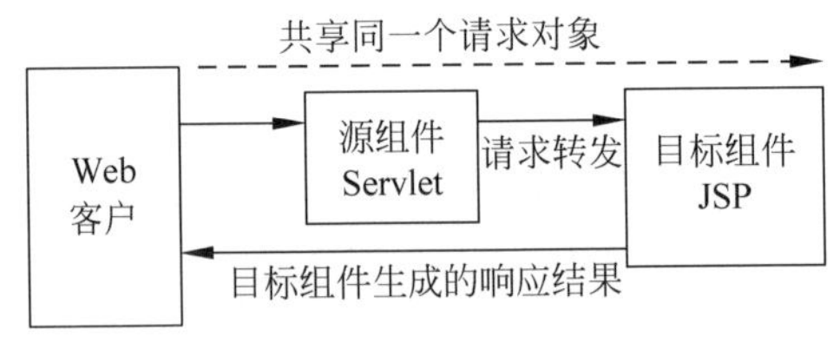

图 1-12 请求转发

Servlet 类使用 javax. servlet. RequestDispatcher. forward( ) 方法转发它所收到的 HTTP 请求。目标组件将处理该请求并生成响应结果,或者将请求继续转发给另一个组件。与最初客户请求所对应的 HttpServletRequest 对象和 HttpServletResponse 对象被传递给目标组件,使得目标组件可以访问整个请求上下文。值得注意的是,只能把请求转发给同一个 Web 应用中的组件,而不能转发给其他 Web 应用的组件。

如果当前的 Servlet 组件要把请求转发给一个 JSP 组件,如 hello. jsp,可以在 Servlet 的 service()方法中执行以下代码:

```
RequestDispatcher rd = request.getRequestDispatcher("hello.jsp");
// 转发请求
rd.forward(request, response);
```

在 JSP 页面中,可以使用<jsp:forward>标签转发请求,例如:

```
<jsp:forward page = "hello.jsp" />
```

对于请求转发,转发的源组件和目标组件共享 request 范围内的共享数据。

如例程 1-5 所示,OriginalServlet 类读取客户端提供的 userName 请求参数,把它保存在 request 范围内,再把请求转发给 target. jsp。如例程 1-6 所示,target. jsp 读取 request 范

围内的 userName 属性，把它输出到网页上。

例程 1-5 OriginalServlet. java

```
@WebServlet("/original")
public class OriginalServlet extends HttpServlet {

  /** 响应客户请求 */
  public void service(HttpServletRequest request,
                      HttpServletResponse response)
    throws ServletException, IOException {

    //读取请求参数 userName
    String userName = request.getParameter("userName");

    //把 userName 保存在 request 范围内
    request.setAttribute("userName",userName);

    //把请求转发给 target.jsp
    RequestDispatcher rd = request.getRequestDispatcher("target.jsp");
    rd.forward(request, response);          // 转发请求
  }
}
```

例程 1-6 target. jsp

```
<html>
<head><title>helloapp</title></head>
<body>
  <%
      //程序片段:读取 request 范围内的 userName 属性
      String userName = (String)request.getAttribute("userName");
   %>

  <b>Hello: <% = userName %></b>
</body>
</html>
```

OriginalServlet 类与 target. jsp 之间是请求转发关系，所以它们共享同一个 HttpServletRequest 对象，因此它们共享 request 范围内的共享数据。

通过浏览器访问 http://localhost:8080/helloapp/original? userName=Tom，Servlet 容器就会调用 OriginalServlet 类的 service()方法，最后由 target. jsp 生成响应结果，浏览器端收到的网页和图 1-7 相同。

1.2.2 请求重定向

请求重定向类似于请求转发，但有以下两点重要的区别。

(1) Web 组件可以将客户请求重定向到任意 URL，而不仅是同一个 Web 应用中

的 URL。

(2) 具有重定向关系的源组件和目标组件之间不共用同一个 HttpServletRequest 对象,因此不能共享 request 范围内的共享数据。

图 1-13 显示了一个 Servlet 把请求重定向给另一个 JSP 组件的过程。

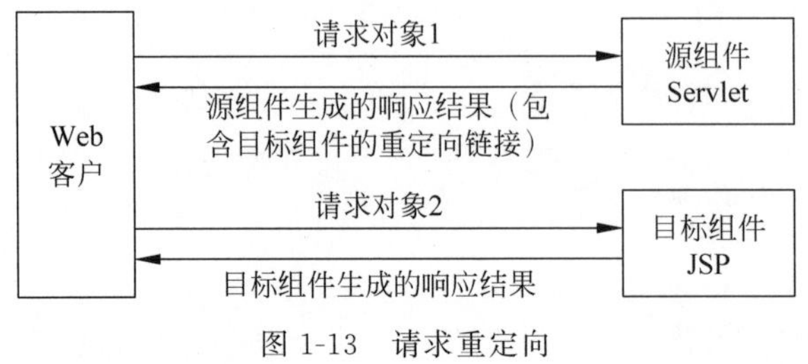

图 1-13　请求重定向

如果当前 Web 应用的一个 Servlet 组件要把请求重定向给 URL 为 http://www.javathinker.net/index.jsp 的 Web 组件,可以在 Servlet 的 service()方法中执行以下代码。

```
response.sendRedirect ("http://www.javathinker.net/index.jsp");
```

结合图 1-13 可以看出,HttpServletResponse 对象的 sendRedirect()方法向浏览器返回包含重定向的信息,浏览器根据这条信息再迅速发出一个新的 HTTP 请求,请求访问重定向的目标组件。

1.2.3　包含

包含关系允许一个 Web 组件聚合来自同一个应用中其他 Web 组件的输出数据,并使用被聚合的数据创建响应结果。例如在图 1-14 中,index.jsp 包含了三个 JSP 文件:head.jsp、main.jsp 和 foot.jsp,这三个 JSP 文件分别生成 index.jsp 网页的头部部分、主体部分和尾部部分。

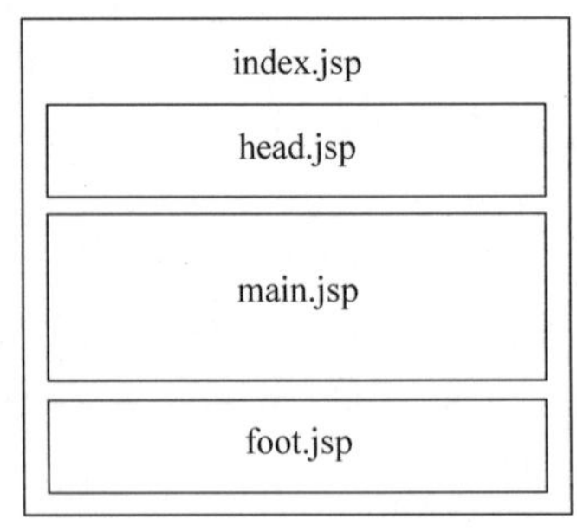

图 1-14　index.jsp 包含了 head.jsp、main.jsp 和 foot.jsp

具有包含关系的源组件和目标组件共用同一个 HttpServletRequest 对象,因此它们共享 request 范围内的共享数据。图 1-15 显示了一个 Servlet 组件包含另一个 JSP 组件的过程。

Servlet 类使用 javax.servlet.RequestDispatcher.include()方法包含其他 Web 组件。例如,如果当前的 Servlet 组件包含了三个 JSP 文件:header.jsp、main.jsp 和 footer.jsp,可

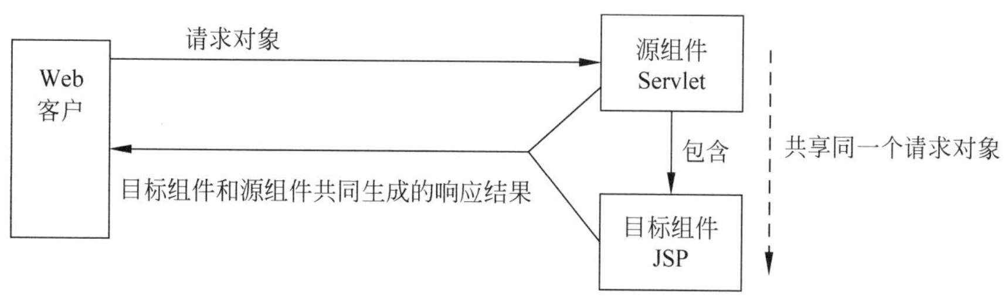

图 1-15　Web 组件的包含关系

以在 Servlet 的 service()方法中执行以下代码。

```
RequestDispatcher rd;
rd = req.getRequestDispatcher("/header.jsp"))
rd.include(req, res);
rd = req.getRequestDispatcher("/main.jsp"))
rd.include(req, res);
rd = req.getRequestDispatcher("/footer.jsp"))
rd.include(req,res);
```

在 JSP 文件中，可以通过< include >指令包含其他 Web 资源，例如：

```
<%@ include file="header.jsp" %>
<%@ include file="main.jsp" %>
<%@ include file="footer.jsp" %>
```

1.3　MVC 概述

MVC(Model-View-Controller，模型-视图-控制器)是 Xerox PARC(美国施乐帕克研究中心)在 20 世纪 80 年代为编程语言 Smalltalk-80 发明的一种软件设计模式，如今在 Java Web 开发领域得到了广泛的运用。

1.3.1　MVC 设计模式

MVC 作为一种设计模式，强制性地把应用程序的输入、处理和输出分开。MVC 把应用程序分成三个核心模块：模型、视图和控制器，它们分别承担不同的任务。图 1-16 显示了这三个模块各自的功能以及它们的关系。

1. 视图

视图是客户看到并与之交互的界面。视图向客户显示相关的数据，并能接收客户的输入数据，但是它并不进行任何实际的业务处理。视图还能接受模型发出的数据更新事件，从而对客户界面进行同步更新。在 Java Web 应用中，视图依靠服务器端推送机制，可以实现这一功能，9.5 节会对此做进一步介绍。

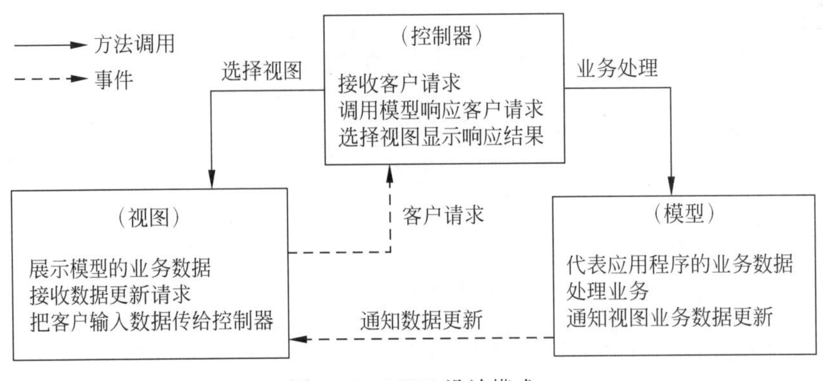

图 1-16 MVC 设计模式

2. 模型

模型是应用程序的主体部分。模型表示业务数据和业务逻辑。一个模型能为多个视图提供数据。因为同一个模型可以被多个视图重用，所以提高了应用的可重用性。

3. 控制器

控制器接收客户的输入数据并调用模型和视图去完成客户的请求。例如，当 Web 客户单击 Web 页面中的“提交”按钮发送 HTML 表单时，控制器接收请求并调用相应的模型组件去处理请求，然后调用相应的视图来显示模型返回的数据。

4. MVC 的处理过程

对 MVC 处理过程进行总结：首先，控制器接收客户的请求，并决定应该调用哪个模型来进行处理；接着，模型根据客户请求进行相应的业务逻辑处理，并返回客户所需要的数据；最后，控制器调用相应的视图来格式化模型返回的数据，并通过视图呈现给客户。

5. MVC 的优点

在最初的 JSP 网页中，数据库访问代码（如数据库查询等）和表示层代码（如 HTML 等）混在一起。经验比较丰富的开发者会将数据库访问代码从表示层分离，软件开发新手则很难做到这一点，因为它需要精心的规划和不断的尝试。而 MVC 在软件设计阶段就强制性地将它们分开。尽管构造 MVC 应用程序需要一些额外的工作，但是它带来的长远好处是毋庸置疑的。

首先，多个视图能共享一个模型。如今，同一个应用程序能提供多种客户界面，例如，一个购物网站既支持通过浏览器购物，还支持通过定制的手机 App 来购物，这就要求购物网站同时提供针对浏览器的网页界面和针对手机 App 的界面。在 MVC 设计模式中，模型响应客户请求并返回响应数据，视图负责格式化数据并把它们呈现给客户，业务逻辑和表示层分离，同一个模型可以被不同的视图重用，大大提高了代码的可重用性。

其次，模型的实现不依赖控制器和视图，它与控制器和视图保持相对独立，可以方便地改变应用程序的数据库和业务规则。如果把数据库从 MySQL 移植到 Oracle，或者把 RDBMS 关系数据源变成 LDAP 轻量级目录访问数据源，只需要改变模型即可。一旦正确地实现了模型，不管数据来自数据库还是 LDAP 服务器端，视图都会正确地显示它们。由于 MVC 的三个模块相互独立,改变其中一个不会影响其他两个,因此依据这种设计思想能构造便于扩展和可重用的弱耦合组件。

此外,控制器提高了应用程序的灵活性和可配置性。控制器可以用来连接不同的模型和视图完成客户的需求,控制器可以为构造应用程序提供强有力的重组手段。给定一些可重用的模型和视图,控制器可以根据客户的需求选择适当的模型进行处理,然后选择适当的视图将处理结果显示给客户。

6. MVC 的适用范围

使用 MVC 需要精心的设计,由于它的内部原理比较复杂,因此需要花费一些时间去理解它。将 MVC 运用到应用程序中,会带来额外的工作量,增加应用的复杂性,所以 MVC 不适合小型应用程序。

但对于开发存在大量客户界面且业务逻辑复杂的大型应用程序,MVC 将会使软件在健壮性、代码重用和结构方面迈上一个新的台阶。尽管在最初构建 MVC 框架时会花费一定的工作量,但从长远角度看,它会大大提高后期软件开发的效率。

1.3.2 JSP Model 1 和 JSP Model 2

尽管 MVC 设计模式很早就出现了,但在 Web 应用开发中引入 MVC 的初期却是步履维艰。主要是因为在早期的 Web 应用开发中,程序代码和 HTML 代码的分离一直难以实现。例如,在 JSP 网页中执行业务逻辑的程序代码和 HTML 表示层代码混杂在一起,很难分离出单独的业务模型,产品设计弹性力度很小,很难满足客户的变化性需求。

在早期的 Java Web 应用中,JSP 文件负责业务逻辑、控制网页流程并创建 HTML,它是一个独立的、自主完成所有任务的模块,如图 1-17 所示。它会给 Web 开发带来以下 5 个问题。

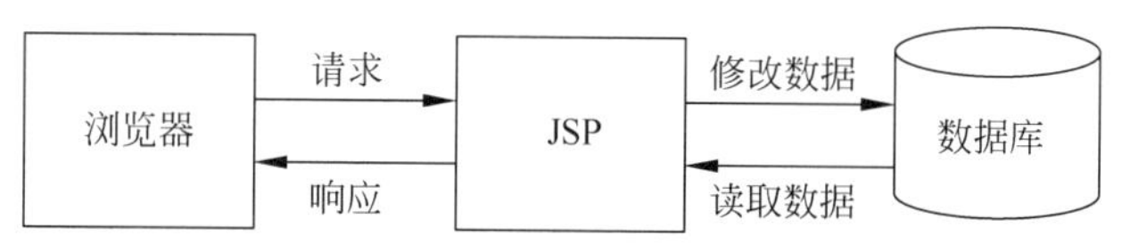

图 1-17 JSP 作为自主独立的模块

(1) HTML 代码和 Java 程序强耦合在一起。JSP 文件的编写者必须既是网页设计者,又是 Java 开发者。但实际情况是,多数 Web 开发人员要么只精通网页设计,能够设计出漂亮的网页外观,但是编写的 Java 代码很糟糕;要么仅熟悉 Java 编程,能够编写健壮的 Java 代码,但是设计的网页外观很难看。这两种才能皆备的开发人员并不多见。

(2) 内嵌的流程逻辑。要理解应用程序的整个流程,必须浏览所有网页,试想一下,一个网站拥有 100 个网页,它的逻辑错综复杂,要去理解或修改流程极其烦琐。

(3) 调试困难。除了难看的外观,HTML 标记、Java 代码和 JavaScript 代码都集中在一个网页中,使调试变得困难。

(4) 强耦合。更改业务逻辑或业务数据可能牵涉相关的多个网页。

(5) 可读性差。设想一个网页有 1000 行代码,其编码样式看起来杂乱无章。即使有彩色语法显示，阅读和理解这些代码仍然比较困难。

为了解决这些问题，在Java Web开发领域先后出现了两种设计模式：JSP Model 1和JSP Model 2。虽然JSP Model 1在一定程度上实现了MVC，但是它的运用并不理想，直到基于Java EE的JSP Model 2问世才得以改观。JSP Model 2用JSP技术实现视图，用Servlet技术实现控制器，用JavaBean技术实现模型。

JSP Model 1和JSP Model 2的本质区别在于处理客户请求的位置不同。如图1-18所示，在JSP Model 1体系中，JSP页面负责响应客户请求并将处理结果返回客户。JSP既要负责业务流程的控制，还要负责提供表示层数据，所以JSP同时充当视图和控制器，未能实现这两个模块之间的独立和分离。尽管JSP Model 1体系能满足简单应用的需求，但它却不适合用于开发复杂的大型应用程序。随意地运用JSP Model 1体系会导致JSP文件内嵌入大量用于流程控制的Java代码。尽管这对于Java程序员来说可能不是什么大问题，但如果JSP页面是由网页设计人员开发并维护的(通常这是开发大型项目的规范)，这就是个问题了。从根本上讲，这将导致开发人员的角色定义不清和职责分配不明，给项目管理带来很多麻烦。

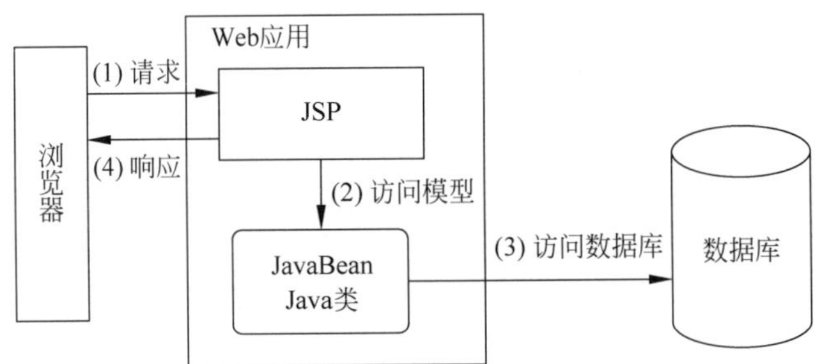

图1-18　JSP Model 1设计模式

如图1-19所示，JSP Model 2体系结构是一种联合使用JSP与Servlet提供动态内容的架构。它发挥了JSP和Servlet两种技术各自的优点，用JSP生成视图层的内容，用Servlet完成流程控制的任务。Servlet充当控制器的角色，负责处理客户请求，调用模型层生成响应数据，根据客户请求选择合适的JSP文件生成视图。在JSP文件内没有程序代码，Servlet会把模型层的响应数据传给视图，视图只需要把这些数据展示给客户。

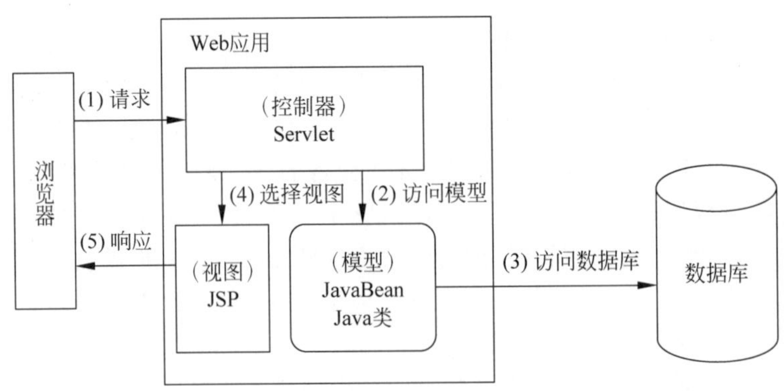

图1-19　JSP Model 2设计模式

JSP Model 2 是一种有突破性的软件设计方法，它清晰地分离了数据的处理和数据的展示，明确了开发人员的角色定义以及开发者与网页设计者的分工。项目越复杂，使用 JSP Model 2 设计模式的好处就越大。

1.4　Spring MVC 概述

当建筑师开始实施一个建筑项目时，首先要设计该建筑的框架结构，有了这份蓝图，接下来的实际建筑过程才会有条不紊，按部就班。同样地，软件开发者在开发一个软件项目时，首先也应该构思该软件应用的框架，规划软件模块并定义这些模块之间的接口和关系。框架可以提高软件开发的速度和效率，并且使软件更便于维护。

对于开发 Web 应用，要从头设计并开发出一个可靠、稳定的框架并不是一件容易的事。随着 Web 开发技术的日趋成熟，在 Web 开发领域出现了一些现成的、优秀的框架，开发者可以直接使用它们。其中，Spring MVC 就是一种不错的选择。

1.4.1　Spring MVC 的框架结构

Spring MVC 是一个基于 JSP Model 2 的 MVC 框架。在 Spring MVC 框架中，视图由一组 JSP 文件和 HTML 等静态资源文件构成，模型中的业务数据由 JavaBean 类实现，模型中的业务逻辑由 Java 类实现，控制器由 Spring MVC 自带的 DispatcherServlet 类和自定义的 Controller 类实现，图 1-20 显示了 Spring MVC 的框架结构。

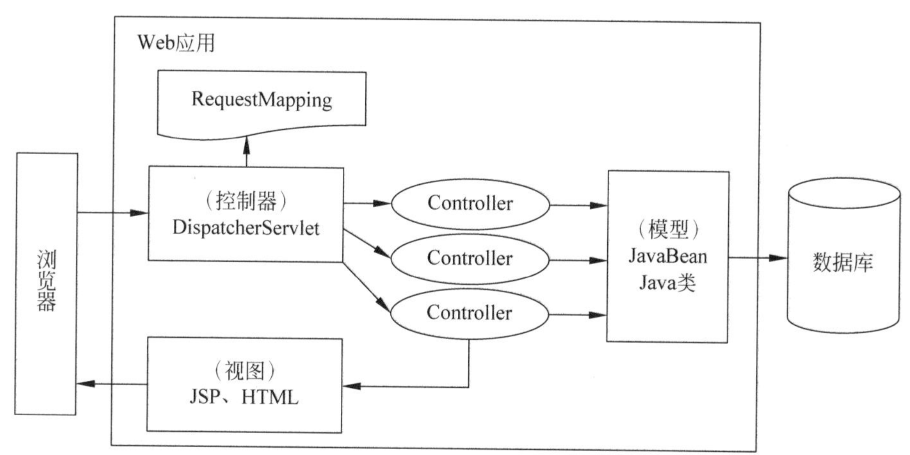

图 1-20　Spring MVC 的框架结构

1. 视图

视图由一组 JSP 文件和 HTML 等静态资源文件构成，它负责生成客户界面。在这些 JSP 文件中，既没有业务逻辑，也没有流程控制逻辑，只有 HTML 标记和 JSP 标签。这些标签既可以是标准的 JSP 标签，也可以是自定义 JSP 标签，如 JSTL 标签库以及 Spring 标签库中的标签。

提示：在 Web 开发领域，前后端分离架构已经逐渐成为主流的开发架构，9.3 节会对此做详细介绍。那么，Spring MVC 是否因此过时呢？答案是：它的分层思想以及 API 并没有过时，而是在不断演进，使得控制器层能完美地支持前后端分离。不过，以 JSP 和自定义标签为主的视图层会逐渐被淘汰，取而代之的是 Java Script 脚本以及前端框架等。因此，如果读者学习 Spring MVC 是为了开发前后端分离的 Web 应用，那么可以重点学习控制器层和模型层的开发，而对以 JSP 和自定义标签为主的视图层略作了解即可。

2. 模型

模型表示应用程序的业务数据和业务逻辑。对于大型应用，还会从模型层分离出专门负责访问数据库的持久化层，第 13 章将会介绍如何通过持久化层来访问数据库。

3. 控制器

控制器由 Spring MVC 提供的 DispatcherServlet 类和自定义的 Controller 类实现。DispatcherServlet 类是 Spring MVC 框架中的核心组件。DispatcherServlet 类实现了 javax. servlet. http. HttpServlet 接口，它在 MVC 框架中扮演中央控制器的角色。DispatcherServlet 类主要负责接收 HTTP 请求，根据 RequestMapping(请求映射，即用户请求的 URL 与实际的 Controller 类的对应关系)信息，把请求转发给相应的 Controller 类。如果该 Controller 类的实例还不存在，那么 DispatcherServlet 类会先创建这个 Controller 类的实例。

Controller 类负责调用模型的方法，更新模型的数据，并帮助控制应用程序的流程。对于小型、简单的应用，Controller 类本身也可以完成一些实际的业务逻辑。

对于大型应用，Controller 类充当客户请求和业务逻辑处理之间的适配器(Adaptor)，其功能就是将数据展示与业务逻辑分离。Controller 类根据客户请求调用相关的业务逻辑组件。业务逻辑由模型层的 Java 类来实现，Controller 类侧重于控制应用程序的流程，而不是实现应用程序的业务逻辑。处理业务逻辑的模型层具有很高的独立性，它提高了应用程序的可重用性。

创建用户自定义的 Controller 类非常简单，只要给一个类加上 Spring MVC 提供的 @Controller 注解，它就成为一个 Controller 类。例程 1-7 就是一个简单的 Controller 类。

例程 1-7 SampleController. java

```
@Controller
@RequestMapping("/hello")
public class SampleController {
    @RequestMapping(method = RequestMethod.GET)
    public String printHello(Model model) {
      model.addAttribute("message", "Hello Spring MVC Framework!");
      return "result";
    }
}
```

printHello( ) 方法的返回值 result 表示一个 Web 组件的逻辑名字。接着，DispatcherServlet 类会参考 Spring MVC 的配置文件，获取与逻辑名字 result 对应的目标组件的实际 URL，然后再把请求转发给该目标组件。2.4.1 节还会进一步介绍 Web 组件的逻辑名字与实际的目标组件之间的对应关系。

4. RequestMapping 信息

客户请求是通过 DispatcherServlet 处理和转发的。那么，DispatcherServlet 是如何决定把客户请求转发给特定的 Controller 类呢？这需要先设定客户请求的 URL 路径和 Controller 类之间的映射关系。在例程 1-7 中，@RequestMapping 注解用于设定这种映射关系，具体细节如下。

(1) 位于 SampleController 类前面的@RequestMapping("/hello")表明，当客户端请求访问的 URL 为/hello 时，DispatherServlet 控制器就会调用这个 SampleController 类。也就是说，为 SampleController 类映射的 URL 为/hello。

(2) 位于 printHello()方法前的@RequestMapping(method = RequestMethod.GET)表明，当客户端通过 HTTP GET 方式请求访问 SampleController 类时，DispatherServlet 控制器就会调用该 printHello()方法。

例程 1-7 也可以改写为：

```
@Controller
public class SampleController {
    @RequestMapping(value = "/hello", method = RequestMethod.GET)
    public String printHello(Model model) {
      model.addAttribute("message", "Hello Spring MVC Framework!");
      return "result";
    }
}
```

@RequestMapping 注解的 value 属性设定访问 SampleController 类的 printHello()方法的 URL 为/hello。

1.4.2　Spring MVC 的工作流程

对于采用 Spring MVC 框架的 Web 应用，在 Web 应用启动时就会加载并初始化 DispatcherServlet 控制器。当 DispatcherServlet 控制器接收到一个要访问特定 Controller 类的客户请求时，将执行如下流程。

(1) 查找和客户请求匹配的 Controller 类，如果不存在它的实例，就先创建它，然后调用它的相关方法。

(2) Controller 类的相关方法调用模型层的特定组件来处理业务逻辑，指定下一步负责处理请求的目标组件的逻辑名字。

(3) DispatcherServlet 控制器参考 Spring MVC 的配置文件，获取与 Controller 类指定的逻辑名字对应的目标组件的实际 URL，然后再把请求转发给该目标组件。如果该目标组件为 JSP 文件，那么该 JSP 文件会生成用于向客户展示响应结果的视图。

1.5　Spring 框架和它的分支框架

Spring 框架既包括了 Java 应用的整体框架，还包括了一些分支框架，如：

(1) Spring MVC 框架：采用 MVC 设计模式的 Web 应用框架。

(2) Spring WebFlux 框架：采用响应式编程模型的 Web 应用框架，参见第 16 章。

(3) Spring Cloud 框架：分布式的 Web 应用框架，参见第 19 章。

在 Spring 的分支框架中，也会用到 Spring 的整体框架中的注解和类。本书没有严格区分注解和类到底属于 Spring 的分支框架还是 Spring 的整体框架。如果要明确了解一个类和注解来自哪里，可以根据它所在的包来判断。例如，org. springframework. beans. factory. annotation. Autowired 注解类来自 Spring 的整体框架；由于 org. springframework. web. bind. annotation. RequestMapping 注解类的包名中含有 web，因此它来自 Spring MVC 分支框架。

1.6 小结

本章首先回顾了开发 Java Web 应用涉及的各种技术，侧重介绍了开发 Spring 应用需要具备的知识，如共享数据的 4 种范围：page、request、session 和 application，以及 Web 组件的三种关联关系：请求转发、重定向和包含。接着，介绍了 MVC 设计模式的结构和优点。MVC 把应用程序分成三个核心模块：模型、视图和控制器，这能够提高应用的可重用性和可扩展性，从而提高开发大型复杂软件系统的效率。然后，介绍了在 Java Web 开发领域的两种规范：JSP Model 1 和 JSP Model 2。最后介绍了 Spring MVC 的框架结构和工作流程。Spring MVC 是一个在 JSP Model 2 的基础上实现的 MVC 框架。在 Spring MVC 框架中，模型由表示业务数据的 JavaBean 和实现业务逻辑的 Java 类构成，控制器由 DispatcherServlet 类和自定义的 Controller 类来实现，视图由一组 JSP 文件和 HTML 等静态资源文件构成。

下面再解释一下本书涉及的两个术语。

(1) Spring 应用：在本书中，把基于 Spring 框架的 Java Web 应用简称为 Spring 应用。

(2) Servlet 容器和 Java Web 容器：尽管两者的字面含义不一样，但实际上指的是同一种容器。Servlet 容器是指运行 Servlet/JSP 的容器，而 Java Web 容器指的是运行 Java Web 应用的容器。但对于实际的 Java Web 容器产品，如 Tomcat，同时也是 Servlet 和 JSP 的容器，因此读者可以把它们理解为同一种容器。

1.7 思考题

1. 在 Spring MVC 框架的视图层中可包含(　　)组件。(多选)

   A. JSP　　B. Servlet

   C. Controller 类　　D. 自定义 JSP 标签

2. 在 Spring MVC 框架的控制器层中可包含(　　)组件。(多选)

   A. JSP　　B. Controller 类

   C. DispatcherServlet　　D. 自定义 JSP 标签

3. 在 Spring MVC 框架的模型层中可包含(　　)组件。(多选)

   A. JSP　　B. Controller 类

   C. 代表业务数据的 JavaBean 类　　D. 处理业务逻辑的 Java 类

4. 一个 Web 应用中包含这样一段逻辑代码：

```
if(用户还未登录)
  把请求转发给 login.jsp 登录页面;
else
  把请求转发给 shoppingcart.jsp 购物车页面;
```

该逻辑应该由 MVC 的(　　)模块实现。(单选)

A. 视图　　　　B. 控制器　　　　C. 模型

5. 一个 Web 应用中包含这样一段逻辑代码：

```
if(在数据库中已经包含特定用户信息)
  throw new BusinessException("该用户已经存在");
else
  把用户信息保存到数据库中;
```

该逻辑应该由 MVC 的(　　)模块实现。(单选)

A. 视图　　　　B. 控制器　　　　C. 模型

6. 一个购物网站需要遍历访问客户的购物车,向客户展示购物车中选购的所有商品信息,这个功能应该由 MVC 的(　　)模块实现。(单选)

A. 视图　　　　B. 控制器　　　　C. 模型

7. a.jsp 文件把请求转发给同一个 Web 应用中的 b.jsp 文件,两者处于同一个 HTTP 会话中,a.jsp 和 b.jsp 会共享(　　)范围内的数据。(多选)

A. page　　　　B. request

C. session　　　　D. application

第2章 第一个入门范例：helloapp应用

本章讲解一个简单的、运用 Spring MVC 框架的范例：helloapp 应用，这个例子可以帮助读者迅速入门，获得开发 Spring MVC 的基本经验。该应用的功能非常简单，即接收用户输入的姓名<userName>，然后输出 Hello <userName>。开发 helloapp 应用涉及以下 9 部分内容。

(1) 分析应用需求。

(2) 把基于 MVC 设计模式的 Spring MVC 框架运用到应用中。

(3) 创建视图组件，包括 hello.jsp(提供 HTML 表单)。

(4) 创建 messages.properties 资源文件。

(5) 数据验证，检查用户输入的<userName>是否合法。

(6) 创建控制器组件 PersonController 类。

(7) 创建模型组件 Person 类。

(8) 创建配置文件 web.xml(Web 应用的配置文件)和 springmvc-servlet.xml(Spring MVC 框架的配置文件)。

(9) 编译、发布和运行 helloapp 应用。

2.1 分析 helloapp 应用的需求

在开发应用时，首先从分析需求入手，列举该应用的各种功能以及限制条件。helloapp 应用的需求非常简单，包括：

(1) 接收用户输入的姓名<userName>，然后返回字符串 Hello <userName>。

(2) 数据验证。如果用户没有输入姓名就提交表单，将返回错误信息，提示用户输入姓名。

(3) 模型层负责把表示用户的 Person 对象保存到数据库中。为了简化范例，本范例实际上未实现这一项功能。

2.2 运用 Spring MVC 框架

下面把 Spring MVC 框架运用到 helloapp 应用中。Spring MVC 框架可以方便、迅速地把一个复杂的应用划分成模型组件、视图组件和控制器组件，并且能灵活地操控这些组件的协作流程，简化开发过程。

以下是 helloapp 应用的各个模块的构成。

1. 模型

模型包括一个 JavaBean 组件 Person 类，它有一个 userName 属性，代表用户输入的姓名。Person 类提供了 get()方法和 set()方法，分别用于读取和设置 userName 属性。Person 类还提供了一个 save()方法，负责把包含 userName 属性的 Person 对象保存到数据库中。

对于更复杂的 Web 应用，Person 类仅包含业务数据，不访问数据库。访问数据库的操作由专门的 DAO(Data Access Object)数据访问对象实现，参见 12.4 节。

2. 视图

视图包括一个 JSP 文件 hello. jsp。hello. jsp 提供用户界面，接收用户输入的姓名，向用户显示 Hello <userName>信息。如果用户在 hello. jsp 的网页上没有输入姓名就提交表单，将产生错误信息。

3. 控制器

控制器包括一个 PersonController 类，它完成三项任务：把数据验证产生的错误消息添加到由 Spring MVC 框架提供的 Model 中，供视图层读取这些数据；调用模型组件 Person 类的 save()方法，保存 Person 对象；把请求转发给视图层的 hello. jsp，由 hello. jsp 生成网页形式的视图。

除了创建模型组件、视图组件和控制器组件，还需要创建 Spring MVC 框架的配置文件 springmvc-servlet. xml，它用来设置 Spring MVC 框架的具体工作行为。此外，还需要创建整个 Web 应用的配置文件 web. xml。

2.3 创建视图组件

在本范例中，视图包括一个 JSP 文件：提供用户界面的 hello. jsp。hello. jsp 文件中的所有静态文本存放在专门的 messages. properties 消息资源文件中。

2.3.1 创建 JSP 文件

hello. jsp 提供包含 HTML 表单的用户界面，接收用户输入的姓名。此外，本 Web 应用的所有响应结果都通过 hello. jsp 展示给用户。图 2-1 展示了 hello. jsp 生成的网页。

在图 2-1 中，用户输入姓名“Weiqin”后，提交表单，服务器端将返回 Hello Weiqin，参见图 2-2。

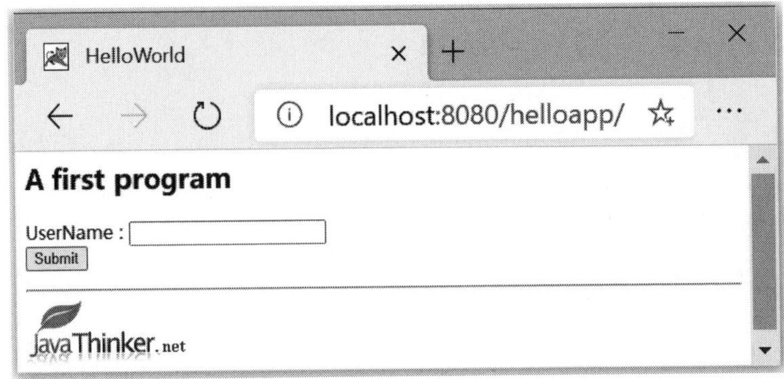

图 2-1　hello.jsp 生成的网页

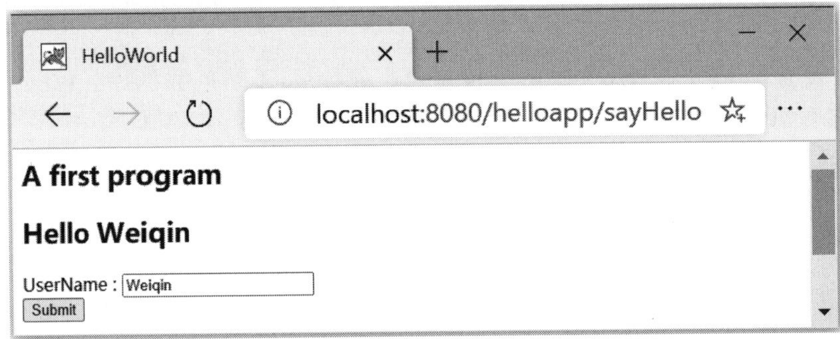

图 2-2　hello.jsp 接收用户输入的姓名后正常返回的网页

例程 2-1 为 hello.jsp 文件的源代码。

例程 2-1　hello.jsp

```
<%@ page contentType="text/html; charset=UTF-8" %>
<%@ taglib prefix="c" uri="http://java.sun.com/jsp/jstl/core" %>
<%@taglib uri="http://www.springframework.org/tags" prefix="spring" %>
<%@taglib uri=
        "http://www.springframework.org/tags/form" prefix="form" %>
<html>
  <head>
    <title><spring:message code="hello.jsp.title"/></title>
  </head>
  <body>

    <h2><spring:message code="hello.jsp.page.heading"/></h2>

    <c:if test="${not empty userName}">
      <h2>
        <spring:message code="hello.jsp.page.hello"/>
        ${userName}
      </h2>
    </c:if>
```

```
      <form:form action = "${pageContext.request.contextPath}/sayHello"
                 modelAttribute = "personbean" >

        <spring:message code = "hello.jsp.prompt.person"/>
        <form:input path = "userName" />
        <font color = "red">
            <form:errors path = "userName" />
        </font>
        <br>

        <input type = "submit" value = "Submit"/>

      </form:form>

      <hr>
      <img src =
          "${pageContext.request.contextPath}/resource/image/logo.gif">
    </body>
  </html>
```

这个基于 Spring MVC 框架的 JSP 文件有以下 5 个特点。

(1) 没有任何 Java 程序代码。

(2) 使用了 JSP 的 EL 表达式语言访问各种变量,例如 ${userName}。

(3) 使用了来自 JSTL 标签库的自定义标签,例如< c:if >标签。

(4) 使用了来自 Spring 标签库的自定义标签,例如< spring:message >标签和< form:form >标签等。

(5) 没有直接提供文本内容,取而代之的是< spring:message >标签,输出到网页上的文本内容都是由< spring:message >标签生成的。

Spring 标签库的自定义标签连接了视图组件和 Spring MVC 框架中的其他组件。这些标签可以访问或输出由控制器提供的数据。在第 4 章还会进一步介绍 Spring 自定义标签的用法,本节先简单介绍几种重要的自定义标签。

hello.jsp 开头的几行代码用于声明和加载各种标签库:

```
<%@ page contentType = "text/html; charset = UTF-8" %>
<%@ taglib prefix = "c" uri = "http://java.sun.com/jsp/jstl/core" %>
<%@taglib uri = "http://www.springframework.org/tags" prefix = "spring" %>
<%@taglib uri =
        "http://www.springframework.org/tags/form" prefix = "form" %>
```

以上代码表明该 JSP 文件使用了 JSTL Core 标签库和 Spring 标签库,这是加载自定义标签库的标准 JSP 语法。

hello.jsp 使用了 Spring 标签库中和 HTML 表单有关的标签,包括< form:errors >、< form:form >和< form:input >,下面分别进行介绍。

(1) < form:errors >: 用于输出对表单数据进行验证产生的错误消息。

(2) < form:form >: 用于创建 HTML 表单,它的 modelAttribute 属性取值为 personbean。

<form:form>标签会把 Model 的 personbean 属性包含的数据填充到表单中。这里的 Model 是指 Spring MVC 框架提供的专门用于存放共享数据的模型对象，参见 2.4.3 节。

(3) <form:input>：该标签是<form:form>的子标签，用于创建 HTML 表单的文本框。在本范例中，Model 的 personbean 属性实际上引用一个 Person 对象。<form:input>标签会把这个 Person 对象的 userName 属性赋值给同名的 userName 文本框。

hello.jsp 还使用了 Spring 标签库的<spring:message>标签和 JSTL 标签库的<c:if>标签。<spring:message>标签用于输出特定的文本内容，它的 code 属性指定消息编号，和消息编号匹配的文本内容来自专门的消息资源文件，关于消息资源文件的详细用法参见第 8 章。<c:if>标签用来控制条件判断流程，只有满足条件，才会执行标签主体中的内容。在本范例中，<c:if>标签用来判断 userName 变量是否为 null。如果不为 null，就输出 userName 变量，如：

```
<c:if test = "${not empty userName}">
  <h2>
    <spring:message code = "hello.jsp.page.hello"/>
    ${userName}
  </h2>
</c:if>
```

2.3.2 创建消息资源文件

hello.jsp 使用<spring:message>标签输出文本内容。这些文本来自消息资源文件。本例中的消息资源文件为 messages.properties，参见例程 2-2。

例程 2-2 messages.properties 文件

```
hello.jsp.title = HelloWorld
hello.jsp.page.heading = A first program
hello.jsp.prompt.person = UserName :
hello.jsp.page.hello = Hello
person.no.username.error = Please enter a UserName to say hello to!
```

以上文件以“消息编号 code=消息文本”的格式存放数据。对于以下 JSP 代码：

```
<spring:message code = "hello.jsp.title"/>
```

<spring:message>标签的 code 属性为 hello.jsp.title，在 messages.properties 资源文件中与之匹配的内容为

```
hello.jsp.title = HelloWorld
```

因此，以上<spring:message>标签将把 HelloWorld 输出到网页上。

2.4　创建控制器组件

控制器组件包括 org.springframework.web.servlet.DispatcherServlet 类和自定义的 Controller 类。DispatcherServlet 类是 Spring MVC 框架自带的，它是整个 Spring MVC 框架的中央控制枢纽。Spring MVC 框架允许开发人员创建自定义的 Controller 类，它用来处理特定的 HTTP 请求。

只要一个 Java 类被 Spring MVC 的@Controller 注解标识，它就被声明为 Spring MVC 框架的控制器类。如果把 Spring MVC 自带的 DispatcherServlet 类比作框架中的总管，那么开发人员自定义的 Controller 类就是处理具体流程的干事。这些 Controller 类在 Spring MVC 框架中可以方便自如地呼风唤雨，调兵遣将。Controller 类既能与视图层进行数据交互，也能与模型层进行数据交互。

例程 2-3 为 PersonController 类的源程序。

例程 2-3　PersonController.java

```
package mypack;

import org.springframework.stereotype.Controller;
import org.springframework.web.bind.annotation.ModelAttribute;
import org.springframework.web.bind.annotation.RequestMapping;
import org.springframework.web.bind.annotation.RequestMethod;
import org.springframework.web.servlet.ModelAndView;
import org.springframework.ui.Model;
import javax.validation.Valid;
import org.springframework.validation.BindingResult;

@Controller
public class PersonController {

  @RequestMapping(value = {"/input","/"}, method = RequestMethod.GET)
  public String init(Model model) {
      model.addAttribute("personbean",new Person());
      return "hello";
  }

  @RequestMapping(value = "/sayHello", method = RequestMethod.POST)
  public String greet(
        @Valid @ModelAttribute("personbean")Person person,
        BindingResult bindingResult,Model model) {

    if(bindingResult.hasErrors()){
      return "hello";
    }

    //调用 Person 对象的 save()方法把 Person 对象保存到数据库中
```

```
        person.save();

        model.addAttribute("userName", person.getUserName());
        return "hello";
    }
}
```

PersonController.java是本应用中最复杂的程序，下面按步骤讲解它的工作机制和流程。

2.4.1 Controller类的URL入口和请求转发

PersonController类定义了两种方法：init()方法和greet()方法。在这两种方法前通过@RequestMapping注解设定调用当前方法的URL入口，例如：

```
@RequestMapping(value = {"/input","/"}, method = RequestMethod.GET)
public String init() {...}

@RequestMapping(value = "/sayHello", method = RequestMethod.POST)
public String greet(){...}
```

以上代码表明，当浏览器端的请求方式为GET，并且请求的URL为/input或者/(表示Web应用的根路径)时，Spring MVC框架会调用init()方法；当浏览器端的请求方式为POST，并且请求的URL为/sayHello时，Spring MVC框架会调用greet()方法。

除了了解调用PersonController类的各种方法的URL入口，还要了解PersonController类如何把请求继续转发给视图层的相关组件。

init()和greet()方法的返回值都是hello，这是特定视图组件的逻辑名字。在本例中，Spring MVC框架会把它映射为helloapp/WEB-INF/jsp/hello.jsp。因此，执行完PersonController的init()或greet()方法，Spring MVC框架会把请求转发给hello.jsp。

那么，为什么Spring MVC框架会默契地把init()和greet()方法的返回值hello映射为hello.jsp呢？这是因为事先在Spring MVC的springmvc-servlet.xml配置文件中做了如下相应的配置：

```
<bean class =
"org.springframework.web.servlet.view.InternalResourceViewResolver">

    <property name = "prefix" value = "/WEB - INF/jsp/" />
    <property name = "suffix" value = ".jsp" />
</bean>
```

这段代码配置了一个InternalResourceViewResolver视图解析器，这个解析器会把init()和greet()方法的返回值hello加上前缀/WEB-INF/jsp/与后缀.jsp。这样，hello就映射为/WEB-INF/jsp/hello.jsp。

本范例把JSP文件存放在Web应用的WEB-INF/jsp目录下，这样能提高这些JSP文件的安全性，因为浏览器端无法直接访问Java Web应用的WEB-INF目录下的文件。例如，如果试图通过浏览器访问 http://localhost:8080/helloapp/WEB-INF/jsp/hello.jsp，服务器端会返回不存在该文件的错误信息。

2.4.2 访问模型组件

Person对象表示模型数据。PersonController类会调用Person对象的save()方法向数据库保存当前的Person对象，例如：

```
//调用 Person 对象的 save()方法把 Person 对象保存到数据库中
person.save();
```

在本范例中，PersonController类仅访问了模型组件的简单功能。在实际应用中，Controller类会访问模型组件完成更加复杂的功能，例如：

(1) 通过模型组件到数据库中查询数据，再由视图组件展示这些数据。

(2) 与多个模型组件交互。

(3) 依据从模型组件中获得的信息决定返回哪个视图组件。

2.4.3 与视图组件共享数据

Controller类会读取视图层的表单数据，也会把包含响应结果的数据传递给视图层进行展示。Spring MVC框架用Model接口表示应用程序需要处理或展示的模型数据，模型数据在Model中的存放形式为“属性名/属性值”。只要把共享数据存放在Model中，视图和控制器就能方便地从Model中读取共享数据。

提示：Spring MVC框架的Model接口和MVC设计模式中的模型层是不同的概念。Spring MVC框架的Model接口位于控制器层。为了区分Model接口和MVC设计模式中的模型层，本书中的Model特指控制器层的Model接口或者它的实例。

如图2-3所示，在本范例中，视图层和控制器层共享存放在Model中的Person对象。

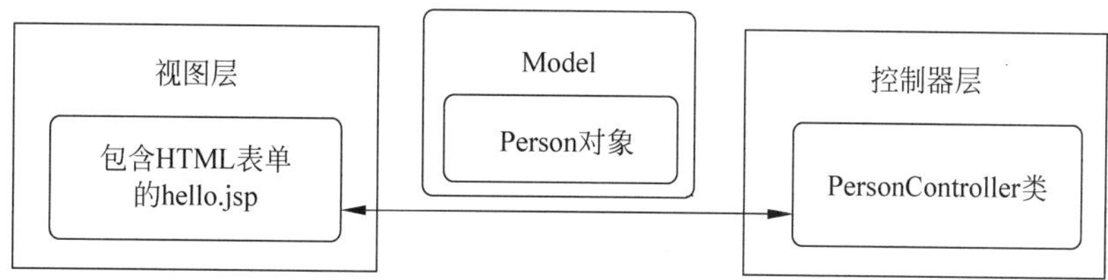

图2-3 视图层和控制器层共享Model中的Person对象

Person对象作为Model的一个属性存放在Model中，属性名为personbean。下面介绍视图层和控制器层如何密切配合进行数据共享和交互。

1. 控制器层向视图层传递与表单对应的数据

PersonController 类的 init()方法在 Model 中存放了一个 Person 对象，属性名为 personbean，代码如下：

```
public String init(Model model) {
  model.addAttribute("personbean",new Person());
  return "hello";
}
```

在 hello.jsp 文件中，<form:form>标签生成 HTML 表单，它的 modelAttribute 属性用来指定把 personbean 属性包含的数据填充到表单中，代码如下：

```
<form:form action = "${pageContext.request.contextPath}/sayHello"
          modelAttribute = "personbean" >
```

<form:form>标签的 action 属性指明，当用户在 hello.jsp 的网页上提交表单时，该请求由 URL 为 sayHello 的组件来处理，实际上对应 PersonController 类的 greet()方法。

提示： <form:form>标签的 action 属性值中的 ${pageContext.request.contextPath} 是 JSP 的 EL 表达式，表示当前 Java Web 应用的根路径。

---

personbean 属性引用一个 Person 对象。hello.jsp 把这个 Person 对象的 userName 属性赋值给表单中的 userName 文本框，参见图 2-4。

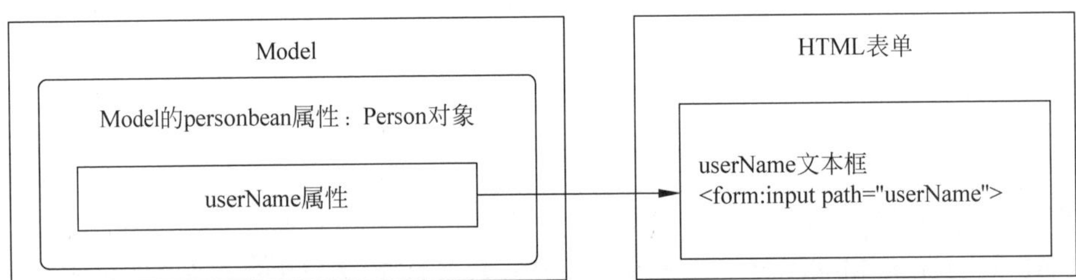

图 2-4　把 Person 对象的 userName 属性赋值给表单中的 userName 文本框

2. 控制器层读取视图层的表单数据

在 PersonController 类的 greet()方法中定义了一个 person 参数，代码如下：

```
public String greet(
        @Valid @ModelAttribute("personbean")Person person,
        BindingResult bindingResult,Model model) {…}
```

Spring MVC 框架在调用 greet()方法时，先自动执行以下两个操作。

(1) 把用户提交的表单数据转换为 Person 对象。表单中 userName 文本框的取值被赋值给 Person 对象的 userName 属性。

(2) 把 Person 对象赋值给 person 参数。

3.4.6 节会进一步介绍 Spring MVC 框架如何把请求参数(包括表单数据)赋值给控制器类的请求处理方法的参数。

在 greet()方法中,可以从 person 参数中读取表单数据。

3. 控制器层向视图层传递各种数据

greet()方法的 person 参数使用了@ModelAttribute("personbean")注解,该注解的作用是把 person 参数所引用的 Person 对象存放到 Model 中,属性名为 personbean。

greet()方法还有一个 Model 类型的 model 参数,PersonController 类通过它向视图层传递数据,例如:

```
//向 Model 中添加 UserName,属性名为 userName
model.addAttribute("userName", person.getUserName());
```

在默认情况下,Spring MVC 框架提供的 Model 接口的实现类,会把这些数据存放在 request 范围内。以上代码的实际作用如下:

```
request.setAttribute("userName", person.getUserName());
```

当 PersonController 类把请求转发给 hello.jsp,hello.jsp 就可以方便地获取请求范围内的共享数据,例如:

```
//输出 request 范围内的 userName 变量
${userName}

//把 request 范围内的 personbean 变量的数据填充到表单中
<form:form action = "${pageContext.request.contextPath}/sayHello"
           modelAttribute = "personbean" >

//把 request 范围内的 personbean 变量的 userName 属性填充到 userName 文本框中
<form:input path = "userName" />
```

由此可见,在 Spring MVC 框架的精细布置下,控制器层的控制器类与视图层 JSP 文件中的自定义标签和 EL 表达式就能够有条不紊地进行数据共享和交互。

提示:确切地说,request 范围的变量是存放在 HttpServletRequest 对象中的一个属性。为了叙述的方便,本书会经常采用"request 范围的变量"以及"session 范围的变量"等说法,这里的变量与传统的按照 Java 语言声明的变量是有区别的。

2.4.4 Web 组件存取共享数据的原生态方式

在本书中,把视图层组件和控制器层组件统称为 Web 组件。在 2.4.3 节,运用 Spring MVC 框架的@ModelAttribute 注解以及 Model 对象,可以实现视图组件和控制器组件之间的数据共享和交互。此外,在 Controller 类中,还可以运用 Servlet API 存取共享数据。

在 Controller 类的请求处理方法中，只要定义一个 HttpServletRequest 类型的 request 参数，就能通过它存取共享数据，例如：

```
//读取请求参数
String userName = request.getParameter("userName");

//得到 HttpSession 对象
HttpSession session = request.getSession();
//得到 ServletContext 对象
ServletContext context = request.getServletContext();

//存放 request 范围内的共享数据
request.setAttribute("data1","DataInRequest");
//读取 request 范围内的共享数据
String v1 = (String)request.getAttribute("data1");

//存放 session 范围内的共享数据
session.setAttribute("data2","DataInSession");
//读取 session 范围内的共享数据
String v2 = (String)session.getAttribute("data2");

//存放 application 范围内的共享数据
context.setAttribute("data3","DataInApplication");
//读取 application 范围内的共享数据
String v3 = (String)context.getAttribute("data3");
```

从以上代码可以看出，从 request 参数可以顺藤摸瓜，得到 HttpSession 对象和 ServletContext 对象，接下来就能随心所欲地在 request 范围、session 范围和 application 范围存取共享数据。

提示：在控制器类的请求处理方法中，除了可以调用 HttpServletRequest 类的 getSession() 方法得到 HttpSession 对象，还可以直接在请求处理方法中定义 HttpSession 类型的 session 参数。

以下代码通过 Servlet API 重新实现了 PersonController 类的 greet()方法的部分功能，该方法只有一个 HttpServletRequest 类的 request 参数。

```
@RequestMapping(value = "/sayHello", method = RequestMethod.POST)
public String greet(HttpServletRequest request) {
  //读取请求参数
  String userName = request.getParameter("userName");

  Person person = new Person();
  person.setUserName(userName);

  request.setAttribute("userName", userName);
  request.setAttribute("personbean", person);
  return "hello";
}
```

这个 greet()方法通过 request.getParameter()方法读取 hello.jsp 的表单数据，通过 request.setAttribute()方法向 hello.jsp 传递 Person 对象和 UserName 对象。但是，该 greet()方法没有实现对 hello.jsp 表单数据的验证功能。

Web 组件通过 Servlet API 存取共享数据，优点是与 Spring 框架弱耦合，不依赖 Spring API，使程序代码具有更好的通用性；缺点是不能与 Spring MVC 框架提供的各种组件紧密协作，例如不能方便地运用 Spring MVC 框架提供的数据验证机制。

Web 组件通过 Spring MVC API 存取共享数据，优点是使得程序代码不依赖 Servlet API，而且能与 Spring MVC 框架提供的各种组件紧密协作；缺点是程序代码与 Spring MVC 框架强耦合，要求开发人员必须对 Spring MVC 本身的运作流程非常熟悉，而且当 Spring MVC API 升级换代时，必须对程序代码进行相应的升级更新。

2.5　创建模型组件

在 2.4 节已经讲过，PersonController 类会访问模型层。在本范例中，模型层包括一个 JavaBean：Person 类。例程 2-4 是 Person 类的源代码。

例程 2-4　Person.java

```
package mypack;
import javax.validation.constraints.*;
import org.hibernate.validator.constraints.NotBlank;

public class Person {
  @NotBlank(message = "{person.no.username.error}")
  private String userName = null;

  public String getUserName() {
    return this.userName;
  }
  public void setUserName(String userName) {
    this.userName = userName;
  }

  /** 把当前 Person 对象保存到数据库 */
  public void save(){ }
}
```

Person 类是一个非常简单的 JavaBean，它包括一个 userName 属性，以及相关的 get()/set()方法。此外，它还有一个业务方法 save()，本例中并没有真正实现这一个方法。

通过这个简单的例子，可以进一步理解 Spring MVC 框架中使用模型组件的一大优点，它把业务逻辑的实现从 Java Web 应用中单独分离出来，可以提高整个应用的灵活性、可重用性和可扩展性。如果模型组件的实现发生改变，例如本来把 Person 对象的数据保存在 MySQL 数据库中，后来改为保存在 Oracle 数据库中，此时只需要修改模型组件，而不需要对控制器层的 PersonController 类做任何更改。

Person 类还运用了来自 Hibernate Validator 验证器的@NotBlank 注解，该注解用来判断 userName 属性是否为空，例如：

```
@NotBlank(message = "{person.no.username.error}")
private String userName = null;
```

如果 userName 属性为空，@NotBlank 注解会针对 userName 属性生成一个错误消息，消息文本来自消息资源文件，以上代码中的{person.no.username.error}指定的是消息 code，在本范例的 messages.properties 资源文件中，对应的消息文本如下：

```
person.no.username.error = Please enter a UserName to say hello to!
```

几乎所有与用户交互的 Web 应用都需要对用户输入的数据进行数据验证，而从头设计并开发完善的数据验证机制往往很费时。幸运的是，Spring MVC 框架提供了现成的、易于使用的数据验证机制，第 5 章将进一步介绍数据验证的用法。

Spring MVC 框架会统筹安排，调用控制器层和视图层的组件合作完成数据验证。

(1) 在 Spring MVC 框架的配置文件中，需要设定真正实现数据验证功能的数据验证器。

(2) 在 Controller 类中，利用@Valid 注解声明需要开启数据验证功能。

(3) 在视图层的 JSP 文件中，通过<form:errors>标签输出数据验证生成的错误消息。

2.7.2 节还会进一步介绍各个 Web 组件之间紧密配合、进行数据验证的流程。

2.6 创建配置文件

为了让采用 Spring MVC 框架的 Java Web 应用能按部就班地运转，还需要提供以下两个配置文件。

(1) web.xml：这是 Java Web 应用的配置文件。在这个文件中，通过<servlet>元素邀请 Spring MVC 框架的总管家 DispatcherServlet 登场，统筹安排 Web 应用的整个运作流程。

(2) springmvc-servlet.xml：这是 Spring MVC 框架的专有配置文件。Spring MVC 框架的总管家 DispatcherServlet 神通广大，它不是孤军奋战，而是依靠许多得力助手的协同工作。在 Spring MVC 的配置文件中需要先为这些得力助手们做一些设置。

Spring MVC 框架以及整个 Spring 框架把这些得力助手称作 Bean 组件。这里的 Bean 组件不是指传统的 JavaBean，而是指能提供特定服务的 Java 类。由于 Spring 技术发展的早期采用了 JavaBean 的编程风格，因此后来对各种服务类就一直保持了 Bean 这样的亲切称呼。

2.6.1 创建 Web 应用的配置文件

为了让 Spring MVC 框架掌管 Java Web 应用，需要在 Java Web 应用的配置文件 web.xml 中对 Spring MVC 的 DispatcherServlet 类进行配置。例程 2-5 为 web.xml 的源代码。

例程 2-5　web. xml

```
<web-app xmlns="http://xmlns.jcp.org/xml/ns/javaee"
  xmlns:xsi="http://www.w3.org/2001/XMLSchema-instance"
  xsi:schemaLocation="http://xmlns.jcp.org/xml/ns/javaee
  http://xmlns.jcp.org/xml/ns/javaee/web-app_4_0.xsd"
  version="4.0">

  <display-name>HelloApp</display-name>

  <servlet>
    <servlet-name>springmvc</servlet-name>
    <servlet-class>
      org.springframework.web.servlet.DispatcherServlet
    </servlet-class>
    <load-on-startup>1</load-on-startup>
  </servlet>

  <servlet-mapping>
    <servlet-name>springmvc</servlet-name>
    <url-pattern>/</url-pattern>
  </servlet-mapping>

</web-app>
```

以上代码中的<load-on-startup>元素确保 Servlet 容器启动 helloapp 应用时会初始化 DispatcherServlet。<servlet-mapping>元素的<url-pattern>子元素的取值为/，表明所有访问 helloapp 应用的 URL 都会首先由 DispatcherServlet 进行预处理，然后 DispatcherServlet 再把处理客户请求的任务派发给相应的 Controller 组件或其他 Web 组件。

2.6.2　创建 Spring MVC 框架的配置文件

Spring MVC 框架全方位地掌管整个 Java Web 应用的请求处理流程、数据验证、视图层和控制器层之间的数据交互，以及消息资源文件等。Spring MVC 框架功能如此强大，这不仅要归功于在幕前大显身手的 DispatcherServer 和 Controller 类，还要归功于在幕后默默付出的各种 Bean 组件。Spring MVC 的配置文件会对这些 Bean 组件进行配置。例程 2-6 是本范例中的配置文件 springmvc-servlet. xml 的源代码。

例程 2-6　springmvc-servlet. xml

```
<beans xmlns = …>
  <!-- 指定 Spring MVC 框架扫描 mypack 包以及子包中的 Java 类的注解 -->
  <context:component-scan base-package = "mypack" />

  <bean class = "org.springframework.web.servlet.view
               .InternalResourceViewResolver">
```

```
        <property name = "prefix" value = "/WEB-INF/jsp/" />
        <property name = "suffix" value = ".jsp" />
    </bean>

    <bean id = "messageSource" class =
            "org.springframework.context.support
            .ResourceBundleMessageSource">
        <property name = "basenames">
            <list>
                <value>messages</value>
            </list>
        </property>
    </bean>

    <bean id = "validator" class =
            "org.springframework.validation.beanvalidation
            .LocalValidatorFactoryBean">
        <property name = "providerClass"
            value = "org.hibernate.validator.HibernateValidator" />
        <property name = "validationMessageSource" ref = "messageSource" />
    </bean>

    <mvc:annotation-driven validator = "validator" />
    <mvc:resources location = "/" mapping = "/resource/**" />
</beans>
```

以上代码中的<context:component-scan>元素指定 Spring MVC 框架在 Java Web 应用的初始化阶段扫描 mypack 包以及子包中 Java 类的注解。Spring MVC 框架需要先清点 Web 应用中有哪些 Web 组件可以被统一调度。例如 Spring MVC 框架会识别 PersonController 类中的@Controller 注解,从而把 PersonController 类当作控制器类,纳入自己的管辖中,再根据 PersonController 类中@RequestMapping 注解提供的信息,了解访问 PersonController 类的各个方法的 URL 入口。

例程 2-6 还配置了以下三个来自 Spring MVC 框架的 Bean 组件。

(1) InternalResourceViewResolver:视图解析器。它把视图组件的逻辑名字映射为文件系统中实际的视图文件。例如把 PersonController 类的 init()方法的返回值 hello 映射为/WEB-INF/jsp/hello.jsp。

(2) ResourceBundleMessageSource:消息资源组件。在本例中,它指定消息资源文件为 messages.properties。默认情况下,该文件位于 WEB-INF/classes 目录下。

(3) LocalValidatorFactoryBean:数据验证器工厂类。在本例中,它会创建 HibernateValidator 验证器实例。

Spring MVC 配置文件如何起名并将路径存放在哪里呢?这取决于在 web.xml 文件中如何配置 DispatcherServlet。Spring MVC 配置文件的默认名字为“DispatcherServlet 的名字-servlet.xml”。例如,假定在 web.xml 文件中为 DispatcherServlet 配置的名字为 springmvc:

```
<!-- DispatcherServlet 配置的名字为 springmvc -->
<servlet-name> springmvc </servlet-name>
```

那么 Spring MVC 配置文件的默认名字为 springmvc-servlet.xml。这个配置文件的默认存放路径为 Java Web 应用的 WEB-INF 目录。

在 web.xml 文件中也可以显式指定 Spring MVC 配置文件的名字以及存放路径，例如：

```
<servlet>
    <servlet-name> springmvc </servlet-name>
    <servlet-class>
      org.springframework.web.servlet.DispatcherServlet
    </servlet-class>
    <init-param>
        <param-name> contextConfigLocation </param-name>
        <param-value> classpath:springmvc.xml </param-value>
    </init-param>
    <load-on-startup> 1 </load-on-startup>
  </servlet>
```

以上<init-param>元素的<param-value>子元素指定 Spring MVC 配置文件的名字为 springmvc.xml，它的存放路径为 Java Web 应用的 classpath，即 WEB-INF/classes 目录。

2.6.3　访问静态资源文件

如果在 web.xml 文件中把 DispatcherServlet 处理的 URL 设为/，那么在默认情况下，DispatcherServlet 会把所有的客户请求都当作请求访问控制器类的特定方法，如果不存在匹配的方法，就会产生错误，这将导致客户无法正常请求访问静态资源文件，如 HTML、TXT、JPG、GIF、JS 和 CSS 等。

针对上述问题，Spring MVC 框架提供了以下两种解决方法。

1. 由 Servlet 容器处理静态资源文件

在 Spring MVC 的配置文件中加入如下元素：

```
<mvc:default-servlet-handler />
```

该元素会使得 Spring MVC 框架创建一个 org.springframework.web.servlet.resource.DefaultServletHttpRequestHandler 对象，它会首先拦截客户请求，如果客户请求访问的是静态资源文件，就把请求交给 Servlet 容器处理，否则把请求转发给 DispatcherServlet 处理。

假定在 helloapp 应用的根路径的 image 子目录下有一个 logo.gif 图片文件。在 hello.jsp 文件中可以通过以下方式访问 logo.gif 文件。

```
<img src="${pageContext.request.contextPath}/image/logo.gif">
```

2. 对静态资源文件进行映射，再由 Spring MVC 框架处理

在 Spring MVC 的配置文件中加入用于映射静态资源文件的< mvc:resources >元素，例如：

```
<mvc:resources location="/" mapping="/resource/**" />
```

以上元素对以/resource 开头的 URL 和 Web 应用的根路径进行映射。Spring MVC 框架的 DispatcherServlet 在处理所有的客户请求时，如果检测到 URL 以/resource 开头，就会到 Web 应用的根路径下读取相应的资源文件。

假定有一个图片文件 logo.gif 的文件路径为 helloapp/image/logo.gif。在 hello.jsp 文件中可以通过以下方式访问 logo.gif 文件。

```
<img src=
    "${pageContext.request.contextPath}/resource/image/logo.gif">
```

2.7 发布和运行 helloapp 应用

helloapp 应用作为 Java Web 应用，它的目录结构应该符合 Java Web 应用的规范。此外，helloapp 应用需要访问以下三个 JAR 类库文件。

(1) Spring MVC 框架的类库文件，下载地址为 https://search.maven.org/search? q=g:org.springframework。

(2) JSTL 标签库的类库文件，下载地址为 http://tomcat.apache.org/taglibs/standard。

(3) Hibernate Validator 验证器的类库文件，下载地址为 http://hibernate.org/validator/。

图 2-5 显示了 helloapp 应用的目录结构。

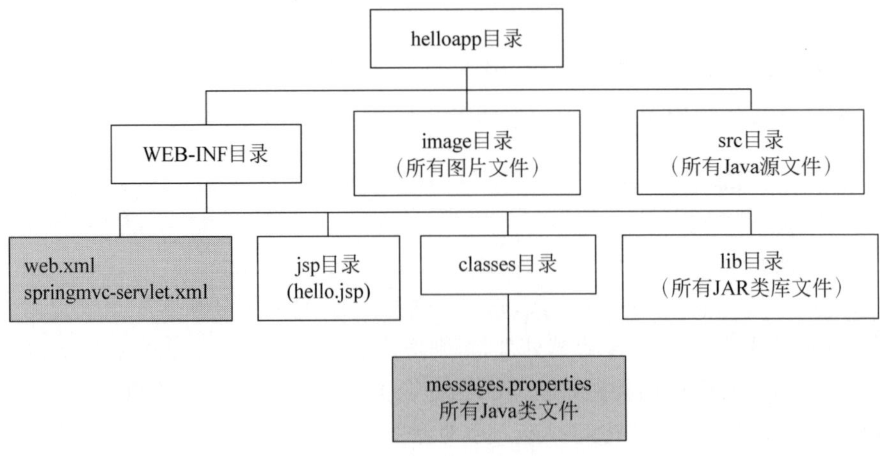

图 2-5 helloapp 应用的目录结构

helloapp 应用的 Java 源文件位于 helloapp/src 目录下，编译这些 Java 源文件时，需要把 WEB-INF/lib 目录中的 JAR 文件加入 classpath 中。

本书中有些范例的 Java 类还会访问 Servlet API。在这种情况下，还需要把 Servlet API 类库文件加入到用于编译 Java 类的 classpath 中。假定在本地安装了 Tomcat 服务器端。在 Tomcat 根目录的 lib 子目录下提供了 Servlet API 类库文件：servlet-api.jar 文件。

可以用 Eclipse、IntelliJ IDEA、Maven、ANT 等工具管理、编译和运行本书的范例程序。此外，本书后文还陆续介绍了以下工具的用法。

(1) 附录 A.3 节：用 ANT 工具编译范例。

(2) 13.10 节：用 Maven 下载应用程序所依赖的类库文件。

(3) 第 16 章：用 Itellij IDEA 开发工具开发基于 WebFlux 框架的 Web 应用。

(4) 第 19 章：用 Itellij IDEA 开发工具开发基于 Spring Cloud 框架的分布式 Web 应用。

在本书配套源代码包的 sourcecode/chapter02/helloapp 目录下提供了本范例的所有源文件，在 helloapp 应用的根目录下有一个 build.xml 文件，它就是 ANT 的工程管理文件。

只要把整个 helloapp 目录复制到 Tomcat 根目录的 webapps 子目录下，就可以按开放式目录结构发布这个应用。

如果 helloapp 应用开发完毕，进入产品发布阶段，那么应该将整个 Web 应用打包为 WAR 文件，再进行发布。在本例中，也可以按如下步骤在 Tomcat 服务器端发布 helloapp 应用。

(1) 在 DOS 下转到 helloapp 应用的根目录。

(2) 把整个 Web 应用打包为 helloapp.war 文件，命令如下：

```
jar cvf helloapp.war *
```

(3) 把 helloapp.war 文件复制到 Tomcat 根目录的 webapps 子目录下。

(4) 启动 Tomcat 服务器端。Tomcat 服务器端启动时，会把 webapps 目录下的所有 WAR 文件自动展开为开放式目录结构。因此 Tomcat 服务器端启动后，会发现服务器端把 helloapp.war 展开到 Tomcat 的 webapps/helloapp 目录中。

(5) 通过浏览器访问 http://localhost:8080/helloapp。

2.7.1　初次访问 hello.jsp 的流程

在 Tomcat 服务器端上成功发布了 helloapp 应用后，访问 http://localhost:8080/helloapp 或者 http://localhost:8080/helloapp/input，会看到图 2-1 所示的网页。服务器端运行 hello.jsp 网页的流程如下。

(1) DispatcherServlet 调用 PersonController 类的 init()方法。

(2) init()方法把一个新建的 Person 对象保存到 Model 类的 model 参数中，代码如下：

```
model.addAttribute("personbean",new Person());
```

(3) init()方法把请求转发给 hello.jsp。

(4) hello.jsp 中的< spring:message >标签从消息资源文件中读取文本,把它输出到网页上。

(5) hello.jsp 中的< form:form >标签在 Model 中查找属性名为 personbean 的 Person 对象,把 Person 对象中的 userName 属性赋值给 HTML 表单的 userName 文本框。由于此时 Person 对象的 userName 属性的取值为 null,因此在 hello.jsp 网页上,userName 文本框没有内容。

(6) 把 hello.jsp 生成的网页视图呈现给浏览器客户。

2.7.2 数据验证的流程

在 hello.jsp 网页上,如果不输入姓名,直接单击 Submit 按钮,会看到如图 2-6 所示的网页。

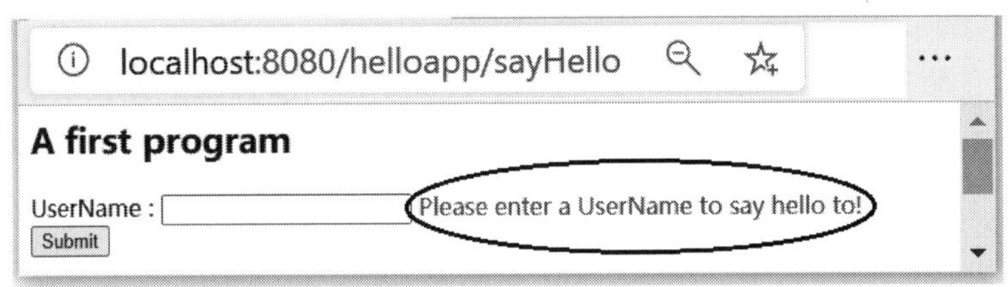

图 2-6 表单数据验证失败的 hello.jsp 网页

当用户提交 hello.jsp 网页上的表单时,请求路径为/sayHello,例如:

```
<form:form action = "${pageContext.request.contextPath}/sayHello"
modelAttribute = "personbean">
```

服务器端执行数据验证流程如下。

(1) DispatcherServlet 调用 PersonController 类的 greet()方法,代码如下:

```
public String greet(
          @Valid @ModelAttribute("personbean")Person person,
          BindingResult bindingResult,Model model) {…}
```

(2) 由于 greet()方法的 person 参数用@Valid 注解来标识,因此会对 Person 对象进行数据验证。

在 Spring MVC 的配置文件 springmvc-servlet.xml 中已经配置了 HibernateValidator 验证器,例如:

```
<!-- 配置 id 为 validator 的数据验证器 -->
<bean id = "validator"
      class = "org.springframework.validation.beanvalidation
              .LocalValidatorFactoryBean">

  <property name = "providerClass"
        value = "org.hibernate.validator.HibernateValidator" />
```

```
    <property name = "validationMessageSource" ref = "messageSource" />
  </bean>

  <!-- 配置 id 为 messageSource 的消息资源组件 -->
  <bean id = "messageSource"
      class = "org.springframework.context.support
              .ResourceBundleMessageSource">
    <property name = "basenames">
      <list>
        <value>messages</value>
      </list>
    </property>
  </bean>

  <mvc:annotation-driven validator = "validator" />
```

以上代码的<mvc:annotation-driven validator="validator" />表明，当 Spring MVC 框架处理 Java 类中的注解时，对于具有验证功能的注解（如@NotBlank 注解），会采用 id 为 validator 的验证器进行数据验证。而 id 为 validator 的验证器就是上文配置的使用 HibernateValidator 验证器的 Bean 组件。

在 Person 类中，@NotBlank 注解用来验证 userName 属性是否为空，例如：

```
@NotBlank(message = "{person.no.username.error}")
private String userName = null;
```

如果 userName 属性为空，会产生一个错误消息，Spring MVC 框架把这个错误消息存放在一个 BindingResult 对象中。以上@NotBlank 注解的验证功能实际上由 HibernateValidator 验证器实现。

在 springmvc-servlet.xml 的配置代码中，id 为 validator 的验证器的 validationMessageSource 属性参考 id 为 messageSource 的消息资源组件，例如：

```
<property name = "validationMessageSource" ref = "messageSource" />
```

id 为 messageSource 的消息资源组件的资源文件为 messages.properties。因此，以上代码表明数据验证产生的错误消息文本也来自 messages.properties 资源文件。对于 Person 类中的@NotBlank(message = "{person.no.username.error}")，当 userName 属性为空时，产生的错误消息的编号为 person.no.username.error，实际上对应的错误消息文本位于 messages.properties 资源文件中，如：

```
person.no.username.error = Please enter a UserName to say hello to!
```

(3) 如果数据验证失败，greet()方法把请求转发给 hello.jsp：

```
if(bindingResult.hasErrors()){
  return "hello";
}
```

hello.jsp 通过<form:errors path="userName"/>标签输出和 userName 属性相关的错误消息。

(4) 对于步骤(2),如果数据验证成功,greet()方法把 Person 对象的 userName 属性值存放在 Model 类的 model 参数中,并把请求转发给 hello.jsp:

```
model.addAttribute("userName", person.getUserName());
return "hello";
```

hello.jsp 通过 EL 表达式"${userName}"在网页上输出 userName 变量。

2.8 依赖注入和控制反转

Spring MVC 框架作为 Spring 框架的分支框架,处处体现了 Spring 框架所运用的核心开发思想:依赖注入(Dependency Inject,DI)和控制反转(Inversion of Control)。

对于未使用任何第三方框架软件的独立的 Java Web 应用程序,应用程序本身需要掌管各种对象的生命周期:何时创建对象,何时销毁对象以及对象与对象之间如何互相关联和依赖。如果运用了 Spring MVC 框架,应用程序被 Spring MVC 框架解耦成一个个具有相对独立性的组件,它们不太需要关心其他组件何时创建、何时销毁、身在何方。当一个组件 A 需要访问另一个组件 B 时,Spring MVC 框架会保证组件 B 随叫随到,随时听候组件 A 的访问和调用。

如图 2-7 所示,Controller 类组件以及 Spring MVC 配置文件中配置的各种 Bean 组件的生命周期都是由 Spring MVC 框架管理的,Web 应用程序并没有主动创建它们。Spring MVC 框架会管理它们的生命周期,并且能派遣这些组件为 Web 应用程序服务。

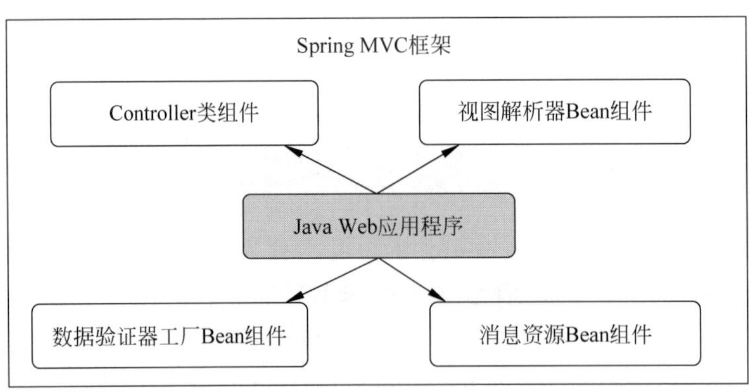

图 2-7 Spring MVC 框架掌管各种组件的生命周期

Spring 框架规定了 Bean 组件包括以下 5 种存在范围。

(1) singleton:单例范围。在整个应用程序中,Spring 框架只创建一个 Bean 实例。这是默认的范围。

(2) prototype:原型范围。每次程序访问 Bean 组件时,Spring 框架都会创建一个 Bean 实例。

(3) request:请求范围。对于每一个 HTTP 请求,Spring 框架会创建一个 Bean 实例。

(4) session：会话范围。对于每一个 HTTP 会话，Spring 框架会创建一个 Bean 实例。

(5) application：Web 应用范围。对于整个 Web 应用，Spring 框架会创建一个 Bean 实例。

singleton 和 prototype 范围适用于所有的应用程序，而 request、session 和 application 范围仅适用于 Web 应用程序。在 Spring 的配置文件中，< bean >元素的 scope 属性用来设置范围。例如，以下代码配置了一个范围为 session 的 Bean 组件。

```
<bean id = "myCart" class = "mypack.ShoppingCart" scope = "session" />
```

站在 Java Web 应用程序的角度，Controller 类等组件注入 Java Web 应用程序中，Java Web 应用程序依赖它们处理客户请求，却无须管理它们的生命周期，这一过程称作依赖注入。

站在 Spring MVC 框架的角度，这一过程也称作控制反转。也就是说，本来应该由 Java Web 应用程序控制对象生命周期的权力转到了 Spring MVC 框架手中。

由 Spring MVC 框架从全局角度包揽 Java Web 应用的运作流程，应用程序所创建的组件只需要完成本职工作。

依赖注入和控制反转给软件开发带来以下 4 个优点。

(1) 软件可维护性好，便于单元测试、调试程序和诊断故障。每一个类都可以单独测试，彼此互不影响。这是组件之间弱耦合带来的好处。

(2) 软件开发团队中的成员分工明确，职责分明。将一个大的任务细分成独立的细小任务，由开发人员分工合作完成，能提高软件开发效率。

(3) 由于每个组件都具有相对独立性，因此提高了组件的可重用性。

(4) 允许在配置文件中配置 Bean 组件，使得软件能灵活地适应各种需求变化。

2.9 向 Spring 框架注册 Bean 组件的方式

为了让 Spring 框架管理特定 Bean 组件的生命周期，首先要向 Spring 框架或它的分支框架注册 Bean 组件。注册 Bean 组件有以下三种方式。

(1) 用@Controller、@Service 和@Respository 等注解标识一个 Java 类。Spring 框架在启动时会识别类中的这些注解，把相应的 Java 类作为 Bean 组件注册到 Spring 框架中。12.6 节将介绍@Service 和@Respository 注解的用法。

(2) 在 Spring 框架或分支框架的配置文件中用< bean >元素注册 Bean 组件，例如：

```
<bean id = "customerService" class = "mypack.CustomerServiceImpl"
scope = "application"/>
```

(3) 在程序中用@Bean 注解注册 Bean 组件，例如：

```
@Configuration
public class MyConfigure {
  @Bean("customerService")
  @Scope("application")
```

```
    public CustomerService create(){
      return new CustomerServiceImpl();
    }
  }
```

以上 MyConfigure 类用@Configuration 注解标识，表明它是配置类。create()方法用@Bean("customerService")注解标识，表明该方法注册了一个 id 属性为 customerService 的 Bean 组件，它引用了一个 CustomerServiceImpl 对象。@Scope("application")注解表明该 Bean 组件的存在范围为 application。例程 16-8 也将演示@Bean 注解的用法。

2.10 小结

本章通过 helloapp 应用范例，演示了把 Spring MVC 框架运用到 Java Web 应用中的方法。通过这个例子，读者可以掌握以下内容。

(1) 分析应用需求，把应用分解为模型、视图和控制器实现这些需求。

(2) 利用 EL 表达式、JSTL 标签库以及 Spring 标签库来创建视图组件。视图组件中的文本内容保存在专门的消息资源文件中，在 JSP 文件中通过 Spring 标签库的<spring:message>标签访问它，可以很方便地把网页中的文本内容从 JSP 文件中分离出去，提高 JSP 文件的可读性和可维护性。

(3) 用 Person Bean 把视图中的表单数据传给控制器组件。Person Bean 默认情况下存放在 request 范围内，它能够被 JSP 组件、Spring 标签以及 Controller 类共享。

(4) 利用@NotBlank 等注解对 Person Bean 进行数据验证。视图组件可以通过<form:errors>标签访问数据验证产生的错误消息。

(5) Controller 类调用模型组件完成业务逻辑，它还能决定把客户请求转发给哪个视图组件。

(6) 模型组件具有封装业务实现细节的功能，开发者可以方便地修改模型组件的实现方式，这不会对 MVC 的其他模块造成影响。

(7) Spring MVC 框架提供的 Model 接口帮助 Controller 类把共享数据保存在特定范围内(默认为 request 范围)，从而实现视图组件和控制器组件之间数据的交互与共享。

(8) 利用 Spring MVC 的配置文件配置 Spring MVC 框架的各种 Bean 组件。Bean 组件保证 Spring MVC 框架有条不紊地工作。

2.11 思考题

1. 对于 Person 类中的@NotBlank 注解，(　　)说法正确。(单选)

   A. 它来自 Spring MVC API

   B. 它来自 Hibernate Validator API

   C. 它来自 Servlet API

   D. 它是程序中自定义的注解

2. 假定在一个控制器类的请求处理方法中，向 Model 类型的 model()方法参数存放了一个 Person 对象，如：

```
model.addAttribute("personbean",person);
```

在 JSP 文件中可以通过(　　)方式输出这个 Person 对象的 userName 属性。(多选)

A. ${personbean.userName}

B. ${requestScope.personbean.userName}

C. <%=((Person)request.getAttribute("personbean")).getUserName() %>

D. ${person.userName}

3. 在 Spring MVC 的配置文件中可以配置(　　)内容。(多选)

A. 消息资源组件

B. 通过<servlet>元素配置 DispatcherServlet

C. 数据验证器

D. 视图解析器

4. 在一个 Controller 类中包含以下两个方法。

```
@RequestMapping(value = {"/hello"}, method = RequestMethod.GET)
public String method1() {…}

@RequestMapping(value = "/hello", method = RequestMethod.POST)
public String method2(){…}
```

以下说法正确的是(　　)。(多选)

A. 当浏览器端请求的 URL 为/hello，Spring MVC 框架会依次调用 method1()方法和 method2()方法

B. 当浏览器端请求的 URL 为/hello，并且请求方式为 GET，Spring MVC 框架会调用 method1()方法

C. 当浏览器端请求的 URL 为/hello，并且请求方式为 POST，Spring MVC 框架会调用 method2()方法

D. 当浏览器端请求的 URL 为/method1，并且请求方式为 GET，Spring MVC 框架会调用 method1()方法

5. 假定在 helloapp 应用的 web.xml 文件中对 DispatcherServlet 做了如下配置：

```
<servlet>
  <servlet-name>dispatcher</servlet-name>
  <servlet-class>
    org.springframework.web.servlet.DispatcherServlet
  </servlet-class>
  <init-param>
     <param-name>contextConfigLocation</param-name>
     <param-value>classpath:springmvc.xml</param-value>
```

```
    </init-param>
    <load-on-startup>1</load-on-startup>
</servlet>
```

那么 Spring MVC 配置文件的存放路径是(　　)。(单选)

A. helloapp/WEB-INF/springmvc.xml

B. helloapp/WEB-INF/dispatcher-servlet.xml

C. helloapp/WEB-INF/classes/springmvc-servlet.xml

D. helloapp/WEB-INF/classes/springmvc.xml

6. 对于本章范例中的数据验证流程,在(　　)会对 Person 对象的 userName 属性进行数据验证。(单选)

A. 程序创建了一个新的 Person 对象时

B. 程序调用了 Person 对象的 setUserName()方法时

C. Spring MVC 框架开始调用 PersonController 类的 greet()方法时

D. 用户在 hello.jsp 的网页上输入了表单数据时

7. Spring MVC 框架中的控制器类的默认存在范围是(　　)。(单选)

A. singleton 范围

B. request 范围

C. session 范围

D. prototype 范围

第3章

控制器层的常用类和注解

本章主要介绍 Spring MVC 框架中位于控制器层的常用类和注解的用法，第 4 章会介绍如何用 Spring 标签在视图层创建 HTML 表单。

本章提供的范例也位于 helloapp 应用中。在本章范例中，访问控制器类的请求处理方法的 URL 入口都以 helloapp 作为根路径。

本书为了节省篇幅，在展示部分 Java 类的源代码时，没有列出 import 语句。如果要了解一个由 Spring API 提供的类或注解到底来自哪个包，可以参考本书提供的配套源代码，或者查阅 Spring 的 JavaDoc 文档，下载地址为 https://search.maven.org/search?q=g:org.springframework。

3.1 用@Controller 注解标识控制器类

把一个类用@Controller 注解标识，这个类就变成了 Spring MVC 框架中的控制器类。不过，要让这个控制器类服从 Spring MVC 框架的统一调遣，还必须确保 Spring MVC 框架在启动时，会扫描到控制器类中的@Controller 注解，从而把这个控制器类收编到自己的管辖范围内，即把它注册到 Spring MVC 框架中。

在 Spring MVC 的配置文件中，以下代码用于告诉 Spring MVC 框架在哪些 Java 包中扫描 Java 类的 Spring 注解。

```
<context:component-scan base-package = "mypack" />
```

这段代码告诉 Spring MVC 框架需要扫描 mypack 包以及子包中的 Java 类的@Controller 等 Spring 注解。如果希望 Spring MVC 框架忽略扫描某些注解，可以用 <context:exclude-filter>元素来设定。例如，以下代码告诉 Spring MVC 框架忽略 Java 类中的@Service 注解。

```
<context:component-scan base-package = "mypack" />
  <context:exclude-filter type = "annotation"
    expression = "org.springframework.stereotype.Service" />
</context:component-scan>
```

3.2 控制器对象的存在范围

一旦 Controller 类按照 3.1 节的方式向 Spring MVC 框架进行了注册，Spring MVC 框架就会管理 Controller 对象的生命周期。

默认情况下，Controller 对象的存在范围为 singleton(单例)，即在整个应用程序的生命周期内，一个 Controller 类只有一个实例。

singleton 范围的优点是节省内存空间，但是也存在以下两个缺点。

(1) 当大量客户请求同时访问一个 Controller 对象的共享数据时，容易造成并发问题。

(2) 如果一个 Controller 对象采用了线程同步机制，那么当大量客户请求同时访问这个 Controller 对象时，会导致部分处理客户请求的线程阻塞，影响 Web 应用的并发性能。

为了克服以上缺点，Spring MVC 框架允许把一个 Controller 对象的存在范围设置为 request 或 session，具体细节如下。

(1) request 范围：对于每一个 HTTP 请求，Spring MVC 框架创建一个 Controller 对象。当完成了对这个 HTTP 请求的响应，Controller 对象就结束生命周期。

(2) session 范围：对于每一个 HTTP 会话，Spring MVC 框架创建一个 Controller 对象。当这个 HTTP 会话结束，Controller 对象就结束生命周期。

在以下代码中，ControllerA 和 ControllerB 分别使用了@RequestScope 和@SessionScope 注解，它们的范围分别为 request 和 session。

```
@Controller
@RequestScope                    //ControllerA 的存在范围为 request
public class ControllerA{}

@Controller
@SessionScope                    //ControllerB 的存在范围为 session
public class ControllerB{}
```

@RequestScope 注解等价于@Scope("request")，@SessionScope 注解等价于@Scope("session")。

除了 request 和 session 范围，还可以把 Controller 对象的存在范围设为 application，这意味着在整个 Web 应用的生命周期内，只有一个 Controller 对象，例如：

```
@Controller
@ApplicationScope                //等价于@Scope("application")
public class ControllerA{}
```

3.3 设置控制器类的请求处理方法的 URL 入口

Controller 类和普通的 Java 类一样，可以包含任意方法。在这些方法中，能够被客户端直接请求访问的方法称为请求处理方法。本章提到的控制器类的方法，如果未作特别说明，都是指请求处理方法。

Spring MVC 框架允许灵活地为请求处理方法指定 URL 入口，具体细节如下。

(1) 通过@RequestMapping 注解的 value 属性设定 URL 入口。

(2) 通过@RequestMapping 注解的 params、method 和 headers 等属性进一步限制 URL 入口。

3.3.1 设置 URL 入口的普通方式

@RequestMapping 注解既可以标识控制器类，也可以标识方法。以下 ControllerA 的三个方法都使用了@RequestMapping 注解。

```
@Controller
public class ControllerA{
    //设定请求方式以及多个 URL 入口
  @RequestMapping(value = {"/input","/"}, method = RequestMethod.GET)
  public String method1(){ … }

  @RequestMapping(value = {"/hello "})        //设定一个 URL 入口
  public String method2(){ … }

  @RequestMapping("go")                       //直接设定 URL 入口
  public String method3(){ … }
}
```

method1()方法的 URL 入口为 helloapp/input 以及 helloapp/，并且请求方式必须为 GET。method2()方法的 URL 入口为 helloapp/hello，无须考虑是 GET 请求方式还是 POST 等其他请求方式。method3()方法的 URL 入口为 helloapp/go，无须考虑是 GET 请求方式还是 POST 等其他请求方式。

以下 ControllerB 在类和方法前都使用了@RequestMapping 注解。

```
@Controller
@RequestMapping("person")                      //设定相对根路径
public class ControllerB{

  @RequestMapping("/save")
  public String method1(){ … }

  @RequestMapping("/")
  public String method2(){ … }
}
```

method1()方法的 URL 入口为 helloapp/person/save。method2()方法的 URL 入口为 helloapp/person/。

由此可见，位于控制器类之前的@RequestMapping 注解设定访问该控制器类的所有请求处理方法的相对根路径。

3.3.2 限制 URL 入口的请求参数、请求方式和请求头

在@RequestMapping 注解中不仅可以通过 value 属性设定 URL 入口，还可以通过 params 属性、method 属性和 headers 属性来进一步限制 URL 入口。

1. params 属性

params 属性用于限制客户端访问请求处理方法的请求参数。例如：

```
@RequestMapping(value = "test",
          params = { "username = weiqin", "address","!phone" })
public String testParam() { … }
```

以上代码中@RequestMapping 注解通过 params 属性设置了三个请求参数：username、address 和 phone。客户端访问 testParam()方法的 URL 必须为 helloapp/test。此外，其请求参数还必须满足以下三个条件。

(1) 包含 username 请求参数，并且取值为 weiqin。

(2) 包含 address 请求参数，取值无所谓。

(3) 不能包含 phone 请求参数。

以下 URL 能正常访问 testParam()方法。

```
http://localhost:8080/helloapp/test?
          username = weiqin&address = shanghai

http://localhost:8080/helloapp/test?
          username = weiqin&address = beijing&gender = female
```

以下 URL 不会访问 testParam()方法。

```
//username 取值不是 weiqin
http://localhost:8080/helloapp/test?username = Mary&address = shanghai

//包含 phone 请求参数不符合要求
http://localhost:8080/helloapp/test?
          username = weiqin&address = beijing&phone = 56567878

//没有包含 address 请求参数
http://localhost:8080/helloapp/test?username = weiqin

//没有包含取值为 weiqin 的 username 请求参数
http://localhost:8080/helloapp/test?address = shanghai
```

2. method 属性

method 属性用于限制客户端访问请求处理方法的请求方式。例如：

```
@RequestMapping(value = "test",
          method = { RequestMethod.GET,RequestMethod.DELETE })
public String testMethod(){ … }
```

以上代码表明，当 URL 为 helloapp/test 并且客户端请求方式为 GET 或 DELETE，Spring MVC 框架会调用 testMethod()方法。

3. headers 属性

headers 属性用于限制客户端访问请求处理方法的请求头。例如：

```
@RequestMapping(value = "test",
headers = { "Host = localhost","Accept","!Referer" })
public String testHeaders() { … }
```

headers 属性的赋值语法与 params 属性相似。客户端访问 testHeaders()方法的 URL 必须为 helloapp/test。此外，其请求头还必须满足以下三个条件。

(1) 包含 Host 项，并且取值为 localhost。

(2) 包含 Accept 项，取值无所谓。

(3) 不能包含 Referer 项。

3.3.3　@GetMapping 和@PostMapping 等简化形式的注解

为了简化@RequestMapping 注解中请求方式的设置，Spring MVC 框架还提供了以下 4 种简化形式的映射注解。

(1) @GetMapping：指定请求方式为 GET。

(2) @PostMapping：指定请求方式为 POST。

(3) @PutMapping：指定请求方式为 PUT。

(4) @DeleteMapping：指定请求方式为 DELETE。

例如以下三种映射方式是等价的。

```
//方式一
@RequestMapping(value = "test", method = { RequestMethod.GET })
public String test(){ … }

//方式二
@GetMapping(value = "test")
public String test(){ … }

//方式三
@GetMapping("test")
public String test(){ … }
```

值得注意的是,@GetMapping 等注解只能用来标识请求处理方法,而不能用来标识控制器类,这是和@RequestMapping 注解的一个区别。

3.4 绑定 HTTP 请求数据和控制器类的方法参数

Controller 类负责处理具体的客户请求,需要读取来自客户端的 HTTP 请求数据。在控制器类中读取请求数据的原生态方式是从 HttpServletRequest 对象中读取各种请求数据,例如:

```
@RequestMapping(value = "test")
public String test(HttpServletRequest request){
  //读取请求参数
  String userName = request.getParameter("userName");
  //读取请求头中的 Host 项
  String host = request.getHeader("Host");
  //读取 Cookie
  Cookie[] cookies = request.getCookies();

  return "result";
}
```

此外,Spring MVC 框架对 HttpServletRequest 对象进行了封装,允许在控制器类的请求处理方法中,把特定的请求数据与方法参数绑定。所谓绑定,这里是指由 Spring MVC 框架自动把请求数据赋值给方法参数。这样,控制器类的方法直接从方法参数中就能获取特定请求数据,省去了从 HttpServletRequest 对象中读取特定请求数据的操作。

HTTP 请求数据主要包括以下三部分内容。

(1) 请求参数。HTML 表单数据也属于请求参数。

(2) 请求头。

(3) Cookie。

Spring MVC 框架允许采用以下 5 种方式把请求数据和方法参数绑定。

(1) 直接定义和请求参数同名的方法参数。

(2) 用@RequestParam 注解绑定请求参数。

(3) 用@RequestHeader 注解绑定请求头。

(4) 用@CookieValue 注解绑定 Cookie。

(5) 用@PathVariable 注解绑定 RESTFul 风格的 URL 变量。

3.4.1 直接定义和请求参数同名的方法参数

在控制器类的请求处理方法中,把请求参数与方法参数绑定的最直接方式是定义和请求参数同名的方法参数。例如:

```
@RequestMapping("test")
public String testParam(String name, int age, String address) {
```

```
    System.out.println("name = " + name);
    System.out.println("age = " + age);
    System.out.println("adress = " + address);
    return "result";
}
```

以下 URL 会访问 testParam()方法。

```
http://localhost:8080/helloapp/test?name = Tom&age = 22&address = Shanghai
```

该 URL 中包含 name、age 和 address 三个请求参数。Spring MVC 框架调用 testParam()方法时，会把这三个请求参数分别赋值给 testParam()的 name 参数、age 参数和 address 参数。testParam()方法会在服务器端打印以下内容。

```
name = Tom
age = 22
address = Shanghai
```

3.4.2　用@RequestParam 注解绑定请求参数

@RequestParam 注解能把特定请求参数和请求处理方法中的方法参数绑定，例如：

```
@RequestMapping("test")
public String testParam(
      @RequestParam(required = false, defaultValue = "Guest") String name,
      @RequestParam(name = "age") int age,
      @RequestParam("address") String homeAddress) {

   System.out.println("name = " + name);
   System.out.println("age = " + age);
   System.out.println("homeAdress = " + homeAddress);
   return "result";
}
```

以上 testParam()方法通过@RequestParam 注解绑定了三个请求参数。

(1) 第一个@RequestParam 注解把 name 请求参数绑定到 name 方法参数。默认情况下，请求参数与方法参数同名。required 属性的默认值为 true，这里 required 属性取值为 false，表示这个不是必须提供的请求参数。defaultValue 属性指定 name 请求参数的默认值。

(2) 第二个@RequestParam 注解把 age 请求参数绑定到 age 方法参数。

(3) 第三个@RequestParam 注解把 address 请求参数绑定到 homeAddress 方法参数。

以下 URL 会访问 testParam()方法。

```
http://localhost:8080/helloapp/test?name = Tom&age = 22&address = Shanghai
```

该 URL 包含 name、age 和 address 三个请求参数，testParam()方法会在服务器端打印以下内容。

```
name = Tom
age = 22
homeAddress = Shanghai
```

当客户端请求访问的 URL 为 http://localhost:8080/helloapp/test? age=22&address=Shanghai。该 URL 包含 age 和 address 两个请求参数，name 请求参数取默认值 Guest，testParam()方法会在服务器端打印以下内容。

```
name = Guest
age = 22
homeAddress = Shanghai
```

当客户端请求访问的 URL 为 http://localhost:8080/helloapp/test? name=Tom&age=22。由于该 URL 没有提供 address 请求参数，因此客户端的浏览器会得到以下错误信息。

```
Required String parameter 'address' is not present
```

@RequestParam 注解以及后文将提到的@CookieValue 注解和@RequestHeader 注解具有一些共同的属性，参见表 3-1。

表 3-1　@RequestParam、@CookieValue 和@RequestHeader 的共同属性

属　　性	描　　述
name 属性	指定请求数据的名字
value 属性	name 属性的别名，作用和 name 属性相同
required 属性	默认值为 true，指明是否为必须提供的请求数据
deafultValue 属性	请求数据的默认值

value 属性是 name 属性的别名，因此两者的作用是相同的。例如以下四个@RequestParam 注解的作用相同。

```
@RequestParam(name = "age") int age
@RequestParam(value = "age") int age
@RequestParam("age") int age
@RequestParam int age
```

3.4.3　用@RequestHeader 注解绑定 HTTP 请求头

在 HTTP 请求头中会包含客户端的主机地址、浏览器类型、请求正文的数据类型以及请求正文的长度等信息。@RequestHeader 注解能够把请求头中的特定项和请求处理方法的参数绑定，例如：

```
@RequestMapping("test")
public String testRequestHeader(@RequestHeader("Host") String hostAddr,
        @RequestHeader String Host, @RequestHeader String host) {
  System.out.println(hostAddr + "-----" + Host + "-----" + host);
  return "result";
}
```

以上 testRequestHeader()方法使用了三个@RequestHeader 注解：

(1) 第一个注解把请求头中名为 Host 的请求项与方法参数 hostAddr 绑定。

(2) 第二个注解把请求头中名为 Host 或 host 的请求项与方法参数 Host 绑定。默认情况下，请求头中请求项和方法参数同名，但是不区分大小写。

(3) 第三个注解把请求头中名为 Host 或者 host 的请求项与方法参数 host 绑定。

通过浏览器访问 http://localhost:8080/helloapp/test，testRequestHeader()方法会在服务器端打印以下信息。

```
localhost:8080-----localhost:8080-----localhost:8080
```

3.4.4　用@CookieValue 注解绑定 Cookie

先通过一个简单的例子来引入 Cookie 作用的介绍。用户第一次到一个健身房去健身，健身房会为用户办理一张会员卡，这个会员卡由用户保管。以后用户每次去健身房，都会先出示会员卡。Cookie 就类似于会员卡。Cookie 是服务器端事先发送给客户端的用来跟踪客户端状态的一些数据，采用"Cookie 名字=Cookie 值"的数据格式。客户端得到服务器端发送的 Cookie 后，会把它保存在本地机器上，以后客户端再向服务器端发送请求时，会在请求数据中包含 Cookie 信息。

假定客户端请求访问服务器端的一个控制器类的 testCookie()方法时，在请求数据中包含两个 Cookie："username=Tom"和"address=Shanghai"。以下 testCookie()方法会读取这两个 Cookie。

```
@RequestMapping("test")
public String testCookie(@CookieValue String username,
     @CookieValue("address")String homeAddress) {

  System.out.println("username = " + username);
  System.out.println("homeAddress = " + homeAddress);

  return "result";
}
```

第一个@CookieValue 注解把名字为 username 的 Cookie 和 username 方法参数绑定。默认情况下，Cookie 的名字和方法参数的名字相同。第二个@CookieValue 注解把名字为

address 的 Cookie 和 homeAddress 方法参数绑定。运行 testCookie()方法，在服务器端会打印以下内容。

```
username = Tom
homeAddress = Shanghai
```

如果客户端的请求数据中不包含名字为 username 或者 address 的 Cookie，那么当客户端试图访问 testCookie()方法时，客户端的浏览器会收到以下错误信息。

```
Missing cookie 'username' for method parameter of type String
```

3.4.5 用@PathVariable 注解绑定 RESTFul 风格的 URL 变量

在访问请求处理方法的 URL 中可以加入一些变量，@PathVariable 注解能够把这些 URL 变量和方法参数绑定。第 15 章会进一步介绍 RESTFul 风格的概念和用法。

例程 3-1 的 testPath()方法就使用了@PathVariable 注解。

例程 3-1 TestPathController.java

```
@Controller
@RequestMapping("/main/{variable1}")
public class TestPathController {
  @RequestMapping("/test/{variable2}")
  public String testPath (@PathVariable String variable1,
              @PathVariable("variable2") int variable2) {
    System.out.println("variable1 = " + variable1);
    System.out.println("variable2 = " + variable2);

    return "result";
  }
}
```

第一个@RequestMapping 注解设置的 URL 中包含一个 variable1 变量。第二个@RequestMapping 注解设置的 URL 中包含一个 variable2 变量。

在 testPath()方法中，第一个@PathVariable 注解把 URL 中的 variable1 变量和 variable1 方法参数绑定，默认情况下，URL 变量的名字和方法参数的名字相同。第二个@PathVariable 注解把 URL 中的 variable2 变量和 variable2 方法参数绑定。

当浏览器端请求访问的 URL 为 http://localhost:8080/helloapp/main/hello/test/100，URL 中 variable1 变量的取值为 hello，variable2 变量的取值为 100，因此 testPath()方法在服务器端打印以下内容。

```
variable1 = hello
variable2 = 100
```

3.4.6　把一组请求参数和一个 JavaBean 类型的方法参数绑定

Spring MVC 框架还会自动把一组请求参数(包括表单数据)转换成一个 JavaBean,再把这个 JavaBean 和方法参数绑定。例如 Product 类是一个 JavaBean,它有以下两个属性以及相应的 get 和 set 方法。

```
private String name;
private double price;
```

以下 ProductController 类的 getDetail()方法把 name 请求参数和 price 请求参数转换成一个 Product 对象,再和 product 参数绑定。

```
@Controller
public class ProductController {
  @RequestMapping("/product")
  public String getDetail(Product product) {
    System.out.println("name:" + product.getName());
    System.out.println("price:" + product.getPrice());
    return "result";
  }
}
```

通过浏览器访问 getDetail()方法,URL 为 http://localhost:8080/helloapp/product?name=book&price=25,getDetail()方法会在服务器端打印如下内容:

```
name:book
price:25
```

3.5　请求参数的类型转换

在 Controller 类中,如果通过 HttpServletRequest 的 getParameter()方法来读取请求参数,返回的是 String 类型的请求参数值。如果要获得其他类型的参数,需要在程序中进行类型转换,例如:

```
String param = request.getParameter("age");
int age = Integer.parseInt(param);                    //把字符串类型转换为 int 类型
```

而通过 Spring MVC 框架把请求参数绑定到控制器类的方法参数时,Spring MVC 框架会利用内置的数据类型转换器,对一些常见的数据类型自动进行类型转换。例如在以下 testParam()方法中,会把各种类型的请求参数与方法参数绑定。

```
@RequestMapping("test")
public String testParam(String name, int age,
```

```
                    boolean isMarried,double weight) {
    System.out.println("name = " + name);
    System.out.println("age = " + age);
    System.out.println("isMarried = " + isMarried);
    System.out.println("weight = " + weight);

    return "result";
}
```

当客户端请求访问的 URL 为 http://localhost:8080/helloapp/test? name=Tom&age=22&isMarried=false&weight=53.5,该 URL 中包含 name、age、isMarried 和 weight 四个请求参数,testParam()方法会在服务器端打印以下内容。

```
name = Tom
age = 22
isMarried = false
weight = 53.5
```

由此可见,Spring MVC 框架会根据请求处理方法的参数类型,自动把 String 类型转换为 int 类型、boolean 类型或者 double 类型等。

对于复杂的数据类型,还可以自定义类型转换器。例如,假定客户端提供的请求参数为表示用户信息的字符串"Tom,22,false,53.5",如果希望 Spring MVC 框架能把它先转换成一个 Person 对象,再传给控制器类的方法,该如何实现呢?接下来就结合具体的范例介绍创建和使用自定义类型转换器的 5 个步骤。

(1) 创建 hello.jsp,它接收用户输入的 Person 信息,最后会把 Person 信息显示到网页上。

(2) 创建包含 Person 信息的 Person 类。

(3) 创建类型转换器 PersonConverter 类,它把 String 类型的 Person 信息转换成 Person 对象。

(4) 在 Spring MVC 配置文件中注册 PersonConverter 类型转换器。

(5) 创建控制器类 PersonController,它读取经过数据类型转换的 person 参数,把它保存在 Model 中,再由 hello.jsp 显示 Person 信息。

3.5.1 创建包含表单的 hello.jsp

在 hello.jsp 中定义了一个表单,它包含一个名字为 personInfo 的文本框。此外,它还通过 EL 表达式显示用户输入的表单数据。例程 3-2 是 hello.jsp 的主要源代码。

例程 3-2 hello.jsp 的主要源代码

```
<spring:message code = "hello.jsp.prompt.person.userName"/>
${person.userName}<br>
<spring:message code = "hello.jsp.prompt.person.age"/>
${person.age}<br>
```

```
<spring:message code="hello.jsp.prompt.person.isMarried"/>
${person.isMarried}<br>
<spring:message code="hello.jsp.prompt.person.weight"/>
${person.weight}<br><br>

<form action="${pageContext.request.contextPath}/sayHello"
            method="POST">
  <spring:message code="hello.jsp.prompt.person"/>
  <input type="text" name="personInfo"
            value="${person.personInfo}" /><br>
  <input type="submit" value="Submit"/>
</form>
```

3.5.2　创建包含 Person 信息的 Person 类

在 Person 类中定义了 userName、age、isMarried 和 weight 属性，以及相应的 get 和 set 方法。例程 3-3 是 Person 类的源代码。

例程 3-3　Person.java

```
public class Person {
  private String userName = null;
  private int age;
  private boolean isMarried;
  private double weight;

  public String getUserName() {
      return this.userName;
  }
  public void setUserName(String userName) {
    this.userName = userName;
  }
  …
  public String getPersonInfo( ) {
    return(userName + "," + age + "," + isMarried + "," + weight);
  }
}
```

Person 类有一个 getPersonInfo()方法，返回包含 Person 信息的字符串。但是，Person 类中并没有定义 personInfo 属性。在 hello.jsp 中，仍然可以通过 ${person.personInfo}的形式访问 Person 信息，例如：

```
<input type="text" name="personInfo" value="${person.personInfo}" />
```

由此可见，EL 表达式 ${person.personInfo}会自动调用 Person 对象的 getPersonInfo()方法。

3.5.3 创建类型转换器 PersonConverter 类

PersonConverter 类实现了 org. springframework. core. convert. converter. Converter 接口，它把 String 类型的 Person 信息转换成 Person 对象。例程 3-4 是 PersonConverter 类的源代码。

例程 3-4 PersonConverter. java

```
package mypack;
import org.springframework.core.convert.converter.Converter;

public class PersonConverter implements Converter<String, Person> {
  public Person convert(String source) {
    // 创建一个 Person 对象
    Person person = new Person();

    // 以","分隔
    String stringValues[] = source.split(",");
    if (stringValues != null && stringValues.length == 4) {
      // 为 Person 实例赋值
      person.setUserName(stringValues[0]);
      person.setAge(Integer.parseInt(stringValues[1]));
      person.setIsMarried(Boolean.parseBoolean(stringValues[2]));
      person.setWeight(Double.parseDouble(stringValues[3]));
      return person;
    } else {
      throw new IllegalArgumentException(
            String.format(
                  "类型转换失败,"
                  + "需要格式'userName,age,isMarried,weight',但格式是[%s]"
                  , source));
    }
  }
}
```

PersonConverter 类的 convert(String source)方法会解析 String 类型的 source 参数，把它转换成一个 Person 对象。

3.5.4 在 Spring MVC 配置文件中注册类型转换器

只有在 Spring MVC 的配置文件中注册了 PersonConverter 类型转换器，Spring MVC 框架才会在需要的场合，自动把 String 类型的 Person 信息转换为 Person 对象。以下是在 Spring MVC 配置文件中的配置代码。

```
<bean id="conversionService"
        class="org.springframework.context
                    .support.ConversionServiceFactoryBean">
```

```
    <property name = "converters">
      <list>
        <bean class = "mypack.PersonConverter"/>
      </list>
    </property>
  </bean>

  <!-- 指定使用 PersonConverter 类型转换器 -->
  <mvc:annotation-driven conversion-service = "conversionService" />
```

<bean>元素定义了一个 id 为 conversionService 的 Bean 组件，它是创建 PersonConverter 类型转换器的工厂 Bean。<mvc:annotation-driven>元素的 conversion-service 属性的取值为 conversionService。因此，Spring MVC 框架会利用 PersonConverter 类型转换器进行数据类型转换。

3.5.5　创建处理请求参数的控制器类 PersonController

在 PersonController 类的 greet()方法中，把名字为 personInfo 的请求参数绑定到 Person 类型的 person 参数，代码如下：

```
@RequestMapping(value = "/sayHello", method = RequestMethod.POST)
public String greet(
          @RequestParam("personInfo") Person person, Model model) {
  model.addAttribute("person", person);
  return "hello";
}
```

由于 3.5.4 节已经在 Spring MVC 框架中注册了 PersonConverter 类型转换器，Spring MVC 框架就会利用该转换器，自动把 String 类型的 personInfo 请求参数转换成 Person 类型的对象。

如图 3-1 所示，在 hello.jsp 页面的文本框中输入字符串"Tom,22,false,52.3"，这个字符串经过 PersonConverter 的数据类型转换，再由 PersonController 把它保存到 Model 中，最后在 hello.jsp 网页上显示出来。

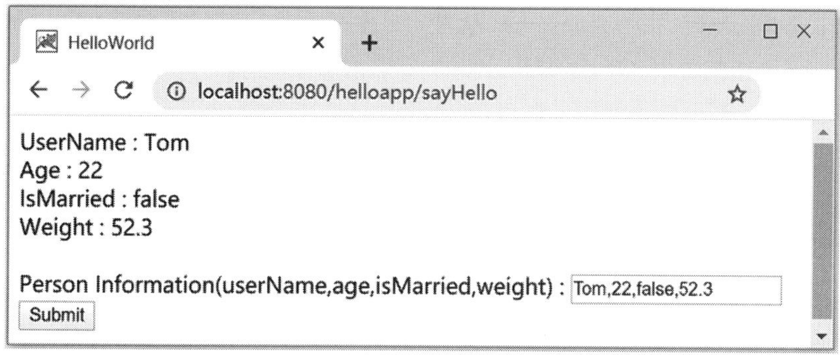

图 3-1　hello.jsp 网页显示 Person 信息

如果在 hello.jsp 网页上输入的字符串为“Tom，22，not married，null”，PersonConverter 试图对它进行类型转换时，会抛出 IllegalArgumentException 异常。本章没有介绍如何处理程序运行中产生的异常。关于异常的处理，请参见第 7 章。

3.6 请求参数的格式转换

对于日期和数字等类型的请求参数，Spring MVC 框架提供了内置的类型转换器，会进行简单的类型转换。例如在例程 3-5 中，showDate()方法有一个 Date 类型的 date 参数。Spring MVC 框架的内置类型转换器会自动把 String 类型的 date 请求参数转换为 Date 类型的 date 方法参数。

例程 3-5 TestFormatController.java

```
@Controller
public class TestFormatController {
  @RequestMapping(value = "/showDate")
  public String showDate(Date date,Model model) {
    model.addAttribute("date", date);
    System.out.println(date);
    return "showDate";
  }

  @RequestMapping(value = "/useFormat")
  public String useFormat(
      @DateTimeFormat(pattern = "yyyy - MM - dd")Date date,
      @NumberFormat(pattern = "#,###")int salary,
      Model model) {

    model.addAttribute("date", date);
    model.addAttribute("salary", salary);
    System.out.println("date = " + date);
    System.out.println("salary = " + salary);
    return "showFormatData";
  }
}
```

通过浏览器访问 showDate()方法，URL 为 http://localhost:8080/helloapp/showDate?date=2020/08/20，该 URL 中 date 请求参数的值为 2020/08/20，Spring MVC 框架会把它转换成一个 Date 对象，赋值给 showDate()方法的 date 参数。

如果通过 http://localhost:8080/helloapp/showDate?date=2020-08-20 访问 showDate()方法，Spring MVC 框架的内置类型转换器无法把 2020-08-20 转换为 Date 对象，会向客户端返回错误信息。

在这种情况下，可以使用 Spring MVC 框架的内置格式转换器。下面介绍两个常用的内置格式转换器。

(1) @DateTimeFormat 注解：日期和时间的格式转换器。

(2) @NumberFormat 注解：数字的格式转换器。

例程 3-5 的 useFormat()方法使用了@DateTimeFormat 注解和@NumberFormat 注解，并且设定了日期和数字的格式，分别为 yyyy-MM-dd 和#,###。

如果通过 http://localhost:8080/helloapp/useFormat? date=2020-08-20&salary=5,300 访问 useFormat()方法，@DateTimeFormat 注解会把这个 URL 中的 2020-08-20 转换为 Date 对象，@NumberFormat 注解把 5,300 转换为 int 类型的 5300。

提示：在 Spring 5 版本中，如果在 Spring MVC 的配置文件中为< mvc:annotation-driven>元素设定了 conversion-service 属性，那么@NumberFormat 注解就不起作用，这是需要注意的地方。

除了使用 Spring 的内置格式转换器，还可以灵活地自定义格式转换器。例程 3-6 实现了 Formatter 接口，能够把基于 yyyy*MM*dd 格式的字符串转换成 Date 对象。

例程 3-6 DateFormatter.java

```
import org.springframework.format.Formatter;

public class DateFormatter implements Formatter<Date> {
  SimpleDateFormat dateFormat = new SimpleDateFormat("yyyy*MM*dd");

  public String print(Date object, Locale arg) {
    return dateFormat.format(object);
  }

  public Date parse(String source, Locale arg) throws ParseException {
    return dateFormat.parse(source);
  }
}
```

接下来，在 Spring MVC 的配置文件中需要注册自定义的格式转换器，代码如下：

```
<!-- 注册格式转换器 DateFormatter -->
<bean id="conversionService"
          class="org.springframework.format.support
                .FormattingConversionServiceFactoryBean">

  <property name="formatters">
    <list>
      <bean class="mypack.DateFormatter"/>
    </list>
  </property>
</bean>

<mvc:annotation-driven conversion-service="conversionService" />
```

这段代码使得 Spring MVC 框架会在需要的场合使用自定义的 DateFormatter。

通过浏览器再次访问例程 3-5 的 showDate()方法，URL 为 http://localhost:8080/helloapp/showDate? date=2020 * 08 * 20，Spring MVC 框架会利用自定义的 DateFormatter 把以上 URL 中的 2020 * 08 * 20 转换成一个 Date 对象，再把它传给 showDate()方法的 date 参数。

自定义的格式转换器和 3.5 节的自定义类型转换器可以完成相似的数据类型转换功能。两者的区别如下。

(1) 自定义类型转换器能够对各种数据类型进行转换，而自定义格式转换器只能把 String 类型转换成其他类型。

(2) 自定义类型转换器会忽略 Locale 信息，而自定义格式转换器可以根据 Locale 信息，进行本地化的数据格式转换，这有助于实现 Web 应用的国际化。第 8 章将详细介绍了 Web 应用的国际化。

3.7 控制器类的方法的参数类型

Controller 类在 Spring MVC 框架中享有优越地位，Spring MVC 框架为控制器类提供了各种资源。从 3.4 节就可以看出，控制器类如果需要访问客户端的某种请求数据，只需要声明一个与特定请求数据绑定的方法参数。

在 Spring MVC 框架的全力支持下，控制器类的请求处理方法可以把方法参数定义为以下 20 种类型。

(1) javax.servlet.ServletRequest 或 javax.servlet.http.HttpServletRequest。

(2) javax.servlet.ServletResponse 或 javax.servlet.http.HttpServletResponse。

(3) javax.servlet.http.HttpSession。

(4) org.springframework.web.context.request.WebRequest。

(5) org.springframework.web.context.request.NativeWebRequest。

(6) java.util.Locale。

(7) 用于读取请求数据的 java.io.InputStream 或 java.io.Reader。

(8) 用于生成响应结果的 java.io.OutputStream 或 java.io.Writer。

(9) java.security.Principal。

(10) org.springframework.http.HttpEntity<?>。

(11) java.util.Map 或 org.springframework.ui.Model。

(12) org.springframework.ui.ModelMap。

(13) org.springframework.web.servlet.ModelAndView。

(14) org.springframework.web.servlet.mvc.support.RedirectAttributes。

(15) org.springframework.validation.Errors。

(16) org.springframework.validation.BindingResult。

(17) org.springframework.web.bind.support.SessionStatus。

(18) org.springframework.web.util.UriComponentsBuilder。

(19) 用 @ModelAttribute、@PathVariable、@CookieValue、@RequestParam、@RequestHeader、@RequestBody 和@RequestPart 注解标识的参数。

(20) 和请求参数对应的数据类型。

第 2 章以及本章已经介绍了 HttpServletRequest 类型、BindingResult 类型和 Model 类型的参数,以及用@ModelAttribute、@RequestParam、@CookieValue 和@RequestHeader 等注解标识的参数,后文还将陆续介绍其他类型参数的用法。

org.springframework.web.context.request.WebRequest 接口的用法和 HttpServletRequest 接口相似,它也表示客户请求。WebRequest 接口的 getParameter(String paramName)方法用于读取请求参数,getHeader(String headerName)方法用于读取请求头中的特定项,getContextPath()方法返回当前 Web 应用的根路径。

3.8 控制器类的方法的返回类型

以下是控制器类的请求处理方法的 4 种常用返回类型。

(1) ModelAndView 类型:包含了 Model 数据以及视图组件。3.9.4 节将介绍把 ModelAndView 作为返回类型的范例。

(2) String 类型:Web 组件的逻辑名字。

(3) void:没有返回值。在这种情况下,在请求处理方法中可以直接通过 Writer 输出响应结果。

(4) 如果请求处理方法用@ModelAttribute 注解来标识,那么方法的返回值无论是什么类型,都会添加到 Model 中,参见 3.9.1 节。

3.8.1 String 返回类型

Controller 类的请求处理方法返回 String 类型字符串,有以下三种用途。

(1) 把请求转发给视图组件。

(2) 把请求转发给其他控制器类组件,返回值以 forward:开头。

(3) 把请求重定向到其他控制器类组件,返回值以 redirect:开头。

例如,在以下请求处理方法 dispatch()中,根据请求参数 action 的取值返回特定的字符串。

```
@RequestMapping("test")
public String dispatch(@RequestParam("action")String action) {
  switch(action){
    case "forward":
      //把请求转发给 URL 入口为 input 的控制器类的特定方法
      return "forward:input";

    case "redirect":
      //重定向到 URL 入口为 output 的控制器类的特定方法
      return "redirect:output";

    case "jsp":
    default:
      return "result";          //把请求转发给 result.jsp
  }
}
```

dispatch()方法有以下三种返回值。

(1) forward:input: 把请求转发给 URL 入口为 input 的控制器类的特定方法。

(2) redirect:output: 重定向到 URL 入口为 output 的控制器类的特定方法。

(3) result: 把请求转发给 result.jsp 文件。

3.8.2 void 返回类型

当请求处理方法的返回类型为 void,可以通过 Writer 直接在网页上输出数据,例如:

```
@RequestMapping("/testvoid")
public void testvoid(Writer writer)throws IOException{
  writer.write("hello");              //在网页上输出字符串 hello
}
```

3.9 控制器与视图的数据共享

视图会把请求数据传给控制器进行处理,控制器也会把响应结果传给视图进行展示。前文已经介绍了视图向控制器传递请求数据的方法。本节将继续介绍由 Spring MVC 框架提供的用于数据共享的注解、接口和类的用法,主要有以下 4 种:

(1) @ModelAttribute 注解: 表示 Model 的特定数据。

(2) org.springframework.ui.Model 接口: 表示 Model 数据。控制器和视图都能访问 Model。

(3) org.springframework.ui.ModelMap 类: 表示 Model 数据的映射。控制器和视图都能访问 ModelMap。

(4) org.springframework.web.servlet.ModelAndView 类: 表示 Model 数据和视图。控制器和视图都能访问 ModelAndView。

图 3-2 显示了这 4 种注解、接口和类的作用。

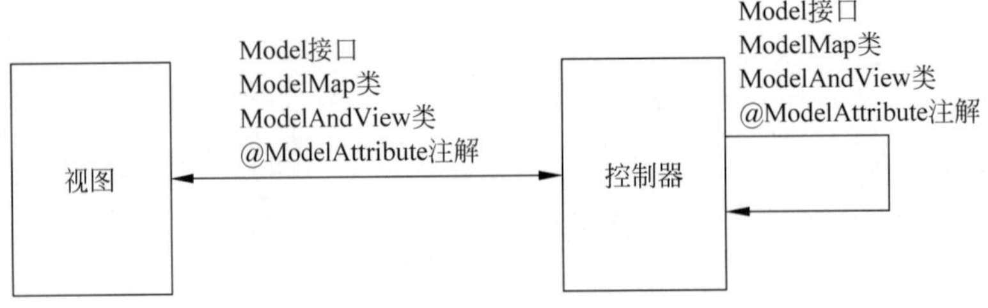

图 3-2 视图与控制器之间共享数据

Model 接口、ModelMap 类、ModelAndView 类、@ModelAttribute 注解中都包含 Model。这里的 Model 和 MVC 框架中的模型层的概念有区别。MVC 框架中的模型层包含业务数据和业务逻辑,而这里的 Model 是指控制器层的一种用于存放共享数据的容器,它仅包含业务数据,不包含业务逻辑。

Model 接口、ModelMap 类和 ModelAndView 类都包含了 Model 数据,因此它们都具

有存取共享数据的功能。它们的区别在于，ModelMap 类实现了 java.util.Map 映射接口，可以直接通过 get(String attributeName)方法来读取特定的共享数据；ModelAndView 类不仅包含 Model 数据，还和特定的视图组件绑定，由这个视图组件来展示 Model 数据。

共享数据在 Model 中以"属性名=属性值"的形式存放。@ModelAttribute 注解表示 Model 的一个属性，也就是 Model 中的特定共享数据。

3.9.1　@ModelAttribute 注解

@ModelAttribute 注解有以下三个作用。

(1) 用在控制器类的请求处理方法的参数前面，把方法参数保存到 Model 中。

(2) 用在控制器类的请求处理方法的参数前面，把 Model 的特定属性赋值给方法参数。

(3) 用在控制器类的方法前面，表明该方法会向 Model 中添加特定属性。

1. 把方法参数保存到 Model 中

在第 2 章中，PersonController 类的 greet()方法的 person 参数用@ModelAttribute 注解来标识，例如：

```
@RequestMapping(value = "/sayHello", method = RequestMethod.POST)
public String greet(
          @Valid @ModelAttribute("personbean")Person person,
          BindingResult bindingResult,Model model) {…}
```

Spring MVC 框架先把客户端提供的表单数据和 person 参数绑定，接着@ModelAttribute 注解把 person 参数保存到 Model 中，属性名为 personbean。

2. 把 Model 的特定属性赋值给方法参数

假定请求访问以下 output()方法的 URL 中不存在 name 请求参数，此时，@ModelAttribute 注解会把 Model 中的 userName 属性赋值给 name 参数。

```
@RequestMapping(value = "/output")
public String output(@ModelAttribute("userName") String name){
  System.out.println(name);
  return "result";
}
```

例程 3-8 将提供完整的范例。

3. 标识用于向 Model 中添加属性的方法

如果控制器类的一个方法 A 用@ModelAttribute 注解来标识，那么意味着该方法会设置 Model 数据。当 Spring MVC 框架调用请求处理方法 B 之前，会先调用方法 A。

提示：如果控制器类有多个方法(按照定义的先后顺序分别为方法 A、方法 B 和方法 C)都用@ModelAttribute 注解来标识，那么当 Spring MVC 框架调用请求处理方法 D 之前，会依次先调用方法 A、方法 B 和方法 C，然后再调用方法 D。

例程 3-7 的 setModel()方法用@ModelAttribute 注解来标识。

例程 3-7 TestModelController.java

```
@Controller
public class TestModelController {
  @ModelAttribute
  public void setModel(String userName,Model model){
    //把 userName 方法参数作为 userName 属性加入到 Model 中
    model.addAttribute("userName", userName);
  }

  @RequestMapping(value = "/testmodel")
  public String login(Model model){
    // 从 Model 中读取 userName
    String userName = (String)model.getAttribute("userName");
    System.out.println(userName);
    return "showUser";
  }
}
```

在 setModel()方法中，userName 请求参数和 userName 方法参数绑定。setModel()方法把 userName 方法参数作为 userName 属性添加到 Model 中。在 login()方法中，从 Model 读取 userName 属性，并且把请求转发给 showUser.jsp。showUser.jsp 通过 EL 表达式 ${userName}输出 Model 的 userName 属性。

通过浏览器访问 http://localhost:8080/helloapp/testmodel? userName=Mary，Spring MVC 框架先调用 setModel()方法，再调用 login()方法，最后把请求转发给 showUser.jsp。

例程 3-7 中用@ModelAttribute 注解标识的 setModel()方法的返回类型为 void。以下代码重新实现了 setModel()方法，它具有 String 类的返回值。它能完成同样的功能，把 userName 属性添加到 Model 中。

```
@ModelAttribute("userName")
public String setModel(String userName) {
  return userName;
}
```

@ModelAttribute 注解为 Model 添加了一个 userName 属性，setModel()方法的返回值就是 Model 中 userName 属性的值。

@ModelAttribute 注解标识的 setModel()方法返回 Person 对象，这个 Person 对象会作为 person 属性添加到 Model 中。

```
@ModelAttribute("person")
public Person setModel(String userName) {
  Person p = new Person();
  p.setUserName(userName);
  return p;          //返回的 Person 对象保存到 Model 中,属性名为 person
```

```
    }

    @RequestMapping(value = "/getperson")
    public String login(Model model){
      // 从 Model 中读取 person
      Person person = (Person)model.getAttribute("person");
      System.out.println(person.getUserName());
      return "result";
    }
```

例程 3-8 在 setdata()方法前和 output()方法的 name 参数前都使用了@ModelAttribute 注解。

例程 3-8　TestAttributeController.java

```
@Controller
public class TestAttributeController {

  @ModelAttribute("userName")
  public String setdata(String name){
    return name.toUpperCase();
  }

  @RequestMapping(value = "/output")
  public String output(@ModelAttribute("userName") String name){
    System.out.println(name);
    return "result";
  }
}
```

setdata()方法前的@ModelAttribute 注解向 Model 添加了一个 userName 属性。output()方法的 name 参数前的@ModelAttribute 注解把 Model 中的 userName 属性和 name 参数绑定。

当通过浏览器访问 http://localhost:8080/helloapp/output?name=Tom，TestAttributeController 类的 output()方法会在服务器端打印 TOM。

3.9.2　Model 接口

Model 接口表示 Model 数据，存放在 Model 中的数据采用“属性名/属性值”的形式。Model 中的数据能够被控制器和视图共享，例程 3-7 也演示了 Model 接口的用法。

```
//向 Model 中存放共享数据
model.addAttribute("userName", userName);

//从 Model 中读取共享数据
String userName = (String)model.getAttribute("userName");
```

3.9.3 ModelMap 类

ModelMap 类和 Model 接口的功能相似,区别在于两者的语义不同。要从 Model 对象中读取共享数据,可以调用 getAttribute(String attributeName)方法;而 ModelMap 类表示 Model 的映射类型,可以调用 ModelMap 类的 get(String attributeName)方法获得特定的属性值。

此外,Model 接口的 asMap()方法会返回一个 Map 对象,通过这个 Map 对象也能读取特定的属性,例如以下三种方式分别从 Model 或 ModelMap 中读取特定属性。

```
Model model = …
ModelMap modelMap = …
String userName1 = (String)model.getAttribute("userName");
String userName2 = (String)(model.asMap().get("userName"));
String userName3 = (String)modelMap.get("userName");
```

例程 3-9 的功能与例程 3-7 相同,区别在于本节范例用 ModelMap 类来存放共享数据。

例程 3-9 TestModelMapController.java

```
@Controller
public class TestModelMapController {
  @ModelAttribute
  public void setModel(String userName,
              ModelMap modelMap){
    modelMap.addAttribute("userName", userName);
  }

  @RequestMapping(value = "/testmap")
  public String login(ModelMap modelMap){
    // 从 ModelMap 中读取 userName 属性
    String userName = (String)modelMap.get("userName");
    System.out.println(userName);
    return "showUser";
  }
}
```

3.9.4 ModelAndView 类

ModelAndView 类和 Model 接口一样,也能存放共享数据。但它们有以下两点区别。

(1) ModelAndView 类添加共享数据的方法是 addObject(String attributeName, Object attributeValue),而 Model 接口添加共享数据的方法是 addAddtribute(String attributeName,Object attributeValue)。

(2) ModelAndView 类的 setViewName(String viewName)方法指定用于展示 Model 数据的视图组件,参数 viewName 指定视图组件的逻辑名字,而 Model 接口不具有这样的方法。

ModelAndView 类的以下方法返回包含 Model 数据的 Map 对象或 ModelMap 对象。

```
Map<String,Object> getModel()
ModelMap getModelMap()
```

例程 3-10 的功能与例程 3-7 相同，区别在于本节范例用 ModelAndView 类来存放共享数据。

例程 3-10　TestViewController. java

```
@Controller
public class TestViewController {

  @ModelAttribute
  public void setModel(String userName,
            ModelAndView modelAndView){
    modelAndView.addObject("userName", userName);
  }

  @RequestMapping(value = "/testview")
  public ModelAndView login(ModelAndView modelAndView){
    // 从 ModelAndView 中读取 userName 属性
    String userName =
          (String)(modelAndView.getModel().get("userName"));
    System.out.println(userName);

    //showUser 是 showUser.jsp 的逻辑名字
    modelAndView.setViewName("showUser");
    return modelAndView;          //把请求转发给 showUser.jsp
  }
}
```

login()方法的返回类型为 ModelAndView，login()方法会把请求转发给返回值 modelAndView 对象指定的视图组件 showUser. jsp。

3.9.5　把 Model 中的数据存放在 session 范围内

2.4.3 节已经介绍过，默认情况下，添加到 Model 中的数据存放在 request 范围内。如果要把数据存放到 session 范围内，可以使用@SessionAttributes 注解。例程 3-11 使用了@SessionAttributes 注解。

例程 3-11　TestSessionController. java

```
@Controller
@SessionAttributes(value = {"person","age"})
public class TestSessionController {

  @ModelAttribute("person")
  public Person setModel(){
```

```
    Person p = new Person();
    p.setUserName("Tom");
    return p;
  }

  @RequestMapping(value = "/testsession")
  public String testSession(Model model, int age, String address){
    model.addAttribute("age", age);
    model.addAttribute("address", address);
    return "sessiontest";
  }

  @RequestMapping(value = "/repeat")
  public String repeat(SessionStatus sessionStatus){
    return "sessiontest";
  }

  @RequestMapping(value = "/sessionclear")
  public String testSessionClear(SessionStatus sessionStatus){
    sessionStatus.setComplete();          //清除 session 范围内的 Model 数据
    return "sessiontest";
  }
}
```

以上 TestSessionController 类前的@SessionAttributes(value={"person","age"})注解的作用是声明 Model 中的 person 属性和 age 属性存放在 request 范围内。

setModel()方法向 Model 添加了 person 属性，testSession()方法向 Model 添加了 age 属性，person 属性和 age 属性都会保存在 session 范围内。testSession()方法还向 Model 添加了 address 属性，该属性会保存在默认的 request 范围内。

在 testSessionClear()方法中，通过 SessionStatus 类的 setComplete()方法清除 session 范围内的 Model 数据。

testSession()、repeat()和 testSessionClear()方法都会把请求转发给 sessiontest.jsp。sessiontest.jsp 输出 session 范围和 request 范围内的共享数据，例如：

```
UserName: ${sessionScope.person.userName} <br>
Age: ${sessionScope.age}<br>
Address: ${requestScope.address}
```

下面按以下三个步骤来运行本范例。

(1) 通过浏览器访问 testSession()方法，URL 为 localhost:8080/helloapp/testsession?age=22&address=shanghai，Spring MVC 框架先调用 setModel()方法，再调用 testSession()方法，这两个方法向 session 范围存放 person 属性和 age 属性，还向 request 范围存放 address 属性。sessiontest.jsp 会在网页上输出如下信息：

```
UserName:Tom
Age:22
Address:shanghai
```

（2）通过浏览器访问 repeat()方法，URL 为 localhost:8080/helloapp/repeat。此时，在 session 范围内存在 person 和 age 属性，但是在 request 范围内没有 address 属性，sessiontest.jsp 会在网页上输出如下信息：

```
UserName:Tom
Age:22
Address:
```

（3）通过浏览器访问 testSessionClear()方法，URL 为 localhost:8080/helloapp/sessionclear，testSessionClear()方法清除 session 范围内的 Model 数据，sessiontest.jsp 会在网页上输出如下信息。

```
UserName:
Age:
Address:
```

3.9.6 通过@SessionAttribute 注解读取 session 范围内的 Model 数据

@SessionAttributes 注解把 Model 数据存放在 session 范围内，而@SessionAttribute 注解读取 session 范围内的 Model 数据。@SessionAttribute 注解用来标识控制器类的请求处理方法的参数。

在例程 3-12 中，testShare()方法的 person 参数用@SessionAttribute 注解标识。

例程 3-12 TestShareController.java

```
@Controller
@SessionAttributes("person")
public class TestShareController {

  @RequestMapping(value = "/setdata")
  public String testData(Model model){
    Person p = new Person();
    p.setUserName("Tom");
    model.addAttribute("person",p);
    return "redirect:testshare";
  }

  @RequestMapping(value = "/testshare")
  public String testShare(@SessionAttribute("person") Person person){
    System.out.println(person.getUserName()); //打印 Tom
    return "result";
  }
}
```

testData()方法向 Model 加入了一个 Person 对象。TestShareController 类的@SessionAttributes("person")注解使得该 Person 对象实际上存放在 session 范围内。接

下来，testData()方法把请求重定向到 testShare()方法。

testShare()方法的@SessionAttribute("person")注解从 session 范围内获得 Person 对象，把它赋值给 testShare()方法的 person 方法参数。由此可见，@SessionAttribute 注解能把 session 范围内的特定数据与请求处理方法的参数绑定。

通过浏览器访问 http://localhost:8080/helloapp/setdata，testShare()方法会在服务器端打印 person.getUserName()方法的返回值 Tom。

3.10 @ControllerAdvice 注解的用法

当一个 Web 应用中的多个控制器类要完成一些共同的操作，传统的做法是定义一个控制器父类(例如 BaseController)，它包含了执行共同操作的方法，其他的控制器类(例如 ControllerA 和 ControllerB)继承这个控制器父类。图 3-3 显示了控制器父类和控制器子类的关系。

继承是提高控制器类的代码可重用性的有效手段，但是它有一个缺点，那就是由于 Java 语言不支持多继承，当控制器类继承了一个控制器父类后，就不能再继承其他的类。

Spring MVC 框架提供了另一种方式来为多个控制器类提供共同的方法，那就是利用@ControllerAdvice 注解来定义一个控制器增强类。

控制器增强类并不是控制器类的父类。在程序运行时，Spring MVC 框架会把控制器增强类的方法代码块动态注入其他控制器类中，通过这种方式来增强控制器类的功能。图 3-4 显示了控制器增强类(例如 MyControllerAdvice)和控制器类的关系。

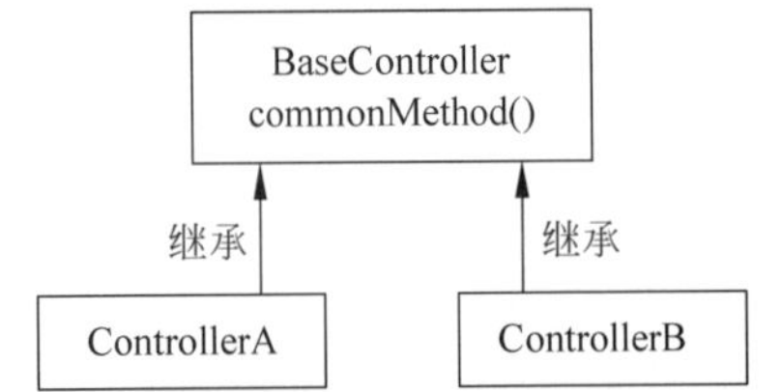

图 3-3 控制器父类和控制器子类的关系

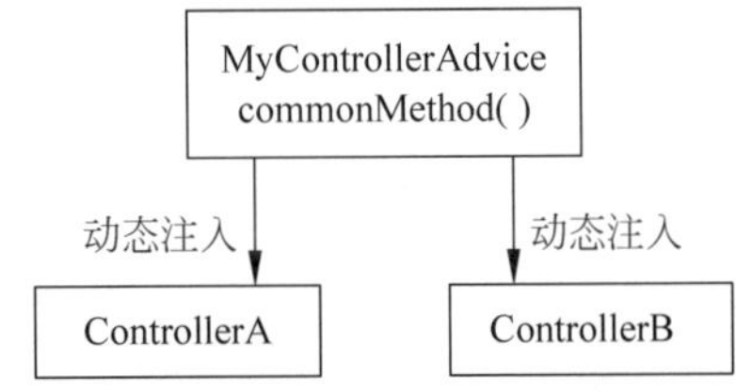

图 3-4 控制器增强类和控制器类的关系

例程 3-13 的 setColors()方法向 Model 中加入一个 colors 属性。

例程 3-13 MyControllerAdvice.java

```
package mypack;
import org.springframework.web.bind.annotation.ControllerAdvice;
import org.springframework.web.bind.annotation.ModelAttribute;
import java.util.*;

@ControllerAdvice
public class MyControllerAdvice {

  @ModelAttribute(name = "colors")
  public Map<String,String> setColors() {
    HashMap<String, String> colors = new HashMap<String,String>();
    colors.put("RED", "红色");
```

```
        colors.put("BLUE", "蓝色");
        colors.put("GREEN", "绿色");
        return colors;
    }
}
```

当程序运行时,Spring MVC 框架会把 MyControllerAdvice 类的 setColors()方法动态注入其他控制器类中,因此其他控制器类就自动拥有了该方法。例如,在 TestAttributeController 类中可以直接访问 Model 中的 colors 属性,代码如下:

```
@RequestMapping(value = "/testColor")
public String testColor(
        @ModelAttribute("colors") Map<String,String> colors,
        @ModelAttribute("userName") String name){

  System.out.println(name + "'s favourite color:"
                                                    + colors.get("RED"));
  return "result";
}
```

通过浏览器访问 http://localhost:8080/helloapp/testColor? name=Tom,testColor()方法会在服务器端打印 TOM's favourite color:红色。

默认情况下,@ControllerAdvice 注解用来增强当前 Web 应用中所有控制器类的功能。此外,它的 assignableTypes 属性和 basePackages 属性用来指定需要增强功能的控制器类,例如:

```
//增强 PersonController 和 TestAttributeController 的功能
@ControllerAdvice(assignableTypes = {PersonController.class,
                                         TestAttributeController.class})
public class MyControllerAdvice1{ … }

//增强 mypack 包和 net.javathinker 包中的控制器类的功能
@ControllerAdvice(basePackages  = {"mypack","net.javathinker"})
public class MyControllerAdvice2{ … }
```

3.11 小结

当视图和控制器分离后,视图与控制器之间需要进行数据的传递和共享。为了方便存取共享数据,Spring MVC 框架提供了实用的注解和类,包括:

(1) 把请求数据和控制器类的方法参数绑定的注解:@RequestParam 注解、@RequestHeader 注解、@CookieValue 注解和@PathVariable 注解。

(2) 对请求参数进行类型转换的接口:org.springframework.core.convert.converter.Converter 接口。

(3) 对请求参数进行格式转换的接口:org.springframework.format.Formatter 接口。

(4) 存取 Model 数据的接口和类：Model 接口、ModelMap 类和 ModelAndView 类。

(5) 把 Model 数据和控制器类的方法参数绑定的注解：@ModelAttribute 注解。

(6) 把 Model 数据存放在 session 范围内的注解：@SessionAttributes 注解。

(7) 把 session 范围内的 Model 数据和控制器类的方法参数绑定的注解：@SessionAttribute 注解。

Controller 类是 Spring MVC 框架中的主力军，Spring MVC 框架会掌管 Controller 对象的生命周期，同时，Spring MVC 框架也给控制器类提供了自由发挥的空间：

(1) 控制器类的请求处理方法的参数类型可以是来自 Servlet API 的 ServletRequest、ServletResponse 和 HttpSession 等，也可以是来自 Spring API 的 Model、ModelMap 和 ModelAndView 等，还可以是和请求参数对应的任意的数据类型等。

(2) 控制器类的请求处理方法的返回类型可以是 void、String 以及 ModelAndView 等。

3.12 思考题

1. (　　)注解用来设定控制器对象的存在范围。(多选)
   A. @RequestMapping
   B. @SessionScope
   C. @Scope
   D. @RequestScope
2. 对于一个控制器类的以下方法：

```
@RequestMapping(value = "test",
            params = { "username = Tom", "age","!address" })
public String sayHello() { … }
```

   (　　)是能正常访问 sayHello()方法的 URL。(多选)
   A. /test? username=Tom&age=20
   B. /sayHello? username=Tom&age=20
   C. /test? username=Mike
   D. /test? username=Tom&age=20&gender=male
3. 在一个控制器类的请求处理方法中，应该用(　　)定义 double 类型的 salary 参数，从而把 salary 请求参数和 salary 方法参数绑定。(多选)
   A. @RequestParam(name="salary") double salary
   B. @RequestParam(value="salary") double salary
   C. @RequestParam double salary
   D. double salary
4. 对于控制类的请求处理方法，它的方法参数可以定义为(　　)类型。(多选)
   A. javax. servlet. ServletRequest
   B. java. io. Writer
   C. org. springframework. ui. ModelMap

D. 用@SessionAttributes 注解标识的参数

5.（　　）注解既能标识控制器类，又能标识控制器类的方法。（单选）

A. @SessionAttribute

B. @RequestParam

C. @PathVariable

D. @RequestMapping

6. 以下具有 asMap()方法的是（　　）。（单选）

A. ModelMap 类

B. ModelAndView 类

C. Model 接口

D. 用@Controller 注解标识的控制器类

7. 一个控制器类的请求处理方法的返回值是 forward:hello，以下说法正确的是（　　）。（单选）

A. Spring MVC 框架会把请求转发给 URL 入口为/hello 的控制器类的请求处理方法

B. Spring MVC 框架会把请求转发给 hello.jsp

C. Spring MVC 框架会在服务器端打印字符串 forward:hello

D. Spring MVC 框架会把请求重定向到 URL 入口为/hello 的控制器类的请求处理方法

第4章

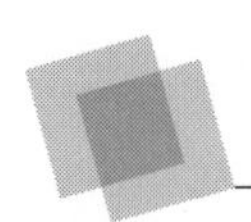

视图层创建HTML表单

第 2 章的 helloapp 应用范例已经演示了如何在视图层创建 HTML 表单以及如何在控制器层读取表单数据。本章将进一步介绍如何创建复杂的 HTML 表单，表单中不仅包含文本框，还包含密码框、单选按钮、复选框、下拉列表和文本域等元素。此外，本章还会介绍控制器层读取复杂表单中数据的方法。

本章范例也位于 helloapp 应用中。视图层会展示中文字符，并且表单数据中也包含中文字符。为了正确展示和读取中文字符，本范例使用了 Spring MVC 框架提供的字符编码过滤器。

4.1 Spring 标签库中的表单标签

Spring 提供了创建 HTML 表单的各种标签。为了在 JSP 文件中使用这些标签，首先要引入表单标签所在的标签库，例如：

```
<%@taglib uri = "http://www.springframework.org/tags/form"
          prefix = "form" %>
```

表 4-1 列出了 Spring 表单标签和 HTML 语言中的表单标记的对应关系。

表 4-1 Spring 表单标签和 HTML 语言中的表单标记的对应关系

Spring 表单标签	HTML 表单标记	描 述
<form:form>	<form>	HTML 表单
<form:input>	<input type="text">	文本框
<form:password>	<input type="password">	密码框
<form:hidden>	<input type="hidden">	隐藏框
<form:textarea>	<input type="textarea">	文本域

续表

Spring 表单标签	HTML 表单标记	描　　述
<form:checkbox>	<input type="checkbox">	复选框
<form:checkboxes>	多个<input type="checkbox">	多个复选框
<form:radiobutton>	<input type="radio">	单选按钮
<form:radiobuttons>	多个<input type="radio">	多个单选按钮
<form:select>	<input type="select">	下拉列表
<form:option>	<input type="option">	下拉列表的选项
<form:options>	多个<input type="option">	下拉列表的多个选项
<form:errors>	无	输出数据验证的错误消息

4.1.1 表单标签<form:form>

表单标签的语法格式如下：

```
<form:form modelAttribute = "xxx" method = "POST" action = "xxx">
  …
</form:form>
```

表单标签除了具有 HTML 标记<form>的 method 和 action 属性以外，还具有以下 6 个属性。

（1）acceptCharset：指定表单接受的字符编码。

（2）cssClass：指定表单的 CSS 类文件。

（3）cssStyle：指定表单的 CSS 样式。

（4）cssErrorClass：表单数据存在错误时使用的 CSS 样式。

（5）htmlEscape：取值为 true 或 false，默认值为 true。如果 htmlEscape 属性为 true，表示会忽略表单数据中的 HTML 标记，也就是说，会把这些标记当作普通的字符，例如对于表单数据中的<b>，Spring MVC 框架会把它转义为 <b>；如果 htmlEscape 属性为 false，对于表单数据中的<b>，Spring MVC 框架会把它当作 HTML 标记<b>。

（6）modelAttribute：指定用于填充表单数据的 Model 属性，默认值为 command。

以下代码中，modelAttribute 属性的取值为 personbean。

```
<form:form
        action = " ${pageContext.request.contextPath}/sayHello"
        modelAttribute = "personbean" >
```

<form:form>标签会把 Model 的 personbean 属性的数据填充到表单中，如果不存在 personbean 对象，则会抛出异常。后文为了叙述方便，有时把 Model 的 personbean 属性简称为 personbean 对象或者 personbean 变量。

在 PersonController 类中，会事先向 Model 加入 personbean 属性，它是 Person 类的实例，如：

```
model.addAttribute("personbean",new Person());
```

4.1.2 文本框标签<form:input>

文本框标签的语法格式如下：

```
<form:input path="xxx"/>
```

该标签除了有 cssClass、cssStyle 和 htmlEscape 属性外，还有一个重要的 path 属性。例如：

```
用户名:<form:input path="userName" />
```

当<form:form>标签的 modelAttribute 属性的值为 personbean，上述代码会把 Model 中的 personbean 对象的 userName 属性赋值给同名的 userName 文本框。

4.1.3 密码框标签<form:password>

密码框标签的语法格式如下：

```
<form:password path="xxx"/>
```

该标签与文本框标签<form:input>的用法相似，这里不再赘述。

以下 JSP 代码通过<form:password>标签生成一个密码框。

```
口令:<form:password path="password" />
```

在网页上生成的密码框的界面参见图 4-1。

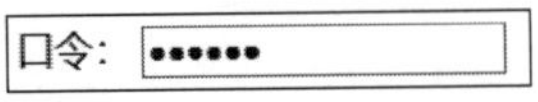

口令: ••••••

图 4-1 <form:password>标签在网页上生成的密码框的界面

当用户在密码框中输入密码，出于安全的原因，密码是不可见的。

4.1.4 隐藏框标签<form:hidden>

隐藏框标签的语法格式如下：

```
<form:hidden path="xxx"/>
```

该标签与文本框标签<form:input>的用法基本相似，不过隐藏框不会在网页上显示，并且它不支持 cssClass 和 cssStyle 属性。

4.1.5　文本域标签<form:textarea>

文本域标签支持输入多行文本，语法格式如下：

```
<form:textarea path="xxx"/>
```

该标签与文本框标签<form:input>的用法相似，这里不再赘述。

4.1.6　复选框标签<form:checkbox>

复选框标签的语法格式如下：

```
<form:checkbox path="xxx" value="xxx"/>
```

多个 path 属性取值相同的复选框标签组成了一个选项组，它允许多选，例如：

```
支付方式:
<form:checkbox path="pays" value="信用卡" /> 信用卡
<form:checkbox path="pays" value="微信" /> 微信
<form:checkbox path="pays" value="支付宝" /> 支付宝
<form:checkbox path="pays" value="现金" /> 现金
```

以上 path 属性的取值为 pays，它和 Model 中的 personbean 对象的 pays 属性对应。personbean 对象是 Person 类的实例。Person 类的 pays 属性可以定义为数组类型或者集合类型，例如：

```
String[] pays;
或者:
List<String> pays;
```

<form:checkbox>标签在网页上生成的复选框界面参见图 4-2。

支付方式: □ 信用卡 □ 微信 □ 支付宝 □ 现金

图 4-2　<form:checkbox>标签在网页上生成的复选框界面

如果用户在图 4-2 的网页上选择了 value 值为“信用卡”和“微信”的复选框，那么当 Spring MVC 框架把表单数据传递给控制器类的 Person 类型的 person 方法参数时，Person 对象的 pays 属性中就包含两个元素：“信用卡”和“微信”。

该标签的其他用法与文本框标签<form:input>基本相似，这里不再赘述。

4.1.7　组合复选框标签<form:checkboxes>

组合复选框标签<form:checkboxes>能生成多个复选框，这些复选框组成了一个选项组，等价于多个 path 取值相同的复选框标签< form:checkbox >。

< form:checkboxes >以及后文提到的< form:radiobuttons >、< form:select >和< form:options >标签都有一个非常重要的 items 属性，它用于指定包含可选项的集合变量。

组合复选框标签的语法格式如下：

```
<form:checkboxes items = "xxx" path = "xxx"/>
```

例如以下代码创建的复选框的可选项来自 EL 表达式 ${hobbies}中的 hobbies 变量。

```
爱好:<form:checkboxes items = "${hobbies}" path = "hobbies" />
```

这个 hobbies 变量可以是数组、集合(包括 java.util.Set 和 java.util.List)或者 java.util.Map 类型。

1. 把 hobbies 变量定义为数组或集合类型

在 PersonController 类中，可以把 hobbies 变量定义为集合类型或者数组类型，例如：

```
List<String> hobbies = Arrays.asList(
                 new String[]{"音乐","舞蹈","篮球","跑步","旅游"});
或者:
String[] hobbies =  new String[]{"音乐","舞蹈","篮球","跑步","旅游"};
```

PersonController 类把 hobbies 变量添加到 Model 中，例如：

```
model.addAttribute("hobbies",hobbies);
```

因此在 JSP 文件中就能通过 EL 表达式 ${hobbies}读取 hobbies 变量。对于 JSP 文件中的这段代码：

```
爱好:<form:checkboxes items = "${hobbies}" path = "hobbies" />
```

实际上会生成如下 HTML 代码：

```
爱好:
<span>
<input id = "hobbies1" name = "hobbies" type = "checkbox" value = "音乐"/>
<label for = "hobbies1">音乐</label>
</span>

<span>
<input id = "hobbies2" name = "hobbies" type = "checkbox" value = "舞蹈"/>
<label for = "hobbies2">舞蹈</label>
</span>
…
<span>
<input id = "hobbies5" name = "hobbies" type = "checkbox" value = "旅游"/>
<label for = "hobbies5">旅游</label>
</span>
```

<form:checkboxes>标签在网页上生成的复选框界面参见图 4-3。

爱好：□音乐□舞蹈□篮球□跑步□旅游

图 4-3　<form:checkboxes>标签在网页上生成的复选框界面

如果用户在图 4-3 的网页上选择了“音乐”和“舞蹈”这两个复选框，那么当 Spring MVC 框架把表单数据传递给控制器类的 Person 类型的 person 方法参数时，Person 对象的 hobbies 属性中会加入两个元素：“音乐”和“舞蹈”。

2. 把 hobbies 变量定义为 Map 类型

在 PersonController 类中，还可以把 hobbies 变量定义为 Map 类型，例如：

```
Map<String,String> hobbies = new HashMap<String,String>();
hobbies.put("音乐","唱歌,演奏");
hobbies.put("舞蹈","中国舞,国标舞");
hobbies.put("篮球","职业篮球,业余篮球");
hobbies.put("跑步","长跑,短跑");
hobbies.put("旅游","自驾游,跟团游");

model.addAttribute("hobbies",hobbies);
```

对于 JSP 文件中的这段代码：

```
爱好:<form:checkboxes items = "${hobbies}" path = "hobbies" />
```

实际上会生成如下 HTML 代码：

```
爱好:
<span>
<input id = "hobbies1" name = "hobbies" type = "checkbox"
value = "跑步"/>
<label for = "hobbies1">长跑,短跑</label>
</span>

<span>
<input id = "hobbies2" name = "hobbies" type = "checkbox"
value = "舞蹈"/>
<label for = "hobbies2">中国舞,国标舞</label>
</span>

<span>
<input id = "hobbies3" name = "hobbies" type = "checkbox" value = "篮球"/>
<label for = "hobbies3">职业篮球,业余篮球</label>
</span>

<span>
<input id = "hobbies4" name = "hobbies" type = "checkbox" value = "音乐"/>
<label for = "hobbies4">唱歌,演奏</label>
</span>
```

```
<span>
<input id="hobbies5" name="hobbies" type="checkbox" value="旅游"/>
<label for="hobbies5">自驾游,跟团游</label>
</span>
```

由此可见，当 hobbies 变量为基于 Key/Value 形式的 Map 类型，它的 Key 值被赋值给复选框的 value 属性，它的 Value 值被赋值给<label>标记。

<form:checkboxes>标签在网页上生成的复选框界面参见图 4-4。

爱好： ▢长跑，短跑 ▢中国舞，国标舞 ▢职业篮球，业余篮球 ▢唱歌，演奏 ▢自驾游，跟团游

图 4-4 <form:checkboxes>标签在网页上生成的复选框界面

如果用户在图 4-4 的网页上选择了“长跑，短跑”和“中国舞，国标舞”这两个复选框，那么当 Spring MVC 框架把表单数据传递给控制器类的 Person 类型的 person 方法参数时，Person 对象的 hobbies 属性中会加入两个元素：“长跑，短跑”和“中国舞，国标舞”。

4.1.8 单选按钮标签<form:radiobutton>标签

单选按钮标签的语法格式如下：

```
<form:radiobutton path="xxx" value="xxx"/>
```

多个 path 属性取值相同的单选按钮标签组成了一个选项组，它只允许单选，例如：

```
性别:<form:radiobutton path="gender" value="男" checked="true"/>男性
     <form:radiobutton path="gender" value="女"/>女性
```

以上<form:radiobutton>标签在网页上生成的单选按钮界面参见图 4-5。

性别： ◉男性 ○女性

图 4-5 <form:radiobutton>标签在网页上生成的单选按钮界面

如果用户在图 4-5 的网页上选择了“女性”选项，那么当 Spring MVC 框架把表单数据传递给控制器类的 Person 类型的 person 方法参数时，Person 对象的 gender 属性的取值是“女”，这个取值来自<form:radiobutton>标签的 value 属性值。

4.1.9 组合单选按钮标签<form:radiobuttons>

组合单选按钮标签<form:radiobuttons>能生成多个单选按钮，这些单选按钮组成了一个选项组，等价于多个 path 取值相同的单选按钮标签<form:radiobutton>。<form:radiobuttons>标签的语法格式如下：

```
<form:radiobuttons items="xxx" path="xxx"/>
```

<form:radiobuttons>标签的 items 属性的用法和<form:checkboxes>标签相同，这里不再赘述。

以下 JSP 代码通过<form:radiobuttons>标签生成一组单选按钮。

```
健康状况:<form:radiobuttons path="health" items="${healths}" />
```

在 PersonController 类中，把 healths 变量定义为 List 类型，并加入到 Model 中，例如：

```
List<String> healths = Arrays.asList(
                new String[]{"健康","亚健康","重症"});
model.addAttribute("healths",healths);
```

<form:radiobuttons>标签在网页上生成的单选按钮界面参见图 4-6。

健康状况: ○健康 ○亚健康 ○重症

图 4-6　<form:radiobuttons>标签在网页上生成的单选按钮界面

如果用户在图 4-6 的网页上选择“健康”选项，那么当 Spring MVC 框架把表单数据传递给控制器类的 Person 类型的 person 方法参数时，Person 对象的 health 属性的取值为“健康”。

4.1.10　下拉列表标签<form:select>

下拉列表标签包含多个可选项，但是只允许选择其中的一项。下拉列表标签的可选项有以下三种设置方式。

(1) 由<form:select>标签的 items 属性设定。

(2) 由嵌套的一组<form:option>标签设定。

(3) 由嵌套的<form:options>标签设定。

下拉列表标签的语法格式如下：

```
<!-- items 属性设定可选项 -->
<form:select path="xxx" items="xxx"/>

或者:

<form:select path="xxx">
    <form:option value="xxx"> xxx </form:option> <!-- 设定可选项 -->
</form:select>

或者:

<form:select path="xxx">
    <form:options items="xxx"/> <!-- 设定可选项 -->
</form:select>
```

<form:select>和<form:options>标签的 items 属性的用法和<form:checkboxes>标

签的用法相同，这里不再赘述。

以下 JSP 代码通过<form:select>标签和<form:options>标签生成下拉列表。

```
收入档次:
<form:select path="salaryGrade">
  <option />请选择收入档次
  <form:options items="${salaries}" />
</form:select>
```

在 PersonController 类中，把 salaries 变量定义为 Map 类型，并加入到 Model 中，例如：

```
Map<String,String> salaries = new TreeMap<String,String>();
salaries.put("低等收入","低于 3000 元");
salaries.put("中等收入","3000～10000 元");
salaries.put("高等收入","10000 元以上");
model.addAttribute("salaries",salaries);
```

<form:select>标签在网页上生成的下拉列表的界面参见图 4-7。

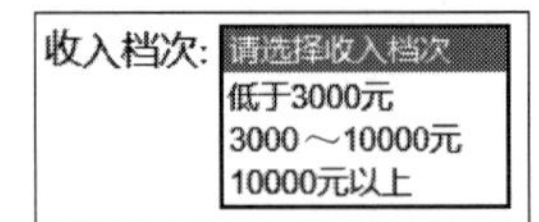

图 4-7 <form:select>标签在网页上生成的下拉列表的界面

如果用户在图 4-7 的网页上选择“低于 3000 元”，那么当 Spring MVC 框架把表单数据传递给控制器类的 Person 类型的 person 方法参数时，Person 对象的 salaryGrade 属性的取值为“低等收入”，这个取值来自 Map 类型的 salaries 变量的 Key 值。

4.1.11 输出错误消息的标签<form:errors>

<form:errors>标签输出数据验证产生的错误消息，其语法格式如下：

```
<form:errors path="*"/>
或者:
<form:errors path="xxx"/>
```

在以上代码中，“*”表示显示所有错误消息；“xxx”表示显示由“xxx”指定的特定错误消息。2.7.2 节已经举例介绍了<form:errors>标签的用法，本节不再赘述。

4.2 处理复杂表单的 Web 应用范例

本节结合具体的 helloapp 应用范例演示如何创建复杂的表单以及在控制器类中如何为表单中的复选框、单选按钮和下拉列表的可选项赋值并且读取表单数据。

本节范例包含以下 JSP 文件和 Java 类。

(1) 生成复杂表单的 hello.jsp 文件和显示表单数据的 result.jsp。

(2) 和表单数据对应的 Person 类。

(3) PersonController 类。

图 4-8 展示了这些 JSP 文件和控制器类之间的协作流程。

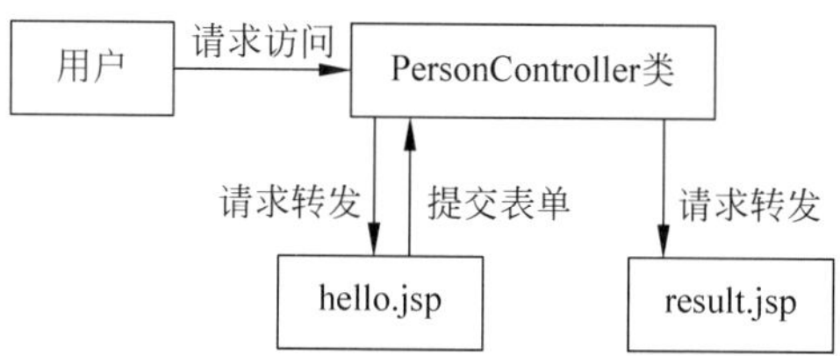

图 4-8　JSP 文件和控制器类之间的协作流程

4.2.1　在 JSP 文件中生成复杂表单

在 hello.jsp 文件生成的表单中，包含文本框、密码框、单选按钮、复选框和下拉列表。例程 4-1 是 hello.jsp 的主要源代码。

例程 4-1　hello.jsp 的主要源代码

```
<html>
  <head>
    <title>PersonInfo</title>
  </head>
  <body>
  <h2>编辑用户信息</h2>

  <form:form action = "${pageContext.request.contextPath}/sayHello"
              modelAttribute = "personbean" >

      用户名:<form:input path = "userName" /><p>
      口令: <form:password path = "password" /><p>

      性别:<form:radiobutton path = "gender" value = "男"
                checked = "true"/>男性
            <form:radiobutton path = "gender" value = "女"/>女性<p>

      健康状况:<form:radiobuttons path = "health" items = "${healths}" />
      <p>
      爱好: <form:checkboxes items = "${hobbies}" path = "hobbies" />
      <p>

      支付方式: <form:checkbox path = "pays" value = "信用卡" /> 信用卡
               <form:checkbox path = "pays" value = "微信" /> 微信
               <form:checkbox path = "pays" value = "支付宝" /> 支付宝
               <form:checkbox path = "pays" value = "现金" /> 现金 <p>
```

```
        职业:
                <form:select path = "carrer">
                    <option />请选择职业
                    <form:options items = " ${carrers }" />
                </form:select> <p>
        收入档次:
                <form:select path = "salaryGrade">
                    <option />请选择收入档次
                    <form:options items = " ${salaries }" />
                </form:select> <p>

        个人描述: <form:textarea path = "remark" rows = "5" /> <p>

        <input type = "reset" value = "重置">
        <input type = "submit" value = "提交"/>

    </form:form>
    </body>
</html>
```

图 4-9 是 hello.jsp 生成的网页。

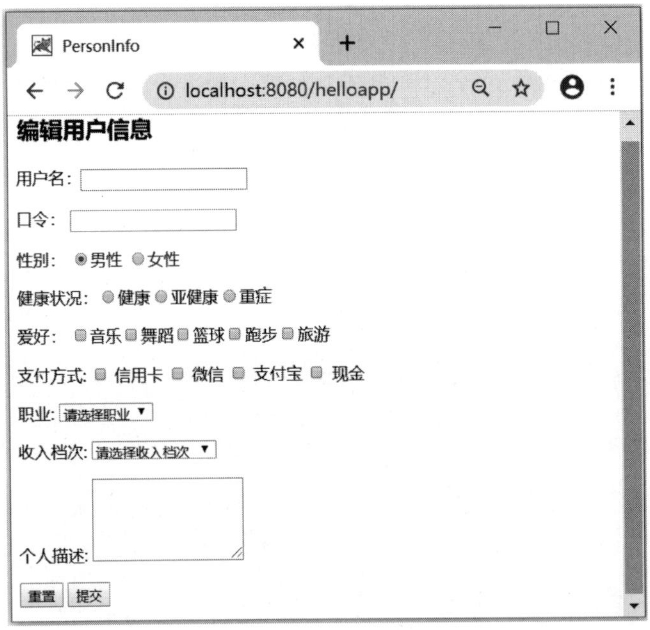

图 4-9　hello.jsp 生成的网页

4.2.2　控制器类与视图共享表单数据

与 hello.jsp 的表单中的各个字段对应，在 Person 类中定义了相应的属性，代码如下：

```
public class Person {
  private String userName;
  private String password;
  private String gender;
  private String health;
  private List<String> hobbies;
  private String[] pays;
  private String carrer;
  private String salaryGrade;
  private String remark;

  //省略显示 getXXX()方法和 setXXX()方法
  …
}
```

当用户访问的相对 URL 为/input 或者/，该请求由 PersonController 类的 init()方法处理。init()方法定义了 healths、hobbies、carrers 和 salaries 变量，并把它们存放在 session 范围内的 Model 中，用来为表单中的单选按钮组、复选框组和下拉列表提供可选项。为了演示<form:radiobuttons>、<form:checkboxes>和<form:options>标签的 items 属性的用法，这里特意把 healths、hobbies、carrers、salaries 变量定义为 List、数组或 Map 类型。

例程 4-2 是 PersonController 类的源代码。

例程 4-2　PersonController.java

```
@Controller
@SessionAttributes(value = {"healths","hobbies","carrers","salaries"})
public class PersonController {
  @RequestMapping(value = {"/input","/"}, method = RequestMethod.GET)
  public String init(Model model) {
    model.addAttribute("personbean",new Person());
    List<String> healths = Arrays.asList(
                    new String[]{"健康","亚健康","重症"});
    String[] hobbies = new String[]{"音乐","舞蹈","篮球","跑步","旅游"};
    List<String> carrers = Arrays.asList(
                    new String[]{"农民","工人","老师","医生","工程师"});

    Map<String,String> salaries = new TreeMap<String,String>();
    salaries.put("低等收入","低于 3000 元");
    salaries.put("中等收入","3000～10000 元");
    salaries.put("高等收入","10000 元以上");

    model.addAttribute("healths",healths);
    model.addAttribute("hobbies",hobbies);
    model.addAttribute("carrers",carrers);
    model.addAttribute("salaries",salaries);

    return "hello";
  }

  @RequestMapping(value = "/sayHello", method = RequestMethod.POST)
  public String greet(@ModelAttribute("personbean") Person person) {
```

```
        return "result";
    }
}
```

当用户在 hello.jsp 的网页上提交表单，该请求由 PersonController 类的 greet()方法处理。Spring MVC 框架把表单数据转换为 Person 对象，并赋值给 person 参数，@ModelAttribute 注解再把 person 参数保存到 Model 中。

greet()方法把请求转发给 result.jsp。result.jsp 会显示存放在 Model 中的 personbean 对象的数据，personbean 对象实际上包含了表单数据。例程 4-3 是 result.jsp 的源代码。

例程 4-3　result.jsp

```
<html>
  <head>
    <title>PersonInfo</title>
  </head>
  <body>

  <h2>您输入的用户信息</h2>
    用户名：${personbean.userName}<br>
    口令：${personbean.password}<br>
    性别：${personbean.gender}<br>
    健康状况：${personbean.health}<br>
    爱好：
    <c:forEach items="${personbean.hobbies }" var="hobby">
     ${hobby } 
    </c:forEach><br>
   支付方式：
    <c:forEach items="${personbean.pays }" var="pay">
         ${pay } 
    </c:forEach><br>
   职业：${personbean.carrer }<br>
   收入档次：${personbean.salaryGrade}<br>
   个人描述：${personbean.remark}<br>
   </body>
</html>
```

图 4-10 是 result.jsp 生成的网页。

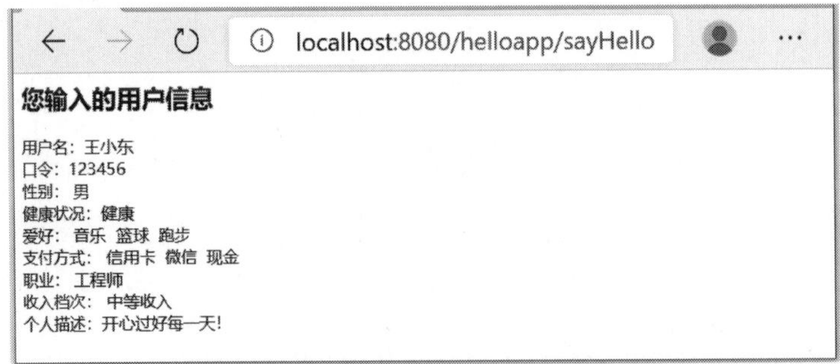

图 4-10　result.jsp 生成的网页

4.3 设置 HTTP 请求和响应结果的字符编码

本章范例会在网页上输出中文字符,也允许用户在表单中输入中文字符。为了正确地显示及读取中文字符,需要在 web.xml 文件中配置 Spring MVC 框架提供的字符编码过滤器 CharacterEncodingFilter,代码如下:

```
<filter>
  <filter-name>encodingFilter</filter-name>
  <filter-class>
    org.springframework.web.filter.CharacterEncodingFilter
  </filter-class>
  <init-param>
    <param-name>encoding</param-name>
    <param-value>UTF-8</param-value>
  </init-param>
  <init-param>
    <param-name>forceEncoding</param-name>
    <param-value>true</param-value>
  </init-param>
</filter>

<filter-mapping>
  <filter-name>encodingFilter</filter-name>
  <url-pattern>/*</url-pattern>
</filter-mapping>
```

做了以上配置后,CharacterEncodingFilter 会把 HTTP 请求数据和响应结果的字符编码都设为 UTF-8。

在 JSP 文件中也把字符编码设为 UTF-8,例如:

```
<%@ page contentType="text/html; charset=UTF-8" %>
```

UTF-8(Unicode Transformation Format)是基于 Unicode 的一种可变长度字符编码。Unicode(又称统一码、万国码)为全球的每种语言的每个字符都设定了统一并且唯一的二进制编码,以满足应用软件进行跨语言、跨平台的文本转换和处理的需求。

UTF-8 可以用来表示 Unicode 字符集中的任何字符,而且其编码中的第一个字节仍与 ASCII 编码兼容,使得原来处理 ASCII 字符的软件不必或者只需要进行少量修改,便可继续使用。UTF-8 逐渐成为 Web 应用中优先采用的字符编码。

4.4 小结

本章介绍了如何创建包含单选按钮、复选框和下拉列表等的复杂表单,还介绍了如何进行控制器类和视图之间的表单数据的传递和共享:

（1）控制器类中会定义集合类型、数组类型或Map类型的变量，并把它们存放在Model中。视图层从Model中获取这些变量，把它们作为单选按钮、复选框和下拉列表的可选项。

（2）只要创建了和复杂表单对应的JavaBean，控制器和视图之间就可以传递存放在JavaBean中的表单数据。

Spring MVC框架还提供了一个字符编码过滤器CharacterEncodingFilter，用来设定HTTP请求数据和响应结果的字符编码。

4.5 思考题

1. （　　）属于<form:form>标签的属性。（多选）

   A. action

   B. modelAttribute

   C. path

   D. acceptCharset

2. 在一个JSP文件中使用了<form:form>标签，代码如下：

```
<form:form action = "${pageContext.request.contextPath}/test"
           modelAttribute = "user" >
```

   以下说法正确的是（　　）。（多选）

   A. 如果Model中不存在user属性，那么JSP文件会抛出异常

   B. <form:form>标签会把用户输入的表单数据自动保存到Model的user属性中

   C. <form:form>标签会把Model的user属性的数据填充到表单中

   D. 当用户在浏览器端提交表单，Spring MVC框架会把请求转发给test.jsp文件

3. 在一个JSP文件中使用了<form:checkboxes>标签，代码如下：

```
<form:checkboxes items = "${cities}" path = "city" />
```

   （　　）为EL表达式${cities}中的cities变量正确赋值。（多选）

   A.

```
String[] cities = new String[]{"上海","北京","广州"};
```

   B.

```
List<String> cities = new ArrayList<String>();
cities.add("上海");
cities.add("北京");
cities.add("广州");
```

   C.

```
String cities = "上海,北京,广州";
```

D.

```
Map<String,String> cities = new HashMap<String,String>();
cities.put("sh","上海");
cities.put("bj","北京");
cities.put("gz","广州");
```

4. (　　)标签具有 items 属性。(多选)

   A. <form:textarea>

   B. <form:rationbuttons>

   C. <form:checkboxes>

   D. <form:select>

5. 在一个 JSP 文件的表单中使用了<form:select>标签，代码如下：

```
<form:select path="education">
  <option />请选择学历
  <form:options items="${educations}" />
</form:select>
```

   在与这个表单对应的 JavaBean 中，应该用(　　)定义与<form:select>标签的 path 属性所对应的属性。(单选)

   A. private String education;

   B. private String[] education;

   C. private String educations;

   D. private String[] educations;

6. (　　)标签具有 path 属性。(多选)

   A. <form:textarea>

   B. <form:form>

   C. <form:option>

   D. <form:select>

第5章

数据验证

数据验证可分为以下两种方式。

（1）客户端验证（也称为前端验证）：在客户的浏览器端执行 JavaScript 等脚本代码，对用户输入的表单数据等进行数据验证。

（2）服务器端验证（也称为后端验证）：在服务器端执行程序代码，对客户提供的请求数据或者其他业务数据进行验证。

客户端验证的优点是迅速、便捷，由于直接在浏览器端执行，因此具有更快的响应速度，并且能减轻服务器端的工作负荷；缺点是数据验证的能力有限，而且不能确保通过验证的数据会完整地传送到服务器端。

服务器端验证适用于以下三种场合。

（1）对某些数据的验证涉及访问服务器端的各种资源（如访问数据库），在浏览器端无法完成验证。

（2）客户端进行验证通过的数据在经过网络传输时，有可能被非法篡改，为了安全，需要在服务器端再次对数据进行验证。

（3）一些非法用户没有通过常规的浏览器程序访问服务器端，而是直接编写黑客程序，向服务器端发送非法的请求数据。

本书介绍的数据验证指的是服务器端验证。第 2 章的 helloapp 应用范例已经介绍了数据验证的基本执行流程。本章将进一步介绍 Spring MVC 框架所支持的数据验证方式，主要包括以下两种。

（1）按照 JSR-303 规范进行数据验证。

（2）使用 Spring 框架自身提供的数据验证机制。

本章范例也位于 helloapp 应用中，主要包括以下 4 个组件。

（1）视图组件：hello.jsp。它负责生成 HTML 表单，并且会显示数据验证产生的错误消息。

（2）控制器组件：PersonController 类。它负责对表单进行数据验证。

（3）模型组件：Person 类。它利用数据验证注解声明对特定的属性进行验证。

（4）数据验证组件：Minimal 类，它是自定义的数据验证注解类型，MinimalValidator 类是实现@Minimal 注解的验证功能的数据验证类；PersonValidator 类，它是实现了 Spring 的 Validator 接口的数据验证类。

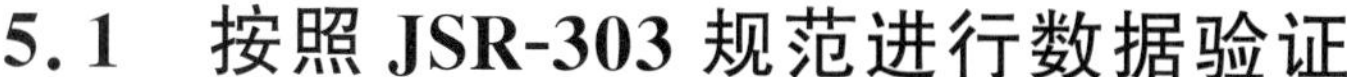

5.1 按照 JSR-303 规范进行数据验证

JSR-303（Java Specification Request 303，Java 规范提案 303）是 Java 领域的标准数据验证规范。JSR-303 API 位于 Java EE 类库的 javax. validation 包以及子包中。JSR-303 API 主要定义了一系列用于数据验证的注解，但是它并没有真正实现数据验证功能。

Hibernate Validator 验证器是 JSR-303 API 的具体实现，并且扩展了数据验证功能，提供了如@Email 等实用的数据验证注解。

在 Web 应用中，联合使用 JSR-303 API 和 Hibernate Validator 验证器，就能进行数据验证。

5.1.1 数据验证注解

所有的数据验证注解都有一个 message 属性，用来指定验证失败的错误消息。message 属性有以下两种赋值方式。

（1）把错误消息的编号赋值给 message 属性。

（2）直接把错误消息文本赋值给 message 属性。

以下代码通过这两种方式为 message 属性赋值。

```
//第一种方式:指定错误消息的编号
@NotBlank(message = "{person.no.username.error}")
private String userName;

//第二种方式:指定错误消息文本
@NotBlank(message = "UserName can't be empty.")
private String userName;
```

表 5-1 列出了 JSR-303 提供的数据验证注解，它们可以对字符串、布尔、集合、数字、日期时间等类型的数据进行验证。表 5-1 注解的括号内列出的是注解的主要属性，例如@Min(value)注解的 value 指的是@Min 注解的 value 属性。

表 5-1 JSR-303 提供的数据验证注解

数据验证注解	描　述
@Null	待验证数据必须为 null
@NotNull	待验证数据必须不为 null
@AssertTrue	待验证数据为布尔类型，并且必须为 true
@AssertFalse	待验证数据为布尔类型，并且必须为 false
@Min(value)	待验证数据必须大于或等于 value

续表

数据验证注解	描　述
@Max(value)	待验证数据必须小于或等于 value
@DecimalMin(value)	待验证数据必须大于或等于 value
@DecimalMax(value)	待验证数据必须小于或等于 value
@Size(min,max)	待验证数据如果是 String 类型,那么其长度必须大于或等于 min,并且小于或等于 max；待验证数据如果是集合、Map 或数组类型,那么其包含的元素数目必须大于或等于 min,并且小于或等于 max
@Digits(integer,fraction)	待验证数据必须是数字,integer 指定数字的整数部分的最大位数,fraction 指定数字的小数部分的最大位数。例如@Digits(integer=6,fraction=2)表示数字的整数部分最多 6 位,小数部分最多 2 位
@Past	待验证数据为日期时间类型,并且必须小于当前日期时间
@Future	待验证数据为日期时间类型,并且必须大于当前日期时间
@Pattern(regex)	待验证数据必须符合特定的正则表达式,regex 指定正则表达式
@Valid	对待验证数据以及所关联的数据进行递归验证,参见 5.1.4 节

@Min(value)、@Max(value)、@DecimalMin(value)以及@DecimalMax(value)注解都能判断待验证数据是否小于或等于、大于或等于 value。它们的区别如下。

(1) @Min(value)和@Max(value)的 value 属性为 long 类型,例如@Min(value=6)表示待验证数据必须大于或等于 6。

(2) @DecimalMin(value)和@DecimalMax(value)的 value 属性为 String 类型,例如@ DecimalMin(value="6.0")表示待验证数据必须大于或等于 6.0。

如果要了解 JSR-303 提供的数据验证注解的更详细用法,可以参考 Oracle 官网提供的 JavaDoc 文档,参见图 5-1。

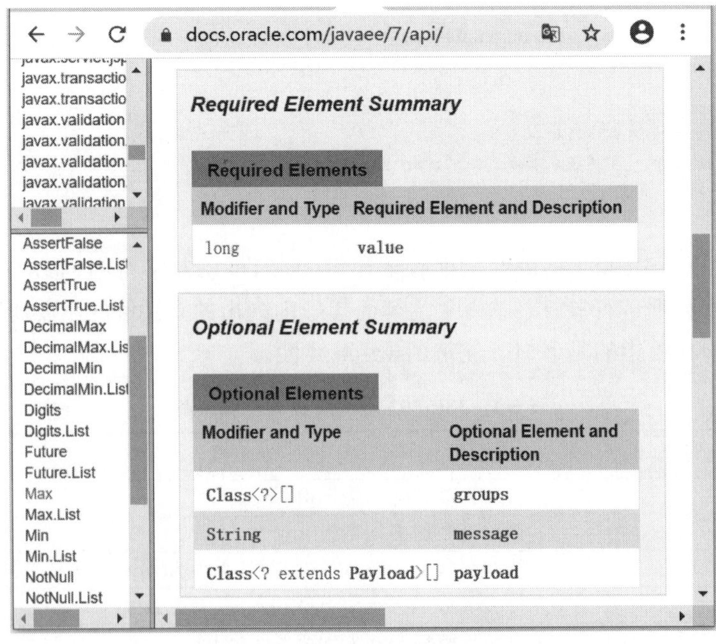

图 5-1　JSR-303 提供的数据验证注解的 JavaDoc 文档

Hibernate Validator 验证器也提供了一些实用的数据验证注解，参见表 5-2。

表 5-2 Hibernate Validator 提供的数据验证注解

数据验证注解	描 述
@NotBlank	待验证数据为 String 类型，去除两端空格后必须不为空。假定变量 data 为待验证数据，判断条件为(data ! =null) && (data. trim(). length()> 0)
@NotEmpty	待验证数据如果是 String 类型，必须不为空。假定变量 data 为待验证数据，判断条件为(data !=null) && (data. length()> 0)；待验证数据如果是集合、Map 或数组类型，那么其包含的元素的数目必须大于 0
@Length(min,max)	待验证数据为 String 类型，其长度必须大于或等于 min，小于或等于 max
@Range(min,max)	待验证数据为数字类型或可以转换为数字的 String 类型，其数值必须大于或等于 min，小于或等于 max
@URL	待验证数据必须是有效的 URL
@Email	待验证数据必须是有效的 Email
@CreditCardNumber	待验证数据必须是有效的信用卡卡号

如果要了解 Hibernate Validator 验证器提供的数据验证注解的更详细用法，可以参考 Hibernate 提供的官方 JavaDoc 文档，网址为 https://docs.jboss.org/hibernate/validator/7.0/api/。

在本章范例的 Person 类中，使用了来自 JSR-303 和 Hibernate Validator 验证器的各种数据验证注解。例程 5-1 是 Person 类的部分代码。

例程 5-1 Person 类的部分代码

```
public class Person{
  @NotBlank(message = "{person.no.username.error}")
  private String userName;

  @Size(min = 6,max = 6,message = "{person.tooshort.password.error}")
  private String password;

  @Email(message = "{person.invalid.email.error}")
  private String email;

  @DecimalMin(value = "0.0",message = "{person.invalid.salary.error}")
  private double salary;

  @Minimal(value = 1,message = "{person.invalid.age.error}")
  private int age;
  …
}
```

Person 类除了使用@Size 和@Email 等来自 JSR-303 和 Hibernate Validator 验证器的注解，还使用了一个自定义的数据验证注解@Minimal，5.1.2 节将介绍如何创建自定义的数据验证注解。

5.1.2 自定义数据验证注解

JSR-303 和 Hibernate Validator 提供的数据验证注解是有限的。为了能实现特定的数据验证功能,JSR-303 还支持开发人员创建自定义的数据验证注解,包括以下两个步骤。

(1) 创建自定义注解类型,在本范例中为 Minimal 类。

(2) 创建数据验证实现类,在本范例中为 MinimalValidator 类。

1. 创建 Minimal 自定义注解类型

例程 5-2 是自定义的注解类型,它用@Constraint 注解标识。来自 javax.validation 包的@Constraint 注解表明 Minimal 类是用于数据验证的注解类型。@Constraint 注解的 validatedBy 属性指定实现数据验证功能的数据验证类。

例程 5-2 Minimal.java

```
@Target({ElementType.FIELD, ElementType.METHOD})
@Retention(RetentionPolicy.RUNTIME)
@Constraint(validatedBy = MinimalValidator.class)
public @interface Minimal {

  int value() default 0;

  String message();

  Class<?>[] groups() default {};

  Class<? extends Payload>[] payload() default {};
}
```

2. 创建 MinimalValidator 数据验证实现类

例程 5-3 实现了 javax.validation.ConstraintValidator 接口,为@Minimal 注解实现具体的数据验证功能。

例程 5-3 MinimalValidator.java

```
package mypack;
import javax.validation.ConstraintValidator;
import javax.validation.ConstraintValidatorContext;

public class MinimalValidator
             implements ConstraintValidator<Minimal, Integer> {
  private int minValue;

  public void initialize(Minimal min) {
    //把 Minimal 注解的 value 属性赋值给成员变量 minValue
    minValue = min.value();
  }
```

```
    public boolean isValid(Integer value,
                           ConstraintValidatorContext context) {
      //value 参数表示被检验的数据
      return value >= minValue;
    }
}
```

@Minimal 注解的数据验证逻辑和 JSR-303 的@Min 注解相同，因此，在 Person 类中可以用@Minimal 注解或者@Min 注解来标识 age 属性，例如：

```
@Minimal(value = 1,message = "{person.invalid.age.error}")
private int age;
```

或者：

```
@Min(value = 1,message = "{person.invalid.age.error}")
private int age;
```

5.1.3 在 Spring MVC 的配置文件中配置 Hibernate Validator 验证器

为了把 Hibernate Validator 整合到 Spring MVC 框架中，需要在 Spring MVC 的配置文件中进行如下配置：

```
<bean id = "hibernateValidator"
        class = "org.springframework.validation.beanvalidation
                    .LocalValidatorFactoryBean">

  <property name = "providerClass"
         value = "org.hibernate.validator.HibernateValidator" />
  <property name = "validationMessageSource" ref = "messageSource" />
</bean>

<mvc:annotation-driven validator = "hibernateValidator" />
```

<bean >元素向 Spring MVC 框架注册了 Hibernate Validator 验证器。< mvc:annotation-driven >的 validator 属性指向这个数据验证器。这样，当程序需要进行数据验证时，Spring MVC 框架就会利用 Hibernate Validator 验证器完成实际的数据验证功能。

提示：无论是使用了来自 Hibernate Validator 的数据验证注解，还是使用了来自 JSR-303 或者自定义的数据验证注解，都必须在 Spring MVC 的配置文件中配置 Hibernate Validator 验证器，这样才能保证这些注解的正常工作。

5.1.4 在控制器类中进行数据验证

在 PersonController 类中，用@Valid 注解来标识 greet()方法的 person 参数，例如：

```
public String greet(
            @Valid @ModelAttribute("personbean")Person person,
            BindingResult bindingResult,Model model){ … }
```

@Valid 注解来自 JSR-303 API 的 javax. validation 包。@Valid 注解的作用是对当前数据验证时,递归验证与当前数据关联的数据。例如在对 greet()方法的 person 参数进行数据验证时,会递归验证它所引用的 Person 对象的所有属性,假如 person 参数引用的 Person 对象包含集合属性,那么还会对集合中的元素进行递归验证。

此外,在控制器类的方法中,还可以直接编写数据验证代码。例如,在以下 greet()方法中,还会对 Person 对象的 userName 属性做进一步的数据验证,要求 userName 属性中不能包含 Monster 字符串。

```
@RequestMapping(value = "/sayHello",
                          method = RequestMethod.POST)
public String greet(
      @Valid @ModelAttribute("personbean")Person person,
      BindingResult bindingResult,Model model) {

  //直接在控制器类中提供的数据验证
  if (person.getUserName()!= null &&
      person.getUserName().indexOf("Monster")!= -1) {

      bindingResult.rejectValue("userName",
                         "person.forbidden.username.error");
  }

  if(bindingResult.hasErrors()){
      return "hello";
  }

  //调用 Person 对象的 save()方法把 Person 对象保存到数据库中
  person.save();

  return "hello";
}
```

org. springframework. validation. BindingResult 接口的父接口是 org. springframework. validation. Errors。Errors 接口的 rejectValue()方法生成错误消息,它有以下两种重载方法。

(1) rejectValue(String field, String errorCode):参数 errorCode 指定错误消息编号。

(2) rejectValue(String field, String errorCode, String defaultMessage):参数 defaultMessage 指定默认的错误消息文本。

5.1.5 在 JSP 文件中指定显示错误消息的 CSS 样式

在 JSP 文件中通过< form:errors >标签输出错误消息,它的 cssStyle 属性和 cssClass

属性指定显示错误消息的 CSS 样式。

1. 用 cssStyle 属性指定显示错误消息的 CSS 样式

使用 cssStyle 属性设定 CSS 样式比较简单，例如以下代码指定用红色字体显示错误消息。

```
<form:errors path = "userName" cssStyle = "color:red" />
```

2. 用 cssClass 属性指定显示错误消息的 CSS 样式

以下 JSP 代码指定用 error_class 样式显示错误消息。

```
<link rel = "STYLESHEET" type = "text/css"
  href = "${pageContext.request.contextPath}/resource/css/error.css" >
...
<form:errors path = "userName" cssClass = "error_class" />
```

在 error.css 文件中定义了 error_class 样式。error.css 文件的内容如下：

```
.error_class {
  FONT-SIZE: 11px;
  COLOR: #FF0000;
}
```

error.css 是静态资源文件，error.css 的真实文件路径为 helloapp/css/error.css。在 Spring MVC 的配置文件中进行了如下的相应配置：

```
<mvc:resources location = "/" mapping = "/resource/**" />
```

对于本范例的 hello.jsp，当用户在表单中输入了不合法的数据，hello.jsp 会在网页上显示如图 5-2 所示的数据验证错误消息。

Please input your information :

UserName: [ ] UserName can't be empty.
Password: [ ] The length of password must be 6.
Email: [tomemail] Invalid Email.
Salary: [-400.0] Salary must be greater than 0.
Age: [0] Invalid Age.
Submit

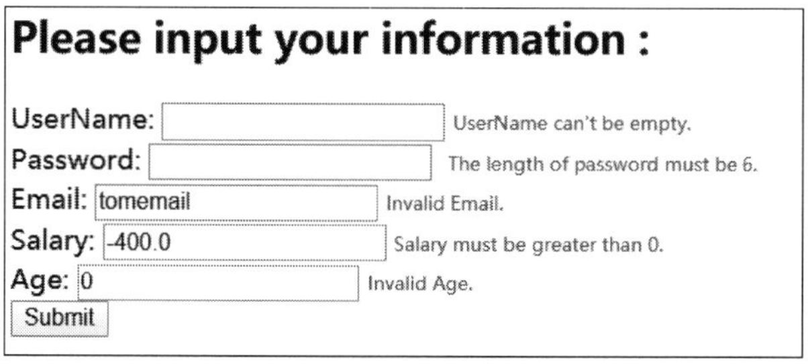

图 5-2 hello.jsp 显示的数据验证错误消息

5.2 Spring 框架的数据验证机制

Spring 框架本身也提供了一套数据验证机制。运用这套验证机制需要以下两个步骤。

(1) 创建实现 org.springframework.validation.Validator 接口的数据验证类。在本范

例中为 PersonValidator 类。

(2) 在 Spring MVC 框架中创建数据验证类的对象并通过它进行数据验证。

5.2.1 实现 Spring 的 Validator 接口

Spring API 提供了一个数据验证接口：org. springframework. validation. Validator 接口。例程 5-4 实现了 Validator 接口。PersonValidator 类会验证 Person 类的 userName 属性和 password 属性。

例程 5-4 PersonValidator. java

```
package mypack;
import org.springframework.validation.Errors;
import org.springframework.validation.ValidationUtils;
import org.springframework.validation.Validator;

public class PersonValidator implements Validator {
  public boolean supports(Class <?> clazz) {
      return Person.class.equals(clazz);
  }

  public void validate(Object obj, Errors errors) {
    ValidationUtils.rejectIfEmpty(errors, "userName",
                                  "person.no.username.error");

    ValidationUtils.rejectIfEmptyOrWhitespace(errors, "password",
                                  "person.no.password.error");

    Person person = (Person) obj;
    if(person.getPassword() != null && person.getPassword()!= ""
                && person.getPassword().length()!= 6){
      errors.rejectValue("password",
                        "person.tooshort.password.error");
    }
  }
}
```

PersonValidator 类实现了 Validator 接口的以下两种方法。

(1) supports()方法：指定 PersonValidator 类所验证的数据类型。

(2) validate()方法：进行数据验证。

validate()方法首先利用 ValidationUtils 类来验证 Person 对象的 userName 属性和 password 属性。ValidationUtils 类是 Spring API 提供的用于数据验证的实用类，它有以下两种常用的静态方法。

(1) rejectIfEmpty()：如果待验证数据为空，就生成错误消息。验证逻辑等同于 Hibernate Validator 验证器的@NotEmpty 注解。

(2) rejectIfEmptyOrWhitespace()：如果待验证数据去除两端空格后为空，就生成错误消息。验证逻辑等同于 Hibernate Validator 验证器的@NotBlank 注解。

ValidationUtils 类的 rejectIfEmpty()和 rejectIfEmptyOrWhitespace()都有一些重载方法。以下是 rejectIfEmpty()的两种常用的重载方法。

(1) rejectIfEmpty(Errors errors, String field, String errorCode)：参数 errorCode 指定错误消息编号。

(2) rejectIfEmpty(Errors errors, String field, String errorCode, String defaultMessage)：参数 defaultMessage)：参数 defaultMessage 指定默认的错误消息文本。

5.2.2　用数据验证类进行数据验证

创建以及使用 PersonValidator 对象有以下三种方式。

1. 把 PersonValidator 对象和 PersonController 的当前 DataBinder 对象绑定

在 PersonController 类中，以下 initBinder()方法会把 PersonBinder 对象加入到当前的 DataBinder 对象中。

```
@InitBinder
public void initBinder(DataBinder binder) {
  binder.setValidator(new PersonValidator());
}
```

org.springframework.validation.DataBinder 类是 Spring 框架提供的用来存放数据验证对象的容器类。initBinder()方法用@InitBinder 注解标识，Spring MVC 框架在每次调用 PersonController 的请求处理方法之前，先调用 initBinder()方法创建 PersonValidator 对象，并把它与当前的 DataBinder 对象绑定。这个 PersonValidator 对象专门为 PersonController 的请求处理方法进行数据验证。

PersonController 类的请求处理方法可以通过 JSR-303 的@Valid 注解来声明对 person 参数进行数据验证，例如：

```
public String greet(
        @Valid @ModelAttribute("personbean")Person person,
        BindingResult bindingResult,Model model){ … }
```

@Valid 注解声明要对 person 参数进行验证，Spring MVC 框架就会利用与当前 DataBinder 对象绑定的 PersonValidator 进行相应的数据验证。

2. 注册 PersonValidator Bean 组件，并把它设为全局的数据验证类

在 Spring MVC 的配置文件中配置 PersonValidator 类的代码如下：

```
<bean id = "personValidator" class = "mypack.PersonValidator"/>
<mvc:annotation-driven validator = "personValidator" />
```

<bean>元素向 Spring MVC 框架注册了 PersonValidator Bean 组件，<mvc:annotation-driven>的 validator 属性指向这个 PersonValidator Bean 组件。这样，当控制器类需要对 Person

类的数据进行验证时，Spring MVC 框架就会利用 PersonValidator 对象来完成实际的数据验证功能。按照这种方式配置的 PersonValidator 对象的数据验证范围是整个 Web 应用。

PersonController 类的请求处理方法通过 JSR-303 的@Valid 注解来声明对 person 参数进行数据验证，例如：

```
public String greet(
        @Valid @ModelAttribute("personbean")Person person,
        BindingResult bindingResult,Model model){ … }
```

@Valid 注解声明要对 person 参数进行验证，Spring MVC 框架就会利用全局范围内的 PersonValidator 类进行相应的数据验证。

值得注意的是，PersonValidator 类并没有提供通用的数据验证功能，它只能对 Person 类的数据进行验证，实际上并不推荐把它作为全局的数据验证类。

3. 注册 PersonValidator Bean 组件，PersonController 通过@Resource 注解访问它

在 Spring MVC 的配置文件中配置 PersonValidator 类的代码如下：

```
<bean id = "personValidator" class = "mypack.PersonValidator"/>
```

<bean>元素向 Spring MVC 框架注册了 PersonValidator Bean 组件，Spring MVC 框架会负责管理 PersonValidator 对象的生命周期。

在 PersonController 类中，通过来自 javax.annotation 包的@Resource 注解访问由 Spring MVC 框架提供的 PersonValidator 对象，例如：

```
@Controller
public class PersonController {
  @Resource           //由 Spring MVC 框架提供 PersonValidator 对象
  private PersonValidator personValidator;

  @RequestMapping(value = {"/input","/"},method = RequestMethod.GET)
  public String init(Model model) {
    model.addAttribute("personbean",new Person());
    return "hello";
  }

  @RequestMapping(value = "/sayHello", method = RequestMethod.POST)
  public String greet(
          @ModelAttribute("personbean")Person person,
          BindingResult bindingResult,Model model) {

    personValidator.validate(person,bindingResult);

    if(bindingResult.hasErrors()){
      return "hello";
    }
    …
  }
}
```

PersonController类的personValidator成员变量用@Resource注解标识，意味着PersonController类无须创建PersonValidator对象，Spring MVC框架会把PersonValidator Bean组件赋值给personValidator成员变量。

5.3 小结

本章介绍了数据验证的各种方式。表5-3比较了各种验证方式的特点以及优缺点。

表5-3 各种数据验证方式的特点以及优缺点

数据验证方式	优 缺 点
直接在控制器类中编写数据验证代码，参见5.1.4节	比较灵活，可以在请求处理方法的任何地方进行数据验证；数据验证代码分散在各处，代码的可重用性和可维护性差
按照JSR-303规范进行数据验证	具有很好的通用性和可重用性；数据验证注解主要用来对JavaBean类的属性进行验证，不能在程序的任何地方使用该数据验证功能
使用Spring框架的数据验证机制	可以通过编程的方式实现复杂的数据验证逻辑，在数据验证类中可以方便地访问Spring框架提供的各种资源；必须亲自编写程序代码来实现各种数据验证逻辑

对于规模比较小的Web应用，直接在控制器类中编写数据验证代码更加灵活、方便，避免了配置数据验证类的麻烦。

对于大型Web应用，为了促进软件应用的模块化和层次化，可以联合使用JSR-303数据验证和Spring的自带验证机制：

(1) 用JSR-303的数据验证注解对常见的数据类型进行通用的数据验证。

(2) 对于部分需要定制的数据验证逻辑，则通过实现Spring的Validator接口来完成。

把这两种验证方式结合，就能满足各种数据验证的需求。

5.4 思考题

1. (　　)属于JSR-303的数据验证注解。(多选)

   A. @NotNull　　B. @Email

   C. @Past　　D. @Size

2. (　　)用@NotEmpty注解进行数据验证会通过验证。(多选)

   A. ""　　B. "　　"

   C. null　　D. "　hello　"

3. 按照JSR-303规范创建自定义的数据验证注解时，完成实际验证功能的类应该实现或者继承(　　)。(单选)

   A. javax.validation.Valid

   B. javax.validation.ConstraintValidator

   C. org.springframework.validation.Validator

D. org. springframework. validation. ValidationUtils

4. (　　)属于 org. springframework. validation. Validator 接口的方法。(多选)

A. validate()　　　　B. supports()

C. message()　　　　D. value()

5. 对于 BindingResult 类型的 bindingResult 变量,(　　)合法调用了它的 rejectValue()方法。(多选)

A. bindingResult. rejectValue("age");

B. bindingResult. rejectValue("age", "age. error");

C. bindingResult. rejectValue("age", null,"Invalid age");

D. bindingResult. rejectValue("age", "age. error","Invalid age");

第6章

拦　截　器

Spring MVC 框架提供的拦截器和 Servlet API 的过滤器的作用相似，都能拦截 HTTP 请求和响应结果，并对 HTTP 请求和响应结果做一些通用的处理操作。

视频讲解

本章将介绍拦截器的创建、配置和执行流程，还会介绍一个具体的实用范例：用拦截器实现对用户身份的验证。

本章范例位于 helloapp 应用中，一共创建了以下三个拦截器。

(1) MyInterceptor1：拦截的 URL 为/test，演示拦截器的创建过程和执行流程。

(2) MyInterceptor2：拦截的 URL 为/test，演示串联的拦截器的执行流程。

(3) LoginInterceptor：拦截的 URL 为除/test 以外的所有 URL，负责验证用户的身份。

6.1　拦截器的基本用法

Spring MVC API 提供了 org. springframework. web. servlet. HandlerInterceptor 拦截器接口，表 6-1 对它的方法做了说明。

表 6-1　HandlerInterceptor 拦截器接口的方法

方　　法	返回类型	方法的执行时机
preHandle()方法	boolean 类型。如果返回 true，会继续执行后续流程；如果返回 false，会中断执行流程	调用控制器类的请求处理方法之前
postHandle()方法	void 类型	调用控制器类的请求处理方法之后，把请求转发给视图组件之前
afterCompletion()方法	void 类型	视图组件执行完毕，把响应结果返回给客户端之前

从表 6-1 可以看出,Spring MVC 框架会在特定的时机调用 HandlerInterceptor 实现类的相关方法。图 6-1 显示了拦截器的执行流程。

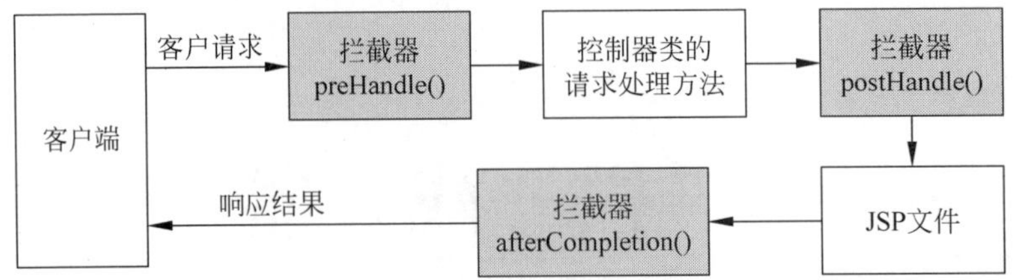

图 6-1 拦截器的执行流程

要创建自定义的拦截器,有以下两种方式。

(1) 实现 HandlerInterceptor 接口。

(2) 继承 HandlerInterceptorAdapter 适配器类。HandlerInterceptorAdapter 实现了 HandlerInterceptor 接口,但实际上它什么也不做,仅仅是为了简化编写拦截器类的程序代码,无须重复实现 HandlerInterceptor 接口中的所有方法。

6.1.1 创建自定义的拦截器

例程 6-1 实现了 HandlerInterceptor 接口,在每个方法中都会打印一些信息,用于演示拦截器的各个方法的调用时机。

例程 6-1 MyInterceptor1.java

```
package mypack;
import javax.servlet.http.HttpServletRequest;
import javax.servlet.http.HttpServletResponse;
import org.springframework.web.servlet.HandlerInterceptor;
import org.springframework.web.servlet.ModelAndView;

public class MyInterceptor1 implements HandlerInterceptor {

  @Override
  public boolean preHandle(HttpServletRequest request,
            HttpServletResponse response, Object handler)
            throws Exception {
    System.out.println("MyInterceptor1.preHandle()");
    return true;
  }

  @Override
  public void postHandle(HttpServletRequest request,
            HttpServletResponse response, Object handler,
            ModelAndView modelAndView) throws Exception {
    System.out.println("MyInterceptor1.postHandle()");
  }
```

```
    @Override
    public void afterCompletion(HttpServletRequest request,
                HttpServletResponse response, Object handler, Exception ex)
                throws Exception {
      System.out.println("MyInterceptor1.afterCompletion()");
    }
}
```

MyInterceptor1 类的 preHandle()等方法中有一个 Object 类型的 handler 参数，它表示控制器类的请求处理方法。9.4.1 节将会举例介绍 handler 参数的用法。

6.1.2 配置拦截器

为了让 Spring MVC 框架能够启用拦截器，需要在 Spring MVC 的配置文件中进行如下配置。

```
<mvc:interceptors>
  <mvc:interceptor>
    <!-- 配置拦截器所拦截的 URL -->
    <mvc:mapping path="/test" />
    <bean class="mypack.MyInterceptor1" />
  </mvc:interceptor>
</mvc:interceptors>
```

这段代码配置了 MyInterceptor1 拦截器。它拦截的 URL 为/test，这意味着当客户端请求访问的 URL 为/test 时，Spring MVC 框架就会启用 MyInterceptor1 拦截器，在特定的时机调用 MyInterceptor1 的相关方法。

以下代码配置了多个拦截器，它们拦截的 URL 各不相同。

```
<!-- 配置拦截器 -->
<mvc:interceptors>
  <mvc:interceptor>
    <!-- 拦截所有请求 -->
    <bean class="InterceptorA" />
  </mvc:interceptor>

  <mvc:interceptor>
    <mvc:mapping path="/**" />
    <!-- 配置不需要拦截的路径 -->
    <mvc:exclude-mapping path="/login" />
    <bean class="InterceptorB" />
  </mvc:interceptor>

  <mvc:interceptor>
    <mvc:mapping path="/main" />
    <bean class="InterceptorC" />
```

```
  </mvc:interceptor>

</mvc:interceptors>
```

InterceptorA 会拦截访问当前 Web 应用的所有 URL，InterceptorB 拦截除了/login 以外的所有 URL，InterceptorC 拦截的 URL 为/main。

6.1.3 拦截器的执行流程

本范例的 MyInterceptor1 拦截的 URL 为/test，该 URL 由 TestController 类的 test()请求处理方法来处理。例程 6-2 是 TestController 类的源代码。

例程 6-2 TestController.java

```
@Controller
public class TestController {

  @RequestMapping("/test")
  public String test() {
    System.out.println("TestController.test()");
    return "result";
  }
}
```

test()方法把请求转发给 result.jsp。例程 6-3 是 result.jsp 的代码。

例程 6-3 result.jsp

```
It's done.
<%
System.out.println("result.jsp");
 %>
```

通过浏览器访问 http://localhost:8080/helloapp/test，在服务器端会得到以下打印结果。

```
MyInterceptor1.preHandle()
TestController.test()
MyInterceptor1.postHandle()
result.jsp
MyInterceptor1.afterCompletion()
```

从打印结果可以看出 MyInterceptor1、TestController 和 hello.jsp 的执行先后顺序。图 6-2 显示了 MyInterceptor1 的执行流程。

图 6-2 是 MyInterceptor1 类的 preHandle()方法返回 true 的执行流程。下面把 preHandle()方法的返回值改为 false：

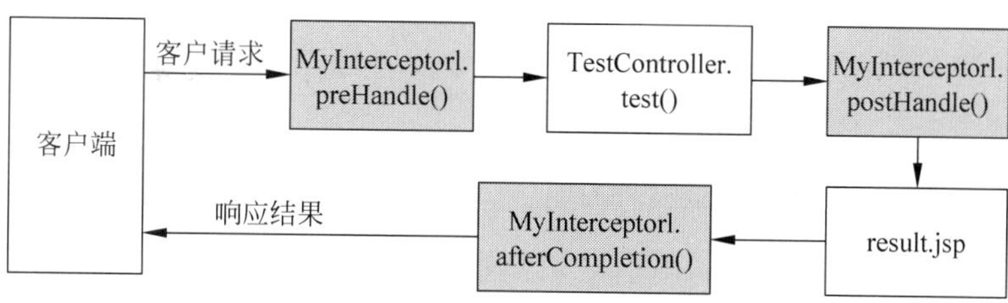

图 6-2　MyInterceptor1 的执行流程

```
@Override
public boolean preHandle(HttpServletRequest request,
          HttpServletResponse response, Object handler)
          throws Exception {
  System.out.println("MyInterceptor1.preHandle()");
  //生成响应结果
  response.getWriter()
          .println("output from MyInterceptor1.preHandle()");
  return false;
}
```

再次访问 http://localhost:8080/helloapp/test，这时 Spring MVC 框架执行了 MyInterceptor1 的 preHandle()方法后，就会中断后续流程，直接把 preHandle()方法生成的响应结果输出到网页上。

6.2　串联的拦截器

在一个 Web 应用中可以配置多个拦截器，如果它们拦截相同的 URL，那么这些拦截器就会串联起来工作。下面结合具体的范例来介绍多个串联的拦截器的执行流程。

6.1.1 节已经创建了 MyInterceptor1 拦截器，下面再创建 MyInterceptor2 拦截器，它的代码和 MyInterceptor1 很相似。例程 6-4 是 MyInterceptor2 类的源代码。

例程 6-4　MyInterceptor2.java

```
public class MyInterceptor2 implements HandlerInterceptor {
  @Override
  public boolean preHandle(HttpServletRequest request,
            HttpServletResponse response, Object handler)
            throws Exception {
    System.out.println("MyInterceptor2.preHandle()");
    return true;
  }

  @Override
  public void postHandle(HttpServletRequest request,
            HttpServletResponse response, Object handler,
            ModelAndView modelAndView) throws Exception {
    System.out.println("MyInterceptor2.postHandle()");
```

```
    }

    @Override
    public void afterCompletion(HttpServletRequest request,
              HttpServletResponse response, Object handler, Exception ex)
              throws Exception {
      System.out.println("MyInterceptor2.afterCompletion()");
    }
}
```

在 Spring MVC 的配置文件中，把 MyInteceptor1 和 MyInteceptor2 拦截的 URL 都设为/test，代码如下：

```
<mvc:interceptors>

  <mvc:interceptor>
    <mvc:mapping path="/test"/>
    <bean class="mypack.MyInterceptor1" />
  </mvc:interceptor>

  <mvc:interceptor>
    <mvc:mapping path="/test"/>
    <bean class="mypack.MyInterceptor2" />
  </mvc:interceptor>

</mvc:interceptors>
```

通过浏览器访问 http://localhost:8080/helloapp/test，在服务器端会得到以下打印结果。

```
MyInterceptor1.preHandle()
MyInterceptor2.preHandle()
TestController.test()
MyInterceptor2.postHandle()
MyInterceptor1.postHandle()
result.jsp
MyInterceptor2.afterCompletion()
MyInterceptor1.afterCompletion()
```

从打印结果可以看出 MyInterceptor1、MyInterceptor2、TestController 和 hello.jsp 的执行先后顺序。图 6-3 显示了 MyInterceptor1 和 MyInterceptor2 的执行流程。

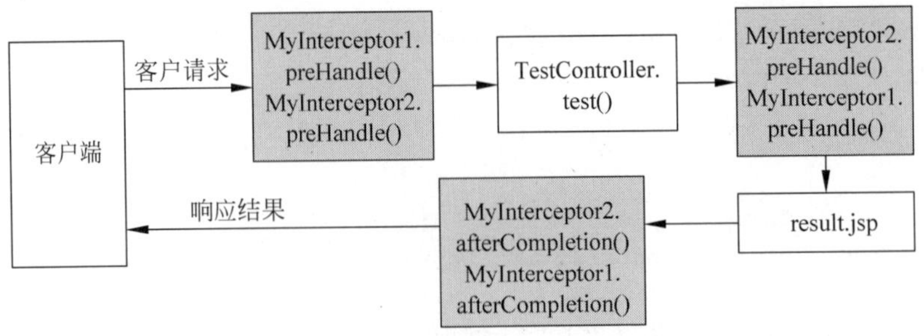

图 6-3　MyInterceptor1 和 MyInterceptor2 的执行流程

6.3　范例：用拦截器实现用户身份验证

很多 Web 应用都需要对用户进行身份验证，验证通过后才允许用户访问特定的网站资源。可以用拦截器来负责用户身份验证，这样可以避免在多个 Web 组件中重复编写验证用户身份的程序代码，可以提高程序代码的可重用性。

例程 6-5 继承了 HandlerInterceptorAdapter 类，它的 perHandle()方法负责验证用户身份。

例程 6-5　LoginInterceptor.java

```
public class LoginInterceptor extends HandlerInterceptorAdapter {
  @Override
  public boolean preHandle(HttpServletRequest request,
            HttpServletResponse response, Object handler)
            throws Exception {
    // 获取请求的 URL
    String url = request.getRequestURI();

    //如果访问/toLogin 或/login,不拦截,放行
    if (url.indexOf("/toLogin") >= 0 || url.indexOf("/login") >= 0) {
      return true;                          //继续执行后续流程
    }

    HttpSession session = request.getSession();         //获取 session
    Object obj = session.getAttribute("person");
    if (obj != null)
      return true;                          //验证通过,继续执行后续流程

    //没有登录且不是登录页面,转发到登录页面,并给出提示信息
    request.setAttribute("msg", "还没登录,请先登录!");
    request.getRequestDispatcher("/toLogin")
            .forward(request, response);
    return false;                           //中断执行后续流程
  }
}
```

在 Spring MVC 的配置文件中，对 LoginInterceptor 的配置如下：

```
<mvc:interceptor>
  <mvc:mapping path="/**"/>
  <mvc:exclude-mapping path="/test" />
  <bean class="mypack.LoginInterceptor" />
</mvc:interceptor>
```

LoginInterceptor 会拦截除了/test 以外的所有访问 helloapp 应用的 URL。

下面以客户端访问 http://localhost:8080/helloapp/main 为例，介绍 LoginInterceptor 验证用户身份的流程。客户请求先被 LoginInterceptor 拦截，它的 preHandle()方法试图从

session 范围内获得 person 属性。如果存在，就表明用户已经登录，preHandle()方法返回 true，这样 Spring MVC 框架就会执行后续的流程，把请求交给 URL 入口为/main 的 Web 组件处理，实际上对应 PersonController 类的 main()方法；如果在 session 范围内不存在 person 属性，就表明用户还没有登录，这时会把请求转发给 URL 为/toLogin 的 Web 组件处理，实际上对应 PersonController 类的 toLogin()方法。

图 6-4 显示了 LoginInterceptor 的 preHandle()方法的用户身份验证流程。

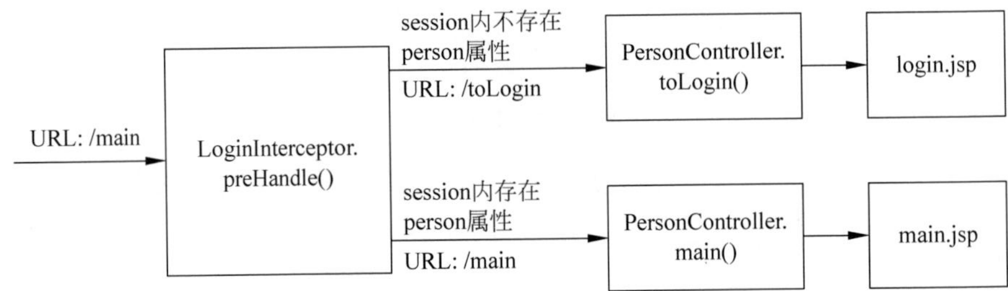

图 6-4　LoginInterceptor 的 preHandle()方法的用户身份验证流程

例程 6-6 是 PersonController 类的源代码。

例程 6-6　PersonController. java

```
@Controller
public class PersonController {

  /** 登录页面初始化 */
  @RequestMapping("/toLogin")
  public String toLogin(Model model) {
    model.addAttribute("personbean",new Person());
    return "login";
  }

  /** 负责登录 */
  @RequestMapping("/login")
  public String login(Person person, Model model,
                      HttpSession session) {
    if(person.getUserName().equals("Tom")
            && person.getPassword().equals("123456")) {

      //登录成功,将用户信息保存到 session 对象中
      session.setAttribute("person", person);
      //重定向到 main()方法
      return "redirect:main";
    }
    model.addAttribute("msg", "用户名或密码错误,请重新登录! ");
    model.addAttribute("personbean",person);
    return "login";
  }

  /** 跳转到主页面 */
```

```
    @RequestMapping(value = {"/main","/"})
    public String main() {
      return "main";
    }

    /** 退出登录 */
    @RequestMapping("/logout")
    public String logout(HttpSession session) {
      session.invalidate();                // 关闭 session
      return "forward:toLogin";
    }
}
```

toLogin()方法把请求转发给 login.jsp,例程 6-7 是 login.jsp 的源代码。

例程 6-7 login.jsp

```
<html>
  <head><title>登录页面</title></head>
  <body>
     ${msg}
       <form:form action = "${pageContext.request.contextPath}/login"
                  modelAttribute = "personbean" >

       用户名:<form:input path = "userName" /><p>
       口令: <form:password path = "password" /><p>
       <input type = "submit" value = "登录" />

     </form:form>
</body>
</html>
```

login.jsp 生成登录网页,参见图 6-5。

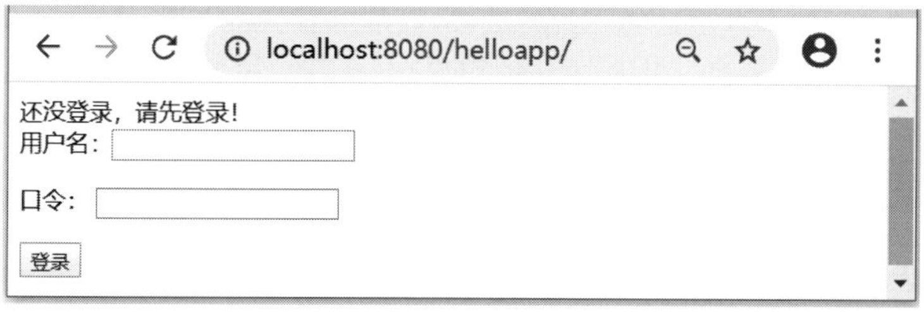

图 6-5 login.jsp 生成的登录网页

用户在图 6-5 的页面中输入用户名和口令并提交,该请求先由 LoginInterceptor 处理,由于用户请求的 URL 为/login,因此 LoginInterceptor 的 preHandle()方法直接返回 true。接下来,Spring MVC 框架调用 PersonController 类的 login()方法,login()方法会验证用户身份,在这里它只做了一个简单的判断。如果用户名为 Tom,口令为 123456,就表明是合法的用户,这时会把包含用户信息的 Person 对象作为 person 属性存放到 session 范围内。

当 login()方法验证用户身份成功,就把请求重定向到 URL 为/main 的请求处理方法,否则把请求转发给 login.jsp。图 6-6 显示了 login()方法的登录流程。

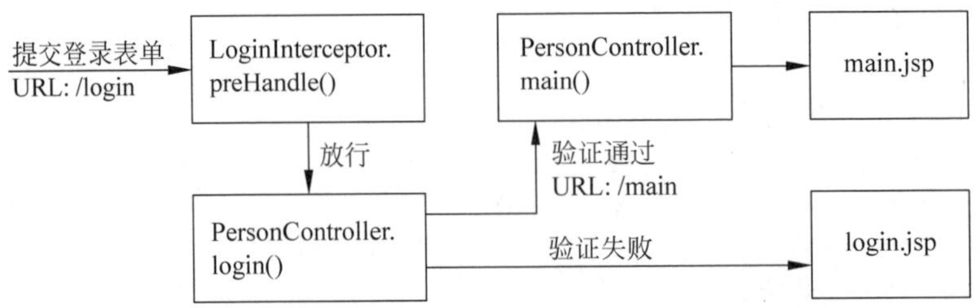

图 6-6 PersonController 的 login()方法的登录流程

main.jsp 表示网站的主页,例程 6-8 是它的源代码。

例程 6-8 main.jsp

```
<html>
<head><title>主页面</title></head>
<body>
  当前用户:${person.userName }<br>
  <a href = "${pageContext.request.contextPath }/logout">退出</a>
</body>
</html>
```

图 6-7 是 main.jsp 生成的网页。

localhost:8080/helloapp/main

当前用户: Tom
退出

图 6-7 main.jsp 生成的网页

当用户在图 6-7 的网页上选择"退出"链接,该请求首先由 LoginInterceptor 拦截。通过了 LoginInterceptor 的 preHandle()方法的用户身份验证,接下来 Spring MVC 框架再调用 PersonController 类的 logout()方法。logout()方法结束当前会话,再把请求转发给/toLogin。

6.4 小结

本章结合具体的范例,介绍了 Spring MVC 框架提供的拦截器的用法,展示了单个拦截器以及串联的拦截器的执行流程。

本章还介绍了拦截器的具体运用范例,用拦截器来进行统一的用户身份验证,判断依据为在 session 范围内是否存在包含用户身份信息的 person 属性。PersonController 实现了用户登录和退出网站的业务逻辑,login.jsp 生成了登录表单。

6.5　思考题

1. HandlerInterceptor 接口的 postHandle()方法在(　　)被调用。(单选)
   A. 调用控制器类的请求处理方法之前
   B. 调用控制器类的请求处理方法之后,执行 JSP 文件之前
   C. 执行 JSP 文件之后
   D. 执行了 HandlerInterceptor 的 preHandle()方法之后
2. (　　)属于 HandlerInterceptor 接口的 afterCompletion()方法的参数。(多选)
   A. HttpServletRequest　request
   B. HttpServletResponse　response
   C. Object　handler
   D. ModelAndView　modelAndView
3. 在 Spring MVC 的配置文件中配置了如下拦截器:

```
<mvc:interceptors>
  <mvc:interceptor>
    <mvc:mapping path="/test"/>
    <bean class="mypack.MyInterceptorA" />
  </mvc:interceptor>

  <mvc:interceptor>
    <bean class="mypack.MyInterceptorB" />
  </mvc:interceptor>

</mvc:interceptors>
```

   当客户端请求访问的 URL 为/test,并且假定 MyInterceptorB 的 preHandle()方法的返回值为 false,(　　)方法会被调用。(多选)
   A. MyInterceptorA 的 preHandle()
   B. MyInterceptorA 的 postHandle()
   C. MyInterceptorB 的 preHandle()
   D. MyInterceptorB 的 afterCompletion()
4. 关于拦截器,以下说法正确的是(　　)。(多选)
   A. Spring API 中的 HandlerInterceptorAdapter 类是抽象类,实现了 HandlerInterceptor 接口的部分方法
   B. HandlerInterceptor 接口的 postHandle()方法的返回类型为 boolean
   C. HandlerInterceptor 接口的 afterCompletion()方法的返回类型为 void
   D. 在拦截器中也可以进行 HTTP 请求的转发和重定向

第7章

异常处理

在介绍 Spring MVC 框架的异常处理机制之前，首先介绍一个现实生活中处理故障的例子，帮助读者理解本章的内容。有一家电子商务公司，它一开始没有专门的硬件故障维修部门。公司里的员工不仅要完成本职工作，还要负责硬件维修。如果计算机出了故障，员工就拆开计算机，更换内存条或显卡等；如果网络出了故障，就修改服务器端的配置或者改动网络线路。由于公司的多数员工缺乏故障维修的专业知识，因此导致硬件故障越修越多，许多计算机最后都报废了。后来，该公司成立了专门的硬件维修部门，由专业人员来负责硬件维修，而且针对不同的故障类型分设维修子部门，从此能有效处理公司里的各种硬件故障。

对于 Java 应用程序也是如此，如果在各个 Java 类中都分布了处理异常的代码块，就相当于上述电子商务公司中的每个员工都要负责维修故障。对于按照 MVC 设计模式创建的 Web 应用，在视图层、控制器层和模型层都会出现异常，如果异常处理代码块分布在各个层的组件中，会导致以下三种问题。

(1) 处理异常的分工不明确，异常处理逻辑混乱。

(2) 程序代码中到处都有 try-catch 语句，可维护性和可读性差。

(3) 跟踪异常的处理流程十分困难，不利于软件调试。

为了达到统一、专业处理异常的目的，Spring MVC 框架提供了专门的异常处理机制，允许在控制器层集中处理应用程序的各种异常。

本章将结合具体的范例，介绍 Spring MVC 框架的异常处理机制，以及在 Web 应用中的具体运用方法。

本章范例位于 helloapp 应用中，通过浏览器访问 http://localhost:8080/helloapp 将显示由 test.jsp 生成的网页，参见图 7-1。该网页提供了处理 helloapp 应用产生的各种异常的链接。

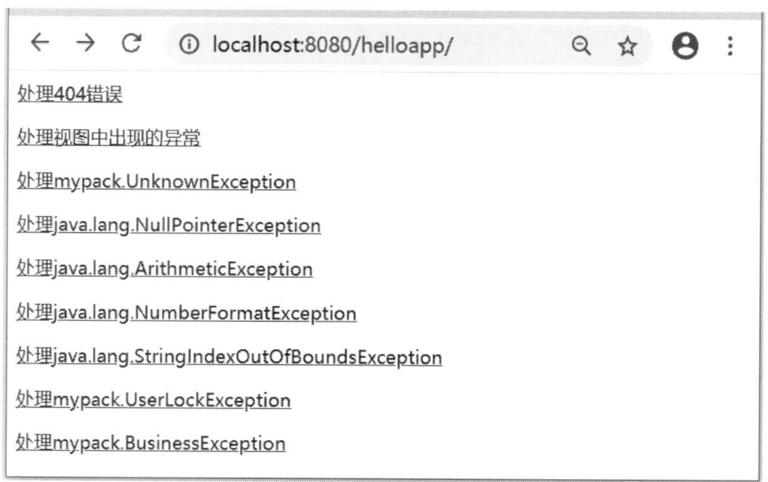

图 7-1　test.jsp 生成的网页

7.1　Spring MVC 的异常处理机制

如图 7-2 所示，当服务器端接收到客户请求后，该请求会经过多个 Web 组件处理，在视图、控制器和模型中都有可能出现异常。

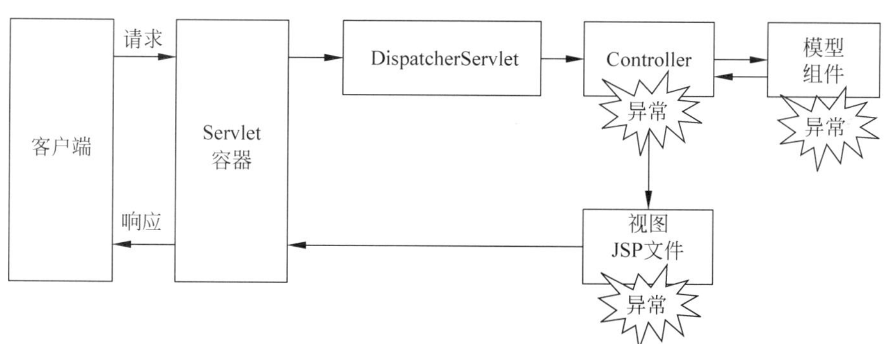

图 7-2　服务器端处理客户请求时各个组件可能抛出异常

Spring MVC 框架主要是在控制器层集中处理异常。模型层不必处理异常，而是由调用模型层方法的控制器层处理异常。视图层的异常则直接由 Servlet 容器处理。

本章范例在控制器层创建了一个 TestExController 类，它的各个请求处理方法会产生特定的异常。后文会介绍用不同的方式处理这些异常。例程 7-1 是 TestExController 类的源代码。

例程 7-1　TestExController.java

```
@Controller
public class TestExController {

  @RequestMapping(value = {"/","/test"})
```

```
    public String go() {
        return"test";
    }

    @RequestMapping("/testUnknownEx")
    public String testUnknownEx() {
        if(true)
          throw new UnknownException("未知异常");
        return"result";
    }

    @RequestMapping("/testMultiEx")
    public String testMultiEx(String data) {
      //当 data = null,抛出 NullPointerException
      String str = data.substring(0);

      //当 data = "one",抛出 NumberFormatException
      int a = Integer.parseInt(data);

      //当 data = "0",抛出 ArithmeticException
      int b = 1/a;

      //当 data = "1",抛出 StringIndexOutOfBoundsException
      data = data.substring(0,2);

      return "result";
    }

    @RequestMapping("/testBusinessEx")
    public String testBusinessEx(String userName) {
      //当 userName = "Tom",抛出 UserLockException
      if(userName.equals("Tom"))
        throw new UserLockException(userName,3001,userName + "被锁定");

      //当 userName = "Mike",抛出 BusinessException
      if(userName.equals("Mike"))
        throw new BusinessException(2001,"无权访问该业务");

      return"result";
    }

    @ExceptionHandler(mypack.UserLockException.class)
    public String userLockExHandle(HttpServletRequest request,
                                    Exception exception) {
      request.setAttribute("exception", exception);
      return "userLockError";
    }
}
```

7.1.1　处理视图层的异常

从图 7-2 可以看出，如果视图层的 JSP 文件出现异常，该异常将直接由 Servlet 容器来处理。因此，Spring MVC 框架在默认情况下并没有参与处理 JSP 文件中出现的异常。

例如，在本范例的 result.jsp 文件中可能出现异常。例程 7-2 是 result.jsp 的源代码。

例程 7-2　result.jsp

```
It's done!
<%
String userName = request.getParameter("userName");
if(userName!= null && userName.equals("Monster"))
  throw new IllegalArgumentException("Invalid User");
%>
```

在 web.xml 文件中，对 JSP 文件中出现的异常设置了错误处理页面，如：

```
<error-page>
  <exception-type>java.lang.Exception</exception-type>
  <location>/WEB-INF/jsp/generalError.jsp</location>
</error-page>
```

以上代码指定 generalError.jsp 为错误处理页面，例程 7-3 是 generalError.jsp 的源代码。

例程 7-3　generalError.jsp

```
<%@ page contentType="text/html; charset=UTF-8" %>
<%@ page import="java.io.*" %>
<%@ page isErrorPage="true" %>

<html>
<head>
  <title>异常处理</title>
</head>
<body>
  <h2>服务器端发生异常:<%=exception.getMessage()%></h2>
  <h2>异常原因</h2>
  <%
    //创建字节缓冲区
    ByteArrayOutputStream bout = new ByteArrayOutputStream();
    //先把异常链的堆栈信息打印到字节缓冲区
    exception.printStackTrace(new PrintStream(bout));
    //再向网页上打印异常链的堆栈信息
    out.println(bout.toString());
  %>
<hr>
```

```
<% = request.getRequestURL() %>
</body>
</html>
```

在图 7-1 的网页上选择"处理视图中出现的异常"链接,该请求由 TestExController 类的 testBusinessEx( )方法处理,该方法把请求转发给 result. jsp,result. jsp 抛出 IllegalArgumentException。图 7-3 展示了服务器端处理 result. jsp 抛出 IllegalArgumentException 的流程。

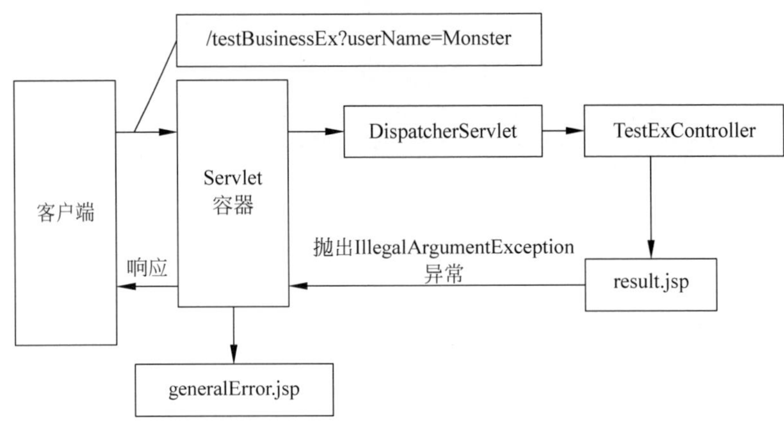

图 7-3 服务器端处理 result. jsp 抛出的异常的流程

从图 7-3 可以看出,当 result. jsp 抛出 IllegalArgumentException,Servlet 容器会通过 generalError. jsp 生成错误页面。图 7-4 是 generalError. jsp 生成的错误页面。

图 7-4 generalError. jsp 生成的错误页面

7.1.2 处理 HTTP 状态代码为 404 的错误

当客户端请求访问的 URL 资源不存在,DispatcherServlet 会产生一个 HTTP 响应状态代码为 404 的错误,并把这个错误直接交给 Servlet 容器处理。

在 web. xml 文件中,对 404 错误设置了错误处理页面,如

```
<error-page>
  <error-code>404</error-code>
  <location>/WEB-INF/jsp/404.jsp</location>
</error-page>
```

在图 7-1 的网页上选择“处理 404 错误”链接，图 7-5 展示了服务器端处理 404 错误的流程。从该图可以看出，处理 404 错误并没有经过控制器类。

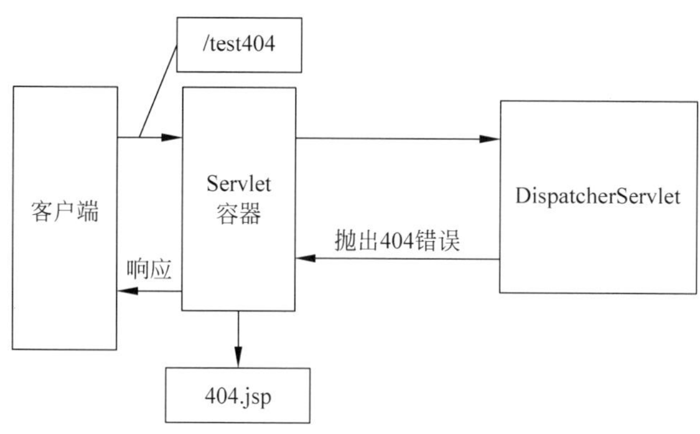

图 7-5 服务器端处理 404 错误的流程

7.1.3 处理模型层的异常

Java 异常分为受检查异常和运行时异常。当模型层的方法出现了受检查异常，Java 语言要求该方法用 try-catch 语句处理该异常或通过 throws 语句声明抛出该异常。

为了简化模型层的处理异常的代码，建议把模型层的所有受检查异常包装为运行时异常，再将其抛出，最后由控制器层真正处理该异常。

例如以下 saveCustomer()方法是模型层的一个方法，这个方法在访问数据库时可能会出现 SQLException。saveCustomer()方法并没有真正处理该异常，仅仅是把它包装为运行时异常 BusinessException，再将其抛出。

```
public void saveCustomer(Customer customer){
  try{
    //访问数据库,可能会抛出 SQLException
    …
  }catch(SQLException e){
    //把受检查异常 SQLException 包装为运行时异常 BusinessException
    throw new BusinessException(1001,"数据库异常",e);
  }
}
```

BusinessException 是自定义的异常类，它继承了 RuntimeException 类。例程 7-4 是 BusinessException 的源代码。

例程 7-4 BusinessException.java

```
package mypack;
public class BusinessException extends RuntimeException{
  private int code;                    //异常编号
  public BusinessException(int code,String message){
    super(message);
    this.code = code;
  }

  public BusinessException(int code,String message,
                          Throwable throwable){
    super(message,throwable);
    this.code = code;
  }

  public int getCode(){return code;}
  public void setCode(int code){
    this.code = code;
  }
}
```

为了便于管理 Web 应用中的各种异常，为 BusinessException 类定义了一个 code 属性，它表示具体异常类型的编号。

7.1.4 处理控制器层的异常

在控制器层不仅要处理本层产生的异常，还要处理调用模型层方法产生的异常。

Spring MVC 框架在控制器层提供了以下三种处理异常的方式。

(1) 使用由 Spring MVC 框架提供的实现了 HandlerExceptionResolver 接口的 SimpleMappingExceptionResolver 类。

(2) 创建实现 HandlerExceptionResolver 接口的异常处理类。

(3) 在控制器类或控制器增强类中使用@ExceptionHandler 注解。

本章接下来几节将详细介绍这三种方式。

7.2 使用 SimpleMappingExceptionResolver 类

org.springframework.web.servlet.HandlerExceptionResolver 接口是 Spring MVC 框架的异常处理接口。Spring MVC 框架为这个接口提供了一个简单的实现类 SimpleMappingExceptionResolver。

为了使用这个类，需要在 Spring MVC 框架的配置文件中进行如下配置：

```
<bean
  class = "org.springframework.web.servlet.handler
                .SimpleMappingExceptionResolver">
  <!-- 定义默认的异常处理页面,commonError 是 JSP 文件的逻辑名字 -->
```

```
    <property name="defaultErrorView" value="commonError">
    </property>

    <!-- 定义需要特殊处理的异常 -->
    <property name="exceptionMappings">
      <props>
        <prop key="java.lang.ArithmeticException">ariError</prop>
        <prop key="java.lang.NullPointerException">nullError</prop>
      </props>
    </property>
  </bean>
```

这段配置代码表明，当控制器类出现异常时，默认情况下会把请求转发给commonError.jsp处理；如果控制器类出现ArithmeticException异常，则把请求转发给ariError.jsp处理；如果控制器类出现NullPointerException异常，则把请求转发给nullError.jsp处理。在以上配置代码中，指定的是JSP文件的逻辑名字。

例程7-5是commonError.jsp的源代码，它会在网页上输出异常信息。

例程7-5　commonError.jsp

```
<%@ page contentType="text/html; charset=UTF-8" %>
<%@ page import="java.io.*" %>

<html>
<head>
  <title>异常处理</title>
</head>
<body>
  <h2>服务器端发生异常：${exception.message}</h2>
  <h2>异常原因</h2>
  <%
    Exception exception = (Exception)request.getAttribute("exception");

    //创建字节缓冲区
    ByteArrayOutputStream bout = new ByteArrayOutputStream();
    //先把异常链的堆栈信息打印到字节缓冲区
    exception.printStackTrace(new PrintStream(bout));
    //再向网页上打印异常链的堆栈信息
    out.println(bout.toString());
  %>

<hr>
<%=request.getRequestURL() %>
</body>
</html>
```

默认情况下，Spring MVC框架把异常对象存放在request范围内，属性名为exception。在处理异常的JSP文件中，可以通过以下形式访问这个Exception对象。

```
<h2>服务器端发生异常: ${exception.message}</h2>
<h2>异常原因</h2>
<%
  Exception exception = (Exception)request.getAttribute("exception");
  ...
%>
```

在 Spring MVC 的配置文件中,也可以显式指定异常对象存放到 request 范围内的属性名,如:

```
<bean
  class = "org.springframework.web.servlet.handler
                  .SimpleMappingExceptionResolver">

  <!-- 定义异常对象存放到请求范围内的属性名 -->
  <property name = "exceptionAttribute" value = "ex" />

  ...
</bean>
```

做了上述配置后,在 JSP 文件中通过属性名 ex 访问 request 范围内的异常对象,如:

```
<h2>服务器端发生异常: ${ex.message}</h2>
<h2>异常原因</h2>
<%
  Exception exception = (Exception)request.getAttribute("ex");
  ...
%>
```

在图 7-1 的网页上选择“处理 java.lang.NullPointerException”链接,图 7-6 展示了服务器端处理 TestExController 类抛出的 NullPointerException 的流程。

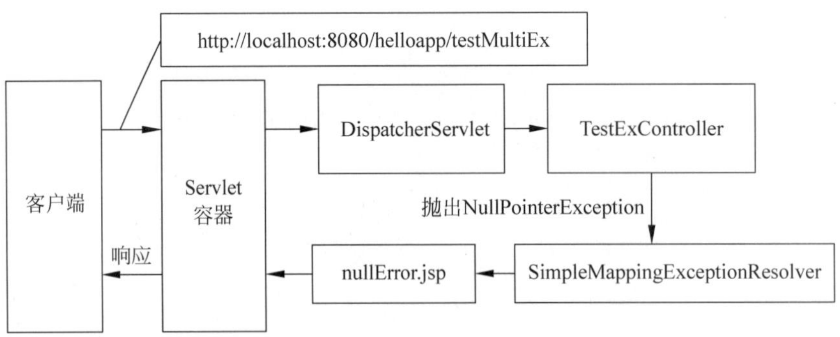

图 7-6 服务器端处理 NullPointerException 的流程

7.3 实现 HandlerExceptionResolver 接口

7.2 节介绍的 SimpleMappingExceptionResolver 类处理异常的能力很有限,主要是以配置的方式指定显示异常信息的 JSP 文件。

如果希望以编程的方式灵活处理各种异常，可以创建实现 HandlerExceptionResolver 接口的异常处理类。

例程 7-6 实现了 HandlerExceptionResolver 接口，它的 resolveException()方法负责处理异常。

例程 7-6 GlobalExceptionHandler. java

```
import org.springframework.web.servlet.HandlerExceptionResolver;
import org.springframework.web.servlet.ModelAndView;

public class GlobalExceptionHandler
                        implements HandlerExceptionResolver {

  @Override
  public ModelAndView resolveException(HttpServletRequest request,
          HttpServletResponse response,
          Object handler, Exception exception) {

    Map<String, Object> model = new HashMap<String, Object>();
    model.put("exception", exception);

    // 根据不同错误转向不同的错误页面
    if (exception instanceof NumberFormatException) {
      return new ModelAndView("numError", model);
    } else if (exception instanceof StringIndexOutOfBoundsException) {
      return new ModelAndView("indexError", model);
    } else{
      return new ModelAndView("commonError", model);
    }
  }
}
```

GlobalExceptionHandler 类的 resolveException()方法返回一个 ModelAndView 对象，它指定显示异常信息的 JSP 文件。

在 Spring MVC 的配置文件中，需要配置 GlobalExceptionHandler，如：

```
<bean class = "mypack.GlobalExceptionHandler" />
```

在图 7-1 的网页上选择“处理 java. lang. NumberFormatException”链接，图 7-7 展示了服务器端处理 TestExController 类抛出的 NumberFormatException 的流程。

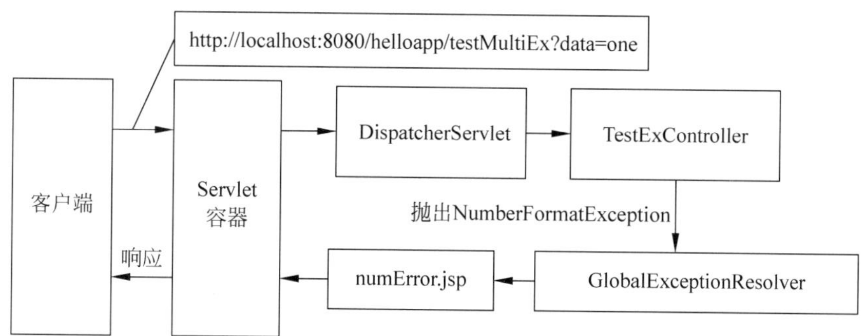

图 7-7 服务器端处理 NumberFormatException 的流程

7.4 使用@ExceptionHandler 注解

7.2 节和 7.3 节介绍了全局的异常处理方式。假定 ControllerA 和 ControllerB 都会抛出自定义的 UserLockException，HandlerExceptionResolver 接口的实现类会按照相同的方式去处理 UserLockException。

如果针对 ControllerA 和 ControllerB 各自抛出的 UserLockException 有着不同的异常处理逻辑，那么该如何实现呢？这时可以用@ExceptionHandler 注解进行局部的异常处理。

在控制器类中，如果用@ExceptionHandler 注解标识一个方法，这个方法就会专门负责为当前控制器类处理异常，但不会处理其他控制器类出现的异常。

在本章范例的 TestExController 类中定义了以下两个方法。

```
@RequestMapping("/testBusinessEx")
public String testBusinessEx(String userName) {
  //当 userName 为 Tom，抛出 UserLockException
  if(userName.equals("Tom"))
    throw new UserLockException(userName,3001,userName + "被锁定");

  //当 userName 为 Mike，抛出 BusinessException
  if(userName.equals("Mike"))
    throw new BusinessException(2001,"无权访问该业务");

  return"result";
}

@ExceptionHandler(mypack.UserLockException.class)
public String userLockExHandle(HttpServletRequest request,
                               Exception exception) {
  request.setAttribute("exception", exception);
  return "userLockError";        //把请求转发给 userLockError.jsp
}
```

testBusinessEx()方法会抛出 UserLockException，userLockExHandle()方法用@ExceptionHandler(mypack.UserLockException.class)注解标识，表明会处理该 UserLockException。

用@ExceptionHandler 注解标识的方法和用@RequestMapping 注解标识的方法一样，其返回类型可以是 String 或 ModelAndView 等，用来指定 JSP 文件的逻辑名字。

在图 7-1 的网页上选择"处理 mypack.UserLockException"链接，图 7-8 展示了服务器端处理 TestExController 类抛出的 UserLockException 的流程。

7.4.1 在控制器类中用@ExceptionHandler 注解标识多个方法

在一个控制器类中，可以用@ExceptionHandler 注解标识多个方法，这些方法分别处理不同的异常。

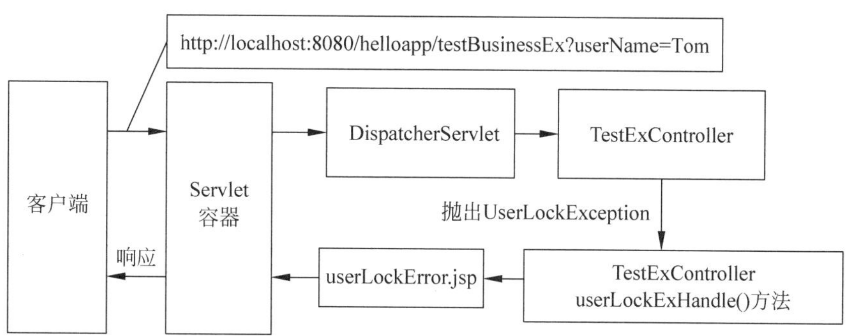

图 7-8　服务器端处理 UserLockException 的流程

假定 BaseException 异常类有两个子类：Sub1Exception 和 Sub2Exception。以下是位于控制器类中的异常处理方法，分别处理 BaseException 和 Sub1Exception。

```
@ExceptionHandler(BaseException.class)
public String baseExHandle(…){…}

@ExceptionHandler(Sub1Exception.class)
public String sub1ExHandle(…){…}
```

Spring MVC 框架会采用就近原则调用异常处理方法，例如：

(1) 如果当前控制器类抛出 BaseException，Spring MVC 框架就会调用 baseExHandle()方法。

(2) 如果当前控制器类抛出 Sub1Exception，Spring MVC 框架就会调用 sub1ExHandle()方法。

(3) 如果当前控制器类抛出 Sub2Exception，Spring MVC 框架就会调用 baseExHandle()方法。

7.4.2　在控制器增强类中使用@ExceptionHandler 注解

3.10 节已经介绍了控制器增强类的作用。控制器增强类用@ControllerAdvice 注解标识。

如果有多个控制器类对某种异常都采用同样的处理方式，为了避免重复编码，可以在控制器增强类中定义异常处理方法。

例程 7-7 是控制器增强类，它定义了一个异常处理方法 exHandle()，负责处理 BusinessException。

例程 7-7　BuExHandleControllerAdvice.java

```
@ControllerAdvice
public class BuExHandleControllerAdvice {
  @ExceptionHandler(BusinessException.class)
  public ModelAndView exHandle(Exception exception) {
    ModelAndView mv = new ModelAndView();
```

```
        mv.addObject("exception", exception);
        mv.setViewName("businessError");
        return mv;
    }
}
```

BusinessException 有一个子类 UserLockException。按照就近处理异常的原则，当 TestExController 类抛出 UserLockException，Spring MVC 框架会调用 TestExController 类的 userLockExHandle()方法；当 TestExController 类抛出 BusinessException，Spring MVC 框架会调用 BuExHandleControllerAdvice 类的 exHandle()方法。

7.5 小结

Spring MVC 框架处理异常的原则是在控制器层集中处理异常。对于模型层产生的受检查异常，建议先把它包装为运行时异常，再将其抛出，最后由控制器层处理。

Spring MVC 框架处理异常的方式有以下三个优点。

(1) 提高异常处理代码的可重用性和可维护性。

(2) 便于对各种异常分别进行管理。

(3) 简化异常处理流程，便于调试。

Spring MVC 框架允许对异常进行全局或局部处理。

(1) 全局处理异常：用 HandlerExceptionResolver 接口的实现类来处理异常。既可以使用 Spring MVC 框架提供的简单实现类 SimpleMappingExceptionResolver，也可以自己创建 HandlerExceptionResolver 接口的实现类。

(2) 局部处理异常：在控制器类或者控制器增强类中用@ExceptionHandler 注解声明异常处理方法。

7.6 思考题

1. HandlerExceptionResolver 接口的 resolveException ()方法的返回类型是(　　)。(单选)

   A. Model　　　　B. ModelAndView

   C. Exception　　　　D. void

2. 在 Spring MVC 的配置文件中，对 SimpleMappingExceptionResolver 类的配置如下：

```
<bean
  class = "org.springframework.web.servlet
                    .handler.SimpleMappingExceptionResolver">
  <property name = "defaultErrorView" value = "commonError">
  </property>

  <property name = "exceptionMappings">
    <props>
```

```
        <prop key="java.io.IOException">ioError</prop>
        <prop key="java.io.FileNotFoundException">fnfError</prop>
      </props>
    </property>
</bean>
```

当控制器类抛出 SQLException，将由（　　）文件显示异常信息。（单选）

A. commonError.jsp　　B. ioError.jsp

C. fnfError.jsp　　D. 其他

3. 对于思考题 2 的配置代码，当控制器类抛出 FileNotFoundException，将由（　　）文件显示异常信息。（单选）

A. commonError.jsp　　B. ioError.jsp

C. fnfError.jsp　　D. 其他

4. 关于 Spring MVC 框架的异常处理机制，以下说法正确的是（　　）。（多选）

A. 在一个控制器类中用@ExceptionHandler 注解标识的方法只能处理当前控制器类抛出的异常

B. 在一个控制器增强类中用@ExceptionHandler 注解标识的方法只能处理当前控制器增强类抛出的异常

C. Spring MVC 框架建议在视图层、控制器层和模型层各自处理自身的异常

D. 用@ExceptionHandler 注解标识的方法允许有 Exception、HttpServletRequest 和 HttpServletResponse 类型的参数，返回类型可以是 String 或 ModelAndView 类型等

第8章

Web应用的国际化

面向全球客户的 Web 应用需要支持多国语言。Web 应用的国际化(简称为 I18N)指的是在 Web 应用的设计阶段就使软件具有支持多种语言和地区的功能。这样,当需要在应用中添加对一种新的语言和国家或地区的支持时,不需要对已有的软件返工,无须修改应用的程序代码。

如图 8-1 所示,Web 应用的国际化意味着同一个 Web 应用可以面向使用各种不同语言的客户。如果客户使用的语言为中文,Web 应用就会从中文资源文件中读取消息文本,把它插入到返回给客户端的 HTML 页面中;如果客户使用的语言为英文,Web 应用就会从英文资源文件中读取消息文本,把它插入到返回给客户端的 HTML 页面中。

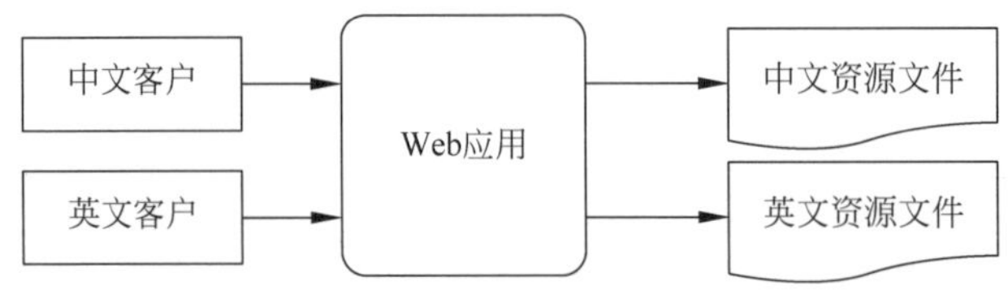

图 8-1　Web 应用的国际化

提示:I18N 是 Internationalization 的简称,因为该单词的首字母 I 与尾字母 N 中间隔着 18 个字符。

在 Java 语言中,用 java. util. Locale 类表示一个客户的本地化信息,Locale 对象中包含了客户本地的国家和语言信息。

Spring MVC 框架为 Web 应用的国际化提供了完整的解决方案。它利用 LocaleResolver 接口来获取客户端的 Locale 信息,再到与 Locale 所对应的资源文件中读取消息文本。

本章首先介绍了和国际化有关的 Locale 类的用法,接下来详细介绍了用 Spring MVC

框架来创建国际化的 Web 应用的方法。

本章范例位于 helloapp 应用中，它是第 2 章的 helloapp 应用的改进版，支持中文和英文客户，会针对不同语言的客户在网页上输出相应的消息文本，参见图 8-2。

图 8-2 helloapp 应用的 hello.jsp 生成英文网页和中文网页

8.1 Locale 类的用法

java.util.Locale 类是与 I18N 有关的最重要的类，在 Java 语言中，几乎所有对国际化的支持都依赖这个类。Locale 类的实例代表特定的语言和国家。如果 Java 类库中的某个类在运行时需要根据 Locale 对象来调整其功能，那么就称这个类是本地敏感的(Locale-Sensitive)。例如，java.text.DateFormat 类就是本地敏感的，因为它需要依照特定的 Locale 对象来对日期进行相应的格式化。

Locale 对象本身并不执行和 I18N 相关的格式化或解析工作。Locale 对象仅负责向本地敏感的类提供本地化信息。例如，DateFormat 类依据 Locale 对象来确定日期的格式，然后对日期进行语法分析和格式化。

创建 Locale 对象时，需要明确地指定其语言和国家代码。以下代码创建了两个 Locale 对象，一个表示美国，另外一个表示中国。

```
Locale usLocale = new Locale("en", "US");
Locale zhLocale = new Locale("zh", "CN");
```

构造方法的第一个参数是语言代码。语言代码由两个小写字母组成，遵从 ISO 639 规范。可以从 https://www.iso.org/iso-639-language-codes.html 获得完整的语言代码列表。构造方法的第二个参数是国家代码，它由两个大写字母组成，遵从 ISO 3166 规范。可以从 https://www.iso.org/iso-3166-country-codes.html 获得完整的国家代码列表。

Locale 类提供了几个静态常量，它们代表一些常用的 Locale 实例。例如，如果要获得 Japanese Locale 实例，可以使用如下两种方法：

```
Locale locale1 = Locale.JAPAN;
Locale locale2 = new Locale("ja", "JP");
```

Java 虚拟机在启动时会查询操作系统，为运行环境设置本地默认的 Locale。Java 程序可以调用 java.util.Locale 类的静态方法 getDefault()获得默认的 Locale，代码如下：

```
Locale defaultLocale = Locale.getDefault();
```

Servlet 容器在其本地环境中通常会使用默认的 Locale；而对于特定的远程客户，如图 8-3 所示，Web 应用需要知道客户端所使用的 Locale 信息，然后再从与之匹配的资源文件中获取消息文本。

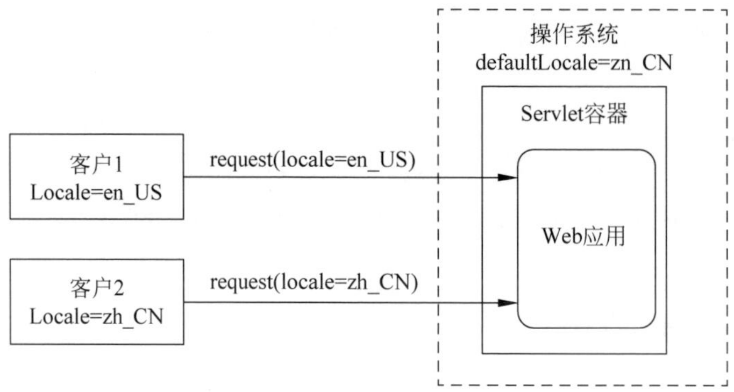

图 8-3 Web 应用接收包含不同 Locale 信息的客户请求

那么，对于客户端发出的 HTTP 请求，如何获取其中的 Locale 信息呢？有以下 5 种方式。

(1) 浏览器通常会把本地的 Locale 信息存放在 HTTP 请求头的 Accept-Language 项中，在 Web 应用程序中，可以调用 HttpServletRequest 对象的以下两个方法，来取得包含客户端的 Locale 信息的 Locale 实例。

```
public java.util.Locale getLocale();
public java.util.Enumeration getLocales();
```

这两个方法都会访问 HTTP 请求头部的 Accept-Language 项，把它包装成 Locale 对象返回。getLocale()方法返回客户优先使用的 Locale，而 getLocales()方法返回一个 Enumeration 集合对象，它包含了按优先级降序排列的所有 Locale 对象。如果客户没有配置任何 Locale，getLocale()方法将会返回默认的 Locale。

(2) 由 Web 应用程序自行约定，把 Locale 信息存放在特定的请求参数中。例如以下 URL 的请求参数中就包含了 Locale 信息。

```
http://localhost:8080/helloapp/input?lang = en_US
```

服务器端按如下方式获取客户端的 Locale。

```
String localeParam = request.getParameter("lang");
String ss[] = localeParam.split("_");
Locale locale = new Locale(ss[0],ss[1]);
```

(3) 由 Web 应用程序自行约定，把 Locale 信息存放在 Cookie 中，Web 组件从 Cookie 中获取 Locale 信息。

(4) 由 Web 应用程序自行约定，把 Locale 信息存放在 request 范围内，Web 组件从 request 范围内获取 Locale 信息。

(5) 由 Web 应用程序自行约定，把 Locale 信息存放在 session 范围内，Web 组件从 session 范围内获取 Locale 信息。

8.2 Spring MVC 框架的处理国际化的接口和类

Spring MVC 框架通过 org.springframework.web.servlet.LocaleResolver 接口来决定客户端的 Locale 信息。在 LocaleResolver 接口中定义了获取客户端 Locale 信息的 resolveLocale()方法，代码如下：

```
public Locale resolveLocale(HttpServletRequest request);
```

对于每一个客户请求，Spring MVC 框架只要调用 LocaleResolver 接口的实现类的 resolveLocale()方法，就会获取客户端的 Locale 信息，然后再从与之匹配的资源文件中获取消息文本。

Spring MVC 框架为 LocaleResolver 接口提供了以下三个实现类。

(1) SessionLocaleResolver 实现类：从 session 范围内获取 Locale 信息。

(2) CookieLocaleResolver 实现类：从 Cookie 和 request 范围内获取 Locale 信息。

(3) AcceptHeaderLocaleResolver 实现类：从 HTTP 请求头的 Accept-Language 项中获取 Locale 信息。

这三个实现类分别按照三种方式获取客户端的 Locale。SessionLocaleResolver 和 CookieLocaleResolver 还需要和 Spring MVC 框架的 LocaleChangeInterceptor 拦截器合作，才能正常工作，获取客户端的 Locale 信息。

8.3 使用 SessionLocaleResolver

为了使用 SessionLocaleResolver，需要在 Spring MVC 的配置文件中配置 LocaleChangeInterceptor 拦截器和 SessionLocaleResolver，代码如下：

```
<mvc:interceptors>
  <bean class = "org.springframework.web.servlet
                              .i18n.LocaleChangeInterceptor">
    <property name = "paramName" value = "lang" />
  </bean>
</mvc:interceptors>

<bean id = "localeResolver"
          class = "org.springframework.web.servlet
                  .i18n.SessionLocaleResolver">
```

```
  <property name = "defaultLocale" value = "en_US" />
</bean>
```

如图 8-4 所示，LocaleChangeInterceptor 拦截器和 SessionLocaleResolver 互相配合，就能在 session 范围内存入和读取 Locale 信息。

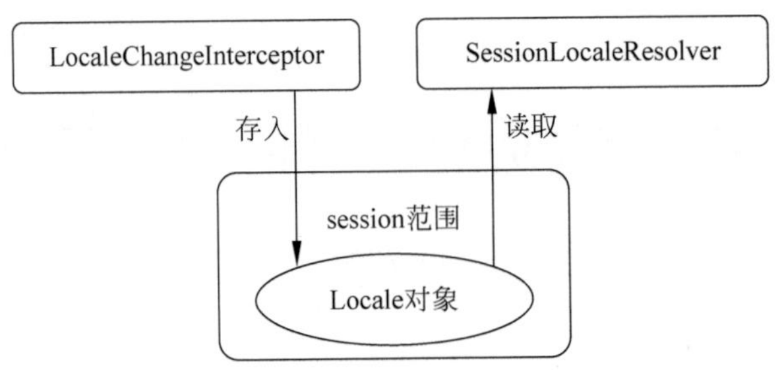

图 8-4　在 session 范围内存入和读取 Locale 信息

对于每一个 HTTP 请求，LocaleChangeInterceptor 拦截器会读取表示 Locale 信息的请求参数，默认的请求参数名为 locale。此外，也可以在 Spring MVC 配置文件中显式指定表示 Locale 的请求参数的名字，代码如下：

```
<bean class = "org.springframework.web.servlet
                        .i18n.LocaleChangeInterceptor">
  <property name = "paramName" value = "lang" />
</bean>
```

如果 LocaleChangeInterceptor 拦截器从请求参数中读到了 Locale 信息，就会把它存放在 session 范围内，属性名为 SessionLocaleResolver. LOCALE_SESSION_ATTRIBUTE_NAME。假如 HTTP 请求中不存在表示 Locale 信息的请求参数，就什么也不做。

SessionLocaleResolver 的 resolveLocale()方法获取 Locale 信息的流程如下：

(1) 首先从 session 范围内读取 Locale 属性，属性名为 SessionLocaleResolver. LOCALE_SESSION_ATTRIBUTE_NAME，如果存在，就将其返回。

(2) 如果 session 范围内不存在 Locale 信息，就读取在 Spring MVC 配置文件中配置的默认的 Locale，代码如下：

```
<bean id = "localeResolver"
          class = "org.springframework.web.servlet
                  .i18n.SessionLocaleResolver">
  <property name = "defaultLocale" value = "en_US" />
</bean>
```

如果存在默认的 Locale，就将其返回。

(3) 如果不存在默认的 Locale，就调用 request. getLocale()方法，读取 HTTP 请求头中的 Accept-Language 项，返回相应的 Locale 对象。

8.3.1 在 JSP 文件的 URL 中包含表示 Locale 的请求参数

在本章范例中,index.jsp 文件提供了选择语言的 URL 链接,在该 URL 中包含了表示 Locale 的 lang 请求参数。例程 8-1 是 index.jsp 的源代码。

例程 8-1 index.jsp

```
<%@ page contentType="text/html; charset=UTF-8" %>
<%@taglib uri="http://www.springframework.org/tags" prefix="spring" %>
<html>
  <head>
    <title><spring:message code="index.jsp.title"/></title>
  </head>
  <body>

  <h2><spring:message code="index.jsp.page.heading"/></h2>
  <p><a href="${pageContext.request.contextPath}/input?lang=en_US">
  <spring:message code="index.jsp.enpage"/> </a>

  <p><a href="${pageContext.request.contextPath}/input?lang=zh_CN">
  <spring:message code="index.jsp.chpage"/> </a>

  </body>
</html>
```

图 8-5 是 index.jsp 生成的网页。

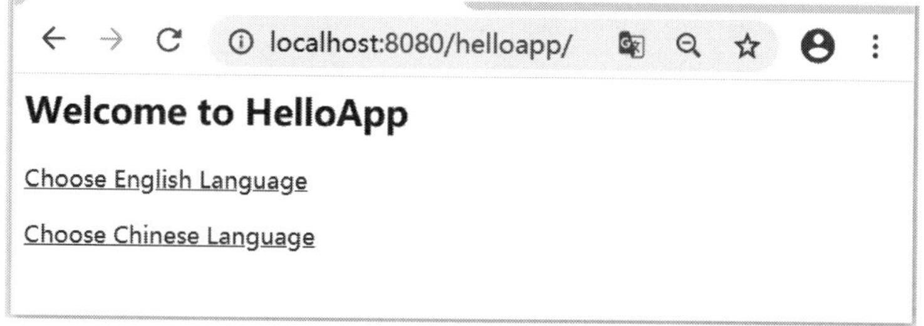

图 8-5 允许客户选择语言的 index.jsp 的网页

为了使 JSP 文件支持多国语言,所有的 JSP 文件都采用 UTF-8 编码,并且在 web.xml 文件中配置了由 Spring MVC 框架提供的字符编码过滤器 CharacterEncodingFilter,代码如下:

```
<filter>
  <filter-name>encodingFilter</filter-name>

  <filter-class>
    org.springframework.web.filter.CharacterEncodingFilter
  </filter-class>
```

```
    <init-param>
      <param-name>encoding</param-name>
      <param-value>UTF-8</param-value>
    </init-param>

    <init-param>
      <param-name>forceEncoding</param-name>
      <param-value>true</param-value>
    </init-param>
  </filter>

  <filter-mapping>
    <filter-name>encodingFilter</filter-name>
    <url-pattern>/*</url-pattern>
  </filter-mapping>
```

8.3.2 创建和配置消息资源文件

helloapp 应用使用的默认资源文件为 messages.properties 文件，内容如下：

```
index.jsp.title=HomePage
index.jsp.page.heading=Welcome to HelloApp
index.jsp.enpage=Choose English Language
index.jsp.chpage=Choose Chinese Language
hello.jsp.title=HelloWorld
hello.jsp.page.heading=This is English page.
hello.jsp.prompt.person=UserName :
hello.jsp.page.hello=Hello,{0}
hello.jsp.gohome=Go back to homepage.
hello.jsp.submit=Submit
person.no.username.error=Please enter a UserName to say hello to!
```

英文版资源文件为 message_en_US.properties，它的内容与 message.properties 文件相同。helloapp 应用使用的中文版的资源文件为 messages_zh_CN.properties，必须按如下步骤生成该文件。

(1) 创建包含中文消息文本的临时文件 messages_temp.properties，内容如下：

```
index.jsp.title=主页
index.jsp.page.heading=欢迎访问 HelloApp 网站
index.jsp.enpage=选择英文语言
index.jsp.chpage=选择中文语言
hello.jsp.title=打招呼页面
hello.jsp.page.heading=这是中文页面
hello.jsp.prompt.person=用户姓名:
hello.jsp.page.hello=你好,{0}
hello.jsp.gohome=返回主页
hello.jsp.submit=提交
person.no.username.error=请输入打招呼的用户姓名!
```

(2) 利用 JDK 提供的 native2ascii 命令进行字符编码转换，在 JDK 的安装目录的 bin 目录下包含了 native2ascii. exe 可执行程序。

在 DOS 命令行执行以下命令，将生成按 UTF-8 编码的中文资源文件 messages_zh_CN. properties：

```
native2ascii  -encoding UTF-8
                    messages_temp.properties messages_zh_CN.properties
```

该命令生成的 messages_zh_CN. properties 文件的内容如下：

```
index.jsp.title = \u4e3b\u9875
index.jsp.page.heading = \u6b22\u8fce\u8bbf\u95eeHelloApp\u7f51\u7ad9
index.jsp.enpage = \u9009\u62e9\u82f1\u6587\u8bed\u8a00
index.jsp.chpage = \u9009\u62e9\u4e2d\u6587\u8bed\u8a00
hello.jsp.title = \u6253\u62db\u547c\u9875\u9762
hello.jsp.page.heading = \u8fd9\u662f\u4e2d\u6587\u9875\u9762
hello.jsp.prompt.person = \u7528\u6237\u59d3\u540d:
hello.jsp.page.hello = \u4f60\u597d \uff0c{0}
hello.jsp.gohome = \u8fd4\u56de\u4e3b\u9875
hello.jsp.submit = \u63d0\u4ea4
person.no.username.error =
      \u8bf7\u8f93\u5165\u6253\u62db\u547c\u7684\u7528\u6237\u59d3\u540d!
```

在本书配套源代码包提供的 helloapp 应用中，在其 WEB-INF/classes 目录下提供了 messages_ temp. properties 和 encode. bat 文件，其中 encode. bat 文件包含了上述 native2ascii 命令。只要运行 encode. bat，就能在 classes 目录下生成采用 UTF-8 编码的 messages_zh_CN. properties 文件。

提示：在 JDK 8 以后版本的 bin 目录下没有找到 native2ascii. exe 程序，而在 JDK 8 等早期版本的 bin 目录下都提供了这一程序。

当客户端在 index. jsp 页面上选择 Choose Chinese Language 链接后，Spring MVC 框架会把表示中文的 Locale 对象存放在 session 范围内，接下来自动选择 messages_zh_CN. properties 文件作为消息文本的来源。index. jsp 以及 hello. jsp 中的< spring:message >标签会把 messages_zh_CN. properties 文件中的消息文本输出到网页上。

Spring MVC 框架用 org. springframework. context. MessageSource 接口表示消息资源，org. springframework. context. support. ResourceBundleMessageSource 类实现了该接口。在 Spring MVC 的配置文件中，需要配置消息资源，代码如下：

```
<bean id = "messageSource"
                class = "org.springframework.context
                        .support.ResourceBundleMessageSource">
  <property name = "basenames">
    <list>
```

```
        <value>messages</value>
      </list>
    </property>

    <property name="useCodeAsDefaultMessage" value="false" />
    <property name="defaultEncoding" value="UTF-8" />
    <property name="cacheSeconds" value="60" />
</bean>
```

这段配置代码表明,消息资源文件的基础名字为 messages。当 Spring MVC 框架处理 Locale 为中文的客户请求时,它会依次搜索如下三个资源文件。

(1) messages_ch_CN. properties。

(2) messages_ch. properties。

(3) messages. properties。

Spring MVC 框架首先在 WEB-INF/classes 目录下寻找 messages_ch_CN. properties 文件,如果存在该文件,就从该文件中获取消息文本,否则再依次寻找 messages_ch. properties 文件和 messages. properties 文件。

ResourceBundleMessageSource Bean 组件还具有以下三个属性。

(1) useCodeAsDefaultMessage 属性:当 Spring MVC 框架试图到资源文件中读取与特定消息编号(如 hello. jsp. page. hello)匹配的消息文本时,如果不存在匹配的消息文本,将依据 useCodeAsDefaultMessage 属性的取值进行相应的处理。该属性的默认值为 false。如果该属性取值为 true,那么 Spring MVC 框架会以消息编号本身(如 hello. jsp. page. hello)作为默认的消息文本;如果该属性为 false,那么 Spring MVC 框架会抛出异常。

(2) defaultEncoding 属性:指定消息文本的默认字符编码。

(3) cacheSeconds 属性:指定消息文本在缓存中存放的时间,以秒为单位。为了提高读取消息文本的效率,Spring MVC 框架会把资源文件的数据先读入到缓存中,以后只需要从缓存中读取消息文本。而 cacheSeconds 属性指定 Spring MVC 框架隔多长时间会重新读取资源文件中的最新数据,它用来刷新缓存。

8.3.3 在控制器类中读取消息文本

在 JSP 文件中可以通过<spring:message>标签来读取资源文件中的消息文本。在控制器类中,则可以通过编程的方式读取消息文本。

在 PersonController 类中通过@Resource 注解标识了 messageSource 成员变量,意味着 Spring MVC 框架会自动把 ResourceBundleMessageSource Bean 组件赋值给 messageSource 成员变量,代码如下:

```
@Controller
public class PersonController {

  @Resource
  private MessageSource messageSource;
```

```
    @ModelAttribute("submit")
    public String setSubmitValue(Locale locale){
      //读取提交按钮上的消息文本
      String submit = messageSource
          .getMessage("hello.jsp.submit", new Object[]{},locale);

      return submit;
    }
    ...
}
```

org.springframework.context.MessageSource 接口的 getMessage()方法依据 Locale 信息从匹配的资源文件中读取消息文本，代码如下：

```
String submit = messageSource
            .getMessage("hello.jsp.submit", new Object[]{},locale);
```

getMessage()方法的第一个参数指定消息编号，第二个参数指定消息参数，关于消息参数的概念和用法参见 8.3.4 节，第三个参数指定 Locale。

PersonController 类的 setSubmitValue()方法向 Model 中添加了 submit 属性，在 hello.jsp 文件中，提交按钮上的消息文本来自这个 submit 属性：

```
<input type = "submit" value = "${submit}" />
```

8.3.4 读取带参数的消息文本

在消息资源文件中，还可以在消息文本中添加参数，例如：

```
hello.jsp.page.hello = 你好,{0}
exp.add = {0}加上{1}的结果为{2}
```

以上第一条消息文本有一个参数{0}，第二条消息文本有三个参数，依次为{0}、{1}和{2}。

在 JSP 文件中，<spring:message>标签的 arguments 属性为消息参数赋值，例如：

```
<spring:message code = "hello.jsp.page.hello" arguments = "${userName}" />
<spring:message code = "hello.jsp.page.hello" arguments = "小王" />
<spring:message code = "exp.add " arguments = "11,22,33" />
```

假定当前客户端使用的 Locale 表示中文，并且${userName}变量的取值为“卫琴”，以上<spring:message>标签输出的消息文本如下：

```
你好,卫琴
你好,小王
11 加上 22 的结果为 33
```

在控制器类中通过 MessageSource 对象的 getMessage()方法来读取消息文本，它有一个 Object[]类型的参数，用来指定消息参数，例如：

```
String msg1 = messageSource
        .getMessage("hello.jsp.page.hello", new Object[]{"小王"},locale));
String msg2 = messageSource
        .getMessage("exp.add", new Object[]{11,22,33},locale);

System.out.println(msg1);
System.out.println(msg2);
```

假定 locale 参数表示中文语言，以上代码的打印结果如下：

```
你好,小王
11 加上 22 的结果为 33
```

8.3.5 在控制器类中测试 Locale 信息

控制器类的请求处理方法允许定义 Locale 类型的参数，Spring MVC 框架会调用 LocaleResolver 实现类的 resolveLocale()方法，得到当前的 Locale 对象，把它赋值给请求处理方法的 Locale 类型的参数。

在 PersonController 类中，它的 init()请求处理方法定义了 Locale 类型的 locale 参数，Spring MVC 框架调用 init()方法时，会为这个 locale 参数赋值，代码如下：

```
@RequestMapping("input")
public String init(Model model,Locale locale,
                        HttpServletRequest request) {
  traceLocale(locale,request);
  model.addAttribute("personbean",new Person());
  return "hello";
}

public void traceLocale(Locale locale,HttpServletRequest request){
  //跟踪 Locale 信息
  System.out.println("Current LocaleResolver:"
           + localeResolver.getClass().getName());

  if(localeResolver instanceof SessionLocaleResolver){
    Locale lo = (Locale)(request
          .getSession()
          .getAttribute(
            SessionLocaleResolver.LOCALE_SESSION_ATTRIBUTE_NAME));

    System.out.println("存放在 session 范围内的 Locale:" + lo);

  }else if(localeResolver instanceof CookieLocaleResolver){
```

```
    Locale lo = (Locale)(request.getAttribute(
              CookieLocaleResolver.LOCALE_REQUEST_ATTRIBUTE_NAME));

    Cookie cookies[] = request.getCookies();
    Cookie localeCookie = null;
    for(Cookie c:cookies){
      if(c.getName()
              .equals(CookieLocaleResolver.DEFAULT_COOKIE_NAME)){
        localeCookie = c;
        break;
      }
    }

    System.out.println("存放在 request 范围内的 Locale:" + lo);
    if(localeCookie!= null)
      System.out.println("存放在 Cookie 的 Locale:"
            + localeCookie.getValue());

  }else if(localeResolver instanceof AcceptHeaderLocaleResolver){
    System.out.println("存放在请求头中的 Locale:" + request.getLocale());
  }

  System.out.println("当前上下文中的 Locale:" + locale);
}
```

init()方法调用 traceLocale()方法来尝试用各种方式读 Locale 对象，用于演示 SessionLocaleResolver、CookieLocaleResolver 和 RequestHeaderLocaleResolver 的作用。

在图 8-5 的 index.jsp 网页上选择 Choose Chinese Language 链接，该请求由 PersonController 的 init()方法处理，init()方法又调用 traceLocale()方法，在服务器端打印如下内容。

```
Current LocaleResolver:
      org.springframework.web.servlet.i18n.SessionLocaleResolver
存放在 session 范围内的 Locale:zh_CN
当前上下文中的 Locale:zh_CN
```

8.4 使用 CookieLocaleResolver

如果 helloapp 应用本来使用 SessionLocaleResolver，后来改为使用 CookieLocaleResolver，不需要修改 helloapp 应用的 JSP 文件和控制器类的程序代码，只需要在 Spring MVC 的配置文件中配置 LocaleChangeInterceptor 拦截器和 CookieLocaleResolver，代码如下：

```
<mvc:interceptors>
  <bean class = "org.springframework.web.servlet
                              .i18n.LocaleChangeInterceptor">
    <property name = "paramName" value = "lang" />
```

```
    </bean>
  </mvc:interceptors>

  <bean id="localeResolver"
          class="org.springframework
                 .web.servlet.i18n.CookieLocaleResolver">

    <property name="defaultLocale" value="en_US" />

    <!-- 设置 cookieName 名称,
               默认的名称为 CookieLocaleResolver.DEFAULT_COOKIE_NAME -->
    <!--<property name="cookieName" value="langCookie"/> -->

    <!-- 设置 Cookie 最大有效时间,如果是 -1,则不存储,浏览器关闭后即失效,
               默认为 Integer.MAX_INT -->
    <property name="cookieMaxAge" value="100000" />

    <!-- 设置可以读取该 Cookie 的 URL,
                    默认是/,即网站的所有 URL 都可以读取该 Cookie -->
    <property name="cookiePath" value="/" />

  </bean>
```

如图 8-6 所示，LocaleChangeInterceptor 拦截器和 CookieLocaleResolver 互相配合，就能在 Cookie 以及 request 范围中存入和读取 Locale 信息。

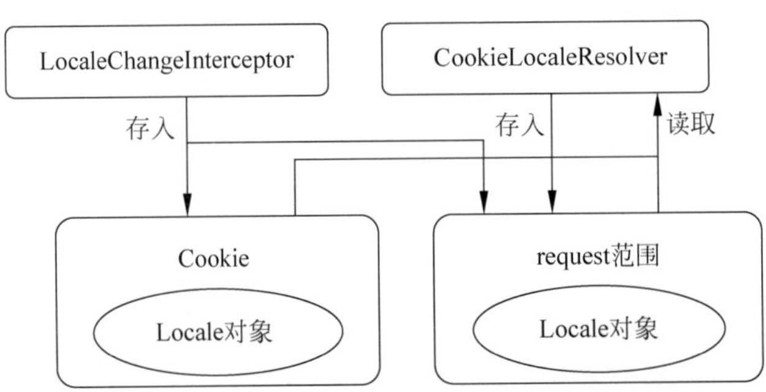

图 8-6 在 Cookie 中和 request 范围内存入和读取 Locale 信息

对于每一个 HTTP 请求，LocaleChangeInterceptor 拦截器会读取表示 Locale 信息的请求参数，默认的请求参数名为 locale。此外，也可以在 Spring MVC 配置文件中显式指定表示 Locale 的请求参数的名字，代码如下：

```
<bean class="org.springframework.web.servlet
                    .i18n.LocaleChangeInterceptor">
  <property name="paramName" value="lang" />
</bean>
```

LocaleChangeInterceptor 拦截器设置 Locale 的流程如下：

(1) 如果 LocaleChangeInterceptor 拦截器从请求参数中读到了 Locale 信息，就会把它存放

在 Cookie 中，并且还会把 Locale 信息存放在 request 范围内，属性名为 CookieLocaleResolver. LOCALE_REQUEST_ATTRIBUTE_NAME。

默认情况下，用来存放 Locale 的 Cookie 的名字为 CookieLocaleResolver. DEFAULT_COOKIE_NAME，此外，也可以在 Spring MVC 的配置文件中，在配置 CookieLocaleResolver 时显式指定 Cookie 的名字，例如：

```
<bean id = "localeResolver" class =
              "org.springframework.web.servlet.i18n.CookieLocaleResolver">
  <property name = "cookieName" value = "langCookie"/>
  …
</bean>
```

(2) 假如 HTTP 请求中不存在表示 Locale 信息的请求参数，LocaleChangeInterceptor 拦截器就读取在 Spring MVC 配置文件中配置的默认的 Locale，例如：

```
<bean id = "localeResolver" class =
              "org.springframework.web.servlet.i18n.CookieLocaleResolver">
  <property name = "defaultLocale" value = "en_US" />
  …
</bean>
```

如果存在以上默认的 Locale，就把 Locale 信息存放在 request 范围内，属性名为 CookieLocaleResolver. LOCALE_REQUEST_ATTRIBUTE_NAME。

(3) 如果不存在以上默认的 Locale，就调用 request. getLocale()方法，读取 HTTP 请求头中的 Accept-Language 项，把相应的 Locale 信息存放在 request 范围内，属性名为 CookieLocaleResolver. LOCALE_REQUEST_ATTRIBUTE_NAME。

CookieLocaleResolver 的 resolveLocale()方法获取 Locale 信息的流程如下。

(1) 如果 request 范围内存在 Locale 信息，就将其返回。

(2) 如果 request 范围内不存在 Locale 信息，就从 Cookie 内读取 Locale 信息，Cookie 的名字为 CookieLocaleResolver. DEFAULT_COOKIE_NAME 或者为在 Spring MVC 的配置文件中显式指定的 Cookie 名字。如果存在，就将其返回，并且会把 Cookie 中的 Locale 信息存放到 request 范围内。

LocaleChangeInterceptor 拦截器和 CookieLocaleResolver 配合工作时，为什么需要把 Locale 信息同时存放在 Cookie 和 request 范围内呢？这是因为当 LocaleChangeInterceptor 把 Locale 信息存放在 Cookie 中后，CookieLocaleResolver 在处理当前的 HTTP 请求时，并不能读取到这个 Cookie，必须等到客户端发出下一个 HTTP 请求时，CookieLocaleResolver 才能从这个 HTTP 请求中读取到 Cookie。

如果 LocaleChangeInterceptor 同时还把 Locale 信息存放在 request 范围内，那么当 CookieLocaleResolver 在处理当前的 HTTP 请求时，就能共享 request 范围内的 Locale 信息。

在图 8-5 的 index. jsp 网页上选择 Choose Chinese Language 链接，然后在返回的 hello. jsp 网页上提交表单，该请求由 PersonController 类的 greet()方法处理，greet()方法又调用

traceLocale()方法,在服务器端打印如下内容。

```
Current LocaleResolver:
          org.springframework.web.servlet.i18n.CookieLocaleResolver
存放在 request 范围内的 Locale:zh_CN
存放在 Cookie 的 Locale:zh-CN
当前上下文中的 Locale:zh_CN
```

8.5 使用 AcceptHeaderLocaleResolver

对于每一个客户请求,AcceptHeaderLocaleResolver 都会从 HTTP 请求头的 Accept-Language 项中获取 Locale 信息,因此它不需要与 LocaleChangeInterceptor 拦截器配合工作。

使用 AcceptHeaderLocaleResolver 时,在 Spring MVC 的配置文件中只需要配置 AcceptHeaderLocaleResolver,不需要配置 LocaleChangeInterceptor,例如:

```
<bean id="localeResolver"
        class="org.springframework.web.servlet
                    .i18n.AcceptHeaderLocaleResolver">
  <property name="defaultLocale" value="en_US" />
</bean>
```

假如在 Spring MVC 的配置文件中配置 AcceptHeaderLocaleResolver 时,还配置了 LocaleChangeInterceptor,在运行时会出现 java.lang.UnsupportedOperationException 异常。

AcceptHeaderLocaleResolver 的 resolveLocale()方法获取 Locale 信息的流程如下。

(1) 调用 request.getLocale()方法,读取 HTTP 请求头中的 Accept-Language 项,如果存在,就返回相应的 Locale 对象。

(2) 如果 HTTP 请求头中不存在 Locale 信息,就读取在 Spring MVC 配置文件中配置的默认的 Locale,例如:

```
<bean id="localeResolver"
        class="org.springframework.web.servlet
                    .i18n.AcceptHeaderLocaleResolver">
  <!-- 指定默认的 Locale -->
  <property name="defaultLocale" value="en_US" />
</bean>
```

如果存在默认的 Locale,就将其返回。

假定浏览器端使用中文 Locale,那么浏览器发出的 HTTP 请求头中始终包含的是中文 Locale 信息,所以 AcceptHeaderLocaleResolver 从请求头中获取的也始终是中文 Locale。在图 8-5 的 index.jsp 网页上无论选择 Choose Chinese Language 还是 Choose English Language 链接,该请求由 PersonController 类的 init()方法处理,init()方法又调用

traceLocale()方法，在服务器端打印如下内容：

```
Current LocaleResolver:
    org.springframework.web.servlet.i18n.AcceptHeaderLocaleResolver
存放在请求头中的 Locale:zh_CN
当前上下文中的 Locale:zh_CN
```

如果希望改为使用英文 Locale，必须修改客户端浏览器的设置。如图 8-7 所示，在 Chrome 浏览器中把 Language 设置为 English(United States)，这样 Locale 就改为 en_US。

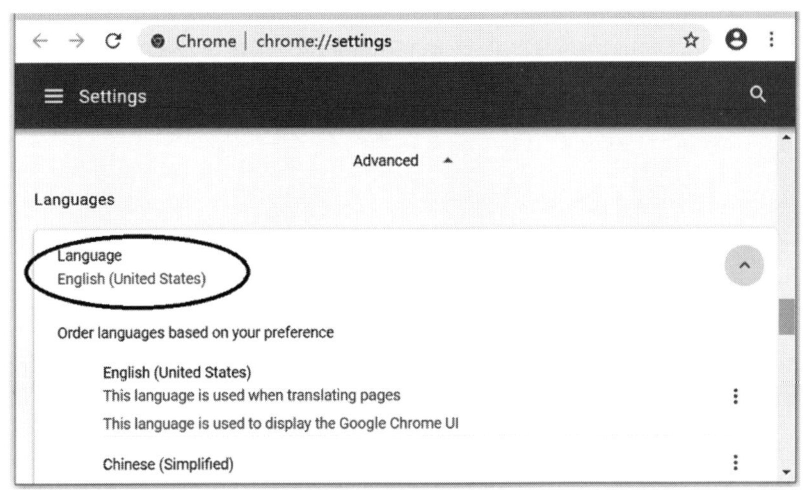

图 8-7　把 Chrome 浏览器的 Locale 改为 en_US

做了上述设置后，再次通过 Chrome 浏览器访问 helloapp 应用，可以看到 helloapp 应用返回的所有网页都使用英文语言。

8.6　小结

要实现 Web 应用的国际化，主要包括以下两个任务。

(1) 对于每一个客户请求，决定客户端的 Locale 信息。

(2) 根据客户端的 Locale 信息从相应的消息资源文件中获取消息文本，把它们输出到网页上。

Spring MVC 框架负责这两个任务。Web 应用只需要在 Spring MVC 的配置文件中配置好 LocaleResolver 接口的实现类，并提供针对各种语言的消息资源文件，就能实现 Web 应用的国际化。

LocaleResolver 接口用来决定每个客户请求到底使用什么 Locale。LocaleResolver 接口有以下三个实现类。

(1) SessionLocaleResolver 实现类：与 LocaleChangeInterceptor 拦截器配合使用。LocaleChangeInterceptor 拦截器从请求参数中获取 Locale 信息，把它存放在 session 范围内。接下来，SessionLocaleResolver 从 session 范围内获取 Locale 信息。

(2) CookieLocaleResolver 实现类：与 LocaleChangeInterceptor 拦截器配合使用。LocaleChangeInterceptor 拦截器从请求参数中获取 Locale 信息，把它存放在 request 范围以及 Cookie 中。接下来，CookieLocaleResolver 从 request 范围内获取 Locale 信息。对于下一次客户请求，如果 request 范围内不存在 Locale 信息，CookieLocaleResolver 就从 Cookie 中读取 Locale 信息，并把它存放在 request 范围内。

(3) AcceptHeaderLocaleResolver 实现类：对于每一个客户请求，都从 HTTP 请求头的 Accept-Language 项中获取 Locale 信息。

8.7 思考题

1. request 变量是 HttpServletRequest 类型的变量，(　　)可以读取 HTTP 请求头中的 Locale 信息。(多选)
   A. Locale locale=request.getLocale();
   B. Locale locale=request.getHeader("Accept-Language");
   C. Locale locale=(Locale)request.getAttribute("Accept-Language");
   D. String locale=request.getParameter("Accept-Language");
2. LocaleChangeInterceptor 拦截器(　　)从 HTTP 请求中获取 Locale 信息。(单选)
   A. HTTP 请求头部
   B. Cookie
   C. HTTP 请求参数
   D. HTTP 请求正文
3. 在消息资源文件中有以下内容：

```
exp.lt = {0}比{1}小.
```

<spring:message>标签会输出(　　)消息文本。(单选)

```
<spring:message code = " exp.lt " arguments = "11,22" />
```

   A. {0}比{1}小
   B. {11}比{22}小
   C. 11 比 22 小
   D. 其他
4. 关于 Spring MVC 框架的国际化，(　　)说法正确。(多选)
   A. AcceptHeaderLocaleResolver 不需要和 LocaleChangeInterceptor 拦截器配合使用
   B. 对于每一个 HTTP 请求，CookieHeaderLocaleResolver 都从 Cookie 中获取 Locale 信息
   C. Spring API 中的 Locale 类表示语言和国家信息
   D. 对于每一个 HTTP 请求，SessionLocaleResolver 首先尝试从 session 范围内获取 Locale 信息

第9章

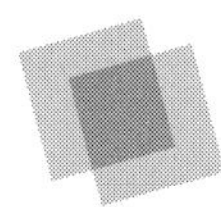

Spring MVC的各种实用操作

Java Web应用主要解决的问题是浏览器与Web服务器端之间数据的提供、运算、传送、接收和展示。本章将介绍以下5种与数据的传送和接收有关的实用操作。

(1) 浏览器把文件上传到服务器端,服务器端的Web组件负责接收并保存文件数据。

(2) 服务器端的Web组件把文件发送到浏览器端。

(3) 利用Ajax框架和JSON数据格式来实现前后端分离,使得运行在服务器端的Web组件侧重于数据的提供和运算,运行在浏览器端的JavaScript脚本侧重于数据的展示。

(4) 利用Token机制解决客户端重复提交表单数据的问题。

(5) 运用服务器端推送机制,提高浏览器端与服务器端进行数据交换的效率。

9.1 文件上传

浏览器把客户端的文件发送到服务器端的过程称为文件上传。在Spring MVC框架中,org.springframework.web.multipart.MultipartFile接口用于文件上传,它的具体实现依赖于Apache开源软件组织提供的与文件上传有关的两个软件包。

(1) fileupload软件包(commons-fileupload-X.jar):负责上传文件的软件包,下载网址为http://commons.apache.org/fileupload。

(2) I/O软件包(commons-io-X.jar):负责输入输出的软件包,下载网址为http://commons.apache.org/io。

需要把这两个软件包的类库文件加入到Web应用的WEB-INF/lib目录下,才能通过MultipartFile接口上传文件。

对于从浏览器端上传过来的文件,Spring MVC框架会把它包装成一个MultipartFile对象,Web组件可以从这个MultipartFile对象中方便地获取上传文件的各种信息。

MultipartFile接口提供了以下7个用于读取上传文件信息,以及把上传文件保存到服务器端的方法。

(1) byte[] getBytes()：返回包含上传文件数据的字节数组。

(2) String getContentType()：返回上传文件的类型。

(3) InputStream getInputStream()：返回用于读取上传文件的输入流。

(4) String getOriginalFilename()：返回上传文件在客户端文件系统中的文件名字。

(5) long getSize()：返回上传文件的大小。

(6) boolean isEmpty()：判断上传文件是否为空。如果客户端没有发送上传文件或者文件内容为空，那么该方法返回 true，否则返回 false。

(7) void transferTo(File dest)：把客户端的文件保存到服务器端，参数 dest 表示保存在服务器端的目标文件。

在 Spring MVC 的配置文件中，需要配置 CommonsMultipartResolver Bean 组件，它能够解析上传文件，把它包装成 MultipartFile 对象，代码如下：

```
<bean id = "multipartResolver" class = "org.springframework.web
            .multipart.commons.CommonsMultipartResolver">
  <!-- 设定默认字符编码 -->
  <property name = "defaultEncoding" value = "UTF-8"/>
  <!-- 设定上传文件大小的最大值为 5MB，即 5 * 1024 * 1024B -->
  <property name = "maxUploadSize" value = "#{5 * 1024 * 1024}"/>
</bean>
```

这段配置代码指定上传文件的大小不能超过 5MB，如果超过这个值，CommonsMultipartResolver 在解析上传文件时会抛出 org.springframework.web.multipart.MaxUploadSizeExceededException 异常。

在本章范例中，FileController 类的 upload()方法通过 MulitipartFile 接口上传文件，代码如下：

```
@RequestMapping("/upload")
public String upload(HttpServletRequest request, MultipartFile file,
      Model model) throws IllegalStateException, IOException {
  if (!file.isEmpty()) {
    //获得服务器端用于存放上传文件的根路径
    String rootPath =
             request.getServletContext().getRealPath("/mydata");
    //获得文件名
    String filename = file.getOriginalFilename();
    //创建表示存放在服务器端的文件的 File 对象
    File destFile = new File(rootPath, filename);

    // 判断文件子路径是否存在，不存在就创建它
    if (!destFile.getParentFile().exists()) {
      destFile.getParentFile().mkdirs();
    }

    // 将上传文件保存到服务器端
    file.transferTo(destFile);
```

```
        // 将文件名和上传结果保存到 Model 中
        model.addAttribute("filename", filename);
        model.addAttribute("uploadResult", filename + "文件上传成功");
        System.out.println("文件上传路径:"
                    + (rootPath + File.separator + filename));
    }

    return "fileio";
}
```

通过浏览器访问 http://localhost:8080/helloapp，会出现 fileio.jsp 生成的网页，参见图 9-1。

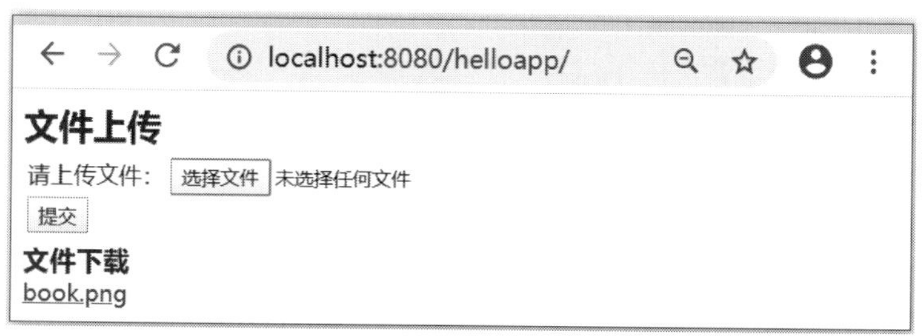

图 9-1　fileio.jsp 生成的用于上传和下载文件的网页

在图 9-1 的网页中选择一个客户端的文件，然后单击“提交”按钮，该请求由 FileController 类的 upload()方法处理，upload()方法的 MultipartFile 类型的 file 参数表示来自客户端的文件。

upload()方法调用 file.transferTo(destFile)方法，把客户端文件保存到参数 destFile 指定的服务器端文件中。在本范例中，来自客户端的文件实际保存在服务器端的 helloapp/mydata 目录下。

9.2　文件下载

把服务器端的文件发送到客户端，这个过程称为文件下载。在 Spring MVC 框架中，org.springframework.http.ResponseEntity.BodyBuilder 接口具有文件下载的功能。BodyBuilder 接口提供了生成响应结果的以下 4 种方法。

(1) body(T body)：返回表示响应结果的 ResponseEntity 对象。

(2) contentLength(long contentLength)：设置响应正文的长度。

(3) contentType(MediaType contentType)：设置响应正文的类型。

(4) header(String headerName, String... headerValues)：设置响应头中的特定项。

在本章范例中，FileController 类的 download()方法通过 BodyBuilder 接口下载文件，例如：

```
@RequestMapping("/download")
public ResponseEntity<byte[]> download(
```

```
            HttpServletRequest request,String filename,
            @RequestHeader("User - Agent") String userAgent)
            throws IOException {

    //下载文件的路径
    String path = request.getServletContext().getRealPath("/mydata");
    //创建表示下载文件的 File 对象
    File file = new File(path + File.separator + filename);
    //创建用于生成响应结果的 BodyBuilder 对象,响应状态代码为 200
    ResponseEntity.BodyBuilder builder = ResponseEntity.ok();
    //设置响应正文长度
    builder.contentLength(file.length());
    //设置响应正文类型 application/octet - stream 二进制数据流
    //这是最常见的文件下载类型
    builder.contentType(MediaType.APPLICATION_OCTET_STREAM);
    // 使用 URLEncoding.decode 对文件名进行解码
    filename = URLEncoder.encode(filename, "UTF - 8");
    // 根据浏览器类型,决定"Content - Disposition"响应头的值
    if (userAgent.indexOf("MSIE") > 0) {
      builder.header("Content - Disposition",
                          "attachment; filename = " + filename);
    } else {
      builder.header("Content - Disposition",
                          "attacher; filename * = UTF - 8''" + filename);
    }
    //返回包含下载文件数据的响应结果
    return builder.body(getBytesFromFile(file));
  }

  /** 把文件中的内容读入到 1B 数组中 */
  private byte[] getBytesFromFile(File file)throws IOException{
    FileInputStream fileInputStream = new FileInputStream(file);
    //获取文件大小
    int length = fileInputStream.available();

    //读取文件字节,存放在字节数组中
    int bytesRead = 0;
    byte[] buff = new byte[length];
    while(bytesRead < length) {
      int result =
                fileInputStream.read(buff,bytesRead,length - bytesRead);
      if(result == - 1)
        break;

      bytesRead += result;
    }
    fileInputStream.close();
    return buff;
  }
```

在图 9-1 的网页中选择 book.png 链接，该请求由 FileController 类的 download()方法处理，download()方法的 filename 参数表示需要从服务器端下载的文件名字。

download()方法通过 BodyBuilder 对象生成包含下载文件数据的响应结果，它的响应正文的类型为 MediaType.APPLICATION_OCTET_STREAM，实际取值为 application/octet-stream。

浏览器端收到这样的响应结果，会把服务器端的 helloapp/mydata/book.png 文件中的数据下载到客户端。

9.3　利用 Ajax 和 JSON 实现前后端分离

浏览器客户与 Web 应用之间进行通信，最传统的数据交换格式为：

(1) 客户端发送的请求正文中包含采用"请求参数名=参数值"格式的表单数据。

(2) 服务器端发送的响应正文中包含 HTML 网页。

图 9-2 显示了浏览器客户与 Web 应用之间进行数据交换的过程。

图 9-2　浏览器客户与 Web 应用之间进行数据交换的过程

图 9-2 中的传统的数据交换格式存在以下三个局限。

(1) 请求正文中表单数据的格式过于简单，描述比较复杂的数据结构很困难，例如很难直观地描述一个 Customer 客户对象以及与它关联的若干 Order 订单对象。

(2) 服务器端必须生成 HTML 网页格式的响应正文，这就要求服务器端的 Web 组件既要生成返回给客户端的业务数据，还要提供展示业务数据的外观，加大了服务器端开发 Web 组件的难度。而且服务器端需要执行 JSP 文件才能生成动态网页，也加重了服务器端的运行负荷。

(3) 在某些情况下，客户端实际上只需要刷新网页中局部区域的业务数据，但是服务器端总是会发送整个网页的数据，这会导致服务器端向客户端经常发送冗余数据，降低了服务器端和客户之间的通信效率，加重了网络传输数据的负荷。

为了解决上述问题，在 Web 开发领域出现了一些新的数据格式和通信框架，来实现业务数据的生成与展示的前后端分离，参见图 9-3。

在图 9-3 中，客户端与服务器端之间采用 JSON 作为数据交换格式。在客户端，浏览器本身自带的 JSON 和 Ajax 引擎完成以下两个任务。

(1) 当客户端发送 HTTP 请求时，把表单数据或其他请求参数转换为 JSON 格式的数据，发送到服务器端。

(2) 当客户端接收到 HTTP 响应结果时，读取响应结果中的 JSON 格式的数据，在网页的局部区域展示这些数据。

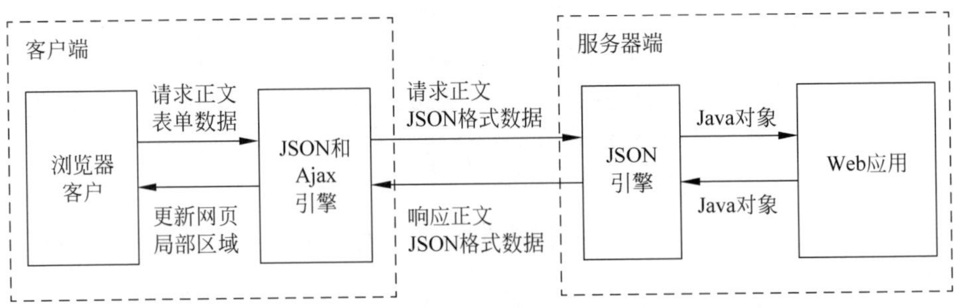

图 9-3　客户端与服务器端之间业务数据的生成与展示的前后端分离

在服务器端，由第三方提供的 JSON 引擎完成以下两个任务。

(1) 解析客户端发送的 HTTP 请求中的 JSON 格式的数据，把它转换为 Java 对象。

(2) 把服务器端的 Web 组件(在 Spring MVC 框架中为控制器类)返回的 Java 对象转换为 JSON 格式的数据。Spring MVC 框架会把这 JSON 格式的数据作为响应结果的正文返回给客户端。

在图 9-3 中，服务器端负责生成 JSON 格式的业务数据，浏览器端的 JavaScript 脚本负责展示由服务器端发送过来的 JSON 格式的业务数据，而且 Ajax 框架具有仅更新网页的局部区域的功能。

浏览器端直接与用户交互，也称作前端，服务器端在后台提供服务，也称作后端。JSON 和 Ajax 技术结合使用，可以有效地实现前后端分离，它带来以下 4 个优点。

(1) 前端开发人员和后端开发人员分工明确，各司其职。前端开发人员负责业务数据的展示，后端开发人员负责处理业务逻辑和处理业务数据。

(2) 后端不必动态生成 HTML 网页，仅提供 JSON 格式的数据，前端通过执行 JavaScript 脚本来展示 JSON 格式的数据，这样就把展示数据的任务从服务器端转移到浏览器客户端，减轻了服务器端的运行负荷。

(3) 避免在网络上传输冗余数据，提高通信效率。

(4) Ajax 还支持在客户端发起异步通信。这里的异步通信与第 10 章介绍的服务器端异步处理客户请求发生在不同的工作场景中。这里是指客户端的 Ajax 可以同时发出若干 HTTP 请求，异步获取各个 HTTP 请求的响应结果，而不必等到一个 HTTP 请求返回了 HTTP 响应结果，再发送下一个 HTTP 请求，这种异步通信也能提高客户端与服务器端的通信效率。

9.3.1　JSON 数据格式

JSON(JavaScript Object Notation, JS 对象标记)是一种轻量级的数据交换格式。JSON 是基于纯文本的数据格式，它包含两种数据结构：对象结构和数组结构。

1. 对象结构

对象结构位于花括号{…}内，花括号内的数据采用“key: value”的数据格式，不同数据之间以逗号分隔。对象结构的语法如下：

```
{
  key1:value1,
  key2:value2,
  …
}
```

在对象结构中，key 必须为 String 类型，value 可以是 String、Number、Object 或数组等数据类型。例如，一个名叫 Tom 的 Person 对象包含 userName 属性、password 属性和 age 属性。可以把这个 Person 对象转换为以下 JSON 格式的数据。

```
{
  "userName": "Tom",
  "password": "123456",
  "age": 21
}
```

2. 数组结构

数组结构位于方括号[...]内，数组中不同元素之间用逗号分隔。数组结构的语法如下：

```
[
  value1,
  value2,
  …
]
```

这两种(对象、数组)数据结构也可以组合成更加复杂的数据结构。例如，一个 Student 类包含 id 属性、name 属性、hobbies 数组属性和 college 属性。其中 College 类型的 college 属性表示学生所在的大学。College 类又包含 name 属性和 city 属性。Student 类的各个属性的定义如下：

```
long id;
String name;
String[] hobbies;
College college;
```

一位名叫"张三"的 Student 对象可以转换为如下 JSON 格式的数据：

```
{
  "id": 202002228888,
  "name": "张三",
  "hobbies": ["篮球","旅游"],
  "college": {
    "name":"复旦大学",
    "city":"上海"
  }
}
```

9.3.2 用@RequestBody 和@ResponseBody 注解转换 JSON 格式的请求和响应

在服务器端，控制器类本身无须进行 JSON 数据和 Java 对象之间的转换，这个任务是由服务器端的 JSON 引擎负责的。JSON 引擎由第三方提供，包括以下三个类库文件。

(1) jackson-annotations-X. jar。

(2) jackson-core-X. jar。

(3) jackson-databind-X. jar。

需要把以上类库文件添加到 Web 应用的 WEB-INF/lib 目录下。这三个类库文件的下载地址为 https://mvnrepository. com/artifact/com. fasterxml. jackson. core。

前面章节已经讲过，控制器类拥有 Spring MVC 框架的支持，如果需要获得来自客户端的某种数据，只要声明一个特定的注解，Spring MVC 框架就会把所需的数据准备好。

控制器类依靠以下两个注解读取 JSON 格式的请求数据，以及生成 JSON 格式的响应数据。

(1) @RequestBody 注解：把 JSON 格式的请求数据转换为 Java 对象。

(2) @ResponseBody 注解：把 Java 对象转换为 JSON 格式的响应数据。

在例程 9-1 的 PersonController 类中，testJson()请求处理方法用@RequestBody 注解标识 person 参数，Spring MVC 框架会利用 JSON 引擎，把客户端发送过来的 JSON 格式的请求数据转换为 Person 对象，传给 testJson()方法的 person 参数。

testJson()方法用@ResponseBody 注解来标识，对于 testJson()方法返回的 Person 对象，Spring MVC 框架会利用 JSON 引擎把 Person 对象转换为 JSON 格式的数据，把它作为响应数据发送给客户端。

例程 9-1 PersonController. java

```
@Controller
public class PersonController {
  @RequestMapping("/input")
  public String input() {
          return "hello";
  }

  @RequestMapping("testJson")
  @ResponseBody
  public Person testJson(@RequestBody Person person) {
    System.out.println("name = " + person.getUserName()
                  + ",password = "
                  + person.getPassword() + ",age = " + person.getAge());

    person.setDescription("本站皇冠客户.");

    return person;
  }
}
```

从 PersonController 类的程序代码可以看出，JSON 格式数据对于 PersonController 类来说其实是透明的，PersonController 类只需和 Java 类型交互，无论请求数据还是返回的响应数据，都是以 Person 对象的形式呈现。接收和发送 JSON 格式的数据都是由 Spring MVC 框架和 JSON 引擎负责。

9.3.3 用 JavaScript 和 Ajax 开发前端网页

Spring MVC 是建立在 Java 语言基础上的服务器端的框架，而 Ajax(Asynchronous Javascript And XML，异步 JavaScript 和 XML)则是建立在 JavaScript 脚本语言基础上的客户端的框架。Ajax 增强了前端开发功能，使原本在服务器端完成的部分任务可以转移到浏览器端完成，充分利用了广大浏览器端的客户主机的硬件资源，减轻了服务器端的工作负荷。

通过浏览器访问 http://localhost:8080/helloapp/input，将返回 hello.jsp 的网页。例程 9-2 是 hello.jsp 的源代码。hello.jsp 生成了一个 HTML 表单，还定义了一个 JavaScript 函数 testJson()。

例程 9-2 hello.jsp

```
<%@ page contentType="text/html; charset=UTF-8" %>
<html>
<head>
<title>Hello</title>
<script type="text/javaScript"
  src="${pageContext.request.contextPath}
                        /resource/js/jquery-3.2.1.min.js">
</script>
</head>
<body>
  <form action="">
    用户名:<input type="text" name="userName" id="userName"/><br>
    口令:<input type="password" name="password" id="password" /><br>
    年龄:<input type="age" name="age" id="age" /><br>

    <input type="button" value="提交" onclick="testJson()" />
  </form>
</body>
<script type="text/javaScript">
  function testJson() {
    //获取输入的表单数据
    var v_userName = $("#userName").val();
    var v_password = $("#password").val();
    var v_age = $("#age").val();

    $.ajax({
      //请求路径
      url : "${pageContext.request.contextPath}/testJson",
```

```
        //请求方式
        type : "post",

        //请求正文的数据格式为 JSON 字符串
        contentType : "application/json;charset = UTF - 8",

        //data 表示发送的 JSON 格式的请求数据
        data : JSON.stringify({
          userName : v_userName,
          password : v_password,
          age: v_age
        }),

        //响应正文的数据格式为 JSON 字符串
        dataType : "json",

        //读取成功响应的结果
        success : function(data) { //data 表示响应数据
          if (data != null) {
            alert("输入的用户名:" + data.userName + ",口令:" + data.password
                     + ", 年龄:" + data.age
                     + ", 描述:" + data.description);
          }
        }
      });
    }
  </script>
  </html>
```

hello.jsp 引入了一个 JQuery 库文件：

```
<script type = "text/javaScript"
  src = " ${pageContext.request.contextPath}
           /resource/js/jquery - 3.2.1.min.js">
</script>
```

JQuery 是 JavaScript 的类库，jquery-3.2.1.min.js 就是其中的一个类库文件，它的官方下载网址为 https://jquery.com/download。

jquery-3.2.1.min.js 在 helloapp 应用中的存放路径为 helloapp/js/jquery-3.2.1.min.js。在 Spring MVC 的配置文件中，对 jquery-3.2.1.min.js 静态资源文件所在路径做了如下映射：

```
<mvc:resources location = "/" mapping = "/resource/ ** " />
```

之所以要引入 jquery-3.2.1.min.js，是因为 hello.jsp 的 testJson()函数依赖这个类库文件。当用户在 hello.jsp 的网页上提交表单，将由 testJson()函数处理。该函数首先读取表单数据，例如：

```
//获取输入的表单数据
var v_userName = $("#userName").val();
var v_password = $("#password").val();
var v_age = $("#age").val();
```

然后通过 Ajax 发送 JSON 格式的请求数据，例如：

```
//请求路径
url : "${pageContext.request.contextPath}/testJson",
//请求方式
type : "post",
//请求正文的数据格式为 JSON 字符串
contentType : "application/json;charset = UTF - 8",
//data 表示发送的 JSON 格式的请求数据
data : JSON.stringify({
  userName : v_userName,
  password : v_password,
  age: v_age
}),
```

以上由 Ajax 发送的客户请求被服务器端接收后，Spring MVC 框架会指派 PersonController 类的 testJson()方法处理。testJson()方法返回 Person 对象，服务器端的 JSON 引擎把它转换为 JSON 数据，Spring MVC 框架再把这 JSON 数据作为响应数据发送到客户端。客户端的 Ajax 代码接下来再处理响应数据，例如：

```
//响应正文的数据格式为 JSON 字符串
dataType : "json",

//读取成功响应的结果
success : function(data) { //data 表示响应数据
  if (data != null) {
    alert("输入的用户名:" + data.userName + ",口令:" + data.password
                + ", 年龄:" + data.age
                + ", 描述:" + data.description);
  }
}
```

Ajax 代码读取响应数据，并在浏览器端弹出一个窗口展式响应数据，参见图 9-4。

图 9-4　Ajax 弹出一个窗口展示响应数据

图 9-5 显示了用户在 hello.jsp 页面上单击“提交”按钮后，浏览器端与服务器端进行 JSON 数据交换的过程。

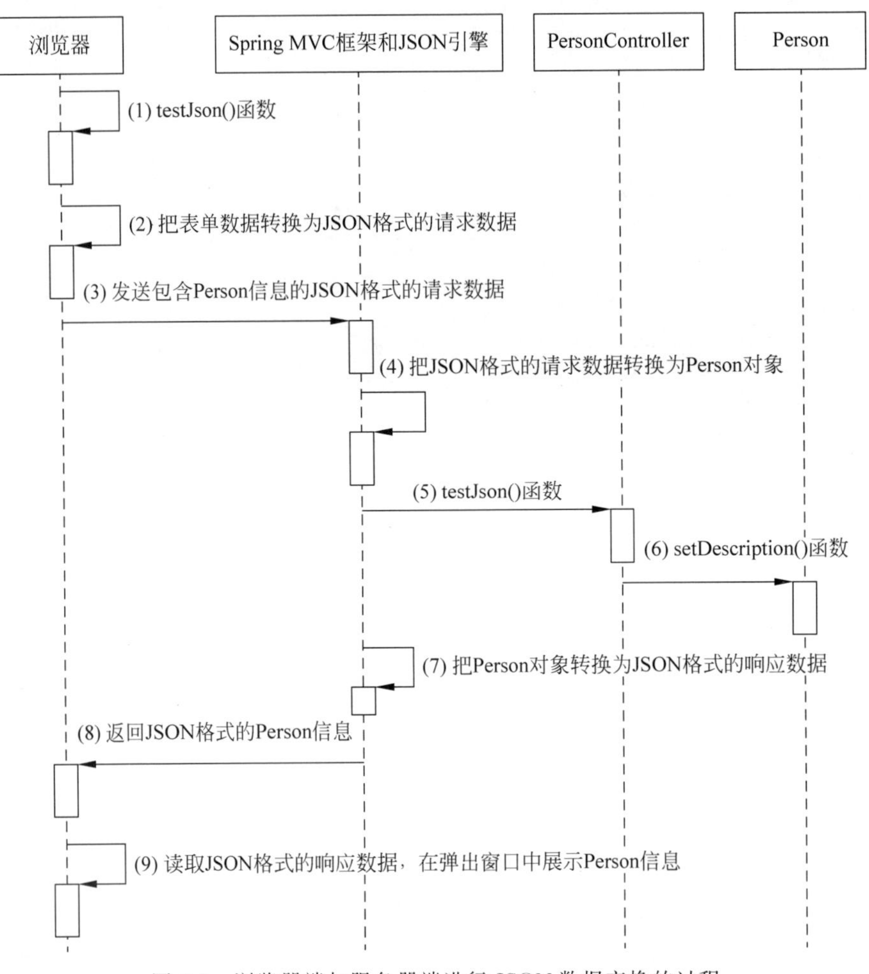

图 9-5 浏览器端与服务器端进行 JSON 数据交换的过程

9.4 利用 Token 机制解决重复提交

在某些情况下，如果用户多次提交同一个 HTML 表单，Web 应用必须具有判断用户重复提交行为的能力，并做出相应的处理。例如，对于负责注册用户的表单，如果用户已经提交表单并且服务器端成功地注册了用户信息，此时用户又通过浏览器的后退功能，退回原来的页面，重复提交表单，服务器端应该能识别用户的误操作行为，避免为用户重复注册。

可以利用同步令牌(Token)机制解决 Web 应用中重复提交的问题。如图 9-6 所示，当客户端第一次访问包含 HTML 表单的页面时，服务器端生成一个唯一的 Token 值，把它保存在 session 范围内，并且把它赋值给页面表单中的隐藏字段，假定这个隐藏字段的名字为 token。

当客户端第一次提交这个包含 HTML 表单的页面时，服务器端读取表单中隐藏字段 token 的取值，并与 session 范围内的 Token 进行比较，由于两者相同，因此服务器端会认为

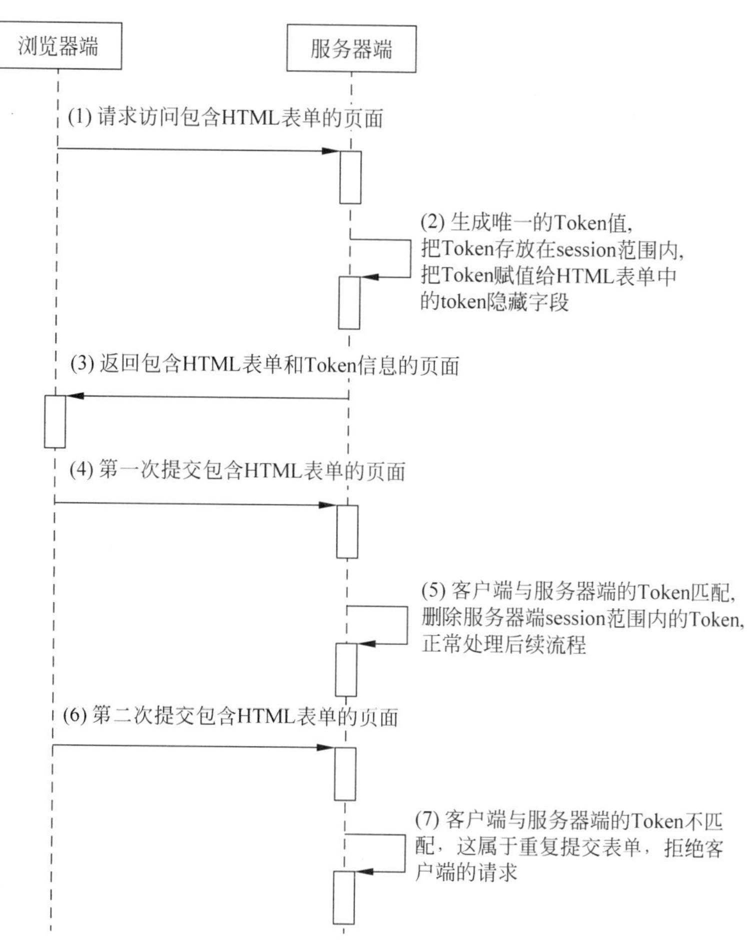

图 9-6 服务器端利用 Token 判断客户端是否重复提交表单

这次不是重复提交表单。服务器端会在 session 范围内删除该 Token。

当客户端第二次提交这个包含 HTML 表单的页面时，服务器端读取表单中隐藏字段 token 的取值，试图与 session 范围内的 Token 进行比较，由于 session 范围内已经不存在取值相同的 Token，因此服务器端会认为这次是重复提交表单。

9.4.1 用自定义的拦截器来管理 Token

本节将创建一个 Spring MVC 的拦截器 TokenInterceptor，它会拦截客户端的请求，判断是否为重复提交表单的请求。例程 9-3 是 TokenInterceptor 拦截器的源代码。

例程 9-3 TokenInterceptor.java

```
public class TokenInterceptor extends HandlerInterceptorAdapter {
  static String splitFlag = "_";

  @Override
  public boolean preHandle(HttpServletRequest request,
```

```
                    HttpServletResponse response, Object handler)
                    throws Exception {
if(! (handler instanceof HandlerMethod))
      return super.preHandle(request, response, handler);

//如果客户请求访问控制器类的请求处理方法,执行以下代码

HandlerMethod handlerMethod = (HandlerMethod) handler;
Method method = handlerMethod.getMethod();
Token annotation = method.getAnnotation(Token.class);
if (annotation == null) {
  //如果控制器类的请求处理方法没有使用@Token 注解,直接返回
  return true;
}

boolean needSaveSession = annotation.add();
if (needSaveSession) {
  //为 Token 赋值
  Random random = new Random();
  String uuid = UUID.randomUUID().toString()
    .replace(splitFlag, String.valueOf(random.nextInt(100000)));
  String tokenValue = String.valueOf(System.currentTimeMillis());
  request.setAttribute("token", uuid + splitFlag + tokenValue);
  //把 Token 的值保存到 session 范围内
  request.getSession(true).setAttribute(uuid, tokenValue);
}

boolean needRemoveSession = annotation.remove();
if(needRemoveSession) {
  if(isRepeatSubmit(request)) {
    System.out.println(
          "Duplicate submission of forms is not allowed. URL: "
          + request.getServletPath());
    response.getWriter()
              .println("Duplicate submission of forms is not allowed.");

    return false;
  }
  String clientToken = request.getParameter("token");
  if (clientToken != null && clientToken.indexOf(splitFlag)> -1){
    //从 session 范围内删除 Token
    request.getSession(true)
              .removeAttribute(clientToken.split("_")[0]);
  }
}
return true;
}

/** 判断是否为重复提交 */
private boolean isRepeatSubmit(HttpServletRequest request) {
```

```
    String clientToken = request.getParameter("token");
    if (clientToken == null || clientToken.indexOf("_") == -1 ) {
      return true;
    }

    String uuid = clientToken.split("_")[0];
    String token = clientToken.split("_")[1];
    String serverToken = (String) request.getSession(true)
                                   .getAttribute(uuid);
    if (serverToken == null || !serverToken.equals(token)) {
      return true;
    }
    return false;
  }
}
```

当 TokenInterceptor 拦截到的客户请求访问控制器类的请求处理方法时，TokenInterceptor 的 preHandle()方法会试图读取这个请求处理方法的@Token 注解，例如：

```
HandlerMethod handlerMethod = (HandlerMethod) handler;
Method method = handlerMethod.getMethod();
Token annotation = method.getAnnotation(Token.class);
if (annotation == null) {
  //如果控制器类的请求处理方法没有使用@Token 注解,直接返回
  return true;
}
```

如果请求处理方法没有用@Token 注解标识，就直接退出 preHandle()方法；如果请求处理方法用@Token(add=true)注解标识，preHandle()方法会生成一个取值唯一的 Token，把它保存在 session 范围内，并且把它保存到 request 范围内；如果请求处理方法用@Token(remove=true)注解标识，这时会判断客户端的 token 请求参数与 session 范围内的 Token 是否匹配，如果匹配，就不是重复提交，可以正常执行后续流程，并且 preHandle()方法会从 session 范围内删除该 Token，例如：

```
String clientToken = request.getParameter("token");
if (clientToken != null && clientToken.indexOf(splitFlag) > -1) {
  //从 session 范围内删除 Token
  request.getSession(true)
        .removeAttribute(clientToken.split("_")[0]);
}
```

如果客户端的 token 请求参数与 session 范围内的 Token 不匹配，就是重复提交，这时会拒绝处理该请求，例如：

```
if(isRepeatSubmit(request)) {
  System.out.println(
```

```
        "Duplicate submission of forms is not allowed. URL: "
        + request.getServletPath());

  response.getWriter()
        .println("Duplicate submission of forms is not allowed.");

  return false; //不再执行后续流程
}
```

在 Spring MVC 的配置文件中，对 TokenInterceptor 拦截器做了如下配置：

```
<!-- 拦截器配置 -->
<mvc:interceptors>
  <!-- 配置 Token 拦截器,防止用户重复提交数据 -->
  <mvc:interceptor>
    <mvc:mapping path="/**" />
    <bean class="mypack.TokenInterceptor"/>
  </mvc:interceptor>
</mvc:interceptors>
```

9.4.2 定义并在控制器类中使用@Token 注解

@Token 注解是自定义的注解，例程 9-4 是 Token 注解类的源代码。

例程 9-4 Token.java

```
@Target(ElementType.METHOD)
@Retention(RetentionPolicy.RUNTIME)
public @interface Token {
  //指定是否要添加 Token
  boolean add() default false;

  //指定是否要删除 Token
  boolean remove() default false;
}
```

在例程 9-5 中，go()方法返回包含 HTML 表单的 tokentest.jsp 页面。go()方法用@Token(add=true)注解标识。因此，当客户端请求访问 go()方法时，TokenInterceptor 拦截器会生成 Token。submit()方法处理用户提交表单的请求，这个方法用@Token(remove=true)标识。因此，当客户端请求访问 submit()方法时，TokenInterceptor 拦截器会判断客户端是否属于重复提交表单，如果不属于重复提交表单，则会删除 session 范围内的 Token。

例程 9-5 TokenTesterController.java

```
@Controller
public class TokenTesterController {

  @Token(add = true)
```

```
    @RequestMapping("go")
    public String go(Model model) {
      model.addAttribute("personbean",new Person());
      return "tokentest";
    }

    @Token(remove = true)
    @RequestMapping("submit")
    public String submit(
                @ModelAttribute("personbean")Person person,
                Model model) {

      model.addAttribute("userName", person.getUserName());
      return "tokentest";
    }
}
```

9.4.3 在HTML表单中定义token隐藏字段

例程9-6的表单中包含一个token隐藏字段，它的取值是request范围内的token属性。TokenInterceptor拦截器生成了Token后，会把这个Token保存到request范围内。

例程9-6 tokentest.jsp

```
<html>
  <head>
    <title>TokenTester</title>
  </head>
  <body>

    <c:if test="${not empty userName}">
            <h2>
        您输入的用户名：${userName}
            </h2>
    </c:if>

    <form:form action="${pageContext.request.contextPath}/submit"
                modelAttribute="personbean">

      用户名：
      <form:input path="userName" />
      <br>
      <input type="hidden" name="token" value="${token}"/>
      <input type="submit" value="提交"/>

    </form:form>

  </body>
</html>
```

通过浏览器访问 http://localhost:8080/helloapp/go ,将会返回 tokentest.jsp 的页面。第一次提交该页面上的表单,会得到正常返回值;第二次提交该表单,TokenInterceptor 拦截器会判断出客户端重复提交表单的行为,返回以下拒绝处理客户请求的信息:

```
Duplicate submission of forms is not allowed.
```

9.5 服务器端推送

在浏览器与 Web 服务器端之间的传统的通信过程中,都是由用户首先主动在浏览器端的网页上选择一个链接或者提交一个表单,浏览器会生成一个相应的 HTTP 请求,把它发送到服务器端,服务器端再返回相应的响应结果。

如果用户希望每隔 3 秒就向服务器端询问当前的时间,用户必须每隔 3 秒就在浏览器端的网页上选择查询时间的链接,这样的操作方式对用户来说是非常烦琐的。

假如不需要用户每隔 3 秒就主动查询时间,服务器端也会自动向浏览器端定时发送当前的时间信息,那么就能使用户与 Web 应用之间的交互过程变得更加简捷、方便。

为了解决上述问题,SSE(Sever-Sent Event,服务器端发送事件)技术应运而生,它依靠服务器端与浏览器的紧密配合,使得服务器端"看上去"能够主动向浏览器端推送数据。

(1) 服务器端以数据流的方式来发送响应数据,响应正文的类型和字符编码为 text/event-stream;charset=UTF-8。

(2) 浏览器端采用事件处理机制来读取服务器端推送过来的数据。

之所以说服务器端仅是"看上去"主动向浏览器端推送数据,是因为在浏览器与服务器端的 HTTP 通信过程中,始终是由浏览器先发出请求,再接收服务器端的响应结果。只不过浏览器会自动每隔一段时间(如 1 秒),就向服务器端发出一个请求,再接收服务器端返回的最新响应结果,随后自动把响应结果输出到网页上。这样,对浏览器的用户而言,"看上去"好像是服务器端的数据主动推送到客户端。浏览器每隔一段时间就自动向服务器端发出请求的过程也叫作轮询。

9.5.1 在多个 TCP 连接中推送数据

在例程 9-7 中,push1()请求处理方法返回当前的时间,它的@RequestMapping 注解指定响应正文的数据类型为 text/event-stream;charset=UTF-8,因此,push1()方法会以 SSE 的方式和浏览器端通信。

例程 9-7 PushController.java

```
@Controller
public class PushController {

  @RequestMapping("showtime")
  public String showtime() {
    return "time";
```

```
    }

    @RequestMapping(value = "push1",
                    produces = "text/event - stream;charset = UTF - 8")
    @ResponseBody
    public String push1(){
      System.out.println("push message.....");
      //return "retry:5000\n" + "data:current time: "
                  + getCurrentDate() + "\n\n";

      return "data:current time: " + getCurrentDate() + "\n\n";
    }

    private String getCurrentDate(){
      return new SimpleDateFormat(
              "YYYY - MM - dd hh:mm:ss").format(new Date());
    }

    @RequestMapping(value = "/push2")
    @ResponseBody
    public String push2(HttpServletResponse response) {
      response.setContentType("text/event - stream");
      response.setCharacterEncoding("UTF - 8");
      String s = null;
      while (true) {
        try {
          PrintWriter pw = response.getWriter();
          Thread.sleep(1000L);
          s = "data:current time: " + getCurrentDate() + "\n\n";
          pw.write(s);
          pw.flush();

          if(pw.checkError()){
            System.out.println("客户端断开连接");
            return "" ;
          }
        } catch (IOException | InterruptedException e) {
          e.printStackTrace();
        }
      }
    }
}
```

例程 9-8 在 JavaScript 脚本中创建了一个 EventSource 对象，这个 EventSource 对象会读取服务器端推送过来的数据。

例程 9-8　time.jsp

```
<%@ page language = "java" contentType = "text/html; charset = UTF - 8" %>
<html>
```

```
<head>
<title>SSE 方式消息推送</title>
</head>
<body>
  <script type="text/javaScript"
    src="${pageContext.request.contextPath}
                    /resource/js/jquery-3.2.1.min.js">
  </script>

  <form>
    <input type="button"
          value="停止接收消息" onclick="closeConnection()" />
  </form>
  <div id="msgFromPush"></div>

  <script type="text/javascript">
    if(!!window.EventSource){
      var evtSource = new EventSource('push1');
      s = '';

      //处理接收到数据事件
      evtSource.addEventListener('message',function(e){
        console.log("get message>" + e.data);
        s += e.data + "<br/>";
        $("#msgFromPush").html(s);
      });

      evtSource.onopen = function () {               //处理打开连接事件
        console.log("连接打开");
      }

      evtSource.onerror = function (e) {
        if(e.readyState == EventSource.CLOSE){       //处理关闭连接事件
          console.log("连接关闭");
        }else{
          console.log(e.readyState);
        }
      };
    }else{
      console.log("SSE is not supported.");
    }
  </script>

  <script type="text/javascript">
    function closeConnection() {
      console.log('断开连接,停止接收服务器端的推送消息');
      evtSource.close();
    }
  </script>
</body>
</html>
```

以上 time.jsp 引入了 jquery-3.2.1.min.js 文件，它是 JQuery 的类库文件之一，time.jsp 中用于输出当前时间的< div id="msgFromPush">代码依赖这个类库文件。但是，这个类库文件并没有提供对 SSE 的支持。

许多浏览器（如 Chrome）对 SSE 都提供了默认的支持。而 IE/Edge 浏览器默认情况下不支持 SSE，如果希望在 IE/Edge 浏览器中访问 time.jsp，那么还需要在 time.jsp 中引入如下对 SSE 的支持类库：

```
<script type="text/javaScript"
    src="${pageContext.request.contextPath}
            /resource/js/eventsource.js">
</script>
```

eventsource.js 文件的下载网址为 https://github.com/EventSource/eventsource/blob/master/lib/eventsource.js。

time.jsp 的 JavaScript 脚本创建了一个 EventSource 对象，例如：

```
var evtSource = new EventSource('push1');
```

该 EventSource 对象请求访问 PushController 类的 push1()方法，会读取 push1()方法推送的数据。

在 EventSource 对象与 PushController 类通信的过程中，会产生以下三类事件。

(1) open：浏览器端与服务器端之间打开连接。

(2) message：浏览器端读取到服务器端推送过来的数据。

(3) error：通信中出现错误，包括浏览器端与服务器端之间关闭连接的情况。

time.jsp 的 JavaScript 脚本会捕获这三类事件，并做出相应的处理。处理事件可以采用以下两种方式编写代码，它们是等价的。

```
//方式一
evtSource.addEventListener('open',          //处理打开连接事件
            function(e){console.log("connect is open"); },
            false);
//方式二
evtSource.onopen = function () {            //处理打开连接事件
  console.log("连接打开");
}
```

通过 Chrome 浏览器访问 http://localhost:8080/helloapp/showtime，会出现 time.jsp 生成的网页，参见图 9-7。用户在浏览器端会看到，每隔一段时间，浏览器上的网页就会被自动刷新，显示当前的时间。

在 Chrome 浏览器的控制台中，会显示 time.jsp 的 JavaScript 脚本输出的打印信息，参见图 9-8。

从图 9-8 可以看出，浏览器端每次调用 PushController 类的 push1()方法，都会先打开连接，读取 push1()方法返回的数据，然后关闭连接。默认情况下，当前连接关闭后，每隔一

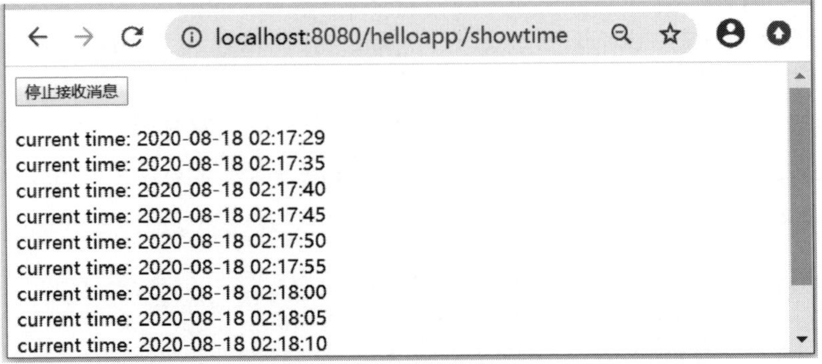

图 9-7　time.jsp 生成的网页

```
Elements  Console  Sources  Network  Performance
top  Filter  Default levels
连接打开                                              showtime:24
get message>current time: 2020-08-18 02:17:29         showtime:18
连接关闭                                              showtime:29
连接打开                                              showtime:24
get message>current time: 2020-08-18 02:17:35         showtime:18
连接关闭                                              showtime:29
连接打开                                              showtime:24
get message>current time: 2020-08-18 02:17:40         showtime:18
连接关闭                                              showtime:29
连接打开                                              showtime:24
get message>current time: 2020-08-18 02:17:45         showtime:18
连接关闭                                              showtime:29
```

图 9-8　time.jsp 的 JavaScript 脚本在浏览器的控制台的打印信息

段时间(Chrome 浏览器的默认间隔时间为 3 秒),浏览器端会再次建立与服务器端的连接,请求访问 push1()方法,读取 push1()方法返回的数据,再关闭连接,如此不断重复。

向浏览器端推送的数据的固定格式为 retry: ${毫秒数}\ndata: ${返回数据}\n\n,下面介绍其中的两个参数。

(1) retry: 指定每隔多少毫秒再次请求访问服务器端。这个 retry 参数不是必需的,如果没有提供,会采用浏览器设置的默认间隔时间。Chrome 浏览器的默认间隔时间是 3000ms,即 3 秒。

(2) data: 指定服务器端所推送的数据。

在 PushController 类的 push1()方法中,以下代码返回采用上述格式的推送数据。

```
//指定连接服务器端的间隔时间为 5 秒
return "retry:5000\n" + "data:current time: " + getCurrentDate() + "\n\n";
```

或者:

```
//采用默认的连接服务器端的间隔时间
return "data:current time: " + getCurrentDate() + "\n\n";
```

在 time.jsp 中还提供了一个“停止接收消息”按钮，单击这个按钮，浏览器会执行 closeConnection()函数，代码如下：

```
<script type="text/javascript">
  function closeConnection(){
    console.log('断开连接,停止接收服务器端的推送消息');
    evtSource.close();
  }
</script>
```

closeConnection()函数调用 evtSource.close()方法，断开当前连接，并且不会再重新建立与服务器端的连接，也不会再试图读取 push1()方法返回的推送数据。

9.5.2　在一个长 TCP 连接中推送数据

在 9.5.1 节的范例中，浏览器端一旦创建了一个 EventSource 对象，就会每隔一段时间建立与服务器端的 TCP 连接，请求访问 PushController 类的 push1()方法，再断开连接，如此不断重复，直到浏览器端调用了 EventSource 对象的 close()方法，或者关闭浏览器。

浏览器端与服务器端频繁建立和断开连接，会占用较多网络资源。为了避免频繁建立和断开连接，可以在一个长连接中进行 SSE 通信。例程 9-7 的 push2()方法中，在一个无限循环中每隔 1 秒向浏览器端推送当前的时间信息，代码如下：

```
while (true) {
  try {
    PrintWriter pw = response.getWriter();
    Thread.sleep(1000L);
    s = "data:current time: " + getCurrentDate() + "\n\n";
    pw.write(s);
    pw.flush();

    if(pw.checkError()){
      System.out.println("客户端断开连接");
      return "" ;
    }
  } catch (IOException | InterruptedException e) {
    e.printStackTrace();
  }
}
```

push2()方法通过 response 方法参数的 setContentType()方法和 setCharacterEncoding()方法设置响应正文的数据类型和字符编码，它的效果与 push1()方法的@RequestMapping 注解的 produces 属性的设置是等价的。

```
response.setContentType("text/event - stream");
response.setCharacterEncoding("UTF - 8");
```

为了让 time.jsp 请求访问 push2()方法，把 time.jsp 中创建 EventSource 对象的代码改为

```
var evtSource = new EventSource('push2');
```

再通过 Chrome 浏览器访问 http://localhost:8080/helloapp/showtime，接下来浏览器端会在一个长连接中不断读取 push2()方法发送过来的时间信息，直到用户在 time.jsp 的网页上单击“停止接收消息”按钮，才会断开连接，停止接收 push2()方法发送的时间信息。

当浏览器端断开连接后，PushController 类的 push2()方法在执行 pw.flush()方法时会产生错误，push2()方法检测到这种错误，就会从 push2()方法中退出，停止向客户端推送时间信息，例如：

```
if(pw.checkError()){
  System.out.println("客户端断开连接");
  return "" ;
}
```

9.6 小结

在前面的章节，已经介绍了控制器类读取客户端发送过来的表单数据以及请求参数的方法。当客户端发送过来的是文件数据，该如何读取呢？Spring MVC 框架提供了一个 MultipartFile 接口，表示客户端上传的文件。在控制器类的请求处理方法中，只要定义一个 MultipartFile 类型的参数，就能从这个参数中方便地读取文件数据。

Web 组件通常向浏览器端返回的都是 HTML 格式的网页数据，如果要返回文件数据，可通过 ResponseEntity.BodyBuilder 创建响应结果，此时响应正文的类型为 application/octet-stream。

前后端分离技术以及服务器端推送技术仍然建立在 HTTP 协议基础上，其目的都是为了进一步提高通信效率。前后端分离技术采用 JSON 格式的数据作为 HTTP 请求正文以及响应正文。JSON 格式的数据与传统的 HTML 格式的数据相比，前者仅包含具体的业务数据，而不涉及数据的展示，因此可以减少网络上的数据传输量，提高通信性能。Ajax 框架是运行在浏览器端的框架，它能够与服务器端进行异步通信，并且能更新网页的局部区域。

SSE 服务器端推送技术需要服务器端与浏览器端紧密配合，达到服务器端主动向浏览器端的网页定时推送最新数据的效果。在底层实现中，仍由浏览器端主动定期向服务器端发出 HTTP 请求，或者在一个长连接中不断读取服务器端发送过来的数据。只不过站在用户的角度，用户无须在网页上选择任何链接或者提交表单，就能看到网页上的部分数据自动刷新。

9.7 思考题

1. (　　)属于 MultipartFile 接口的方法。(多选)

A. byte[] getBytes()　　　　B. String getContentType()

C. String getOriginalFilename()　　D. String getParameter()

2. ResponseEntity. BodyBuilder 接口的 body()方法的返回类型是(　　)。(单选)

A. String　　B. ResponseEntity

C. void　　D. ServletResponse

3. 关于@RequestBody 注解，以下说法正确的是(　　)。(多选)

A. @RequestBody 注解是由第三方提供的注解，在 Spring 类库中没有提供该注解

B. @RequestBody 注解可用来标识控制器类的请求处理方法的参数

C. @RequestBody 注解能够把 HTTP 请求中的 JSON 格式的请求正文转换为 Java 对象

D. @RequestBody 注解依赖第三方提供的 JSON 引擎来解析 JSON 格式的数据

4. 关于 Ajax，以下说法正确的是(　　)。(多选)

A. Ajax 支持浏览器与服务器端进行异步通信

B. Ajax 是服务器端以及客户端的通信框架

C. Ajax 建立在 JavaScript 的基础上

D. Ajax 可以发送 JSON 格式的请求正文

5. 假定对一个包含表单的网页采用 Token 机制解决重复提交，以下说法正确的是(　　)。(多选)

A. 当客户端提交表单，服务器端会生成唯一的 Token 值，并把它发送到客户端

B. 当客户端提交表单，服务器端会检查表单中的 token 隐藏字段的值是否与 session 范围内的 token 属性匹配

C. 当客户端请求访问包含表单的网页，服务器端会生成唯一的 Token 值，把它保存在 session 范围内，并把它作为 token 隐藏字段的值，发送到客户端

D. 当客户端请求访问包含表单的网页，服务器端会检查表单中的 token 隐藏字段的值是否与 session 范围内的 token 属性匹配

6. 当采用 SSE 技术进行服务器端推送时，服务器端发送的响应正文的类型和编码是(　　)。(单选)

A. application/json; charset=UTF-8

B. text/event-stream; charset=ISO-8859-1

C. text/event-stream; charset=UTF-8

D. text/html; charset=UTF-8

第10章

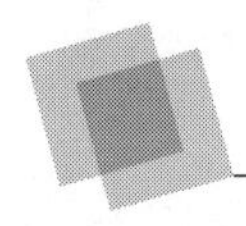

异步处理客户请求

视频讲解

异步和同步是两个相对的概念。不妨用生活中的例子先来解释这两个概念。假定一家小型中医诊所有一位医生 ThreadA。ThreadA 接待一个病人时，必须为这个病人诊断病情，开好药方，接着用 40min 把中药煎好，才能接待下一个病人。ThreadA 从头至尾接待一个病人，一个操作完成后才能开始下一个操作的过程就是一种同步操作。

假定为一个病人看病时，诊断和开药方需要 20min，煎药需要 40min，共需要 1h。那么 8h 内，这个诊所最多能为 8 个病人看病。为了使诊所能为更多病人服务，诊所聘请了一名专门负责煎中药的医生 ThreadB。ThreadA 只负责诊断病情和开药方，煎中药的任务交给 ThreadB。这样，在 8h 内，ThreadA 最多能为 24(即 8×60/20)人开药方。为一个病人看病的过程需要 ThreadA 和 ThreadB 一起完成。如表 10-1 所示，当 ThreadA 为第 3 个病人开好药方时，ThreadB 正在给第 1 个病人煎中药，不会立即给第 3 个病人煎中药。所以，ThreadA 和 ThreadB 之间的操作不同步，属于异步操作。

表 10-1　ThreadA 和 ThreadB 为病人异步看病的过程

时间段	ThreadA 正在服务的病人	ThreadB 正在服务的病人
0～20min	第 1 个病人	—
20～40min	第 2 个病人	第 1 个病人
40～60min	第 3 个病人	第 1 个病人
60～80min	第 4 个病人	第 2 个病人
80～100min	第 5 个病人	第 2 个病人
100～120min	第 6 个病人	第 3 个病人

如果把 Web 应用比作上面的诊所，那么浏览器客户就是访问诊所的病人，Servlet 容器的工作线程就是 ThreadA。如果处理单个客户请求的时间非常短，则可以由 ThreadA 单独完成。假如处理某种客户请求需要花费很长时间，则需要把任务交给其他线程 ThreadB 处理，而 ThreadA 继续处理下一个客户请求。

10.1 异步处理客户请求的基本原理

在 Servlet API 3.0 之前，Servlet 容器针对每个 HTTP 请求都会分配一个工作线程。即对于每一个 HTTP 请求，Servlet 容器都会从主线程池中取出一个空闲的工作线程，由该线程从头到尾负责处理请求。

本章范例中的 AsyncController 类的 testSynch()方法演示 Servlet 容器的工作线程处理客户请求的过程，testSynch()方法会调用 doLongWork()方法。doLongWork()方法模拟需要花很长时间处理客户请求的一个任务，代码如下：

```
@RequestMapping("/testSynch")
public String testSynch(Model model) {
  printThread("testSynch()");
  int sum = doLongWork(100);
  model.addAttribute("sum",sum);
  return "result";
}

private int doLongWork(int count){
  printThread("doLongWork()");
  int sum = 0;
  for(int i = 1;i <= count;i++){              //模拟一个耗时的操作
    try{
      Thread.sleep(10);
    }catch(InterruptedException e){
      System.out.println("doLongWork(): " + e.getMessage());
    }
    sum += i;
  }
  return sum;
}

private void printThread(String methodName){
  System.out.println("调用" + methodName + "方法的线程:"
                  + Thread.currentThread().getName());
}
```

在 testSynch()和 doLongWork()方法中，都会调用 printThread()方法打印执行当前方法的线程的名字。此外，范例中的所有 JSP 文件也会打印执行当前 JSP 文件的线程的名字。例程 10-1 是 result.jsp 的代码。

例程 10-1　result.jsp

```
<%@ page contentType = "text/html; charset = UTF-8" %>

<html>
  <head>
```

```
        <title>Test</title>
    </head>
    <body>

        <h2>Result: ${sum}</h2>
        result.jsp:<%= Thread.currentThread().getName() %>
    </body>
</html>
```

通过浏览器访问 http://localhost:8080/helloapp/testSynch，服务器端打印如下内容：

```
调用 testSynch()方法的线程:http-nio-8080-exec-65
调用 doLongWork()方法的线程:http-nio-8080-exec-65
```

result.jsp 文件生成的网页包含如下内容：

```
Result:5050
result.jsp:http-nio-8080-exec-65
```

由此可见，Servlet 容器的 http-nio-8080-exec-65 工作线程会从头至尾地负责处理客户请求，参见图 10-1。

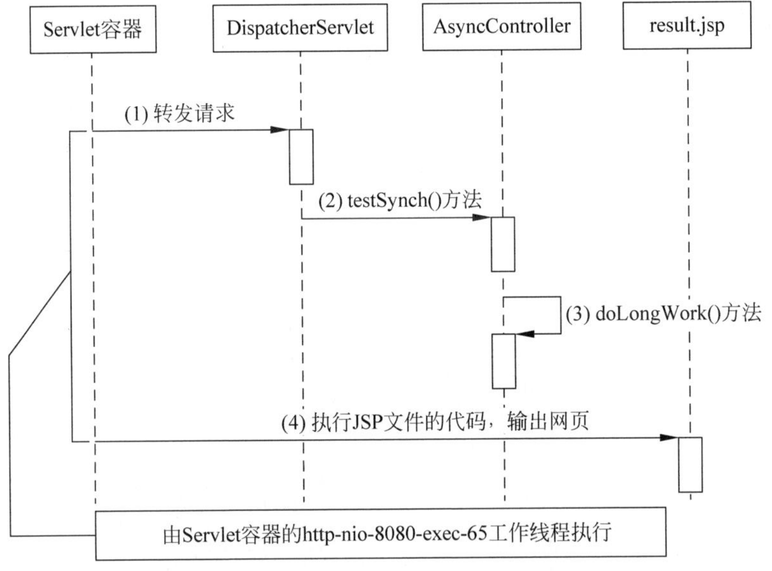

图 10-1 Servlet 容器的 http-nio-8080-exec-65 工作线程会从头至尾处理客户请求

doLongWork()方法执行的耗时操作很简单，而在实际应用中，在响应某个 HTTP 请求的过程中，可能会涉及进行 I/O 操作、访问数据库或其他耗时操作。Servlet 容器的工作线程会长时间执行这些耗时操作，只有当工作线程完成了对当前 HTTP 请求的响应，才能被释放回主线程池以供后续使用。

在并发访问量很大的情况下，如果主线程池中的许多工作线程都被长时间占用，这将严重影响服务器端的并发访问性能。为了解决这种问题，从 Servlet API 3.0 开始，引入了异步处理机制。具体做法是，Servlet 容器的主线程池的工作线程接收到一个 HTTP 请求后，把它交给一个专门的任务处理线程处理该请求，工作线程又被释放回主线程池，用于接收其他的 HTTP 请求。

提示：所谓并发访问性能，是指服务器端在同一时间可以同时响应众多客户请求的能力。

Spring MVC 框架与 Servlet 容器紧密配合，能够协作完成异步处理客户请求的操作，参见图 10-2。

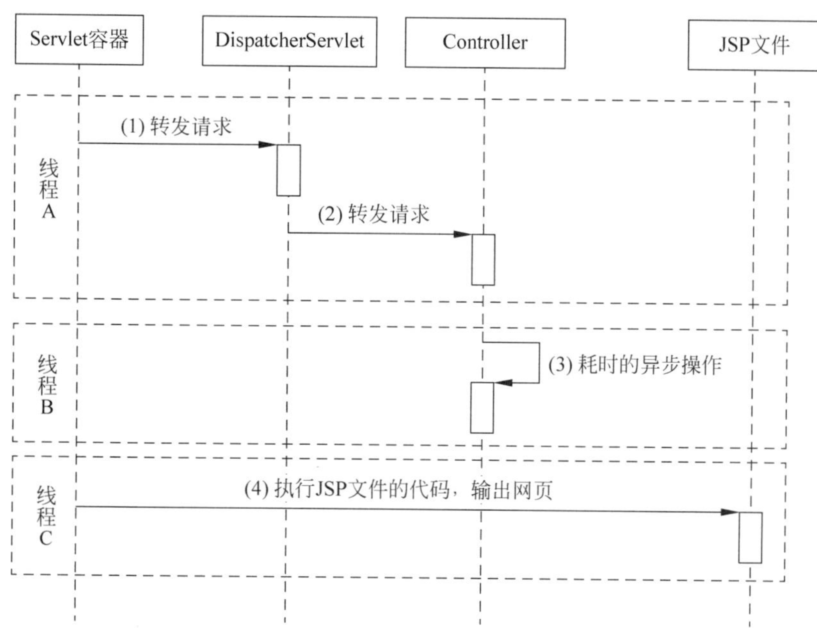

图 10-2　Spring MVC 框架与 Servlet 容器协作，异步处理客户请求

在图 10-2 中，包括以下三个线程。

(1) 线程 A：由 Servlet 容器指派的一个工作线程，执行步骤(1)和步骤(2)。

(2) 线程 B：由 Spring MVC 框架指定或者由应用程序本身指定的一个线程，执行步骤(3)。

(3) 线程 C：由 Servlet 容器指派的另一个工作线程，执行步骤(4)。

线程 A 和线程 C 是由 Servlet 容器指派的不同工作线程。当线程 A 执行完步骤(1)和步骤(2)，它就被释放，回到 Servlet 容器的主线程池，可以用来接收其他客户请求。接下来，由线程 B 执行耗时的异步操作。当异步操作执行完毕，Servlet 容器再指派线程 C 执行 JSP 文件，输出网页。由此可见，这种异步处理客户请求的方式，可以避免 Servlet 容器的工作线程长时间处理单个客户请求。

Spring MVC 框架允许在控制器类的请求处理方法中，通过以下三种类型的方法返回值指定异步操作以及异步操作的处理结果。

(1) Callable 返回类型：Callable 对象的 call()方法包含了异步操作。

(2) WebAsyncTask 返回类型：WebAsyncTask 对象对一个 Callable 对象进行了包装，可以指定当异步操作超时以及异步操作完成时的特定操作。

(3) DeferredResult 返回类型：DeferredResult 对象表示异步操作的处理结果，DeferredResult 对象还可以指定当异步操作超时以及异步操作完成时的特定操作。

10.2 在 web.xml 文件中启用异步处理功能

为了使 Web 应用程序支持异步处理，需要在 Web 应用的配置文件 web.xml 中，把所有的 Servlet 和 Filter 设置为支持异步处理，代码如下：

```
<servlet>
  <servlet-name>springmvc</servlet-name>
  <servlet-class>
    org.springframework.web.servlet.DispatcherServlet
  </servlet-class>

  <load-on-startup>1</load-on-startup>
  <async-supported>true</async-supported>
</servlet>

<filter>
  <filter-name>encodingFilter</filter-name>
  <async-supported>true</async-supported>
  …
</filter>
```

10.3 配置异步处理线程池

Spring MVC 框架从特定的异步处理线程池中取出一个线程，执行异步操作。在 Spring MVC 的配置文件中，需要配置这个线程池，代码如下：

```
<!-- 配置异步处理 HTTP 请求的线程池 -->
<bean id="asyncHttpExecutor"
          class="org.springframework.scheduling
                 .concurrent.ThreadPoolTaskExecutor">
  <!-- 最少的线程数 -->
  <property name="corePoolSize" value="5"/>
  <!-- 最大线程数 -->
  <property name="maxPoolSize" value="10"/>
  <!-- 缓存队列的大小 -->
  <property name="queueCapacity" value="20"/>
  <!-- 线程池中线程所允许的空闲时间,默认为 60 秒 -->
  <property name="keepAliveSeconds" value="200"/>
  <!-- 对拒绝任务的处理策略 -->
  <property name="rejectedExecutionHandler">
    <bean class="java.util.concurrent.
                        ThreadPoolExecutor$AbortPolicy"/>
  </property>
```

```
</bean>

<mvc:annotation-driven>
  <mvc:async-support default-timeout="3000"
                     task-executor="asyncHttpExecutor"/>
</mvc:annotation-driven>
```

当控制器类的请求处理方法的返回类型为 Callable 或 WebAsyncTask 类型，必须配置上述异步线程池，才能保证 Spring MVC 框架正常处理异步操作。当控制器类的请求处理方法的返回类型为 DeferredResult，则可以通过程序来指定由哪个线程来执行异步操作。

10.4 请求处理方法返回类型为 Callable

Callable 接口来自 java.util.concurrent 包，它的 call()方法包含了被特定线程执行的操作。AsyncController 类的 testCallable1()方法的返回类型为 Callable < String >，代码如下：

```
@RequestMapping("/testCallable1")
public Callable<String> testCallable1(Model model) {
  printThread("testCallable1()");

  return new Callable<String>() {
    public String call() throws Exception {
      int sum = doLongWork(100);
      model.addAttribute("sum",sum);
      return "result";          //把请求转发给 result.jsp
    }
  };
}
```

以上返回值 Callable 对象的 call()方法中包含了异步操作。call()方法的 String 类型的返回值指定 JSP 文件的逻辑名字。

Spring MVC 框架会从 10.3 节所配置的异步处理线程池中取出一个线程，执行 call()方法，call()方法执行完毕，会通知 Servlet 容器再指派一个工作线程来执行 result.jsp 并输出网页内容。

通过浏览器访问 http://localhost:8080/helloapp/testCallable1，服务器端打印如下内容：

```
调用 testCallable1()方法的线程:http-nio-8080-exec-4
调用 doLongWork()方法的线程:asyncHttpExecutor-1
```

result.jsp 文件生成的网页包含如下内容：

```
Result:5050
result.jsp:http-nio-8080-exec-9
```

图 10-3 显示了 Servlet 容器和 Spring MVC 框架异步处理请求的过程。

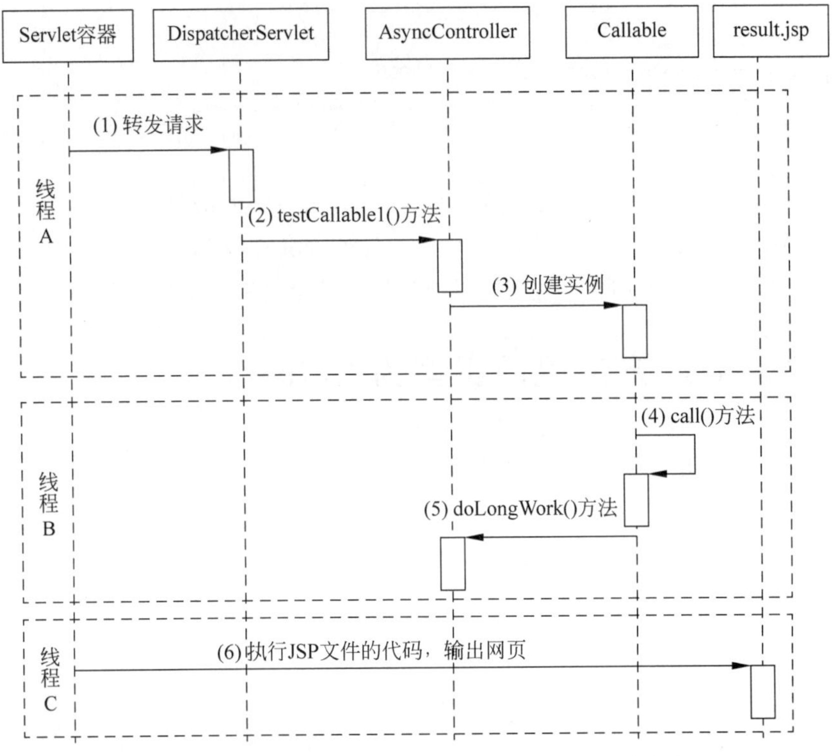

图 10-3　Servlet 容器和 Spring MVC 框架异步处理请求的过程

图 10-3 中的线程 A 是 Servlet 容器指派的工作线程 http-nio-8080-exec-4，线程 B 是 Spring MVC 框架指派的线程 asyncHttpExecutor-1，线程 C 是 Servlet 容器指派的工作线程 http-nio-8080-exec-9。

控制器类的请求处理方法的返回类型不仅可以是 Callable < String >，还可以是 Callable < ModelAndView >，如：

```
@RequestMapping("/testCallable2")
public Callable < ModelAndView > testCallable2() {
  printThread("testCallable2()");

  return new Callable < ModelAndView >() {
    public ModelAndView call() throws Exception {
      int sum = doLongWork(100);
      ModelAndView mv = new ModelAndView("result");
      mv.addObject("sum",sum);
      return mv;          //把请求转发给 result.jsp
    }
  };
}
```

该 Callable 对象的 call()方法的返回类型为 ModelAndView，在 ModelAndView 对象

中指定 JSP 文件的逻辑名字。

10.5 请求处理方法返回类型为 WebAsyncTask

org.springframework.web.context.request.async.WebAsyncTask 类对 Callable 对象进行了包装，并且能扩充 Callable 对象的功能。WebAsyncTask 类有以下三种形式的构造方法。

(1) WebAsyncTask(Callable<V> callable)。

(2) WebAsyncTask(long timeout, Callable<V> callable)。

(3) WebAsyncTask(Long timeout, String executorName, Callable<V> callable)。

timeout 参数指定异步操作的超时时间，以 ms 为单位。executorName 参数指定负责执行异步操作的异步处理线程池 Bean 组件，在 Spring MVC 的配置文件中会预先配置这样的 Bean 组件。如果没有指定 executorName 参数，那么将采用由 Spring MVC 配置文件中的 <mvc:async-support>元素的 task-executor 属性指定的异步处理线程池 Bean 组件，如：

```
<mvc:annotation-driven>
  <mvc:async-support default-timeout="3000"
        task-executor="asyncHttpExecutor"/>
</mvc:annotation-driven>
```

WebAsyncTask 还提供了以下三种方法，用来设定执行异步操作出现错误、超时，或者异步操作完成时回调的 Callable 对象或 Runnable 对象。

(1) void onError(Callable<V> callback)：设定当执行异步操作出现错误时，由 Servlet 容器的工作线程回调的 Callable 对象。

(2) void onTimeout(Callable<V> callback)：设定当执行异步操作超时，由 Servlet 容器的工作线程回调的 Callable 对象。

(3) onCompletion(Runnable callback) 设定当执行异步操作完成时，由 Servlet 容器的工作线程回调的 Runnable 对象。

AsyncController 类的以下 testWebAsync() 方法的返回值为 WebAsyncTask <ModelAndView>：

```
@RequestMapping("/testWebAsync")
public WebAsyncTask<ModelAndView> testWebAsync(){
  printThread("testWebAsync()");
  Callable<ModelAndView> callable = new Callable<ModelAndView>() {
    public ModelAndView call() throws Exception {
      int sum = doLongWork(100);
      ModelAndView mv = new ModelAndView("result");
      mv.addObject("sum",sum);
      return mv;
    }
  };
```

```
    WebAsyncTask<ModelAndView> asyncTask =
                new WebAsyncTask<ModelAndView>(2000L, callable);

    Runnable onCompletionRunnable = new Runnable(){
      public void run(){
        printThread("onCompletionRunnable.run()") ;
        System.out.println("onCompletionRunnable.run(): 异步操作完成");
      }
    };

    asyncTask.onCompletion(onCompletionRunnable);

    Callable<ModelAndView> onTimeoutCallable =
                          new Callable<ModelAndView>() {
      public ModelAndView call() throws Exception {
        printThread("onTimeoutCallable.call()");
        return new ModelAndView("timeout");
      }
    };
    asyncTask.onTimeout(onTimeoutCallable);

    return asyncTask;
  }
```

WebAsyncTask 对象包装了一个 Callable 对象，这个 Callable 对象的 call()方法中包含了异步操作。在调用 WebAsyncTask 类的构造方法时，指定异步操作的超时时间为 2000ms：

```
WebAsyncTask<ModelAndView> asyncTask =
        new WebAsyncTask<ModelAndView>(2000L, callable);
```

以下代码调用 WebAsyncTask 对象的 onCompletion()方法和 onTimeout()方法，设定异步操作完成时会回调 onCompletionRunnable 对象的 run()方法，异步操作超时会调用 onTimeoutCallable 对象的 call()方法，如：

```
asyncTask.onCompletion(onCompletionRunnable);
asyncTask.onTimeout(onTimeoutCallable);
```

通过浏览器访问 http://localhost:8080/helloapp/testWebAsync，服务器端打印如下内容：

```
调用 testWebAsync()方法的线程:http-nio-8080-exec-1
调用 doLongWork()方法的线程:asyncHttpExecutor-1
调用 onCompletionRunnable.run()方法的线程:http-nio-8080-exec-2
onCompletionRunnable.run():异步操作完成
```

result.jsp 文件生成的网页包含如下内容：

```
Result:5050
result.jsp:http-nio-8080-exec-2
```

从服务器端的打印结果可以看出，当异步操作完成后，Servlet 容器的工作线程 http-nio-8080-exec-2 会回调 onCompletionRunnable 对象的 run()方法。

下面修改 testWebAsync()方法的代码，把异步操作的超时时间设为 20ms：

```
WebAsyncTask<ModelAndView> asyncTask =
        new WebAsyncTask<ModelAndView>(20L, callable);
```

再次通过浏览器访问 http://localhost:8080/helloapp/testWebAsync，服务器端执行异步操作时会超时，服务器端打印如下内容：

```
调用 testWebAsync()方法的线程:http-nio-8080-exec-21
调用 doLongWork()方法的线程:asyncHttpExecutor-2
调用 onTimeoutCallable.call()方法的线程:http-nio-8080-exec-25
doLongWork(): sleep interrupted
调用 onCompletionRunnable.run()方法的线程:http-nio-8080-exec-25
onCompletionRunnable.run(): 异步操作完成
```

timeout.jsp 文件生成的网页包含如下内容：

```
异步操作超时
timeout.jsp: http-nio-8080-exec-25
```

从服务器端的打印结果可以看出，当异步操作超时，Servlet 容器的工作线程 http-nio-8080-exec-25 会依次执行以下三个操作。

(1) 调用 onTimeoutCallable.call()方法。

(2) 调用 onCompletionRunnable.run()方法。

(3) 执行 timeout.jsp，输出网页。

10.6 请求处理方法返回类型为 DeferredResult

org.springframework.web.context.request.async.DeferredResult 类表示异步操作的处理结果。在 AsyncController 类的 testDefer1()方法中，创建了一个线程来执行 longTask 对象的 run()方法，该方法最后会调用 DeferredResult 对象的 setResult()方法设置异步操作的处理结果。代码如下：

```
@RequestMapping("/testDefer1")
public DeferredResult<String> testDefer1(Model model){
  printThread("testDefer1()");
  DeferredResult<String> deferredResult =
                     new DeferredResult<String>();
```

```
    Runnable longTask = new Runnable(){
      public void run(){
        int sum = doLongWork(100);
        model.addAttribute("sum",sum);
        //设置异步操作的处理结果，指定把请求转发给 result.jsp
        deferredResult.setResult("result");
      }
    };

    new Thread(longTask).start();

    return deferredResult;
  }
```

通过浏览器访问 http://localhost:8080/helloapp/testDefer1，服务器端打印如下内容：

```
调用 testDefer1()方法的线程:http-nio-8080-exec-41
调用 doLongWork()方法的线程:Thread-6
```

result.jsp 文件生成的网页包含如下内容：

```
Result:5050
result.jsp:http-nio-8080-exec-39
```

从打印结果可以看出，包含异步操作的 doLongWork()方法是由应用程序本身创建的线程 Thread-6 执行的。当 Thread-6 线程调用了 deferredResult.setResult("result")方法，就会激发 Servlet 容器指派工作线程 http-nio-8080-exec-39 执行并输出 result.jsp 网页的内容。图 10-4 显示了 Servlet 容器和 Spring MVC 框架异步处理请求的过程。

在图 10-4 中，线程 A 是 Servlet 容器指派的工作线程 http-nio-8080-exec-41，线程 B 是由 AsyncController 类的 testDefer1()方法创建的 Thread-6，线程 C 是 Servlet 容器指派的工作线程 http-nio-8080-exec-39。

DeferredResult 类也可以设定异步操作的超时时间，以及指定当异步操作完成或者超时，由 Servlet 容器的工作线程回调的 Runnable 对象。

在 AsyncController 类中，testDefer2()方法调用 DeferredResult 类的 onCompletion()方法和 onTimeout()方法，来指定当异步操作完成以及超时所回调的 Runnable 对象，代码如下：

```
@RequestMapping("/testDefer2")
public DeferredResult<ModelAndView> testDefer2(){
  printThread("testDefer2()");
  //设定异步操作的超时时间为 20ms
  DeferredResult<ModelAndView> deferredResult =
                              new DeferredResult<ModelAndView>(20L);

  Runnable onCompletionRunnable = new Runnable(){
    public void run(){
```

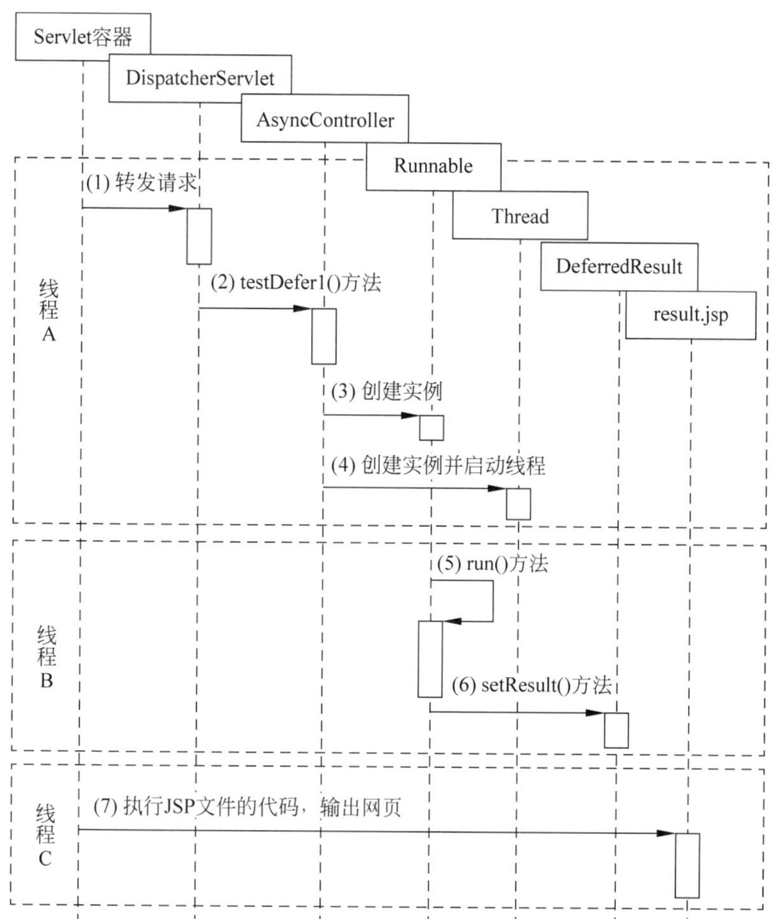

图 10-4　Servlet 容器和 Spring MVC 框架异步处理请求的过程

```
      printThread("onCompletionRunnable.run()") ;
      System.out.println("onCompletionRunnable.run(): 异步操作完成");
    }
  };

  deferredResult.onCompletion(onCompletionRunnable);

  Runnable onTimeoutRunnable = new Runnable(){
    public void run(){
      printThread("onTimeoutRunnable.run()") ;
      System.out.println("onTimeoutRunnable.run(): 异步操作超时");
    }
  };

  deferredResult.onTimeout(onTimeoutRunnable );

  Runnable longTask = new Runnable(){
    public void run(){
```

```
            int sum = doLongWork(100);
            ModelAndView mv = new ModelAndView("result");
            mv.addObject("sum",sum);
            deferredResult.setResult(mv);
        }
    };

    ExecutorService executorService =
                        Executors.newFixedThreadPool(10);
    executorService.submit(longTask);
    return deferredResult;
}
```

testDefer2()方法创建了一个 ExecutorService 线程池，由它来负责执行 longTask 对象的 run()方法。

通过浏览器访问 http://localhost:8080/helloapp/testDefer2，服务器端打印如下内容：

```
调用 testDefer2()方法的线程:http-nio-8080-exec-56
调用 doLongWork()方法的线程:pool-2-thread-1
调用 onTimeoutRunnable.run()方法的线程:http-nio-8080-exec-50
onTimeoutRunnable.run(): 异步操作超时
调用 exHandle()方法的线程:http-nio-8080-exec-50
调用 onCompletionRunnable.run()方法的线程:http-nio-8080-exec-50
onCompletionRunnable.run(): 异步操作完成
```

error.jsp 文件生成的网页包含如下内容：

```
服务器端发生异常:
异常原因
org.springframework.web.context.request
.async.AsyncRequestTimeoutException at
…
error.jsp:http-nio-8080-exec-50
```

从打印结果可以看出，包含异步操作的 doLongWork()方法是由应用程序本身创建的线程池中的 pool-2-thread-1 线程来执行的。当 pool-2-thread-1 线程执行异步操作超时，会产生 AsyncRequestTimeoutException 异常，此时会激发 Servlet 容器指派工作线程 http-nio-8080-exec-50 执行以下操作：

```
调用 onTimeoutRunnable.run()方法
调用 exHandle()方法
调用 onCompletionRunnable.run()方法
执行 error.jsp,输出网页
```

AsyncController 类的 exHandle()方法负责处理异常，10.7 节还会进一步介绍 exHandle()方法的作用。

10.7 处理异步操作中产生的异常

第7章已经介绍了Spring MVC框架的异常处理机制，这也适用于处理异步操作中产生的异常。在AsyncController类中，exHandle()方法用于处理RuntimeException异常，代码如下：

```
@ExceptionHandler(java.lang.RuntimeException.class)
public String exHandle(HttpServletRequest request,
                       Exception exception) {
  printThread("exHandle()");
  request.setAttribute("exception", exception);
  return "error";
}
```

对AsyncController类的doLongWork()方法做如下修改，使它在运行时产生ArithmeticException异常，代码如下：

```
private int doLongWork(int count){
  …
  return sum/0;            //抛出 ArithmeticException 异常
}
```

再次通过浏览器访问http://localhost:8080/helloapp/testCallable1，服务器端在执行异步操作时会产生ArithmeticException异常，服务器端打印如下内容：

```
调用 testCallable1()方法的线程:http-nio-8080-exec-40
调用 doLongWork()方法的线程:asyncHttpExecutor-3
调用 exHandle()方法的线程:http-nio-8080-exec-39
```

error.jsp文件生成的网页包含如下内容：

```
服务器端发生异常:/ by zero
异常原因
java.lang.ArithmeticException: / by zero
at mypack.AsyncController.doLongWork(AsyncController.java:155)
…
error.jsp:http-nio-8080-exec-39
```

从服务器端的打印结果可以看出，当doLongWork()方法出现异常，将由Servlet容器指派的工作线程http-nio-8080-exec-39来调用负责处理异常的exHandle()方法。

10.8 小结

本章介绍了Servlet容器与Spring MVC框架紧密配合，实现异步处理客户请求的方法。当控制器类的请求处理方法返回Callable对象或者WebAsyncTask对象，Spring MVC

框架会从异步处理线程池中取出一个线程，来执行 Callable 对象或者 WebAsyncTask 对象所包含的异步操作。当异步操作执行完毕，Spring MVC 框架会通知 Servlet 容器再指派一个工作线程来执行 JSP 文件，展示异步操作的处理结果。

当控制器类的请求处理方法返回 DeferredResult 对象，请求处理方法还会启动一个线程来执行一段异步操作。当这段异步操作调用 DeferredResult 对象的 setResult()方法时，会激发 Servlet 容器再指派一个工作线程来执行 JSP 文件，展示异步操作的处理结果。

异步处理客户请求可以提高服务器端并发访问客户请求的性能，但是服务器端需要创建更多的线程来执行异步操作，会加重服务器端的负荷。因此，并不是所有的客户请求都适合采用异步操作。只有对需要花较长时间来处理客户请求的操作，可以考虑采用异步处理方式。

10.9 思考题

1. (　　)具有 onCompletion()方法。(多选)
   A. Callable 接口　　B. WebAsyncTask 类
   C. DeferredResult 类　　D. Runnable 接口
2. 在异步处理客户请求时，(　　)由 Servlet 容器的工作线程执行。(多选)
   A. 执行控制器类的请求处理方法返回的 Callable 对象的 call()方法
   B. 把请求转发给 Spring MVC 框架的 DispatcherServlet
   C. 执行控制器类的请求处理方法
   D. 执行 JSP 文件的代码并输出网页
3. 在异步处理客户请求时，(　　)由 Spring MVC 框架的异步处理线程池中的线程执行。(多选)
   A. 执行控制器类的请求处理方法返回的 Callable 对象的 call()方法
   B. 执行控制器类的请求处理方法返回的 WebAsyncTask 对象所包装的 Callable 对象的 call()方法
   C. 执行控制器类的请求处理方法返回的 WebAsyncTask 对象的 onCompletion()方法
   D. 执行 JSP 文件的代码并输出网页
4. (　　)属于 DeferredResult 类的方法。(多选)
   A. call()　　B. setResult()
   C. onCompletion()　　D. onTimeout()

第11章

AOP面向切面编程和输出日志

在应用程序中输出日志有以下三个目的。

视频讲解

(1) 监控代码中变量的变化情况,把数据周期性地记录到文件中供其他应用进行统计分析。

(2) 跟踪代码运行时轨迹,作为日后审计的依据。

(3) 充当集成开发环境中的调试器,向文件或控制台打印代码的调试信息。

输出日志的代码块会充斥在应用程序的各个地方。假如多个类的方法拥有相同的输出日志的代码块,如何避免重复编写这样的代码块呢?传统的解决方法有以下两种。

(1) 在一个父类中定义通用的输出日志的方法,子类就能继承父类的这一个方法。

(2) 在一个工具类中定义通用的输出日志的方法,其他类调用这个工具类的输出日志的方法。

这两种方法可以避免重复编程,但还是存在以下两个局限。

(1) 由于 Java 语言不支持多继承,因此当一个类已经继承了其他类,这个类就无法再继承包含通用的输出日志方法的父类。

(2) 假定工具类 LogTool 的 log()方法是通用的输出日志的方法。在其他需要输出日志的类中,类似"logTool.log(…);"这样的方法调用语句会充斥在其他类的各个方法中。

为了克服这两种局限,Spring 框架提供了另一种解决方法:采用 AOP(Aspect Oriented Programming,面向切面编程)技术来提供通用的输出日志的代码块。

本章首先介绍用 SLF4J 和 Log4J 日志工具软件包来输出日志的方法,接下来介绍如何运用 AOP 技术来提供通用的输出日志的代码块。

11.1 SLF4J 和 Log4J 的整合

要在程序中输出日志,最普通的做法就是在代码中嵌入许多打印语句,这些打印语句可以把日志输出到控制台或文件中。比较高级的做法是定义一个日志操作类来封装此类操作，而不是让一系列的打印语句充斥在各个方法中。

在强调可重用组件开发的今天，除了自己从头到尾开发一个可重用的日志操作类外，还可以采用现成的日志工具软件包来输出日志。SLF4J(Simple Logging Facade for Java)就是一种如今被广泛运用的日志工具软件包。SLF4J 把日志分为由低到高的 6 个级别：TRACE、DEBUG、INFO、WARN、ERROR 和 FATAL。

SLF4J 为输出日志提供了简单的实现，但是它的最强大的功能是能够整合其他的日志工具软件包，并为应用程序提供统一的输出日志的 SLF4J API。

如图 11-1 所示，SLF4J 对目前常见的一些日志工具提供了适配器，对这些日志工具提供的服务进行了抽象，为客户程序提供了统一的输出日志的 API。

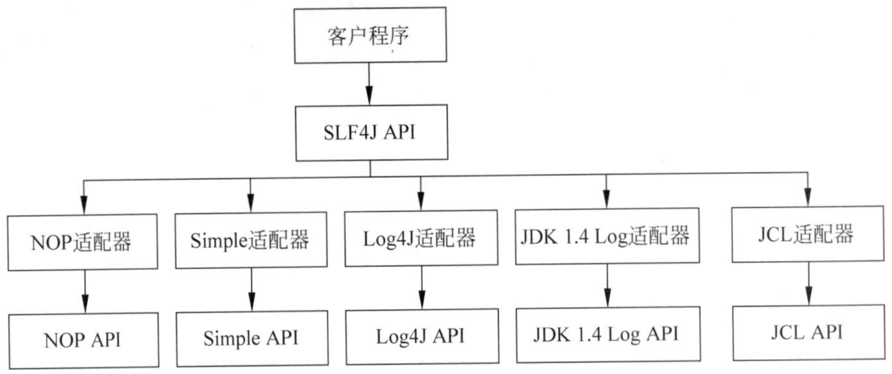

图 11-1　SLF4J 对目前常见的一些日志工具提供了适配器

提示：在图 11-1 中，适配器的作用是把其他日志工具软件包的 API 转换为 SLF4J API，例如 Log4J 适配器能够把 Log4J API 转换为 SLF4J API。

从图 11-1 可以看出，SLF4J 可以和以下 5 种日志工具整合。

(1) NOP：什么也不做，不输出任何日志。

(2) Simple：SLF4J 自带的简单的日志工具实现，通过 System.err 来输出日志，仅输出 INFO 级别或者更高级别的日志。对于简单的应用程序，可以使用 Simple 日志工具。

(3) Log4J：Apache 的一个开放源代码项目，下载网址为 http://logging.apache.org/log4j/1.2/index.html。Log4J 允许指定日志信息输出的目的地，如控制台、文件、GUI 组件，甚至是套接字服务器端、NT 的事件记录器以及 UNIX Syslog 守护进程等；Log4J 还可以控制每一条日志的输出格式；此外，通过设置日志信息的级别，Log4J 能非常细致地控制日志是否输出。这些功能可以通过一个配置文件来灵活地进行配置，而不需要修改应用程序的代码，这个配置文件通常命名为 log4j.properties。

(4) JDK 1.4 Log：JDK 1.4 及以上版本中自带的日志工具。

(5) JCL(Jakarta Commons Logging)：Apache 的一个开放源代码项目，下载网址为 http://commons.apache.org/logging/，提供了通用的输出日志的 API。

如何把 SLF4J 与特定的日志工具整合呢？很简单，只要到 SLF4J 的官方网站 http://www.slf4j.org/下载 SLF4J 的压缩软件包，这个压缩软件包的展开目录下有许多 Java 类库文件，如：

（1）slf4j-api.jar（必需）：SLF4J 本身的类库文件。

（2）slf4j-nop.jar（可选）：用于把 SLF4J 与 NOP 整合的类库文件。

（3）slf4j-simple.jar（可选）：用于把 SLF4J 与 Simple 整合的类库文件。

（4）slf4j-log4j12.jar（可选）：用于把 SLF4J 与 Log4J 1.2 整合的类库文件。

（5）slf4j-jdk14.jar（可选）：用于把 SLF4J 与 JDK 1.4 Log 整合的类库文件。

（6）slf4j-jcl.jar（可选）：用于把 SLF4J 与 JCL 整合的类库文件。

如果希望把 SLF4J 与特定的日志工具软件包整合，只要在应用程序的 classpath 中提供以下三个类库文件即可。

（1）slf4j-api.jar 类库文件。

（2）SLF4J 与特定的日志工具软件包整合的类库文件。

（3）被整合的日志工具软件包自身的类库文件。

在 helloapp 应用中把 SLF4J 与 Log4J 整合的步骤如下：

（1）在 helloapp/WEB-INF/lib 目录中加入 slf4j-api.jar 文件和 slf4j-log4j12.jar 文件。

（2）从 Log4J 的官方网站 http://logging.apache.org/log4j/1.2/index.html 下载 Log4J 的压缩软件包，在其展开目录中得到 Log4J12.jar 文件，把这个文件加入到 helloapp/WEB-INF/lib 目录中。

（3）在 helloapp/WEB-INF/classes 目录中提供 Log4J 的配置文件，文件名为 log4j.properties，参见例程 11-1。

例程 11-1　log4j.properties

```
# 指定根日志器的输出目的地为 A1 和 A2,输出日志级别为 INFO
log4j.rootLogger = INFO, A1,A2

# A1 为控制台
log4j.appender.A1 = org.apache.log4j.ConsoleAppender

# 指定向 A1 控制台输出的日志的格式
log4j.appender.A1.layout = org.apache.log4j.PatternLayout
log4j.appender.A1.layout.ConversionPattern = %p [%t] %c{2}(%M:%L) - %m%n

# A2 为 log.txt 文件
log4j.appender.A2 = org.apache.log4j.FileAppender
log4j.appender.A2.File = D:\\log.txt

# 指定向 A2 控制台输出的日志的格式
log4j.appender.A2.layout = org.apache.log4j.PatternLayout
log4j.appender.A2.layout.ConversionPattern = %5r %-5p [%t] %c{2} - %m%n
```

为了理解上述配置代码的作用，首先要了解 Log4J 的以下三个组件。

（1）Logger：负责生成日志，并能够对日志信息进行分类筛选，通俗地讲，就是决定什么日志信息应该被输出，什么日志信息应该被忽略。

（2）Appender：定义了日志信息输出的目的地，指定日志信息应该被输出到什么地方，这些地方可以是控制台、文件和网络设备等。

(3) Layout：指定日志信息的输出格式。

这三个组件协同工作，使得开发人员能够依据日志级别来输出日志信息，并能够指定日志信息的输出格式以及日志存放的地点。

一个 Logger 可以有多个 Appender，这意味着日志信息可以同时输出到多个设备上，每个 Appender 都对应一种 Layout，Layout 决定了输出日志信息的格式。假定根据实际需要，要求程序中的日志信息既能输出到运行程序的控制台，又能输出到指定的文件中，并且当日志信息输出到控制台和文件时都采用 PatternLayout 布局，此时 Logger、Appender 和 Layout 组件的关系如图 11-2 所示。

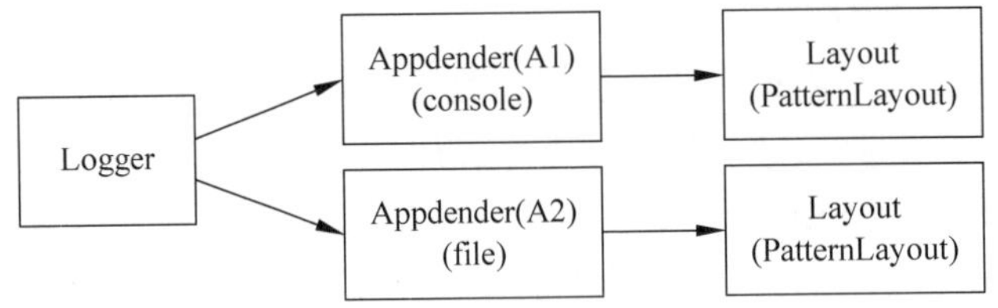

图 11-2 Logger、Appender 和 Layout 三个组件的关系

例程 11-1 按照图 11-2 配置了一个 Logger 和两个 Appender：A1 和 A2，并且指定输出 INFO 以及以上级别的日志，代码如下：

```
log4j.rootLogger = INFO, A1,A2
```

完成配置后，SLF4J 就会委派 Log4J 来输出 INFO 及以上级别的日志，把这些日志输出到控制台以及 D:\log.txt 文件中。

在跟踪和调试程序阶段，可以把输出日志的级别设置得低一点，以便获得详细的日志信息；在软件应用发布阶段，则应该把日志级别设置得高一点，减少日志的输出，提高程序的运行性能。

11.2 通过 SLF4J API 输出日志

把 SLF4J 和 Log4J 进行整合后，就可以在程序中通过 SLF4J API 输出日志。

例程 11-2 定义了一个 org.slf4j.Logger 类型的静态变量 logger。在请求处理方法以及异常处理方法中，只要调用 logger.info()、logger.warn()和 logger.error()等方法，就能输出各种级别的日志。

例程 11-2 LogOutputController.java

```
@Controller
public class LogOutputController{
        //日志记录对象
        private static final Logger logger =
                    LoggerFactory.getLogger(LogOutputController.class);

  @RequestMapping("/logoutput")
  public String logoutput(
```

```
            @RequestParam(required = false,defaultValue = "1")int num,
            Model model) {
        //输出各种级别的日志
        logger.trace("This is a trace log message");
        logger.debug("This is a debug log message");
        logger.info("This is a info log message");
        logger.warn("This is a warn log message");
        logger.error("This is a error log message");

        model.addAttribute("output",100/num);
        return "result";
    }

    @ExceptionHandler(java.lang.RuntimeException.class)
    public String exHandle(HttpServletRequest request,
                                        Exception exception) {
        logger.error(exception.getMessage());
        request.setAttribute("exception", exception);
        return "error";
    }
}
```

通过浏览器访问 http://localhost:8080/helloapp/logoutput,在 Tomcat 服务器端的控制台以及 D:\log.txt 文件中,会输出以下日志信息。

```
INFO [http-nio-8080-exec-88]mypack.LogOutputController(logoutput:22)
 - This is a info log message
WARN [http-nio-8080-exec-88]mypack.LogOutputController(logoutput:23)
 - This is a warn log message
ERROR [http-nio-8080-exec-88]mypack.LogOutputController(logoutput:24)
 - This is a error log message
```

由于在 log4j.properties 配置文件中把日志级别设为 INFO,因此,在 logoutput()请求处理方法中,只有以下代码输出的日志会真正写入到控制台以及 D:\log.txt 文件中。

```
logger.info("This is a info log message");       //输出 INFO 级别日志
logger.warn("This is a warn log message");       //输出 WARN 级别日志
logger.error("This is a error log message");     //输出 ERROR 级别日志
```

11.3　AOP 的基本概念和原理

3.10 节已经介绍了如何增强 Spring MVC 的控制器类的请求处理方法的功能。@ControllerAdvice 注解的底层实现能够在程序运行时,在控制器类的请求处理方法中动态插入一段代码块,从而增强请求处理方法的功能。

AOP 和@ControllerAdvice 注解的作用很相似,只不过 AOP 技术可以增强任意 Java 类的方法的功能,而不仅限于增强控制器类的方法的功能。AOP 可用于输出日志、性能监测、安全控制（权限控制）、事务处理和异常处理等。将这些通用代码块从业务逻辑代码中分离出来，既能提高这些通用代码块的可重用性，又能提高业务逻辑代码的可读性、可维护性和独立性。

提示：AOP的底层实现有两种方式：采用JDK自带的动态代理机制来实现；采用CGLIB（动态字节码生成技术）来实现。

为了叙述的方便，下文把需要增强功能的方法称作原始方法。Spring AOP涉及以下5个概念。

(1) 连接点（Joinpoint）：插入增强代码块的具体位置，即特定的原始方法。

(2) 切点（Pointcut）：需要插入增强代码块的一组类的原始方法。它是一组连接点的集合。

(3) 增强代码块（Advice）：需要在切点插入的代码块。它可以插入到原始方法前、原始方法后，或者执行原始方法出现异常时。

(4) 切面（Aspect）：由切点和增强代码块组成。

(5) 织入（Weaving）：把增强代码块插入到原始方法的行为。本书为了简化叙述方式，采用“插入”而未使用“织入”。

AOP提供了一些注解用来声明切点、增强代码块和切面，参见表11-1。

表11-1　声明切点、增强代码块和切面的注解

注解类型	注解	描　　述
切面	@Aspect	声明切面
切点	@Pointcut	声明切点
增强代码块	@Before	声明插入到原始方法前的增强代码块
	@AfterReturning	声明插入到正常退出原始方法后的增强代码块
	@AfterThrowing	声明执行原始方法出现异常时插入的增强代码块
	@After	声明无论执行原始方法是否出现异常，在退出原始方法后都需要插入的增强代码块，类似try-catch-finally语句中的finally代码块
	@Around	把原始方法包围起来，在调用原始方法前或后都可以插入增强代码块

例程11-3演示了表11-1中的注解的用法。

例程11-3　MyAspect.java

```
package mypack;
import org.aspectj.lang.JoinPoint;
import org.aspectj.lang.annotation.AfterThrowing;
import org.aspectj.lang.annotation.Aspect;
import org.aspectj.lang.annotation.Before;
import org.aspectj.lang.annotation.Pointcut;

//声明一个切面
@Aspect
public class MyAspect {
```

```
    //声明一个切点,用来增强 net.javathinker 包中所有类的方法
    @Pointcut("execution( * net.javathinker. * (..))")
    public void mypointcut() {}

    //声明增强代码块,插入到原始方法前
    @Before(value = "mypointcut()")
    public void before(JoinPoint joinPoint) {
      //输出连接点的信息
      System.out.println("调用原始方法之前:" + joinPoint);
    }

    //声明增强代码块,插入到执行原始方法抛出异常时
    @AfterThrowing(value = "mypointcut()", throwing = "e")
    public void afterThrowing(JoinPoint joinPoint, Exception e) {
      //发生异常后输出异常信息
      System.out.println(joinPoint + ",发生异常:" + e.getMessage());
    }
}
```

上述代码中,MyAspect 类用@Aspect 注解来标识,因此 MyAspect 类是一个切面类。mypointcut()方法用@Pointcut 注解来标识,声明了一个切点,指定需要增强功能的原始方法是 net.javathinker 包中的所有类的方法。mypointcut()方法的名字就是切点的名字。before()方法用@Before(value = "mypointcut()")注解来标识,因此,before()方法中的代码块会插入到原始方法的前面。@Before 注解中的 value 属性指定切点的名字,此处为 mypointcut()。afterThrowing()方法用@AfterThrowing(value = "mypointcut()", throwing = "e")注解来标识,因此,afterThrowing()方法中的代码块会在执行原始方法抛出异常时插入。before()方法和 afterThrowing()方法都有一个 JoinPoint 类型的参数 joinPoint,它表示当前的连接点。从这个 joinPoint 参数中可以获得被增强的原始方法的信息,代码如下:

```
//获得原始方法的签名
MethodSignature methodSignature =
                (MethodSignature)joinPoint.getSignature();
//获得原始方法的返回类型
Class clazz = methodSignature.getReturnType();
//获得原始方法所在类的类名
String className = methodSignature.getDeclaringTypeName();
//获得原始方法的方法名
String methodName = methodSignature.getName();
```

下面再简单介绍一下@Around 注解的作用,它能够在原始方法执行前以及执行后插入增强代码块,代码如下:

```
@Around(value = "mypointcut()")
public void around(ProceedingJoinPoint point) {
  //执行原始方法前的增强代码块
```

```
    System.out.println("调用原始方法开始");
    long begin = System.currentTimeMillis();

    //执行原始方法
    point.proceed();

    //执行原始方法后的增强代码块
    long end = System.currentTimeMillis();
    System.out.println("调用原始方法,共用了" + (begin - end) + "毫秒");
  }
```

point.proceed()方法会执行原始方法。在 around()方法中,point.proceed();语句之前以及之后的代码块都属于用来增强原始方法功能的增强代码块。

11.4 用 AOP 和 SLF4J 输出日志的范例

Spring AOP 依赖 AspectJ 软件包来实现。AspectJ 软件包由 Eclipse 公司提供,它的下载网址为 https://www.eclipse.org/aspectj/downloads.php。

把 AspectJ 软件包的类库文件复制到 helloapp/WEB-INF/lib 目录下。org.aspectj.lang.JoinPoint 类,以及@Aspect 和@Poincut 等注解都来自 AspectJ 类库。

在本范例中,把输出日志的代码块作为增强代码块。需要插入该增强代码块的原始方法是控制器类中所有用@LogAnnotation 注解标识的请求处理方法。@LogAnnotation 注解是自定义的注解,例程 11-4 是它的源代码。

例程 11-4 LogAnnotation.java

```
package mypack;
import java.lang.annotation.Documented;
import java.lang.annotation.ElementType;
import java.lang.annotation.Retention;
import java.lang.annotation.RetentionPolicy;
import java.lang.annotation.Target;

//指定注解可用来标识类的方法
@Target({ElementType.METHOD})

//指定注解的生命周期
@Retention(RetentionPolicy.RUNTIME)
public @interface LogAnnotation {
  //为注解定义了一个 desc 属性,指定原始方法的描述信息
  String desc() default "无描述信息";
}
```

例程 11-5 是 LogTesterController 类的源代码,它的 logtest()请求处理方法用@LogAnnotation 注解来标识。

例程 11-5　LogTesterController.java

```
@Controller
public class LogTesterController{

  @RequestMapping("/logtest")
  @LogAnnotation(desc = "logtest():测试日志方法")
  public String logtest(
          @RequestParam(required = false,defaultValue = "1")int num,
          Model model) {
        System.out.println("from logtest():begin");
        model.addAttribute("output",100/num);
        System.out.println("from logtest():end");
        return "result";
  }
}
```

例程 11-6 是切面类，它有一个切点 logPointCut()，这个切点指定需要增强功能的原始方法为所有用@LogAnnotation 注解标识的方法。

例程 11-6　SystemLogAspect.java

```
@Aspect
@Component
public class SystemLogAspect {

  //日志记录对象
  private static final Logger logger = LoggerFactory
            .getLogger(SystemLogAspect.class);

  /** 声明切点:所有用 LogAnnotation 注解标识的方法 */
  @Pointcut("@annotation(mypack.LogAnnotation)")
  public void logPointCut() {}

  /** 声明原始方法执行前的增强代码块 */
  @Before(value = "logPointCut()")
  public void doBefore(JoinPoint joinPoint) {
    System.out.println("from SystemLogAspect.doBefore()");
  }

  /** 声明原始方法正常退出后的增强代码块 */
  @AfterReturning(value = "logPointCut()")
  public void doAfter(JoinPoint joinPoint) {
    System.out.println("from SystemLogAspect.doAfter()");
    handleLog(joinPoint, null);
  }

  /** 声明原始方法出现异常时的增强代码块 */
  @AfterThrowing(value = "logPointCut()", throwing = "e")
  public void doError(JoinPoint joinPoint, Exception e) {
```

```
    System.out.println("from SystemLogAspect.doError()");
    handleLog(joinPoint, e);
  }

  /** 输出日志 */
  private void handleLog(JoinPoint joinPoint,Exception e) {
    //从 joinPoint 获得 LogAnnotation 注解
    LogAnnotation logAnnotation = getLogAnnotation(joinPoint);
    if(logAnnotation == null)
      return;

    HttpServletRequest request =
              ((ServletRequestAttributes) RequestContextHolder
              .getRequestAttributes())
              .getRequest();
    String ip = request.getRemoteAddr();
    //获得 LogAnnotation 注解所标识的原始方法的描述信息
    String desc = logAnnotation.desc();
    if(e == null)
      logger.info(desc + ";IP:" + ip);
    else
      logger.error(desc + ";IP:" + ip + ";异常:" + e.getMessage());
  }

  /** 获得原始方法的 LogAnnotation 注解 */
  private static LogAnnotation getLogAnnotation(JoinPoint joinPoint) {
    //获得连接点的原始方法签名
    MethodSignature methodSignature =
                (MethodSignature) joinPoint.getSignature();
    //获得连接点的原始方法
    Method method = methodSignature.getMethod();

    if(method != null)
      return method.getAnnotation(LogAnnotation.class);
    else
      return null;
  }
}
```

SystemLogAspect 类用@Component 注解来标识,表明它属于 Spring MVC 的 Bean 组件,Spring MVC 框架会自动创建 SystemLogAspect Bean 组件。

在 Spring MVC 的配置文件中,需要配置 AspectJ 自动代理,来启用 AOP 的代码增强功能,代码如下:

```
<beans xmlns = "http://www.springframework.org/schema/beans"
  …
  xmlns:aop = "http://www.springframework.org/schema/aop"
  xsi:schemaLocation = "http://www.springframework.org/schema/beans
```

```
    http://www.springframework.org/schema/beans/spring-beans-3.0.xsd
    …
    http://www.springframework.org/schema/aop
    http://www.springframework.org/schema/aop/spring-aop.xsd">

    …
    <aop:aspectj-autoproxy />
</beans>
```

通过浏览器访问 http://localhost:8080/helloapp/logtest，LogTesterController 类的 logtest()方法正常执行，在 Tomcat 控制台会输出 logtest()方法的打印信息，以及 SystemLogAspect 切面类的增强代码块输出的日志信息，打印结果如下：

```
from SystemLogAspect.doBefore()
from logtest():begin
from logtest():end
from SystemLogAspect.doAfter()
INFO [http-nio-8080-exec-9] mypack.SystemLogAspect (handleLog:63)
 - logtest():测试日志方法;IP:0:0:0:0:0:0:0:1
```

可以看出，执行 logtest()方法以及 SystemLogAspect 类的增强代码块的顺序如下：

(1) SystemLogAspect.doBefore()。

(2) LogTesterController.logtest()。

(3) SystemLogAspect.doAfter()。

通过浏览器访问 http://localhost:8080/helloapp/logtest? num=0，LogTesterController 类的 logtest()方法会抛出 ArithmeticException 异常，在 Tomcat 控制台打印以下信息：

```
from SystemLogAspect.doBefore()
from logtest():begin
from SystemLogAspect.doError()
ERROR [http-nio-8080-exec-1] mypack.SystemLogAspect (handleLog:65)
 - logtest():测试日志方法;IP:0:0:0:0:0:0:0:1;异常:/ by zero
```

可以看出，执行 logtest()方法以及 SystemLogAspect 类的增强代码块的顺序如下：

(1) SystemLogAspect.doBefore()。

(2) LogTesterController.logtest()。

(3) SystemLogAspect.doError()。

11.5 通过配置方式配置切面类

例程 11-6 通过@Aspect、@Pointcut 和@Before 等注解创建了一个 SystemLogAspect 切面类。此外，AOP 还允许在 Spring MVC 的配置文件中配置切面类。

例程 11-7 定义了一个切面类 CommonLogAspect，但它没有使用@Aspect、@Pointcut 和@Before 等注解。

例程 11-7　CommonLogAspect. java

```
package mypack;
import org.aspectj.lang.ProceedingJoinPoint;
import org.slf4j.Logger;
import org.slf4j.LoggerFactory;

public class CommonLogAspect {
        //日志记录对象
        private static final Logger logger = LoggerFactory
              .getLogger(CommonLogAspect.class);

  public Object log(ProceedingJoinPoint joinPoint) throws Throwable {
    logger.info("start log:" + joinPoint.getSignature().getName());
    Object object = joinPoint.proceed();
    logger.info("end log:" + joinPoint.getSignature().getName());
    return object;
  }
}
```

CommonLogAspect 类看上去只是一个普通的 Java 类，它的 log()方法是需要插入到原始方法中的增强代码块，并且它会以和@Around 注解相同的方式把原始方法包围起来。

在 Spring MVC 的配置文件中，以下代码用来配置 CommonLogAspect 类。

```
<bean id = "loggerAspect" class = "mypack.CommonLogAspect"/>

<aop:config>
  <aop:pointcut id = "loggerCutpoint"
          expression =
          "execution( * mypack.HelloController.*(..)) "/>

  <aop:aspect id = "logAspect" ref = "loggerAspect">
    <aop:around pointcut-ref = "loggerCutpoint" method = "log"/>
  </aop:aspect>
</aop:config>
```

这段代码表明，log()方法会插入到 HelloController 类的请求处理方法中，并且以包围原始方法的方式插入。

例程 11-8 是 HelloController 类的代码，它是一个普通的控制器类。

例程 11-8　HelloController. java

```
@Controller
public class HelloController{

  @RequestMapping("/hello")
  public String hello( Model model) {
    System.out.println("from hello():begin");
    model.addAttribute("output",100);
```

```
        System.out.println("from hello():end");
        return "result";
    }
}
```

通过浏览器访问 http://localhost:8080/helloapp/hello，在服务器端会打印如下内容：

```
INFO [http-nio-8080-exec-20] mypack.CommonLogAspect - start log:hello
from hello():begin
from hello():end
INFO [http-nio-8080-exec-20] mypack.CommonLogAspect - end log:hello
```

由此可见，CommonLogAspect 类的 log()方法的代码块被动态插入到 HelloController 类的 hello()方法中，并且包围了 hello()方法。

11.6　小结

AOP 和继承都是提高代码可重用性的手段。如图 11-3 所示，继承是一种纵向的代码重用方式，仅限于子类继承父类的方法，它属于静态的代码重用。静态重用是指当这些类的 Java 源文件编译成类文件后，每个类拥有的方法(包括从父类中继承的方法)，以及每个方法拥有的代码块都是明确、固定的。

如图 11-4 所示，AOP 是一种横向的代码重用方式，可以在任意一些类的方法中设置需要插入可重用的增强代码块的切点，它属于动态的代码重用。动态重用是指只有当程序运行时，AOP 才会把增强代码块动态插入到特定的切点，用来增强原始方法的功能。

利用 AOP 技术把输出日志的代码块作为增强代码块，动态插入到其他类中，可以大大提高输出日志的代码块的可重用性。

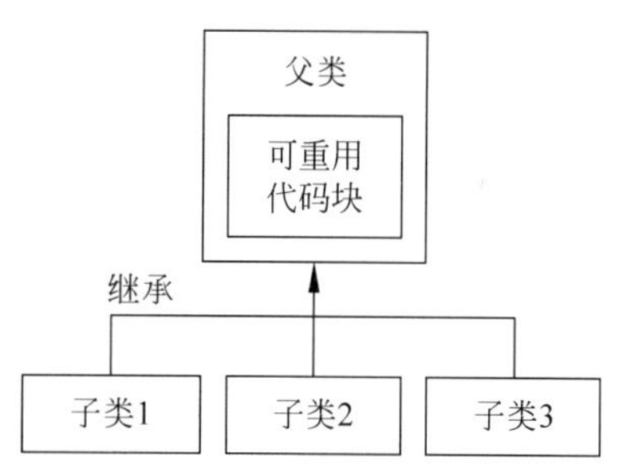

图 11-3　子类继承父类的方法

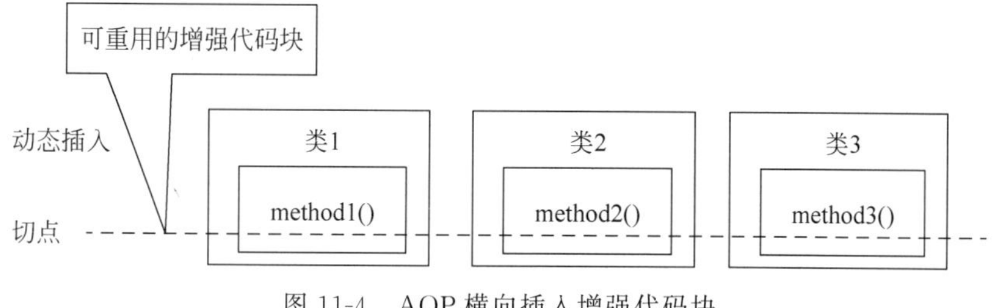

图 11-4　AOP 横向插入增强代码块

SLF4J 为目前各种流行的日志工具软件包提供了统一的 API。本章介绍了一种运用比较广泛的日志软件包整合方式：把 SLF4J 和 Log4J 整合。Web 应用程序通过 SLF4J API 来输出日志，而底层通过 Log4J 来向控制台或者文件中输出格式化的日志信息。

11.7 思考题

1. (　　)注解用来声明 AOP 的切点。(单选)
   A. @Pointcut　　B. @Aspect
   C. @Before　　D. @After
2. (　　)注解会把增强代码块插入到原始方法正常返回之后。(单选)
   A. @Around　　B. @Before
   C. @AfterReturning　　D. @After
3. (　　)属于 JoinPoint 类的方法。(多选)
   A. toString()　　B. info()
   C. getReturnType()　　D. getSignature()
4. (　　)属于 SLF4J 所定义的日志级别。(多选)
   A. FATAL　　B. WARN
   C. INFO　　D. DEBUG
5. 在 Log4J 的配置文件中,把输出日志的级别设为 WARN,将会输出(　　)级别的日志。(多选)
   A. FATAL　　B. WARN
   C. INFO　　D. ERROR
6. 对比 Spring 的拦截器和 AOP,说法正确的是(　　)。(多选)
   A. 拦截器是 Spring 自带的,而 AOP 依赖于第三方提供的 AspectJ 类库
   B. 拦截器只能为控制器类的请求处理方法提供通用的操作,而 AOP 能够增强各种类的方法的功能
   C. 拦截器和 AOP 的实现原理不一样,拦截器的方法代码块不会动态插入到控制器类中,而 AOP 中定义的增强代码块会动态插入到原始方法中
   D. 拦截器和 AOP 都能提高代码的可重用性

第12章

创建模型层组件

前面章节主要介绍了控制器层和视图层的开发。本章将介绍模型层的开发，以及控制器层访问模型层的过程。如图 12-1 所示，模型层还可以分为以下两层。

视频讲解

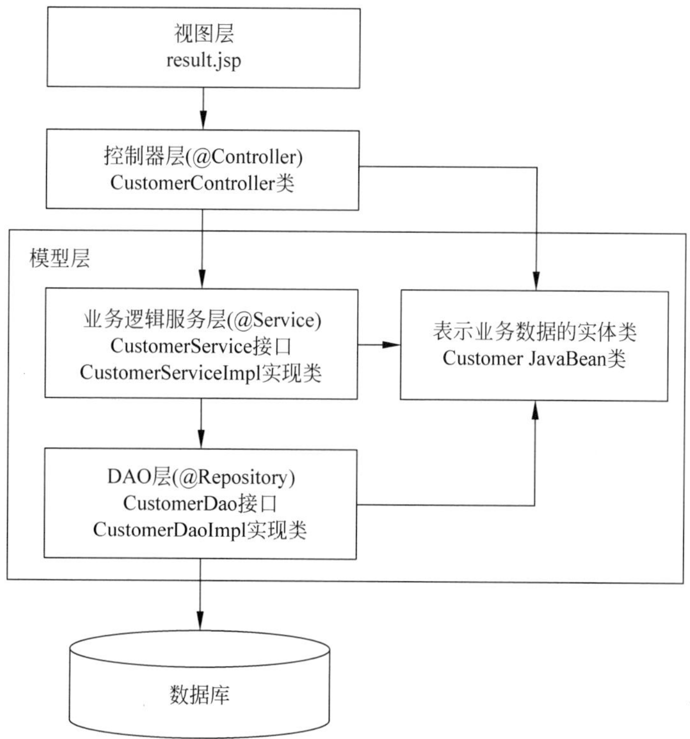

图 12-1　控制器层访问模型层的架构

(1) DAO(Data Access Object，数据访问对象)层：它负责访问数据库。

(2) 业务逻辑服务层：它负责执行各种业务逻辑，为控制器层提供服务方法，并且会调用 DAO 层的方法来访问数据库。表示业务数据的 Java Bean 实体类也位于业务逻辑服务层。

在图 12-1 中,业务逻辑服务层以及 DAO 层都提供了接口以及实现类,把接口与具体的实现分离,能够削弱层与层之间的耦合,提高每个层的独立性。上层组件只会访问下层组件的接口,而不会访问具体的实现类。当下层改变具体的实现方式,不会影响上层组件的程序代码。

本章以向 MySQL 数据库新增、更新、删除和查询 Customer 对象为例,介绍 DAO 层、业务逻辑服务层以及控制器层的创建过程,还会介绍这些层之间的依赖关系。

12.1 安装 MySQL 数据库和创建 SAMPLEDB 数据库

运行本章的例子,需要先安装 MySQL 数据库。MySQL 数据库的官方下载网址为 https://www.mysql.com/。

MySQL 8 以前的一些低版本安装软件是可运行程序,而 MySQL 8 及以上版本的安装软件,需要解压到本地,然后手动配置后才能启动。

MySQL 8 的安装配置和启动过程如下:

(1) 把 MySQL 8 的安装软件解压到本地,假定解压后 MySQL 的根目录为 C:\mysql。

(2) 在 MySQL 的根目录下创建一个 my.ini 文件,它是 MySQL 的配置文件。my.ini 文件的内容如下:

```
[mysqld]
# 设置 3306 端口
port = 3306
# 设置 MySQL 的安装目录
basedir = C:\mysql
# 设置 MySQL 数据库的数据的存放目录
datadir = C:\mysql\Data
# 允许最大连接数
max_connections = 200
# 允许连接失败的次数.
max_connect_errors = 10
# 服务端使用的字符集默认为 utf8mb4
character-set-server = utf8mb4
# 创建新表时将使用的默认存储引擎
default-storage-engine = INNODB
# 默认使用 mysql_native_password 插件认证
#mysql_native_password
default_authentication_plugin = mysql_native_password
[mysql]
# 设置 MySQL 客户端默认字符集
default-character-set = utf8mb4
[client]
# 设置 MySQL 客户端连接服务端时默认使用的端口
port = 3306
default-character-set = utf8mb4
```

如果 MySQL 的根目录不位于 C:\mysql,那么需要对以上 my.ini 文件中的 basedir 和 datadir 属性做相应的修改。

(3) 在 Windows 操作系统的 Path 系统环境变量中添加 C:\mysql\bin 目录,参见图 12-2。这一设置便于在 DOS 命令行中,不管当前位于哪个目录,都可以直接运行 C:\mysql\bin 目录下的可执行程序,如 mysqld.exe 管理服务程序和 mysql.exe 客户程序。

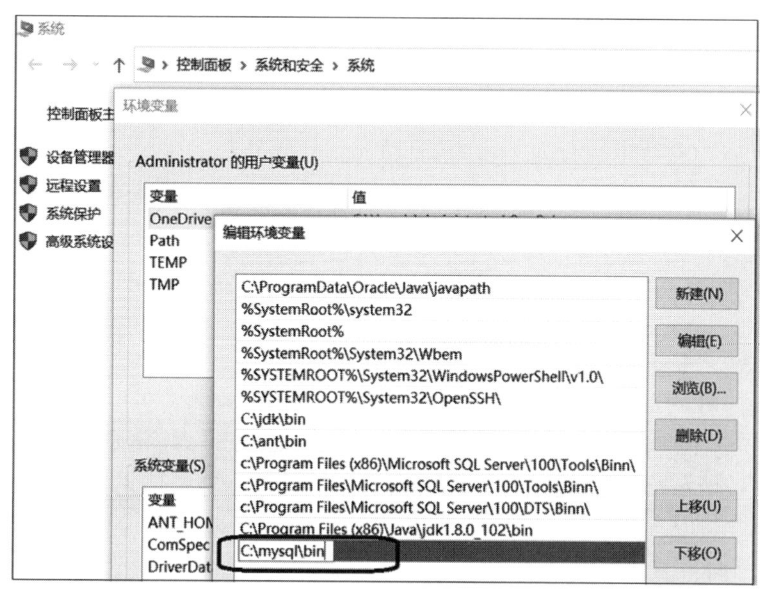

图 12-2　在 Path 系统环境变量中添加 C:\mysql\bin 目录

(4) 以管理员的身份打开 DOS 命令行窗口。假定 Windows 安装在 C 盘下,在文件资源管理器中,转到 C:\Windows\System32 目录下,右击 cmd.exe 程序,在下拉菜单中选择"以管理员身份运行"选项,参见图 12-3。之所以要以管理员身份运行 cmd.exe,是因为只有操作系统的管理员才具有权限去创建和启动 MySQL 服务。

图 12-3　以管理员身份运行 cmd.exe 程序,打开 DOS 命令行窗口

(5) 在 DOS 命令行中运行如下命令,创建并注册 MySQL 服务。

```
mysqld --install
```

该命令会创建一个服务名为 mysql 的服务,并且会在操作系统中注册该服务。如果要删除该服务，可以运行 mysqld --remove 命令。mysqld 命令对应 C:\mysql\bin 目录下的 mysqld.exe 程序。

（6）在 DOS 命令行中运行如下命令，对 mysql 服务进行初始化。

```
mysqld --initialize-insecure
```

该命令会参照 C:\mysql\my.ini 中的 datadir 属性，在 C:\mysql 目录下创建 Data 目录，以后 MySQL 服务器端会把所有数据库的数据都放在此目录下。以上命令还会创建一个 root 超级用户，口令为空。

（7）在 DOS 命令行中运行如下命令，启动 mysql 服务。

```
net start mysql
```

该命令将启动 mysql 服务，即启动 MySQL 服务器端。如果要终止 mysql 服务，可以运行 net stop mysql 命令。图 12-4 展示了在 DOS 命令行中运行上述步骤中命令的过程。

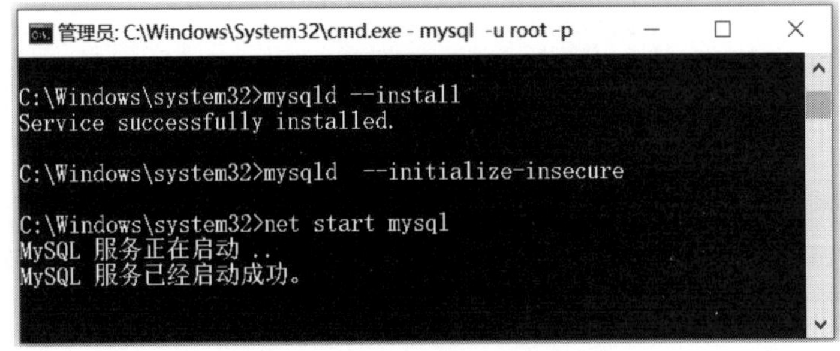

图 12-4 初始化、创建并启动 mysql 服务

（8）MySQL 安装目录下的 bin\mysql.exe 程序是 MySQL 的客户程序。如图 12-5 所示，在 DOS 命令行运行 mysql -u root -p 命令，以 root 用户的身份登录到 MySQL 的 mysql.exe 客户程序。root 用户的初始口令为空，因此当系统提示输入口令时，直接按 Enter 键即可。接下来在 MySQL 客户程序中执行如下修改 root 用户口令的 SQL 命令。

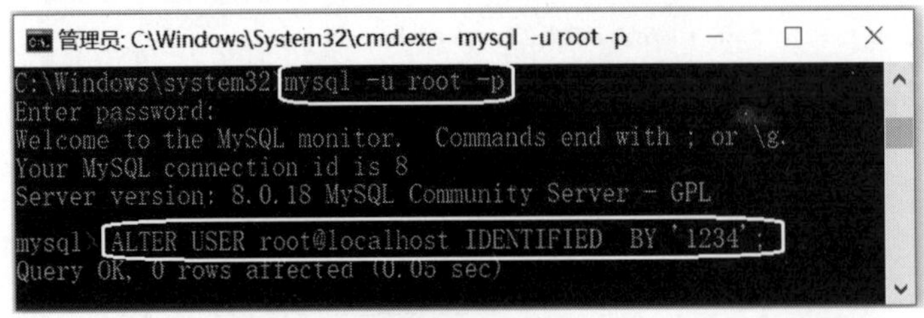

图 12-5 在 MySQL 的客户程序中修改 root 用户的口令

```
ALTER USER root@localhost IDENTIFIED BY '1234';
```

该命令把 root 用户的口令改为 1234，本书所有范例程序连接 MySQL 服务器端时会用 root 用户来连接，并且口令为 1234。

MySQL 服务器端启动后，通过 MySQL 的客户程序创建 SAMPLEDB 数据库，步骤如下：

(1) 在 DOS 下转到 MySQL 安装目录的 bin 目录，输入如下命令：

```
C:\mysql\bin> mysql -u root -p
```

接下来会提示输入 root 用户的口令，此处输入口令"1234"：

```
Enter password: ****
```

然后就会进入如图 12-6 所示的命令行客户程序。

```
C:\mysql\bin>mysql -u root -p
Enter password: ****
Type 'help;' or '\h' for help. Type
'\c' to clear the current input stat
ement.
mysql> 
```

图 12-6　MySQL 的客户程序

(2) 创建数据库 SAMPLEDB，SQL 命令如下：

```
create database SAMPLEDB;
```

(3) 进入 SAMPLEDB 数据库，SQL 命令如下：

```
use SAMPLEDB;
```

(4) 在 SAMPLEDB 数据库中创建 CUSTOMERS 表，SQL 命令如下：

```
create table CUSTOMERS (
  ID bigint not null auto_increment,
  NAME varchar(15),
  AGE int,
  primary key (ID)
);
```

(5) 退出 MySQL 客户程序，输入命令"exit"。

在本书配套源代码包的 sourcecode/chapter12/helloapp/schema 目录下提供了创建 SAMPLEDB 数据库和 CUSTOMERS 表的 SQL 脚本文件，文件名为 sampledb.sql。

如果不想按照上述步骤在 mysql.exe 客户程序中手动输入 SQL 语句，也可以直接运行 sampledb.sql，步骤如下。

(1) 在 DOS 命令行，输入如下命令：

```
C:\mysql\bin> mysql -u root -p < C:\helloapp\schema\sampledb.sql
```

(2) 提示输入 root 用户的口令，此处输入口令"1234"：

```
Enter password: ****
```

MySQL 客户程序就会自动执行 C:\helloapp\schema\sampledb.sql 文件中的所有 SQL 语句。在以上 mysql 命令中,"<"后设定 SQL 脚本文件的路径。

12.2 通过 Spring JDBC API 访问数据库

Java 程序访问数据库的最基本的 API 是 Java JDBC API,Spring 对 Java JDBC API 进行了封装,提供了更为简单易用的 Spring JDBC API,它的最核心的类是 org.springframework.jdbc.core.JdbcTemplate 类。

JdbcTemplate 类主要提供了以下 6 个方法。

(1) execute()方法:用于执行任何 SQL 语句,一般用于执行 DDL(Database Definition Language,数据库定义语言)语句。DDL 语句可以用来创建、更新和删除数据库以及数据库中的表的结构。

(2) update()方法:用于执行新增、更新和删除数据库记录的 SQL 语句。

(3) batchUpdate()方法:用于批量执行新增、更新和删除数据库记录的 SQL 语句。批量处理的 SQL 语句具有相同的格式,但是有不同的参数。

(4) query()方法:用于查询数据库。

(5) queryForObject()方法:用于查询数据库中的单条记录。

(6) call()方法:用于执行存储过程。

这些方法都声明抛出 org.springframework.dao.DataAccessException 异常,它是 RuntimeException 类的子类,属于运行时异常,因此程序在调用上述方法时,可以不用捕获 DataAccessException 异常,也能通过编译。

12.4 节将会以 CustomerDaoImpl 类为例,介绍其中一些方法的具体用法。本范例访问 MySQL 数据库,因此需要把 MySQL 的驱动程序类库 mysqldriver.jar 文件添加到 Web 应用的 WEB-INF/lib 目录中。该类库文件可从 MySQL 的官方网站 http://www.mysql.com 下载。

12.3 在 Spring 配置文件中配置数据源和事务管理器

Spring MVC 的配置文件主要配置位于控制器层的各种组件。本章将创建一个 Spring 配置文件 applicationContext.xml,它用来配置模型层的数据源、事务管理器以及 jdbcTemplate Bean 组件。例程 12-1 是 applicationContext.xml 的代码。

例程 12-1 applicationContext.xml

```
<?xml version = "1.0" encoding = "UTF - 8"?>
<beans xmlns = " … ">
  <!—配置数据源 -->
  <bean id = "dataSource"
    class = "org.springframework.jdbc
                .datasource.DriverManagerDataSource">
    <!-- 数据库驱动类 -->
    <property name = "driverClassName"
```

```
            value = "com.mysql.jdbc.Driver"></property>
    <!-- 连接数据库的 url -->
    <property name = "url"
        value = "jdbc:mysql://localhost:3306/sampledb?useSSL = false" />
    <!-- 连接数据库的用户名 -->
    <property name = "username" value = "root" />
    <!-- 连接数据库的口令 -->
    <property name = "password" value = "1234" />
  </bean>

  <!-- 配置 JdbcTemplate -->
  <bean id = "jdbcTemplate"
    class = "org.springframework.jdbc.core.JdbcTemplate">
    <!-- 指定使用的数据源 -->
    <property name = "dataSource" ref = "dataSource"></property>
  </bean>

  <!—配置事务管理器 -->
  <bean id = "transactionManager"
    class = "org.springframework.jdbc
               .datasource.DataSourceTransactionManager">
      <property name = "dataSource" ref = "dataSource"></property>
  </bean>

  <!-- 配置开启由注解驱动的事务处理 -->
  <tx:annotation - driven transaction - manager = "transactionManager"/>

  <!-- 配置 Spring 需要扫描的包,
             Spring 会扫描这些包以及子包中类的 Spring 注解 -->
  <context:component - scan base - package = "mypack"/>
</beans>
```

applicationContext.xml 配置文件配置了一个 dataSource 数据源，这个数据源连接 SAMPLEDB 数据库的用户名为 root，口令为 1234。applicationContext.xml 配置文件还配置了一个 jdbcTemplate Bean 组件，这个组件会通过 dataSource 数据源连接 SAMPLEDB 数据库。applicationContext.xml 配置文件还配置了一个 transactionManager 事务管理器。<tx:annotation-driven>元素表示支持在程序中通过@Transactional 注解来为方法声明事务边界。关于@Transactional 注解的用法参见 12.7 节。

为了确保在 Web 应用启动时会加载 applicationContext.xml 配置文件，需要在 Web 应用的 web.xml 文件中配置 ContextLoaderListener 监听器，代码如下：

```
<listener>
  <listener - class>
    org.springframework.web.context.ContextLoaderListener
  <listener - class>
</listener>
```

ContextLoaderListener 默认情况下会加载位于 WEB-INF 根目录下的 applicationContext.xml 文件,如果希望加载位于特定目录下的 Spring 配置文件,可以采用以下配置代码。

```
<listener>
  <listener-class>
    org.springframework.web.context.ContextLoaderListener
  </listener-class>
</listener>

<!--设置 Spring 配置文件的路径 -->
<context-param>
  <param-name>contextConfigLocation</param-name>
  <param-value>classpath:spring/spring-jdbc.xml</param-value>
</context-param>
```

这段代码指定 ContextLoaderListener 在 Web 应用启动时加载 WEB-INF/classes/spring 目录下的 spring-jdbc.xml 配置文件。

12.4 创建 DAO 层组件

DAO 层组件包括 CustomerDao 接口和 CustomerDaoImpl 实现类。例程 12-2 是 CustomerDao 接口的源代码。

例程 12-2 CustomerDao.java

```
package mypack;
import java.util.*;
public interface CustomerDao {
  public int insertCustomer(Customer customer);
  public int updateCustomer(Customer customer);
  public int deleteCustomer(Customer customer);
  public Customer findCustomerById(Long customerId);
  public List<Customer> findCustomerByName(String name);
}
```

CustomerDao 接口声明了向数据库新增、更新、删除和查询 Customer 对象的方法。CustomerDaoImpl 类实现了 CustomerDao 接口,参见例程 12-3。

例程 12-3 CustomerDaoImpl.java

```
@Repository("customerDao")
public class CustomerDaoImpl implements CustomerDao {
  @Autowired
  private JdbcTemplate jdbcTemplate;

  public int insertCustomer(Customer customer) {
    String sql = "insert into CUSTOMERS(NAME,AGE) value(?,?)";
```

```
    //设置传入 SQL 语句的参数值
    Object[] params = new Object[]{
                    customer.getName(),customer.getAge()};

    //返回受 SQL 语句影响的记录数目
    int num = jdbcTemplate.update(sql,params);
    return num;
  }

  public int updateCustomer(Customer customer) {
    String sql = "update CUSTOMERS set NAME = ?,AGE = ? where ID = ?";
    //设置传入 SQL 语句的参数值
    Object[] params = new Object[]{
            customer.getName(),customer.getAge(),customer.getId()};

    //返回受 SQL 语句影响的记录数目
    int num = jdbcTemplate.update(sql,params);
    return num;
  }

  public int deleteCustomer(Customer customer) {
    String sql = "delete from CUSTOMERS where ID = ?";
    //设置传入 SQL 语句的参数值
    Long id = customer.getId();

    //返回受 SQL 语句影响的记录数目
    int num = jdbcTemplate.update(sql,id);
    return num;
  }

  public Customer findCustomerById(Long customerId) {
    String sql  =  "select  *  from CUSTOMERS where ID = ?";
    RowMapper<Customer> rowMapper  =
            new BeanPropertyRowMapper<Customer>(Customer.class);
    try{
      // 将 customerId 绑定到 SQL 语句中
      //通过 RowMapper 把查询到的 CUSTOMERS 记录映射成 Customer 对象
      return jdbcTemplate.queryForObject(
                                        sql, rowMapper, customerId);
    }catch(Exception e){
      return null;
    }
  }

  public List<Customer> findCustomerByName(String name) {
    String sql  =  "select  *  from CUSTOMERS where NAME = ?";
    RowMapper<Customer> rowMapper  =
            new BeanPropertyRowMapper<Customer>(Customer.class);
    //通过 RowMapper 把查询到的多条 CUSTOMERS 记录映射成多个 Customer 对象
```

```
        return jdbcTemplate.query(sql, rowMapper, name);
    }
}
```

CustomerDaoImpl 类有一个 JdbcTemplate 类型的 jdbcTemplate 实例变量，它用 @Autowired 注解标识，这意味着 jdbcTemplate 变量的取值由 Spring 框架提供，jdbcTemplate 变量将引用在 Spring 配置文件中配置的 jdbcTemplate Bean 组件，代码如下：

```
<!-- 配置 JdbcTemplate -->
<bean id = "jdbcTemplate"
  class = "org.springframework.jdbc.core.JdbcTemplate">
  <property name = "dataSource" ref = "dataSource"></property>
</bean>
```

CustomerDaoImpl 类通过 jdbcTemplate 变量来执行各种 SQL 语句，完成向数据库中新增、更新、删除和查询 Customer 对象的操作。

提示：在数据库中实际上存放的是 CUSTOMERS 记录，本书站在面向对象的语义，有时把对数据库中 CUSTOMERS 记录的操作表述为对数据库中 Customer 对象的操作，例如把插入一条 CUSTOMERS 记录表述为新增一个 Customer 对象。

12.4.1 向数据库新增 Customer 对象

CustomerDaoImpl 类的 insertCustomer()方法向数据库新增一个 Customer 对象，代码如下：

```
public int insertCustomer(Customer customer) {
  String sql = "insert into CUSTOMERS(NAME,AGE) value(?,?)";
  //设置传入 SQL 语句的参数值
  Object[] params = new Object[]{customer.getName(),customer.getAge()};

  //返回受 SQL 语句影响的记录数目
  int num = jdbcTemplate.update(sql,params);
  return num;
}
```

jdbcTemplate.update(sql,params)方法的第一个参数 sql 指定 insert SQL 语句，第二个参数 params 指定向 insert SQL 语句中传入的参数。jdbcTemplate.update(sql,params)方法的返回值表示数据库中受该 SQL 语句影响的记录数目。如果向数据库中插入了一条记录，那么该方法返回 1。

12.4.2 获得新增 Customer 对象的 ID

在本范例中，CUSTOMERS 表的 ID 字段用 auto_increment 标识，代码如下：

```
create table CUSTOMERS (
  ID bigint not null auto_increment,
  …
);
```

auto_increment 标识的作用是：如果向 CUSTOMERS 表插入记录的 insert SQL 语句没有为 ID 字段赋值，那么 MySQL 数据库会自动为新插入的 CUSTOMERS 记录的 ID 字段赋值。如何在程序中读取新插入的 CUSTOMERS 记录的 ID 呢？Spring JDBC API 中的 KeyHolder 类的 longValue()方法能返回新插入记录的 ID。以下 insertCustomer()方法也能向数据库中插入一条 CUSTOMERS 记录，并读取新插入记录的 ID。

```
public int insertCustomer(Customer customer) {
  String sql = "insert into CUSTOMERS(NAME,AGE) value(?,?)";

  KeyHolder keyHolder = new GeneratedKeyHolder();

  PreparedStatementCreator preparedStatementCreator =
          new PreparedStatementCreator() {
            public PreparedStatement createPreparedStatement(
                          Connection connection) throws SQLException {
              PreparedStatement ps = connection.prepareStatement(
                          sql, Statement.RETURN_GENERATED_KEYS);
              ps.setString(1,customer.getName());
              ps.setInt(2,customer.getAge());
              return ps;
            }
  };

  int num = jdbcTemplate.update(preparedStatementCreator, keyHolder);

  //获得新增记录的 ID
  long id = keyHolder.getKey().longValue();
  System.out.println("id = " + id);
  return num;
}
```

jdbcTemplate.update(preparedStatementCreator, keyHolder)方法的第一个参数 preparedStatementCreator 指定底层 JDBC API 中执行 SQL 语句的 PreparedStatement 对象，第二个参数 keyHoler 用来读取新插入的 CUSTOMERS 记录的 ID。

12.4.3　向数据库更新 Customer 对象

CustomerDaoImpl 类的 updateCustomer()方法用来更新数据库中的 Customer 对象，代码如下：

```
public int updateCustomer(Customer customer) {
  String sql = "update CUSTOMERS set NAME = ?,AGE = ? where ID = ?";
```

```
    //设置传入 SQL 语句的参数值
    Object[] params = new Object[]{
                customer.getName(),customer.getAge(),customer.getId()};

    //返回受 SQL 语句影响的记录数目
    int num = jdbcTemplate.update(sql,params);
    return num;
}
```

jdbcTemplate.update(sql,params)方法的第一个参数 sql 指定 update SQL 语句,第二个参数 params 指定向 update SQL 语句中传入的参数。jdbcTemplate.update(sql,params)方法的返回值表示数据库中受该 SQL 语句影响的记录数目。如果向数据库中更新了一条记录,那么该方法返回 1。

12.4.4 向数据库批量更新 Customer 对象

如果要批量更新数据库中的一组 Customer 对象,可以调用 JdbcTemplate 类的 batchUpdate()方法。以下 batchUpdateCustomer()会批量更新三个 Customer 对象。

```
public int[] batchUpdateCustomer() {
  String sql = "update CUSTOMERS set NAME = ?,AGE = ? where ID = ?";
  //设置传入 SQL 语句的参数值
  List<Object[]> batchArgs = new ArrayList<Object[]>();
  batchArgs.add(new Object[]{"Tom",27,1});
  batchArgs.add(new Object[]{"Mary",28,2});
  batchArgs.add(new Object[]{"Linda",29,3});

  //返回受 SQL 语句影响的记录数目
  int[] num = jdbcTemplate.batchUpdate(sql,batchArgs);
  return num;
}
```

jdbcTemplate.batchUpdate(sql,batchArgs)方法会执行三条 update SQL 语句,它们的格式相同,但参数不一样。

```
update CUSTOMERS set NAME = 'Tom',AGE = 27 where ID = 1;
update CUSTOMERS set NAME = 'Mary',AGE = 28 where ID = 2;
update CUSTOMERS set NAME = 'Linda',AGE = 29 where ID = 3;
```

jdbcTemplate.batchUpdate(sql,batchArgs)方法返回的 int[]数组包含了每条 SQL 语句所影响的数据库记录的数目。

12.4.5 向数据库删除 Customer 对象

CustomerDaoImpl 类的 deleteCustomer()方法用来删除数据库中的 Customer 对象,

代码如下：

```
public int deleteCustomer(Customer customer) {
  String sql = "delete from CUSTOMERS where ID = ?";

  //设置传入 SQL 语句的参数值
  Long id = customer.getId();

  //返回受 SQL 语句影响的记录数目
  int num = jdbcTemplate.update(sql, id);
  return num;
}
```

jdbcTemplate.update(sql,id)方法的第一个参数 sql 指定 delete SQL 语句，第二个参数 id 指定向 delete SQL 语句中传入的参数。jdbcTemplate.update(sql,id)方法的返回值表示数据库中受该 SQL 语句影响的记录数目。如果向数据库中删除了一条记录，那么该方法返回 1。

12.4.6 向数据库查询一个 Customer 对象

CustomerDaoImpl 类的 findCustomerById()方法根据 ID 从数据库查询特定的 Customer 对象，代码如下：

```
public Customer findCustomerById(Long customerId) {
  String sql  =  "select  *  from CUSTOMERS where ID = ?";
  //把查询结果中的记录映射为 Customer 对象
  RowMapper < Customer > rowMapper  =
            new BeanPropertyRowMapper < Customer >(Customer.class);
  try{
    // 将 customerId 绑定到 SQL 语句的参数中
    //通过 RowMapper 把查询到的 CUSTOMERS 记录映射成 Customer 对象
    return jdbcTemplate.queryForObject(sql, rowMapper, customerId);
  }catch(Exception e){
    return null;
  }
}
```

jdbcTemplate.queryForObject(sql, rowMapper, customerId)方法的 rowMapper 参数能够把查询结果中的 CUSTOMERS 记录映射成为 Customer 对象。

12.4.7 向数据库查询多个 Customer 对象

CustomerDaoImpl 类的 findCustomerByName()方法能够从数据库查询满足查询条件的多个 Customer 对象，代码如下：

```
public List<Customer> findCustomerByName(String name) {
  String sql = "select * from CUSTOMERS where NAME = ?";
  RowMapper<Customer> rowMapper =
              new BeanPropertyRowMapper<Customer>(Customer.class);
  //通过 RowMapper 把查询到的多条 CUSTOMERS 记录映射成多个 Customer 对象
  return jdbcTemplate.query(sql, rowMapper, name);
}
```

jdbcTemplate.query（sql，rowMapper，name）方法的 rowMapper 参数能够把查询结果中的多条 CUSTOMERS 记录映射成为多个 Customer 对象。

12.5 创建业务逻辑服务层组件

业务逻辑服务层组件包括 CustomerService 接口和 CustomerServiceImpl 实现类。例程 12-4 是 CustomerService 接口的源代码。

例程 12-4 CustomerService.java

```
package mypack;
import java.util.List;
public interface CustomerService {
  public int insertCustomer(Customer customer);
  public int updateCustomer(Customer customer);
  public int deleteCustomer(Customer customer);
  public Customer findCustomerById(Long customerId);
  public List<Customer> findCustomerByName(String name);
}
```

CustomerService 接口声明了向数据库新增、更新、删除和查询 Customer 对象的方法。CustomerServiceImpl 类实现了 CustomerService 接口，参见例程 12-5。

例程 12-5 CustomerServiceImpl.java

```
@Service("customerService")
public class CustomerServiceImpl implements CustomerService{
  @Autowired
  private CustomerDao customerDao;

  @Transactional
  public int insertCustomer(Customer customer){
    return customerDao.insertCustomer(customer);
  }

  @Transactional
  public int updateCustomer(Customer customer){
    return customerDao.updateCustomer(customer);
  }
```

```
    @Transactional
    public int deleteCustomer(Customer customer){
      return customerDao.deleteCustomer(customer);
    }

    @Transactional
    public Customer findCustomerById(Long customerId){
      return customerDao.findCustomerById(customerId);
    }

    @Transactional
    public List<Customer> findCustomerByName(String name){
      return customerDao.findCustomerByName(name);
    }
}
```

CustomerServiceImpl 类有一个 CustomerDao 类型的 customerDao 实例变量，它用@Autowired 注解标识，这意味着 customerDao 变量的取值由 Spring 框架提供，customerDao 变量将引用由 Spring 框架创建的 customerDao Bean 组件，它实际上是 CustomerDaoImpl 类的实例。

CustomerServiceImpl 类通过 customerDao Bean 组件来访问数据库，完成向数据库新增、更新、删除和查询 Customer 对象的操作。

12.6 @Repository 注解和@Service 注解

DAO 层的 CustomerDaoImpl 类以及业务逻辑服务层的 CustomerServiceImpl 类分别用@Respository 注解和@Service 注解来标识，代码如下：

```
@Repository("customerDao")
public class CustomerDaoImpl implements CustomerDao {...}

@Service("customerService")
public class CustomerServiceImpl implements CustomerService{...}
```

@Respository 注解表明被标识的 CustomerDaoImpl 类是 DAO 层的组件。@Service 组件表明被标识的 CustomerServiceImpl 类是业务逻辑服务层组件。@Respository 注解和@Service 注解不仅会在语义上指定所标识的类位于哪一个层，还会把所标识的类向 Spring 框架注册为 Bean 组件。以上代码中的@Respository 注解和@Service 组件相当于 Spring 配置文件中的以下配置代码：

```
<bean id="customerDao" class="mypack.CustomerDaoImpl" />
<bean id="customerService" class="mypack.CustomerServiceImpl" />
```

因此，要把 CustomerDaoImpl 类和 CustomerServiceImpl 类注册为 Spring 框架的 Bean 组件有两种方式：用@Respository 注解和@Service 注解来分别标识它们；在 Spring 配置

文件中用< bean >元素来配置。

只要注册了这两个 Bean 组件，在 Java 程序中就能通过@Autowired 注解来直接访问它们。例如在 CustomerServiceImpl 类中会访问 customerDao Bean 组件，代码如下：

```
@Autowired
private CustomerDao customerDao;
```

customerDao 变量按照其变量名和 CustomerDaoImpl 类的@Repository("customerDao")注解匹配。

此外，在 CustomerController 类中会访问 customerService Bean 组件，代码如下：

```
@Autowired
private CustomerService customerService;
```

customerService 变量按照其变量名和 CustomerServiceImpl 类的@Service("customerService")注解匹配。

12.7 用@Transactional 注解声明事务

如果按照编程的方式来声明事务，通常会采用以下流程。

```
try{
  声明事务开始
  执行业务逻辑操作
  …
  提交事务
}catch(Exception e){
  撤销事务
  其他操作
}
```

处理业务逻辑的代码和声明事务的代码混杂在一起，会降低程序代码的可读性、可维护性以及可重用性。为了把声明事务的代码从业务逻辑代码中分离出去，Spring 框架允许用@Transactional 注解来声明事务。

在 CustomerServiceImpl 类中，每个业务逻辑方法都用@Transactional 注解来标识，例如：

```
@Transactional
public int insertCustomer(Customer customer){
  return customerDao.insertCustomer(customer);
}
```

以上@Transactional 注解没有设置任何属性，将采用默认的事务处理行为。表 12-1 列出了@Transactional 注解的各种属性。

表 12-1　@Transactional 注解的属性

属　　性	类　　型	描　　述
value	String	指定事务管理器
propagation	enum：Propagation	指定事务传播行为
isolation	enum：Isolation	指定事务隔离级别
readOnly	boolean	默认值为 false，表示读写事务，如果为 true，表示只读事务
timeout	int	指定执行事务的超时时间，以 s 为单位
rollbackFor	单个 Class 类或者 Class[]数组，数组中元素必须继承 Throwable 类	指定导致事务撤销的一个或多个异常类
rollbackForClassName	单个字符串或者 String[]数组，单个字符串或者数组中元素是异常类的名字	指定导致事务撤销的一个或多个异常类的名字
noRollbackFor	Class[]数组，数组中元素必须继承 Throwable 类	指定不会导致事务撤销的一个或多个异常类
noRollbackForClassName	单个字符串或者 String[]数组，单个字符串或者数组中元素是异常类的名字	指定不会导致事务撤销的一个或多个异常类的名字

@Transactional 注解的各个属性可以用来灵活地指定处理事务的行为，例如以下代码声明事务的隔离级别是 Isolation. READ_COMMITTED，事务传播行为是 Propagation. REQUIRES_NEW，事务超时时间是 60 秒，如果出现 IOException 或者 SQLException 异常，就撤销事务。

```
@Transactional(isolation = Isolation.READ_COMMITTED,
    propagation = Propagation.REQUIRES_NEW,
    rollbackFor =
            {java.io.IOException.class, java.sql.SQLException.class},
    timeout = 60)
public int insertCustomer(Customer customer){...}
```

以下代码指定出现 Exception 异常(包括子类异常)，就撤销事务。

```
@Transactional(rollbackFor = Exception.class)
public int insertCustomer(Customer customer){...}
```

12.7.1　事务传播行为

@Transactional 注解的 propagation 属性用来指定事务的传播行为。假定在开始执行当前被@Transactional 注解标识的 method()方法时，在上下文中已经存在一个事务 A，到底是把 method()方法的操作加入到事务 A 中，还是创建一个新的事务 B，把 method()方法的操作加入到事务 B 中呢？如果不存在事务 A，又该如何处理呢？

在 org. springframework. transaction. annotation. Propagation 枚举类中定义了如下 7 个表示事务传播行为的常量。

(1) REQUIRED：这是默认值。如果存在事务 A，那么 method()方法加入事务 A；如果不存在事务 A，那么创建新事务 B，method()方法加入事务 B。

(2) REQUIRES_NEW：创建新事务 B，method()方法加入事务 B。如果存在事务 A，那么把事务 A 挂起。

(3) SUPPORTS：如果存在事务 A，那么 method()方法加入事务 A；如果不存在事务 A，那么 method()方法以非事务方式运行。

(4) NOT_SUPPORTED：method()方法以非事务方式运行。如果存在事务 A，那么把事务 A 挂起。

(5) NEVER：method()方法以非事务方式运行。如果存在事务 A，那么抛出异常。

(6) MANDATORY：如果存在事务 A，那么 method()方法加入事务 A；如果不存在事务 A，那么抛出异常。

(7) NESTED：创建新事务 B，method()方法加入事务 B。如果存在事务 A，那么事务 B 作为事务 A 的嵌套事务来运行；如果不存在事务 A，那么事务 B 作为独立的事务运行。

12.7.2 事务隔离级别

事务隔离级别是指若干个并发的事务之间的隔离程度。org.springframework.transaction.annotation.Isolation 枚举类中定义了以下 5 个表示隔离级别的常量。

(1) DEFAULT：这是默认值，表示使用底层数据库的默认隔离级别。

(2) READ_UNCOMMITTED：表示一个事务可以读取另一个事务更新但还没有提交的数据。该级别不能防止脏读、不可重复读和虚读，因此很少使用该隔离级别。

(3) READ_COMMITTED：表示一个事务只能读取另一个事务已经提交的数据。该级别可以防止脏读。这是大多数情况下的推荐值。

(4) REPEATABLE_READ：表示一个事务在整个过程中可以多次重复执行某个查询，并且每次返回的查询结果都相同。该级别可以防止脏读和不可重复读。

(5) SERIALIZABLE：所有的事务依次、逐个执行，这样事务之间就完全不可能产生干扰，也就是说，该级别可以防止脏读、不可重复读以及虚读。但是这将严重影响程序的并发性能。通常情况下不会用到该级别。

隔离级别越高，越能保证数据的完整性和一致性，但是对并发性能的负面影响也越大，图 12-7 显示了隔离级别与并发性能的关系，随着隔离级别的增高，并发性能降低。对于多数应用程序，可以优先考虑把事务的隔离级别设为 READ_COMMITTED，它能够避免脏读，而且具有较好的并发性能。

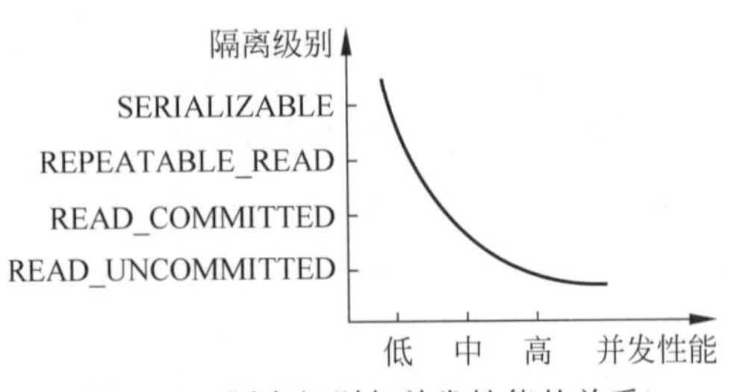

图 12-7 隔离级别与并发性能的关系

12.7.3　事务超时

@Transactional 注解的 timeout 属性指定事务超时的时间，以 s 为单位。事务超时的时间是指一个事务所允许执行的最长时间，如果超过该时间限制但事务还没有完成，Spring 框架的事务管理器就会自动撤销事务，并且抛出 TransactionTimedOutException 异常。

@Transactional 注解的 timeout 属性的默认值为底层数据库系统设置的事务超时时间。如果底层数据库系统没有设置超时时间，并且程序中也没有显式指定@Transactional 注解的 timeout 属性，那么就没有超时限制。

12.7.4　事务的只读属性

@Transactional 注解的 readOnly 属性用来指定是否为只读事务，默认情况下是读写事务。如果程序只允许读取数据库中的某种数据，但不允许进行更新和删除的操作，那么可以把事务设为只读事务。

12.7.5　事务撤销规则

当执行事务出现异常时，是否要撤销该事务呢？@Transactional 注解的默认的处理异常的规则为：如果出现运行时异常(RuntimeException 类以及其子类)，就会撤销事务；如果出现受检查异常(即非运行时异常)，那么不会撤销事务。

@Transactional 注解的 rollbackFor 属性、rollbackForClassName 属性、noRollbackFor 属性以及 noRollbackForClassName 属性用来指定撤销事务的规则，例如：

```
//出现运行时异常，不撤销事务
@Transactional(noRollbackFor = RuntimeException.class)

//出现 Exception 异常(Exception 类或其子类)，撤销事务
@Transactional(rollbackFor = Exception.class)

//出现 IOException 异常和 SQLException 异常，撤销事务
@Transactional(rollbackFor =
              {java.io.IOException.class, java.sql.SQLException.class})
```

12.8　控制器层访问模型层组件

在本范例中，控制器层的 CustomerController 类访问模型层的 customerService Bean 组件，通过它来访问各种业务逻辑服务方法，参见例程 12-6。

例程 12-6　CustomerController. java

```
@Controller
public class CustomerController{
  @Autowired
  CustomerService customerService;

  @RequestMapping("/insert")
  public String insert(Model model) {
    int num =
            customerService.insertCustomer(new Customer("Linda",22));
    if(num > 0)
      model.addAttribute("output","记录插入成功,共插入"
                                       + num + "条记录");
    else
      model.addAttribute("output","记录插入失败");
    return "result";
  }

  @RequestMapping("/update")
  public String update(Model model) {
    Customer customer =
            customerService.findCustomerById(Long.valueOf(1L));
    customer.setAge(27);
    int num = customerService.updateCustomer(customer);
    if(num > 0)
      model.addAttribute("output","记录更新成功,共更新"
                                       + num + "条记录");
    else
      model.addAttribute("output","记录更新失败");

    return "result";
  }

  @RequestMapping("/delete")
  public String delete(Model model) {
    Customer customer =
            customerService.findCustomerById(Long.valueOf(1L));
    int num = customerService.deleteCustomer(customer);
    if(num > 0)
      model.addAttribute("output","记录删除成功,共删除"
                                       + num + "条记录");
    else
      model.addAttribute("output","记录删除失败");
    return "result";
  }

  @RequestMapping("/findById")
  public String findById(Model model) {
    Customer customer =
```

```
                customerService.findCustomerById(Long.valueOf(1L));
    if(customer!= null)
      model.addAttribute("output",customer.getId() + ","
                  + customer.getName() + "," + customer.getAge());
    else
      model.addAttribute("output",
                  "没有找到满足条件的 Customer 对象");
    return "result";
  }

  @RequestMapping("/findByName")
  public String findByName(Model model) {
    List < Customer > customers =
                customerService.findCustomerByName("Linda");
    model.addAttribute("output","共找到"
                  + customers.size() + "个 Customer 对象");
    return "result";
  }

  @ExceptionHandler(Exception.class)
  public String exHandle(HttpServletRequest request,
                         Exception exception) {
    request.setAttribute("exception", exception);
    return "error";
  }
}
```

通过浏览器访问以下 URL：

```
http://localhost:8080/helloapp/insert
http://localhost:8080/helloapp/update
http://localhost:8080/helloapp/delete
http://localhost:8080/helloapp/findById
http://localhost:8080/helloapp/findByName
```

这些 URL 会请求访问 CustomerController 类的 insert()、update()、delete()、findById()和 findByName()方法，这些方法又调用模型层的相关方法，完成向数据库新增、更新、删除和查询 Customer 对象的操作。

12.9　小结

本章介绍了基于 Spring MVC 框架的模型层的开发，以及控制器层访问模型层的过程。Spring 还对模型层做了进一步细分，将它分成 DAO 数据访问层和业务逻辑服务层。对于这两层的组件，Spring 会管理它们的 Bean 组件的生命周期。此外，Spring 还负责管理数据源和事务。

如图 12-8 所示，Spring 简化了 DAO 层访问数据库的代码，提供了易于使用的 Spring JDBC API。

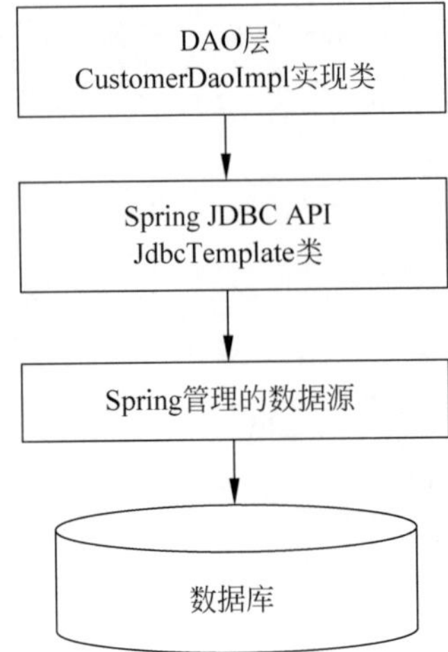

图 12-8 DAO 层通过 Spring JDBC API 访问数据库

12.10 思考题

1. (　　)属于 JdbcTemplate 类的方法。(多选)

   A. execute()　　B. update()

   C. insert()　　D. query()

2. (　　)注解用来标识 DAO 层的 Bean 组件。(单选)

   A. @Service　　B. @Controller

   C. @Repository　　D. @Resource

3. (　　)事务隔离级别的并发性能最低。(单选)

   A. Isolation.READ_UNCOMMITTED

   B. Isolation.READ_COMMITTED

   C. Isolation.REPEATABLE_READ

   D. Isolation.SERIALIZABLE

4. 业务逻辑服务层的一个 method()服务方法用以下@Transactional 注解标识。

```
@Transactional(isolation = Isolation.REPEATABLE_READ,
               propagation = Propagation.SUPPORTS,
               rollbackFor = java.io.FileNotFoundException.class,
               timeout = 60 )
```

   以下说法正确的是(　　)。(多选)

   A. 当执行 method()方法时，如果在上下文中已经存在一个事务 A，那么 method()加入事务 A；如果不存在事务 A，那么 method()以非事务方式运行

B. method()所在的事务在整个过程中可以多次重复执行某个查询，并且每次返回的查询结果都相同

C. method()所在的事务的超时时间为 1min

D. 当执行 method()方法时，如果出现 IOException，就撤销事务

5. @Transactional 注解的默认的事务传播行为是(　　)。(单选)

A. Propagation. NEVER

B. Propagation. REQUIRED

C. Propagation. REQUIRES_NEW

D. Propagation. SUPPORTS

第13章 通过Spring Data API访问数据库

视频讲解

第 12 章介绍了通过 Spring JDBC API 来访问数据库的过程，在 DAO 层的实现类中，需要向 JdbcTemplate 类的方法提供 SQL 语句，例如：

```
public int delete(Customer customer) {
  //设定 SQL 语句
  String sql = "delete from CUSTOMERS where ID = ?";
  //设置传入 SQL 语句的参数值
  Long id = customer.getId();

  //返回受 SQL 语句影响的记录数目
  int num = jdbcTemplate.update(sql, id);
  return num;
}
```

在 DAO 层的程序代码中充斥大量 SQL 语句，会对软件开发带来以下 4 个弊端。

（1）降低程序代码的可读性。

（2）在编译阶段无法检查 SQL 语句的合法性，只有在程序运行时才能发现 SQL 语句中的语法错误，这给调试程序带来了不便。

（3）增加了软件开发难度，开发人员必须了解业务领域的对象模型、关系数据模型及两者的映射关系。

（4）假如关系数据库的表的结构发生变化，例如 CUSTOMERS 表中的字段名字做了修改，那么必须更新程序中相关的 SQL 语句，这会使得程序代码和关系数据库耦合在一起，降低了程序代码的独立性和可维护性。

如何把这些 SQL 语句从 DAO 层的实现类中分离出去呢？如图 13-1 所示，ORM（Object Relational Mapping，对象-关系映射）软件从 DAO 层分离出独立的持久化层，持久化层具有以下三个功能。

(1) 为DAO层提供按照面向对象语义来访问数据库的API,使得DAO层与关系数据库解耦。

(2) 建立对象与关系数据的映射。

(3) 根据对象和关系数据的映射关系,动态生成SQL语句,并执行SQL语句。

从图13-1可以看出,持久化层的ORM软件是DAO层和关系数据库之间的桥梁。目前运用比较广泛的ORM软件包括Hibernate和MyBatis等。应用程序直接访问Hibernate等软件的API,会使得应用程序紧密地与Hibernate API绑定在一起,如果日后应用程序希望改用其他ORM软件,就必须修改应用程序。为了在持久化层也建立统一的标准API,Oracle公司制定了JPA API(Java Persistence API,Java持久化API)。Spring又对JPA API做了轻量级的封装,提供了Spring Data API,进一步简化了访问数据库的程序代码,参见图13-2。

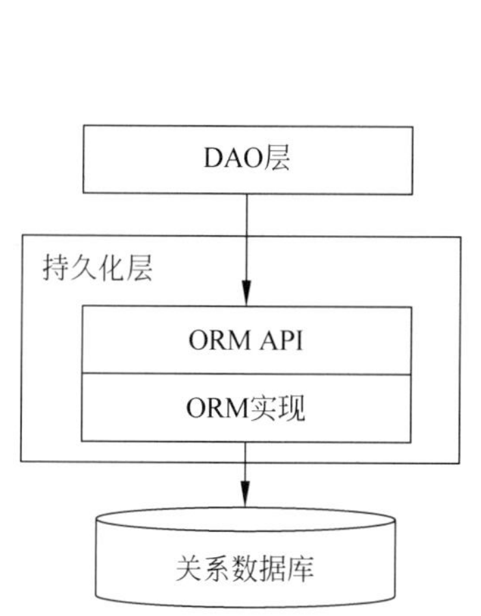

图13-1　ORM软件充当DAO层和关系数据库之间的桥梁

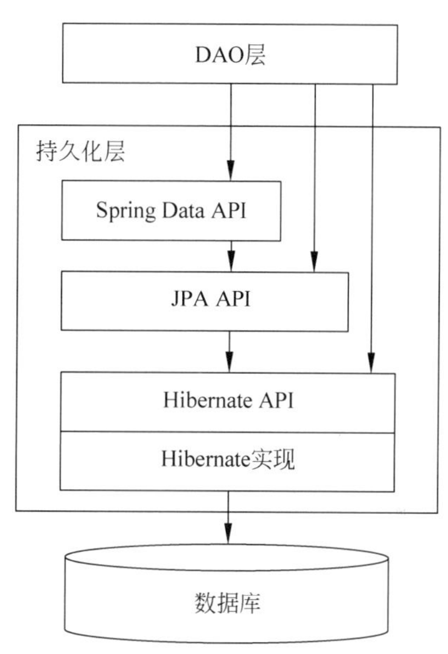

图13-2　Spring Data API对JPA API做了轻量级封装

从图13-2可以看出,DAO层的组件不仅可以访问Spring Data API,还可以直接访问JPA API和Hibernate API,如利用JPA API以及Hibernate API的映射注解来设定对象-关系映射信息。由此可见,Spring Data API仅对JPA API做了轻量级封装。

本章首先简单介绍ORM的基本原理。如果想了解更多关于ORM的知识,可以参考作者的另一本书《精通JPA与Hibernate:Java对象持久化技术详解(微课视频版)》。接下来介绍Spring Data API的用法,并详细讲解如何通过继承Repository等接口来进行新增、更新、删除和查询数据的操作。

13.1　ORM的基本原理

ORM解决的主要问题就是对象-关系的映射。业务领域的对象模型是面向对象的,而关系数据模型是面向关系的。一般情况下,一个类和一个表对应,类的每个实例对应表中的一条记录。表13-1列举了面向对象概念和面向关系概念之间的基本映射。

表 13-1 对象-关系的基本映射

面向对象概念	面向关系概念
类	表
对象	表的行(即记录)
属性	表的列(即字段)

但是对象模型与关系数据模型之间还存在许多不匹配之处,例如,对象模型中类之间的多对多关联关系和继承关系都不能直接在关系数据模型中找到等价物。在关系数据模型中,表之间只存在外键参照关系,有点类似于对象模型中多对一或一对一的单向关联关系。ORM软件会采用各种映射方案建立两种模型之间的映射关系。

提示:当一个类的实例需要保存到数据库中,这样的类也称作实体类,如Customer类就是实体类。

13.1.1 描述对象-关系映射信息的元数据

为了让ORM软件能完成各种访问数据库的操作,程序必须向ORM软件提供对象-关系映射元数据,用来描述对象-关系映射细节。该元数据有以下两种存放方式。

(1) 采用XML格式,存放在专门的对象-关系映射文件中。

(2) 在实体类中用注解指定对象-关系映射信息。

1. 使用XML格式的对象-关系映射文件

如果希望把ORM软件集成到自己的Java应用中,开发人员首先要提供对象-关系映射文件。不同ORM软件的映射元数据的语法不一样,以下是利用Hibernate来映射Customer类和CUSTOMERS表的映射元数据代码。

```
<hibernate-mapping>
  <!-- Customer 类与 CUSTOMERS 表映射 -->
  <class name=" Customer" table="CUSTOMERS">

    <!-- Customer 类的 id 属性与 CUSTOMERS 表的 ID 主键映射 -->
    <id name="id">
      <column name="ID"
      <generator class="identity"/>
    </id>

    <!-- Customer 类的 name 属性与 CUSTOMERS 表的 NAME 字段映射 -->
    <property name="name">
      <column name="NAME" not-null="true"/>
    </property>
```

```
    <!-- Customer 类的 age 属性与 CUSTOMERS 表的 AGE 字段映射 -->
    <property name="age" />
  </class>
</hibernate-mapping>
```

2. 在实体类中使用注解来描述对象-关系映射

在实体类中用 JPA API 的映射注解来描述对象-关系映射，这是目前的主流映射方式。本书范例都采用了这种方式，例如例程 13-1 利用@Entity 和@Column 等注解来指定 Customer 类和 CUSTOMERS 表的映射关系。

例程 13-1 Customer.java

```
@Entity
@Table(name="CUSTOMERS") //Customer 类和 CUSTOMERS 表映射
public class Customer {
  @Id
  @GeneratedValue(strategy = GenerationType.IDENTITY)
  @Column(name="ID") //Customer 类的 id 属性和 CUSTOMERS 表的 ID 字段映射
  private Long id;

  //Customer 类的 name 属性和 CUSTOMERS 表的 NAME 字段映射
  @Column(name="NAME")
  private String name;

  //Customer 类的 age 属性和 CUSTOMERS 表的 AGE 字段映射
  @Column(name="AGE")
  private int age;
  …
}
```

13.1.2 访问 ORM 软件的 API

虽然本章主要介绍通过 Spring Data API 来访问数据库，但是本节还是花少量篇幅介绍 ORM API，可以帮助读者理解持久化层访问数据库的基本原理。

应用程序只要向 ORM 软件提供了描述实体类与表的映射关系的元数据，程序就可以通过 ORM 软件的 API 来访问数据库。ORM 软件会依据对象-关系映射元数据，完成对数据库中数据的新增、更新、删除和查询等操作。例如在 Hibernate API 中，最核心的 Session 接口向 DAO 层提供了读、写和删除 Customer 等实体对象的方法。SessionFactory 类负责创建 Session 实例。Hibernate 在初始化阶段把描述对象-关系映射信息的元数据读入到 SessionFactory 的缓存中。

如果 DAO 层的 CustomerDaoImpl 类的 delete()方法希望从数据库中删除一个 Customer 对象，只要调用 Session 接口的 delete()方法，代码如下：

```
public void delete(Customer customer){
  Session sesion = getSession();
```

```
    //嗨,Session 总管,帮我把一个 Customer 对象删了
    session.delete(customer);
}
```

delete()方法通过 Spring JDBC API 来删除 Customer 对象,开发人员需要了解关系数据库中 CUSTOMERS 表的结构,创建一个用于删除 CUSTOMERS 表的相应记录的 SQL 语句,然后通过 Spring JDBC API 来执行这条 SQL 语句。相比之下,此处 CustomerDaoImpl 类的 delete()方法的实现十分简洁,DAO 层的程序只要向 Hibernate 的 Session 接口发送一条消息"嗨,Session 总管,帮我把一个 Customer 对象删了",接下来在数据库中删除 Customer 对象的细节就由 Session 接口的实现处理了。

Session 的 delete()方法将执行以下三个步骤。

(1) 运用 Java 反射机制,获得 customer 对象的类型为 Customer.class。

(2) 参考对象-关系映射元数据,了解到和 Customer 类对应的表为 CUSTOMERS 表。

(3) 根据对象-关系映射信息,执行以下 delete SQL 语句:

```
delete from CUSTOMERS where ID = ?;
```

对比通过 Spring JDBC API 和通过 Hibernate API 来删除 Customer 对象的过程,可以看出,Hibernate API 向开发人员提供了面向对象的持久化语义,即开发人员不必了解关系数据库中表的细节,可以把数据库中的数据当作实体对象,按照面向对象的思维来操纵它们。

13.2 Spring Data API 的主要接口

org.springframework.data.repository.Repository 接口是 Spring Data JPA 的核心接口。如果一个 DAO 接口继承了 Repository 接口,并且用@Repository 注解标识,就表明它是负责访问数据库的接口,例如:

```
@Repository
public interface CustomerDao extends Repository<Customer,Long>{}
```

以上 CustomerDao 接口继承了 Repository < Customer, Long >接口,泛型标识 < Customer,Long >表明 CustomerDao 接口负责对 Customer 实体对象进行访问数据库的操作,并且 Customer 对象的 ID 为 Long 类型。

如图 13-3 所示,Repository 接口拥有以下三种实用的子接口。

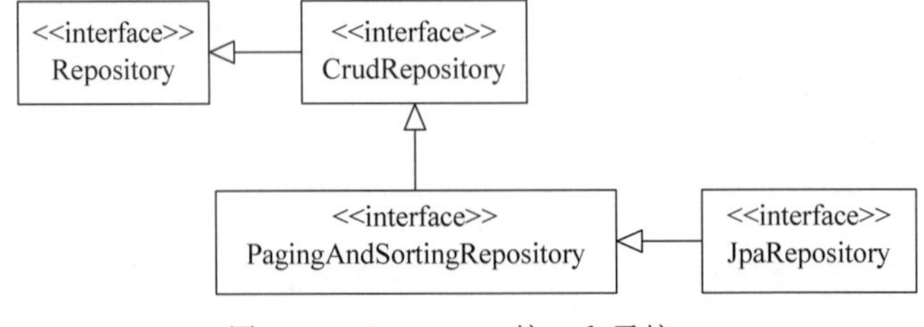

图 13-3 Repository 接口和子接口

（1）CrudRepository 接口：支持对数据库的新增、更新、删除和查询操作。

（2）PagingAndSortingRepository 接口：支持分页查询，以及对查询结果排序。

（3）JpaRepository 接口：支持批量执行 SQL 操作和简单的 QBC（Query By Criteria）查询。此外，它的 flush()方法能够立即执行 SQL 语句，刷新数据库。默认情况下，底层 ORM 实现只有在提交事务时才会真正执行 SQL 语句。

表 13-2 列出了在 Repository 接口以及子接口中声明的主要方法。表中各个接口的方法的名字表明了该方法的作用。

表 13-2　Repository 接口以及子接口的主要方法

接口	方　法
Repository	未声明任何方法
CrudRepository	count()、delete()、deleteAll()、deleteAll()、deleteById()、existsById()、findById()、save()
PagingAndSortingRepository	findAll()
JpaRepository	deleteAllInBatch()、deleteInBatch()、findAll()、findAllById()、getOne()、saveAll()、flush()、saveAndFlush()

13.3　创建通过 Spring Data API 访问数据库的范例

本章 helloapp 应用的整体架构与第 12 章的 helloapp 应用非常相似，区别在于 DAO 层通过 Spring Data API 来访问数据库，只需要创建 CustomerDao 接口，而不需要创建 CustomerDaoImpl 实现类，并且 Customer 类采用 JPA 注解指定对象-关系映射信息。

创建本章的 helloapp 应用包括以下 6 部分内容。

（1）创建采用 JPA 注解指定对象-关系映射信息的 Customer 实体类，参见例程 13-1。

（2）创建 DAO 层的 CustomerDao 接口，参见 13.3.1 节。

（3）创建业务逻辑服务层的 CustomerService 接口和 CustomerServiceImpl 实现类，参见 13.3.2 节。

（4）创建控制器层的 CustomerController 类以及视图层的 JSP 文件，本章的 CustomerController 类与第 12 章的范例基本相似，因此不再赘述，参见 12.8 节。

（5）创建 Spring 配置文件，参见 13.3.3 节。

（6）准备所依赖的类库，参见 13.10 节。

13.3.1　创建 CustomerDao 接口

例程 13-2 是 CustomerDao 接口的代码，它继承了 JpaRepository 接口。

例程 13-2　CustomerDao.java

```
@Repository
public interface CustomerDao extends JpaRepository<Customer,Long>{
  List<Customer> findByName(String name);
}
```

CustomerDao 接口会继承 JpaRepository 接口以及父接口中的所有方法。接下来如何实现 CustomerDao 接口呢？是否要创建 CustomerDaoImpl 实现类呢？答案是否定的。实现 CustomerDao 接口的任务由 Spring 框架负责。

Spring Data API 能简化访问数据库的代码，只要声明了一个继承 Repository 接口或子接口的 CustomerDao 接口，Spring 框架就会提供具体的实现。对于 CustomerDao 接口中声明的查询方法，只要符合特定的命名规则，Spring 框架也会在程序运行时提供动态的实现。例如 CustomerDao 接口的 findByName(String name)方法就是符合 Spring Data API 的命名规则的查询方法，其作用是根据 name 参数查询匹配的 Customer 对象，Spring 框架会动态实现该方法。13.4 节还会进一步介绍通过 Spring Data API 进行数据查询的方法。

13.3.2 创建 CustomerService 接口和实现类

本章的 CustomerService 接口和第 12 章的范例相同，但是 CustomerServiceImpl 类的实现方式不一样。例程 13-3 是 CustomerServiceImpl 类的源代码。

例程 13-3 CustomerServiceImpl.java

```
@Service("customerService")
public class CustomerServiceImpl implements CustomerService{
  @Autowired
  private CustomerDao customerDao;

  @Transactional
  public boolean insertCustomer(Customer customer){
    customerDao.save(customer);
    return true;
  }

  @Transactional
  public boolean updateCustomer(Customer customer){
    customerDao.save(customer);
    return true;
  }

  @Transactional
  public boolean deleteCustomer(Customer customer){
    customerDao.delete(customer);
    return true;
  }

  @Transactional
  public Customer findCustomerById(Long customerId){
    Optional<Customer> c = customerDao.findById(customerId);
    return c.isPresent() ? c.get() : null;
  }
```

```
    @Transactiona
    public List<Customer> findCustomerByName(String name){
      return customerDao.findByName(name);
    }
}
```

CustomerService 类调用了 CustomerDao 接口的以下 4 个方法。

(1) save()方法：继承 CrudRepository 父接口，用来新增或更新 Customer 对象。

(2) delete()方法：继承 CrudRepository 父接口，用来删除 Customer 对象。

(3) findById()方法：继承 CrudRepository 父接口，用来根据 ID 查询匹配的 Customer 对象。

(4) findByName()方法：在 CustomerDao 接口中定义，用来根据 name 查询匹配的 Customer 对象。

13.3.3 创建 Spring 配置文件

在本范例中，Spring Data API 依赖 JPA API，JPA API 通过 Hibernate 实现，Hibernate 又通过 C3P0 数据库连接池访问数据。在 Spring 配置文件中，主要配置以下 5 部分内容。

(1) 配置 C3P0 数据库连接池，连接数据库的 URL、用户名、口令、驱动程序类等信息存放在 helloapp/WEB-INF/classes/jdbc.properties 文件中。

(2) 配置用于把 Hibernate 和 JPA 整合的适配器 HibernateJpaVendorAdapter。

(3) 配置 LocalContainerEntityManagerFactoryBean，它用于整合 Spring Data API 与 JPA API，创建 JPA API 中的 EntityManagerFactory。

(4) 配置 JpaTransactionManager 事务管理器。

(5) 配置 Repository。

例程 13-4 是 Spring 配置文件 applicationContext.xml 的代码，它位于 helloapp/WEB-INF 目录下。

例程 13-4 applicationContext.xml

```
<?xml version="1.0" encoding="UTF-8"?>
<beans xmlns="...">

  <!-- 配置属性文件的文件路径 -->
  <context:property-placeholder
              location="classpath:jdbc.properties"/>

  <!-- 配置 C3P0 数据库连接池 -->
  <bean id="dataSource"
              class="com.mchange.v2.c3p0.ComboPooledDataSource">
    <property name="jdbcUrl" value="${jdbc.url}"/>
    <property name="driverClass" value="${jdbc.driver.class}"/>
    <property name="user" value="${jdbc.username}"/>
    <property name="password" value="${jdbc.password}"/>
```

```
</bean>

<!-- Spring 整合 JPA,配置 EntityManagerFactory -->
<bean id = "entityManagerFactory"
        class = "org.springframework.orm.jpa
              .LocalContainerEntityManagerFactoryBean">

        <property name = "dataSource" ref = "dataSource"/>

    <property name = "jpaVendorAdapter">
      <bean class = "org.springframework.orm.jpa
                  .vendor.HibernateJpaVendorAdapter">

          <!-- hibernate 相关的属性 -->
          <!-- 配置数据库类型 -->
          <property name = "database" value = "MYSQL"/>
          <!-- 显示执行的 SQL -->
          <property name = "showSql" value = "true"/>
      </bean>
    </property>

    <!-- 配置 Spring 所扫描的实体类所在的包 -->
    <property name = "packagesToScan">
      <list>
        <value>mypack</value>
      </list>
    </property>
  </bean>

  <!-- 配置事务管理器 -->
  <bean id = "transactionManager"
    class = "org.springframework.orm.jpa.JpaTransactionManager">
    <property name = "entityManagerFactory"
                  ref = "entityManagerFactory"/>
  </bean>

  <!-- 配置开启由注解驱动的事务处理 -->
  <tx:annotation-driven transaction-manager = "transactionManager"/>

  <!--配置 Repository -->
  <jpa:repositories base-package = "mypack"
          transaction-manager-ref = "transactionManager"
          entity-manager-factory-ref = "entityManagerFactory"/>

  <!-- 配置 Spring 需要扫描的包,
          Spring 会扫描这些包以及子包中类的 Spring 注解 -->
  <context:component-scan base-package = "mypack"/>
</beans>
```

例程 13-5 是 jdbc. properties 属性文件的代码，它位于 helloapp/WEB-INF/classes 目录下。

例程 13-5　jdbc. properties 属性文件

```
jdbc.username = root
jdbc.password = 1234
jdbc.driver.class = com.mysql.jdbc.Driver
jdbc.url = jdbc:mysql://localhost:3306/sampledb?useUnicode = true
          &characterEncoding = utf8&serverTimezone = GMT&useSSL = false
```

jdbc. url 属性设置了 chatacterEncoding 和 serverTimezone 等参数，这样能保证 MySQL 数据库、C3P0 数据库连接池、Hibernate 和 Spring Data API 之间的兼容。

13.4　Repository 接口的用法

尽管 Repository 接口本身没有声明任何方法，但是 Spring 框架支持在继承 Repository 接口的子接口中定义以下两种查询方法。

(1) 方法名字符合特定命名规则，在方法名字中设定查询条件。

(2) 通过@Query 注解设定查询语句。

此外，Spring 框架还支持在继承 Repository 接口的子接口中，通过@Query 注解定义新增、更新和删除实体对象的方法。开发人员不需要实现以上新增、更新、删除和查询实体对象的方法，Spring 框架在程序运行时会动态为这些方法提供具体的实现，这大大简化了编写访问数据库的程序代码。

13.4.1　在查询方法名中设定查询条件

查询方法的命名规则为：findBy+属性名称(首字母大写)+查询条件(首字母大写)。

表 13-3 列出了查询条件中的关键字的用法。

表 13-3　查询条件中的关键字的用法

查询条件中的关键字	查询方法的名字举例	对应的 SQL where 子句
无	findByName	where name=?
And	findByNameAndAge	where name=? andage =?
Or	findByNameOrAge	where name=? or age =?
Between	findByIdBetween	where id between ? and ?
LessThan	findByIdLessThan	where id < ?
LessThanEqual	findByIdLessThanEquals	where id <=?
GreaterThan	findByIdGreaterThan	where id > ?
GreaterThanEqual	findByIdGreaterThanEquals	where id > =?
After	findByIdAfter	where id > ?
Before	findByIdBefore	where id < ?
IsNull	findByNameIsNull	where name is null

续表

查询条件中的关键字	查询方法的名字举例	对应的 SQL where 子句
NotNull	findByNameNotNull	where name is not null
Like	findByNameLike	where name like ?
NotLike	findByNameNotLike	where name not like ?
StartingWith	findByNameStartingWith	where name like '?%'
EndingWith	findByNameEndingWith	where name like '%?'
Containing	findByNameContaining	where name like '%?%'
OrderBy	findByNameOrderByAgeDesc	wherename=? order by age desc
Not	findByNameNot	where name <> ?
In	findByIdIn(Collection<? > c)	where id in (?)
NotIn	findByIdNotIn(Collection<? > c)	where id not in (?)
True	findByStatusTrue	where status=true
False	findByStatusFalse	Where status=false
IgnoreCase	findByNameIgnoreCase	where UPPER(name)=UPPER(?)

例如,以下 CustomerDao 接口定义了符合命名规则的各种查询方法。

```
public interface CustomerDao extends Repository<Customer, Long>{
  List<Customer> findByName(String name);
  List<Customer> findByNameLike(String name);
  List<Customer> findByAgeGreaterThanEqual(int age);
}
```

以下程序代码调用上述查询方法。

```
List<Customer> result1 = customerDao.findByName("Tom");
List<Customer> result2 = customerDao.findByNameLike("T");
List<Customer> result3 = customerDao.findByAgeGreaterThanEqual(18);
```

运行以上程序代码时,底层的 Hibernate 依次执行以下 SQL 查询语句。

```
select * from CUSTOMERS where NAME = "Tom";
select * from CUSTOMERS where NAME like "T%";
select * from CUSTOMERS where AGE >= 18;
```

13.4.2 用@Query 注解设定查询语句

如果用@Query 注解来设定查询条件,那么方法名字不需要符合特定的规则。例如,以下 CustomerDao 接口通过@Query 注解标识了两个查询方法。

```
...
import org.springframework.data.jpa.repository.Query;
@Repository
```

```
public interface CustomerDao extends JpaRepository<Customer,Long>{
  @Query("from Customer where name = ?1 ")
  List<Customer> queryByName(String name);

  @Query("from Customer where name like ?1 and age >= ?2")
  List<Customer> queryByNameAge(String name, int age);
}
```

以下程序代码调用上述查询方法。

```
List<Customer> result1 = customerDao.queryByName("Tom");
List<Customer> result2 = customerDao.queryByNameAge("Tom",18);
```

运行以上程序代码时，底层的 Hibernate 依次执行以下 SQL 查询语句。

```
select * from CUSTOMERS where NAME = "Tom";
select * from CUSTOMERS where NAME like "Tom" and AGE >= 18;
```

默认情况下，向@Query 注解提供的是面向对象的 JPQL(JPA Query Language)查询语句。JPQL 查询语句中引用的是类以及类的属性，例如：

```
@Query("from Customer where name like ?1 and age >= ?2")
```

这个 JPQL 查询语句中引用了 Customer 类名以及 name 和 age 属性名。

nativeQuery 属性的默认值为 false。把 nativeQuery 属性设为 true，就可以向 Query 注解直接提供 SQL 查询语句。例如，以下 CustomerDao 接口中的@Query 注解采用了 SQL 查询语句。

```
@Repository
public interface CustomerDao
                    extends JpaRepository<Customer,Long>{

  @Query(value = "select * from CUSTOMERS where NAME = ?1 ",
         nativeQuery = true)
  List<Customer> queryByNameNative(String name);

  @Query(
    value = "select * from CUSTOMERS where NAME like ?1 and AGE >= ?2",
    nativeQuery = true)
  List<Customer> queryByNameAgeNative(String name, int age);}
}
```

该 SQL 查询语句引用的是数据库中的表和字段的名字，而不是类名以及类的属性名，这是和 JPQL 查询语句的显著区别。

13.4.3 通过@Query和@Modifying注解进行新增、更新和删除操作

@Query注解不仅可以设定查询语句，还可以设定新增、更新和删除的语句。如果使用SQL语句，可以进行新增、更新和删除操作；如果使用JPQL语句，只能进行更新和删除操作，不能进行新增操作。

@Modifying注解用来告诉底层Hibernate，@Query注解中设定的语句用于新增、更新和删除对象，而不是用于查询对象。

如果使用@Query注解来执行新增、更新和删除操作，还必须对当前方法用@Transactional注解来声明事务。

例如，以下CustomerDao接口的方法联合使用了@Query、@Modifying和@Transactional注解。

```
@Repository
public interface CustomerDao extends JpaRepository<Customer,Long>{
  @Transactional
  @Modifying
  @Query(
          value = "insert into CUSTOMERS(NAME,AGE) values(?1,?2)",
          nativeQuery = true)
  int insertCustomer(String name,int age);

  @Transactional
  @Modifying
  @Query("update Customer set age =  ?1 where id = ?2")
  int updateCustomer(int age,Long id);

  @Transactional
  @Modifying
  @Query("delete from Customer where id<2")
  int deleteCustomer(Long id);
}
```

insertCustomer()方法的@Query注解使用SQL语句，updateCustomer()方法和deleteCustomer()方法的@Query注解使用JPQL语句。@Modifying注解会限制这些方法的返回类型只能是void类型、int类型或Integer类型。如果返回类型是int类型或Integer类型，就表示数据库中受影响的对象的数目。

13.5 CrudRepository接口的用法

CRUD是操纵数据库的4种基本操作的英文首字母缩写：新增(Create)、查询(Retrieve)、更新(Update)和删除(Delete)。CrudRepository接口声明了以下和这4种操作对应的8种方法。

(1) <S extends T>S save(S entity)：新增或更新参数指定的实体对象。如果实体对

象的 ID 为 null,就执行新增操作,否则执行更新操作。

(2) <S extends T> Iterable<S> saveAll(Iterable<S> entities):新增或更新参数指定的所有实体对象。

(3) void deleteAll():删除特定类型的所有实体对象。

(4) void deleteAll(Iterable<? extends T> entities):删除参数指定的所有实体对象。

(5) void deleteById(ID id):根据 ID 删除特定类型的实体对象。

(6) Iterable<T> findAll():查询特定类型的所有实体对象。

(7) Iterable<T> findAllById(Iterable<ID> ids):根据参数中的所有 ID,查询特定类型的所有实体对象。

(8) Optional<T> findById(ID id):根据 ID 查询特定类型的实体对象。

在本章范例的 CustomerServiceImpl 类中,调用了 CustomerDao 接口的 save()、delete()和 findById()方法,这些方法实际上继承 CrudRepository 接口。

13.6 PagingAndSortingRepository 接口的用法

PagingAndSortingRepository 接口能够对查询结果进行分页或排序。该接口声明了以下两个查询方法。

(1) Page<T> findAll(Pageable pageable):根据参数 pageable 给定的信息返回特定页的所有实体对象。

(2) Iterable<T> findAll(Sort sort):返回的查询结果中的实体对象按照参数 sort 指定的方式排序。

org.springframework.data.domain.Pageable 接口用来设定分页信息,PageRequest 类是它的实现类。PageRequest 类的以下两种静态工厂方法 of()用来创建 PageRequest 对象。

(1) public static PageRequest of(int index, int size)。

(2) public static PageRequest of(int index, int size, Sort sort)。

index 参数指定特定页面的索引,第 1 页的索引为 0,第 2 页的索引为 1,以此类推。size 参数指定一页中包含的实体对象的数目。sort 参数指定排序方式。

PagingAndSortingRepository 接口的 findAll(Pageable pageable) 方法的返回类型为 Page 接口。Page 接口的实例包含了特定页的信息。Page 接口具有以下 5 个常用方法。

(1) int getTotalPages():返回所有页的总数目。

(2) long getTotalElements():返回查询结果中所有实体对象的数目。注意,不是返回当前页的实体对象的数目。

(3) List<T> getContent():返回当前页中的所有实体对象。

(4) boolean isFirst():判断当前页是否为第一页,即索引为 0 的页面。

(5) boolean isLast():判断当前页是否为最后一页。

13.6.1 对查询结果分页

本章范例的 CustomerDao 接口继承了 PagingAndSortingRepository 接口的 findAll()方法。

下面在 CustomerService 接口以及 CustomerServiceImpl 类中增加一个 findCustomersByPage()方法，它的具体实现代码如下：

```
@Transactional
/** index 参数表示当前页的索引,索引从 0 开始计数 */
/** size 参数表示每页显示的对象的数目 */
public List<Customer> findCustomersByPage(int index, int size){
  Pageable pageable = PageRequest.of(index, size);
  Page<Customer> page = customerDao.findAll(pageable);

  System.out.println("对象的总数目:" + page.getTotalElements());
  System.out.println("总页数:" + page.getTotalPages());

  return page.getContent();
}
```

以上方法根据参数 index 和 size 指定的页面索引以及页面中对象的数目，返回特定页面中的所有 Customer 对象。

按照面向对象的语义来叙述，假定 CUSTOMERS 表中包含 10 个 Customer 对象，它们的 ID 为 1～10，现在希望查询出 CUSTOMERS 表中所有的 Customer 对象，并且分页来读取它们，每一页包含 3 个 Customer 对象。如表 13-4 所示，一共分为 4 页，索引为 1 的页面包含 ID 为 4、5 和 6 的 3 个 Customer 对象。

表 13-4　分页处理查询结果

页面	Customer 对象的 ID
第 1 页(索引=0)	1、2、3
第 2 页(索引=1)	4、5、6
第 3 页(索引=2)	7、8、9
第 4 页(索引=3)	10

在 CustomerController 类中，如果希望读取索引为 1 的页面的 Customer 对象，可以按以下方式调用 findCustomersByPage()方法。

```
customerService.findCustomersByPage(1,3);
```

13.6.2　对查询结果排序

Sort 类的静态工厂方法 by()创建 Sort 对象，by()方法有以下四种重载形式。

(1) by(List<Sort.Order> orders)。

(2) by(Sort.Direction direction, String... properties)。

(3) by(Sort.Order... orders)。

(4) by(String... properties)。

orders 参数可以包含对实体对象的多个属性的排序。properties 参数指定待排序的实体对象的属性。direction 参数指定排序的方向，它有两个可选值：Sort.Direction.ASC(升序)和 Sort.Direction.DESC(降序)，它默认值为 Sort.Direction.ASC。

以下代码演示了 by()方法的各种用法。

```
//按照 name 属性升序排列
Sort sort1 = Sort.by("name");

//按照 id 属性和 name 属性降序排列
Sort sort2 = Sort.by(Sort.Direction.DESC,new String[]{"id","name"});

//按照 id 属性降序排列，按照 name 属性升序排列
List<Sort.Order> orders = new ArrayList<Sort.Order>();
orders.add(new Sort.Order(Sort.Direction.DESC,"id"));
orders.add(new Sort.Order(Sort.Direction.ASC,"name"));
Sort sort3 = Sort.by(orders);
```

如果希望对分页的查询结果排序，可以按照以下方式创建 PageRequest 对象。

```
Sort sort = Sort.by(Sort.Direction.DESC,"id"); //按照 id 属性降序排列
Pageable pageable = PageRequest.of(index, size,sort);
Page<Customer> page = customerDao.findAll(pageable);
```

PagingAndSortingRepository 接口的 findAll(Sort sort)能够对没有分页的查询结果进行排序，例如：

```
Sort sort = Sort.by("name");
//返回的查询结果按照 name 属性升序排列
Iterable<Customer> result = customerDao.findAll(sort);
```

对于 DAO 接口中自定义的查询方法，也可以通过 Sort 类型的参数来指定排序方式。例如，在 CustomerDao 接口中加入以下查询方法。

```
List<Customer> findByName(String name,Sort sort);
```

CustomerServiceImpl 类的 findCustomerByName()方法调用上述方法：

```
@Transactional
public List<Customer> findCustomerByName(String name){
  //查询结果按照 id 属性升序排列
  return customerDao.findByName(name,Sort.by("id"));
}
```

13.7 JpaRepository 接口的用法

JpaRepository 接口是使用最广泛的接口，它继承了 PageAndSortingRepository 接口，因此拥有父类接口的所有方法。此外，JpaRepository 接口还声明了以下批量新增、更新或

删除、按照特定条件查询,以及立即刷新数据库的方法:

(1) List<S> saveAll(Iterable<S> entities):批量新增或更新参数指定的实体对象。

(2) <S extends T> S saveAndFlush(S entity):批量新增或更新参数指定的实体对象,并且立即执行刷新数据库的操作。

(3) void deleteInBatch():批量删除特定类型的所有实体对象。

(4) void deleteInBatch(Iterable<T> entities):批量删除参数指定的所有实体对象。

(5) List<T> findAll():查询特定类型的所有实体对象。

(6) <S extends T> List<S> findAll(Example<S> example):按照参数 example 设定的查询条件,查询特定类型的匹配的实体对象。

(7) <S extends T> List<S> findAll(Example<S> example, Sort sort):按照参数 example 设定的查询条件,查询特定类型的匹配的实体对象,并且查询结果按照 sort 参数排序。

(8) List<T> findAll(Sort sort):查询特定类型的所有实体对象,并且按照参数 sort 排序。

(9) List<T> findAllById(Iterable<ID> ids):按照参数 ids,查询特定类型的匹配的实体对象。

(10) void flush():执行刷新数据库的操作。

默认情况下,底层 ORM 实现只有在提交事务时才会真正执行 SQL 语句。JpaRepository 接口的 flush()方法能够立即执行 SQL 语句,刷新数据库。例如,假定在 CustomerDaoServiceImpl 类中有以下方法。

```
@Transactional
public boolean saveCustomer(Customer c1,Customer c2){
  customerDao.save(c1);
  customerDao.flush();
  customerDao.save(c2);
  return true;
}
```

在执行"customerDao.flush();"语句时,会立即执行一条 insert SQL 语句,把第一个 Customer 对象保存到数据库中。如果把"customerDao.flush();"语句注销,那么只有当提交事务时,才会执行两个 insert SQL 语句,分别保存两个 Customer 对象。以上方法也可以改写为:

```
@Transactional
public boolean saveCustomer(Customer c1,Customer c2){
  customerDao.saveAndFlush(c1);
  customerDao.save(c2);
  return true;
}
```

立即刷新数据库的目的在于确保内存中的实体对象与数据库中的数据保持同步。假定程序在一个事务中需要完成两个操作:更新表 A 和查询表 B 的记录数目。更新表 A 的 SQL 语句会引发数据库中的触发器立即工作,向表 B 中新增一条记录。如果程序更新表 A

时没有立即刷新，那么查询到表 B 的记录数目为 n。如果程序更新表 A 时立即刷新，那么查询到表 B 的记录数目为 $n+1$。为了保证业务逻辑的合理性，在这种情况下，就需要更新表 A 时立即刷新。

JpaRepository 接口的 findAll(Example<S> example)方法能够按照特定查询条件来查询数据。这里的查询条件不是由 JPQL 查询语句来指定，而是由 org.springframework.data.domain.Example 接口设定查询条件。这种查询方式也称作 QBC（Query By Criteria）。和 JPQL 查询语句相比，QBC 封装了基于字符串形式的查询语句，提供了更加面向对象的查询接口。

在 CustomerService 接口和 CustomerServiceImpl 类中再定义一个 findCustomersByExample()方法，它的具体实现代码如下：

```
public List<Customer> findCustomersByExample(){
  Customer customer = new Customer();
  customer.setName("Tom");
  customer.setAge(21);
  Example<Customer> example = Example.of(customer);

  List<Customer> result = customerDao.findAll(example);
  return result;
}
```

Example 接口的 of()静态工厂方法返回表示特定查询条件的 Example 对象。执行以上 customerDao.findAll(example)语句时，Hibernate 执行的 SQL 语句为：

```
select * from CUSTOMERS where name = "Tom" and age = 21;
```

以下代码通过 ExampleMatcher 接口来进一步限定查询条件。

```
public List<Customer> findCustomersByExample(){
  Customer customer = new Customer();
  customer.setName("T");
  customer.setAge(21);

  ExampleMatcher matcher  =  ExampleMatcher.matching()
          .withIgnorePaths("age");        //忽略 age 属性，即不会把 age 属性加入查询条件
          .withMatcher("name",            //模糊匹配
                 ExampleMatcher.GenericPropertyMatchers.startsWith())

  Example<Customer> example = Example.of(customer, matcher);
  List<Customer> result = customerDao.findAll(example);
  return result;
}
```

执行以上 customerDao.findAll(example)语句时，Hibernate 执行的 SQL 语句为：

```
select * from CUSTOMERS where name like "T%" ;
```

13.8 JpaSpecificationExecutor 接口的用法

JpaSpecificationExecutor 接口中定义了以下按照 JPA 规范来查询数据的方法。

```
List<T> findAll(Specification<T> spec)
Page<T> findAll(Specification<T> spec, Pageable pageable)
```

spec 参数指定查询条件。pageable 参数指定分页查询,还可以指定排序方式。

Specification 接口通过 JPA 的 QBC API 设定查询条件。13.7 节介绍的 JpaRepository 接口的 findAll(Example<S> example)方法也支持 QBC 检索方式,但它的功能很有限,而 JPA QBC API 提供了更为强大和灵活的查询功能。JPA QBC API 位于 javax.persistence.criteria 包中,主要包括以下 6 个接口。

(1) CriteriaBuilder 接口:它是生成 CriteriaQuery 实例的工厂类。

(2) CriteriaQuery 接口:它是主要的查询接口,通过它来设定需要查询的数据。

(3) Root 接口:指定需要检索的对象图的根节点对象。

(4) Selection 接口:指定查询语句。它有一个 Expression 子接口,指定查询表达式。

(5) Expression 接口:指定查询表达式。它有一个 Predicate 子接口,指定查询条件。

(6) Predicate 接口:指定查询条件。

本章没有详细介绍 JPA QBC API 的用法。在作者的另一本书《精通 JPA 与 Hibernate:Java 对象持久化技术详解(微课视频版)》中做了深入的阐述。

下面修改本章范例的 CustomerDao 接口,使它同时继承 JpaRepository 接口和 JpaSpecificationExecutor 接口。

```
@Repository
public interface CustomerDao extends JpaRepository<Customer,Long>,
                            JpaSpecificationExecutor<Customer>{...}
```

在 CustomerService 接口和 CustomerServiceImpl 类中再定义一个 findCustomersBySpecification1 ()方法,它的具体实现代码如下:

```
public List<Customer> findCustomersBySpecification1(){
  Specification<Customer> spec = new Specification<Customer>() {
    public Predicate toPredicate(Root<Customer> root,
                      CriteriaQuery<?> query, CriteriaBuilder cb) {
      Predicate pre = cb.equal(root.get("name"), "Tom");
      return pre;
    }
  };

  return customerDao.findAll(spec);
}
```

该方法创建了一个实现 Specification 接口的匿名类的对象,它的 toPredicate()方法通过 JPA QBC API 指定查询条件。执行 customerDao.findAll(spec)语句时，Hibernate 执行的 SQL 语句为：

```
select * from CUSTOMERS where NAME = "Tom" ;
```

以下 findCustomersBySpecification2()方法设定了更为复杂的查询条件。

```
public List < Customer > findCustomersBySpecification2(){
  Specification < Customer > spec  =  new Specification < Customer >() {
    public Predicate toPredicate(Root < Customer > root,
                  CriteriaQuery <?> query, CriteriaBuilder cb) {
      List < Predicate > list  =  new ArrayList <>();
      list.add(cb.like(root.get("name"),"T"));
      list.add(cb.gt(root.get("age"),18));
      Predicate[] arr  =  new Predicate[list.size()];
      return cb.and(list.toArray(arr));
    }
  };

  return customerDao.findAll(spec);
}
```

执行 customerDao.findAll(spec)语句时，Hibernate 执行的 SQL 语句为：

```
select * from CUSTOMERS where NAME like " % T % " and AGE > 18;
```

13.9 通过 JPA API 实现自定义 Repository 接口

前面介绍的各种 Repository 接口以及 JpaSpecificationExecutor 接口都来自 Spring Data API，并且 Spring 框架为这些接口提供了默认的实现。

Spring Data API 只是对 JPA API 做了轻量级封装，它无法完成一些需要更紧密地与 ORM 软件交互的精细操作，例如在程序中灵活地管理底层 ORM 软件的持久化缓存、创建和调用持久化层的拦截器等。在这种情况下，Spring 框架允许开发人员自定义 Repository 接口，然后通过 JPA API 来实现该接口，这样就能充分发挥 JPA API 的特长，灵活地与持久化层的 ORM 软件进行深度交互。

下面举例演示创建自定义 Repository 接口、实现该接口以及使用该接口的步骤。

(1) 创建自定义的 CustomerRepository 接口，它声明了一个 batchSaveCutomer()方法，用于批量保存 Customer 对象。值得注意的是，CustomerRepository 接口并没有继承 Spring Data API 中的 Repository 接口：

```
public interface CustomerRepository {
  public void batchSaveCustomer();
}
```

(2) 创建 CustomerRepository 接口的实现类 CustomerRepositoryImpl，它通过 JPA API 实现 batchSaveCustomer()方法。例程 13-6 是 CustomerRepositoryImpl 类的源代码。

例程 13-6 CustomerRepositoryImpl. java

```
…
import javax.persistence.*;
public class CustomerRepositoryImpl implements CustomerRepository {
  @PersistenceContext(name = "entityManagerFactory")
  private EntityManager entityManager;

  @Transactional
  public void batchSaveCustomer(){
    for ( int i = 0; i < 100000; i++) {
      Customer customer = new Customer("Tom",25);
      entityManager.persist(customer);
      if ( i % 20 == 0 ) { //单次批量操作的数目为 20
        //清理缓存,执行批量插入 20 条记录的 SQL insert 语句
        entityManager.flush();
        //清空缓存中的 Customer 对象
        entityManager.clear();
      }
    }
  }
}
```

batchSaveCustomer()方法批量保存十万个 Customer 对象，为了防止内存溢出，每保存 20 个 Customer 对象，就会立即刷新数据库，随后清空持久化缓存中的、已经保存到数据库中的 Customer 对象。

(3) 修改 CustomerDao 接口，使它继承 CustomerRepository 接口，代码如下：

```
@Repository
public interface CustomerDao extends JpaRepository<Customer,Long>,
              JpaSpecificationExecutor<Customer>,CustomerRepository{...}
```

(4) 在 CustomerService 接口和 CustomerServiceImpl 类中再定义一个 batchSaveCustomer()方法，它的具体实现代码如下：

```
@Transactional
public void batchSaveCustomer(){
  customerDao.batchSaveCustomer();
}
```

13.10 用 Maven 下载所依赖的类库

开发 Spring MVC 应用时，不仅需要用到 Spring 类库，还需要使用许多第三方的类库。如果手动去下载各种类库，会带来以下两种麻烦。

(1) 需要在网上到处搜索特定类库的官方下载网址。有可能会选错网址，下载了错误的或过时的类库。

(2) 各个类库之间存在依赖关系，如果版本不匹配，会导致无法编译，或者在程序运行时出现 ClassNotFoundException 异常或 MethodNotFoundException 异常。例如，假定类库 A 1.0 会访问类库 B 中的 Tool 类。类库 B 1.0 中存在 Tool 类，而类库 B 2.0 中不存在 Tool 类。如果同时下载类库 A 1.0 和类库 B 2.0，这两个类库的版本不匹配，就可能导致编译错误或运行时出现异常。

用 Maven 来管理类库，能避免以上麻烦，简化管理程序所依赖的类库的过程。只要向 Maven 提供一份 XML 格式的类库清单，Maven 就会自动到特定的网络仓库中下载指定的类库。

下面介绍用 Maven 为本章范例下载所依赖的类库的步骤。

(1) 本书配套软件包的 sourcecode/chapter13/maven 目录为 Maven 软件的展开目录。把这个 maven 目录复制到 C:\目录下。此外，也可以从 http://maven.apache.org/download.cgi 网站下载最新的 Maven 软件，把它解压到 C:\目录下。

(2) 修改 C:\maven\conf\settings.xml 配置文件，加入以下内容：

```
<mirrors>
  <mirror>
    <id>alimaven</id>
    <name>aliyun maven</name>
    <url>http://maven.aliyun.com/nexus/content/groups/public/</url>
    <mirrorOf>central</mirrorOf>
  </mirror>

  <mirror>
    <id>repo1</id>
    <mirrorOf>central</mirrorOf>
    <name>Human Readable Name for this Mirror.</name>
    <url>https://repo1.maven.org/maven2/</url>
  </mirror>
</mirrors>
```

这段配置代码指定了网络上存放各种常用类库文件的公共仓库的网址。本书配套源代码包提供的 Maven 软件的 settings.xml 文件已经添加了上述配置内容。

(3) 在 Windows 操作系统中，把 C:\maven\bin 目录添加到 Path 系统环境变量中。做了这一设置后，不管当前路径是什么，都可以在 DOS 命令行下方便地运行 C:\maven\bin\mvn.cmd 程序，参见步骤(5)。

(4) 假定本章范例的 helloapp 应用位于 C:\helloapp 目录中。在 C:\helloapp 根目录下创建一个 pom.xml 文件，它包含了本章范例所有依赖的类库：Spring 类库、Spring Data 类库、Spring Data JPA 类库、Hibernate 类库、Hibernate-C3P0 类库、MySQL 驱动类库、SLF4J 类库和 Log4J 类库等。例程 13-7 是 pom.xml 文件的部分代码。

例程 13-7 pom.xml

```
<project xmlns="...">
  <modelVersion>4.0.0</modelVersion>

  <groupId>helloapp</groupId>
  <artifactId>aisell</artifactId>
  <version>1.0-SNAPSHOT</version>
  <packaging>war</packaging>

  <properties>
    <project.build.sourceEncoding>UTF-8
    </project.build.sourceEncoding>
    <org.springframework.version>5.2.8.RELEASE
      </org.springframework.version>
    <org.hibernate.version>5.4.8.Final
      </org.hibernate.version>
    <spring-data-jpa.version>2.3.3.RELEASE
      </spring-data-jpa.version>
    <com.fasterxml.jackson.version>2.11.2
      </com.fasterxml.jackson.version>
    <org.slf4j.version>1.7.26</org.slf4j.version>
  </properties>

  <dependencies>
    <!-- Spring 的类库 -->
    <dependency>
      <groupId>org.springframework</groupId>
      <artifactId>spring-core</artifactId>
      <version>${org.springframework.version}</version>
    </dependency>
    <dependency>
      <groupId>org.springframework</groupId>
      <artifactId>spring-context</artifactId>
      <version>${org.springframework.version}</version>
    </dependency>
    ...

    <!-- Hibernate 的类库 -->
    <dependency>
      <groupId>org.hibernate</groupId>
      <artifactId>hibernate-core</artifactId>
      <version>${org.hibernate.version}</version>
    </dependency>
    ...

    <!-- Hibernate 和 C3P0 整合的类库 -->
    <dependency>
      <groupId>org.hibernate</groupId>
      <artifactId>hibernate-c3p0</artifactId>
```

```
        <version>${org.hibernate.version}</version>
    </dependency>

    <!-- SpringData 的类库 -->
    <dependency>
        <groupId>org.springframework.data</groupId>
        <artifactId>spring-data-jpa</artifactId>
        <version>${spring-data-jpa.version}</version>
    </dependency>

    <!-- SpringDataJpa 的类库 -->
    <dependency>
        <groupId>com.github.wenhao</groupId>
        <artifactId>jpa-spec</artifactId>
        <version>3.1.1</version>
        …
    </dependency>
    <dependency>
        <groupId>commons-dbcp</groupId>
        <artifactId>commons-dbcp</artifactId>
        <version>1.2.2</version>
    </dependency>

    <!-- MySQL 的驱动类库 -->
    <dependency>
        <groupId>mysql</groupId>
        <artifactId>mysql-connector-java</artifactId>
        <version>8.0.11</version>
    </dependency>

    <!-- 其他类库 -->
    <dependency>
        <groupId>org.apache.commons</groupId>
        <artifactId>commons-lang3</artifactId>
        <version>3.5</version>
    </dependency>
    …
</dependencies>

<build>
    <finalName>aisell</finalName>
    <plugins>
        <plugin>
            <groupId>org.apache.maven.plugins</groupId>
            <artifactId>maven-compiler-plugin</artifactId>
            <configuration>
                <source>1.8</source>
                <target>1.8</target>
```

```
        </configuration>
      </plugin>
    </plugins>
  </build>
</project>
```

(5) 在 DOS 命令行中，运行以下命令：

```
mvn -f C:\helloapp\pom.xml
     -DoutputDirectory=C:\helloapp\WEB-INF\lib\
    dependency:copy-dependencies
```

这个命令会从网上仓库把 C:\helloapp\pom.xml 文件中指定的类库文件下载到本地，在本地的存放路径由-DoutputDirectory 选项指定，这里为 C:\helloapp\WEB-INF\lib\。在本书配套源代码包的 C:\chapter13\helloapp\maven.bat 文件中包含了这个命令。

13.11 小结

本章介绍了通过 Spring Data API 访问数据库的方法。Spring Data API 对 JPA API 进行了轻量级封装，进一步简化了访问数据库的代码。org.springframework.stereotype.Repository 接口以及它的子接口中声明了进行新增、更新、删除和查询数据的方法。Spring 框架为这些方法提供了默认的实现。

Spring Data API 提供了以下 6 种查询方式。

(1) 按照特定的命名规则，在查询方法名中设定查询条件，如 findByName(String name)。这是最简单的查询方法。

(2) 通过@Query 注解指定 JPQL 或 SQL 查询语句。

(3) PagingAndSortingRepository 接口的 findAll(Pageable pageable)方法能对查询结果分页以及排序。

(4) PagingAndSortingRepository 接口的 findAll(Sort sort)方法能对查询结果排序。此外，对于自定义的查询方法，也可以通过 Sort 类型的参数指定排序方式，如 findByName(String name, Sort sort)。

(5) JpaRepository 接口的 findAll(Example<S> example)方法能够按照 QBC 方式设定查询条件。

(6) JpaSpecificationExecutor 接口支持通过 JPA QBC API 来设定查询条件。

除了使用 Spring 框架为 Repository 接口提供的默认实现，还可以自定义 Repository 接口，然后通过 JPA API 实现该接口，这样可以充分运用 JPA API 以及 ORM 软件的强大功能，完成 Spring Data API 不能胜任的一些操作。DAO 层的接口可以同时继承 Spring Data API 中的 Repository 接口和自定义的 Repository 接口，例如：

```
//CustomerRepository 是自定义的 Repository 接口
public interface CustomerDao extends JpaRepository<Customer,Long>,
                CustomerRepository{...}
```

13.12 思考题

1. 对于以下代码：

```
@Entity
@Table(name = "CUSTOMERS")
public class Customer {...}
```

以下说法正确的是(　　)。(多选)

A. @Entity 和@Table 注解是对象-关系映射注解

B. @Entity 和@Table 注解来自 Spring Data API

C. @Entity 和@Table 注解来自 JPA API

D. @Entity 和@Table 注解表明 Customer 类和 CUSTOMERS 表映射

2. (　　)是 PagingAndSortingRepository 接口的父接口。(多选)

A. Repository　　B. CrudRepository

C. JpaRepository　　D. JpaSpecificationExecutor

3. 假定 CustomerDao 接口继承了 JpaRepository 接口,(　　)方法符合 Spring Data API 的查询方法的命名规则,能够查询年龄大于参数 age 的 Customer 对象。(单选)

A. findByAge(int age,Sort sort)

B. findByGreaterThanAge(int age)

C. findByAgeGreaterThan(int age)

D. findCustomerByAgeGreaterThan(int age)

4. 调用 Page 接口的(　　)方法,能够返回查询结果中所有实体对象的数目。(单选)

A. getTotalPages()　　B. getContent()

C. getContent().size()　　D. getTotalElements()

5. Specification 接口的 toPredicate()方法的参数包括(　　)类型。(多选)

A. javax.persistence.criteria.Predicate

B. javax.persistence.criteria.Root

C. javax.persistence.criteria.CriteriaQuery

D. javax.persistence.criteria.CriteriaBuilder

第14章

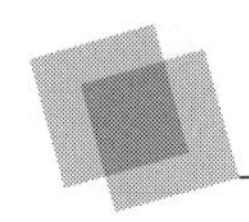

创建综合购物网站应用

视频讲解

前面章节已经详细介绍了控制器层和模型层的开发方法。本章将创建一个实用的netstore购物网站应用。整个网站采用Spring MVC框架,模型层通过Spring Data API来访问数据库。本章范例位于配套源代码包的sourcecode/chapter14/netstore目录下。本章将运用前面章节介绍的各种技术,实现购物网站的以下5个业务逻辑。

(1) 客户登录管理,验证客户身份。

(2) 购物车管理。

(3) 显示部分商品概要信息,以及单个商品的明细信息。

(4) 生成订单。

(5) 查看并修改账户信息以及订单信息。

14.1 实现业务数据

业务数据在内存中表现为实体对象,在数据库中表现为关系数据。实现业务数据包含以下三部分内容。

(1) 设计对象模型,创建实体类。

(2) 设计关系数据模型,创建数据库Schema。

(3) 建立对象-关系映射。

本章没有详细介绍实现业务数据的各种细节,仅概要介绍netstore应用的完整的对象模型、关系数据模型和对象-关系映射。图14-1显示了netstore应用的对象模型,主要包括以下7个实体类。

(1) Customer类:表示客户。Customer类与Order类之间为一对多关联关系。

(2) Order类:表示订单。

(3) Item类:表示商品。

(4) LineItem类:组件类,用于描述Order类与Item类的关联信息。

(5) Category 类：表示商品类别。Category 类与 Item 类之间为多对多关联关系。

(6) ShoppingCart 类：表示购物车。ShoppingCart 类与 Item 类为多对多关联关系，通过专门的组件类 ShoppingCartItem 来描述关联信息。

(7) ShoppingCartItem 类：组件类，用于描述 ShoppingCart 类与 Item 类的关联信息。

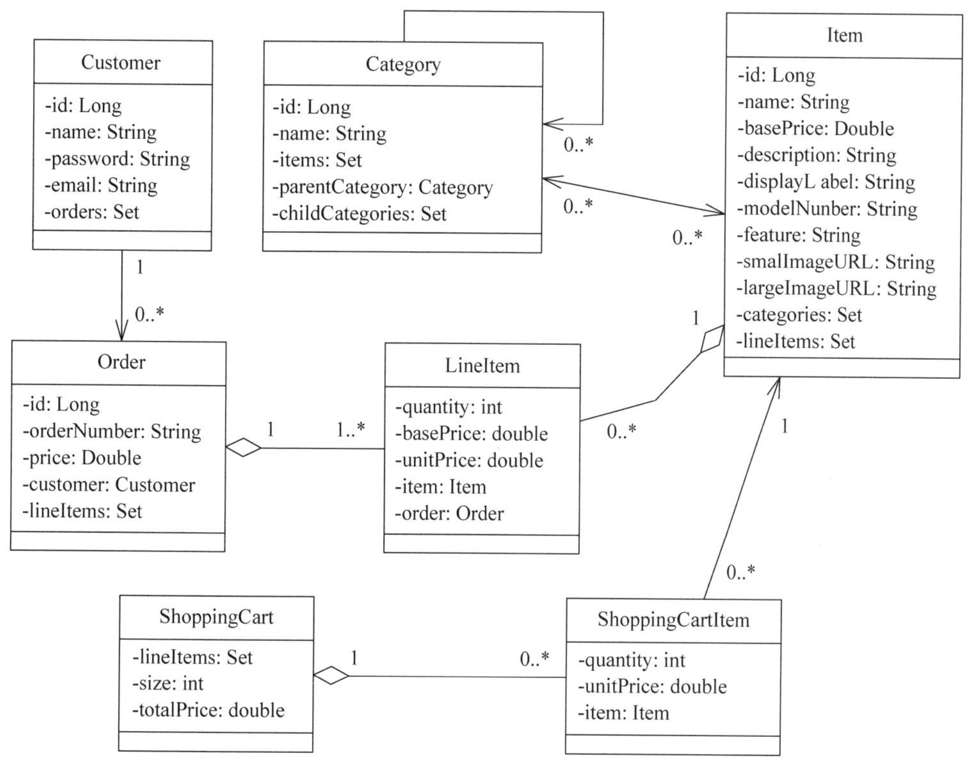

图 14-1 netstore 应用的对象模型

Order 类与 Item 类之间是多对多关联关系，例如有以下两个订单：

(1) 编号为 Order001 的订单中包含内容：2 台海尔冰箱和 1 台联想计算机。

(2) 编号为 Order002 的订单中包含内容：3 台海尔冰箱和 4 台联想计算机。

可见，一个 Order 对象和多个 Item 对象关联，一个 Item 对象也和多个 Order 对象关联。Order001 订单和"海尔冰箱"商品关联，关联的数量为 2，Order001 订单还和"联想计算机"商品关联，关联的数量为 1。可以通过专门的组件类 LineItem 来描述 Order 类与 Item 类的关联信息。

在图 14-1 中，所有需要持久化到数据库中的实体类都具有表示对象标识符的 id 属性，它和数据库表中的 ID 主键对应。这些实体类包括 Customer 类、Order 类、Category 类和 Item 类。ShoppingCart 类和 ShoppingCartItem 类不需要持久化，它们的实例只存在于内存中。更确切地说，它们存在于 javax. servlet. HttpSession 会话范围内，它们的生命周期依赖 HttpSession 对象的生命周期，因此这两个类没有 id 属性。LineItem 类是组件类，不会被单独持久化，也没有 id 属性。LineItem 类会作为 Order 类的组成部分，描述订单中单个商品条目的订购信息。Customer 类、Order 类、Category 类和 Item 类都需要持久化，它们在数据库中都有对应的表。图 14-2 显示了 netstore 应用的关系数据模型。

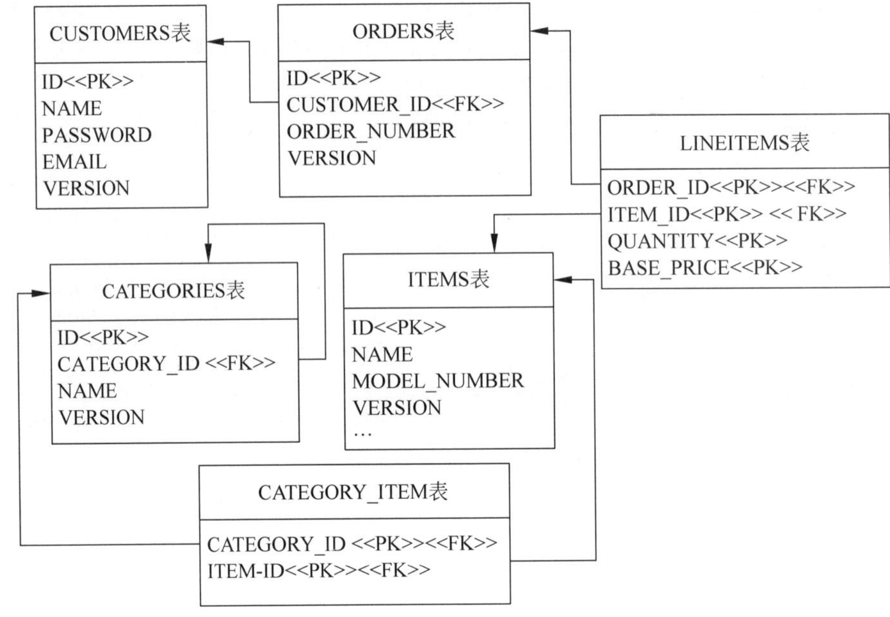

图 14-2 netstore 应用的关系数据模型

在图 14-2 中,CATEGORY_ITEM 表和 LINEITEMS 表是连接表,它们都以表中所有字段作为联合主键。LINEITEMS 表和 LineItem 组件类对应,而 CATEGORY_ITEM 表没有对应的类。CUSTOMERS 表、ORDERS 表、ITEMS 表和 CATEGORIES 表都以 ID 作为主键。

由此可见,实体类和数据库表之间并不完全是一一对应的关系,本书没有详细介绍各种复杂对象-关系的映射细节,在作者的另一本书《精通 JPA 与 Hibernate: Java 对象持久化技术详解(微课视频版)》中对此做了详细论述。

在 Customer 类、Order 类、Item 类与 Category 类中主要通过 JPA 映射注解设定对象-关系映射。例程 14-1 为 Customer 类文件的部分源代码,它的 JPA 映射注解指定了 Customer 类和 CUSTOMERS 表的映射关系。

例程 14-1 Customer.java

```
@Entity
@Table(name = "CUSTOMERS")
public class Customer {
  @Id
  @GeneratedValue(generator = "increment")
  @GenericGenerator(name = "increment",strategy = "increment")
  @Column(name = "ID")
  private Long id;

  @Version
  @Column(name = "VERSION")
  private Integer version;
```

```
  @Column(name = "NAME")
  private String name;

  @Column(name = "PASSWORD")
  private String password;

  @Column(name = "EMAIL")
  private String email;

  @OneToMany(mappedBy = "customer",
             targetEntity = netstore.businessobjects.Order.class,
             orphanRemoval = true,
             cascade = CascadeType.ALL)
  private Set<Order> orders = new HashSet<Order>();

  //此处省略显示构造方法以及各个属性的 get 和 set 方法
  …
}
```

Customer 类与 Order 类之间是一对多关联关系，用@OneToMany 注解映射 Customer 类的 orders 集合属性。

例程 14-2 为 Order 类件的部分源代码，它的 JPA 映射注解指定了 Order 类和 ORDERS 表的映射关系。

例程 14-2　Order.java

```
@Entity
@Table(name = "ORDERS")
public class Order {
  @Id
  @GeneratedValue(generator = "increment")
  @GenericGenerator(name = "increment", strategy = "increment")
  @Column(name = "ID")
  private Long id;

  @Version
  @Column(name = "VERSION")
  private Integer version;

  @ManyToOne(targetEntity = netstore.businessobjects.Customer.class)
  @JoinColumn(name = "CUSTOMER_ID")
  private Customer customer;

  @Column(name = "ORDER_NUMBER")
  private String orderNumber;

  @Formula("(select sum(line.BASE_PRICE * line.QUANTITY)
                   from LINEITEMS line where line.ORDER_ID = ID)")
  private double price;
```

```
    @ElementCollection
    @CollectionTable(
        name = "LINEITEMS",
        joinColumns = @JoinColumn(name = "ORDER_ID")
    )
    private Set<LineItem> lineItems = new HashSet<LineItem>();

    //此处省略显示构造方法以及各个属性的 get 和 set 方法
    …
}
```

Order 类和 Customer 类之间是多对一关联关系，Order 类的 customer 属性用@ManyToOne 注解映射。Order 类和 LineItem 类之间是组成关系，Order 类的 lineItems 集合属性用@ElementCollection 注解映射。

Order 类的 price 属性表示订单的总价格，它的取值来自以下 SQL 查询语句。

```
select sum(line.BASE_PRICE * line.QUANTITY)
from LINEITEMS line where line.ORDER_ID = ID
```

Order 类的 price 属性用@Formula 注解映射，这个注解来自 Hibernate API。

14.2 实现业务逻辑服务层

netstore 应用在持久化层选用 Hibernate 作为 ORM 软件，模型层的 DAO 层通过 Spring Data API 访问持久化层，而控制器层的控制器类通过业务逻辑服务接口访问模型层。netstore 应用的业务逻辑服务接口为 NetstoreService，它的实现类为 NetstoreServiceImpl。图 14-3 显示了 netstore 应用的分层结构。

例程 14-3 为 netstore 应用的业务逻辑服务接口 NetstoreService 的源代码。

例程 14-3 业务逻辑服务接口 NetstoreService.java

```
public interface NetstoreService {
  /** 根据客户的 email 和 password 验证身份,
   如果验证成功,返回匹配的 Customer 对象,
   它的 orders 集合属性采用默认的延迟检索策略,不会被初始化 */
   public Customer authenticate(String email, String password)
                                        throws InvalidLoginException;

   /** 批量查询 Item 对象,beginIndex 参数指定查询结果的起始位置,
   length 参数指定查询的 Item 对象的数目.
   对于 Item 对象的所有集合属性,都使用默认的延迟检索策略 */
   public List getItems(int beginIndex,int length);

   /** 根据 id 加载 Item 对象 */
   public Item getItemById( Long id );
```

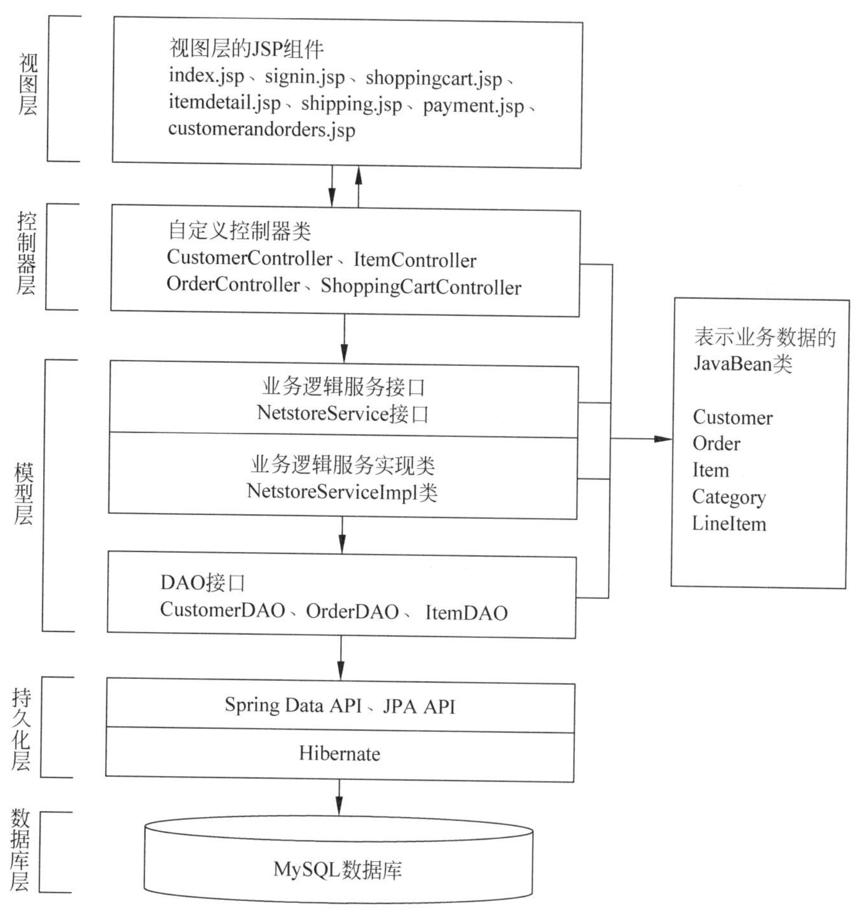

图 14-3 netstore 应用的分层结构

```
  /** 根据 id 加载 Customer 对象,对于 Customer 对象的 orders 集合属性,
  显式采用迫切左外连接检索策略 */
  public Customer getCustomerById( Long id );

  /** 保存或更新 Customer 对象,
  并且级联保存或更新它的 orders 集合中的 Order 对象 */
  public void saveOrUpdateCustomer(Customer customer );

  /** 保存订单 */
  public void saveOrder(Order order);

  public void destroy();

  /** 退出系统 */
  public void logout(String email);
}
```

NetstoreService 接口定义了被控制器层调用的所有服务方法。例程 14-4 是 NetstoreService 接口的实现类 NetstoreServiceImpl 的源代码。

例程 14-4　NetstoreServiceImpl. java

```
@Service
public class NetstoreServiceImpl implements NetstoreService{
  @Autowired
  private CustomerDao customerDao;
  @Autowired
  private ItemDao itemDao;
  @Autowired
  private OrderDao orderDao;

  /** 返回 Item 清单 */
  @Transactional
  public List<Item> getItems(int beginIndex, int length) {
    return itemDao.findItems(beginIndex, length);
  }

  @Transactional
  public Item getItemById( Long id){
    Optional<Item> item = itemDao.findById(id);
    return item.isPresent() ? item.get() : null;
  }

  /** 验证客户,如果通过验证,就返回 Customer 对象,
       否则就抛出 InvalidLoginException 异常 */
  @Transactional
  public Customer authenticate(String email, String password)
                               throws InvalidLoginException{
    List<Customer> result =
              customerDao.findByEmailAndPassword(email, password);
    if(result == null || result.size() == 0)
      throw new InvalidLoginException();

    return result.get(0);
  }

  @Transactional
  public void saveOrUpdateCustomer(Customer customer) {
    customerDao.save(customer);
  }

  @Transactional
  public void saveOrder(Order order) {
    orderDao.save(order);
  }

  @Transactional
  public Customer getCustomerById(Long id) {
    //加载 Customer 对象以及关联的 Order 对象
    return customerDao.getCustomer(id) ;
  }
```

```
    /** 客户登出应用 */
    public void logout(String email){
      //在范例中什么也没做,在实际应用中,可以把客户登出应用的行为记录到日志中
    }

    public void destroy(){ }
}
```

NetstoreServiceImpl 类实现了 NetstoreService 接口中的所有方法。NetstoreServiceImpl 类通过 DAO 层到数据库中查询 Customer 对象,而 Customer 对象和 Order 对象关联,那么把数据库中的 Customer 对象加载到内存中时,是否要加载与它关联的所有 Order 对象呢？这需要根据实际需求来决定。从节省内存空间和提高应用程序的运行性能的角度出发,应该尽可能避免加载程序不需要访问的实体对象。

NetstoreServiceImpl 类的 authenticate()方法调用了 CustomerDao 接口的 findByEmailAndPassword()方法来查询匹配的 Customer 对象,代码如下:

```
List<Customer> result =
    customerDao.findByEmailAndPassword(email,password);
```

CustomerDao 接口的 findByEmailAndPassword()方法由 Spring 框架来动态实现,会对 Customer 类的 orders 集合属性采用默认的延迟检索策略。延迟检索策略是指当加载 Customer 对象时,不会立即加载与它关联的 Order 对象。findByEmailAndPassword()方法返回的 Customer 对象的 orders 集合属性引用的是底层 Hibernate 提供的集合代理类的实例,它并不包含真正的 Order 对象。

NetstoreServiceImpl 类的 authenticate()方法返回的 Customer 对象已经处于游离状态,即不再位于底层 Hibernate 的持久化缓存中。如果程序试图访问它的 orders 集合属性,会导致底层 Hibernate 抛出 LazyInitializationException 异常,代码如下:

```
Customer customer =
      netstoreService.authenticate("tom@gmail.com","1234");
Set<Order> orders = customer.getOrders();

//抛出 LazyInitializationException 异常
Iterator<Order> it = orders.iterator();
```

除了 authenticate()方法,NetstoreServiceImpl 类的 getCustomerById ()方法也返回 Customer 对象。getCustomerById ()方法调用 CustomerDao 接口的 getCustomer()方法来查询匹配的 Customer 对象,代码如下:

```
//加载 Customer 对象以及关联的 Order 对象
return customerDao.getCustomer(id) ;
```

CustomerDao 接口的 getCustomer()方法的定义如下:

```
@Query("from Customer c left join fetch c.orders ")
//加载 Customer 对象以及关联的 Order 对象
Customer getCustomer(Long id);
```

@Query 注解的 JPQL 查询语句在查询 Customer 对象时，会通过左外连接立即查询所关联的 Order 对象。

对于 NetstoreServiceImpl 类的 getCustomerById()方法返回的 Customer 对象，程序可以正常访问它的 orders 集合属性，代码如下：

```
Customer customer = netstoreService.getCustomerById(Long.valueOf(1L));
Set<Order> orders = customer.getOrders();
Iterator<Order> it = orders.iterator();          //正常运行
```

由于 NetstoreService 接口是供控制器层调用的，因此应该由控制器层决定需要加载的对象图的深度。总的原则是，当加载 Customer 对象时，如果控制器层和视图层需要从 Customer 对象导航到关联的 Order 对象，那么就同时加载 Customer 对象以及所关联的 Order 对象，否则，就仅加载 Customer 对象。

如果 Customer 对象的 orders 集合属性包含了所关联的 Order 对象，就称 orders 集合属性已经被初始化；如果 Customer 对象的 orders 集合属性仅引用底层 Hibernate 提供的集合代理类的实例，就称 orders 集合属性没有被初始化。

14.3 实现 DAO 层

netstore 应用的 DAO 层通过 Spring Data API 来访问数据库，例程 14-5、例程 14-6 和例程 14-7 分别是 CustomerDao 接口、ItemDao 接口和 OrderDao 接口的源代码。

例程 14-5 CustomerDao.java

```
@Repository
public interface CustomerDao extends JpaRepository<Customer,Long>{
  List<Customer> findByEmailAndPassword(String email,
                                         String password);

  /** 加载 Customer 对象以及关联的 Order 对象 */
  @Query("from Customer c left join fetch c.orders ")
  Customer getCustomer(Long id);
}
```

例程 14-6 ItemDao.java

```
@Repository
public interface ItemDao extends JpaRepository<Item,Long>{

  /** 批量查询 Item 对象,beginIndex 参数指定查询结果的起始位置,
```

```
    length 参数指定查询的 Item 对象的数目. */
    @Query(value = "select * from ITEMS i
          order by i.BASE_PRICE
    asc limit ?1,?2 ",nativeQuery = true)
    public List<Item> findItems(int beginIndex,int length);
}
```

例程 14-7　OrderDao.java

```
@Repository
public interface OrderDao extends JpaRepository<Order,Long>{}
```

CustomerDao 接口、ItemDao 接口和 OrderDao 接口都继承了 JpaRepository 接口。程序不需要实现这些接口，而是由 Spring 框架提供动态的实现，这再次体现了 Spring 框架简化软件开发过程的魅力。

14.4　实现控制器层

控制器层访问模型层的方法，完成验证客户身份、查询商品、生成订单和查询订单等业务。例程 14-8 的 ItemController 类负责查询商品明细。

例程 14-8　ItemController 类

```
@Controller
public class ItemController {

  @Autowired
  NetstoreService netstoreService;

  /** 查看商品明细 */
  @RequestMapping("/viewitemdetail")
  public String viewItemDetail(Long id,Model model){
    Item item = netstoreService.getItemById( id );
    model.addAttribute("item",item);
    return "/catalog/itemdetail";
  }
}
```

ItemController 类调用 NetstoreService 接口的 getItemById()方法，查询特定的商品信息，然后把表示商品信息的 Item 对象存放在 request 范围内，最后返回/catalog/itemdetail，它对应 catalog/itemdetail.jsp 文件。itemdetail.jsp 从 request 范围内读取 Item 对象，把它包含的商品信息以网页的形式呈现给客户，参见图 14-4。

以下是从 itemdetail.jsp 中抽出来的部分代码，负责输出 request 范围内的 Item 对象的属性。

```
<!-- 显示商品的大图片 -->
<img src = "${pageContext.request.contextPath}
                    /resource/images/${item.largeImageURL}" border = "0" />
```

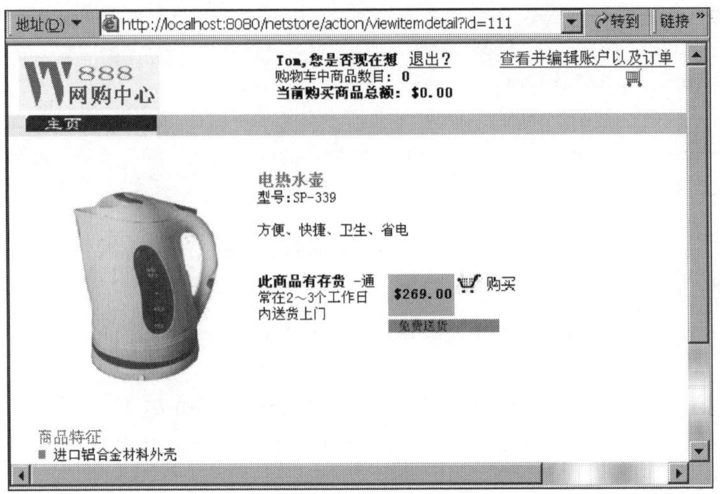

图 14-4 itemdetail.jsp 展示商品的详细信息

```
<!-- 显示商品的名字 -->
${item.name}

<!-- 显示商品的型号 -->
<spring:message code="itemdetail.model"/> ${item.modelNumber}

<!-- 显示商品的描述信息 -->
${item.description}

<!-- 显示商品的价格 -->
<fmt:formatNumber value="${item.basePrice}" type="currency" />
```

14.4.1 客户身份验证

当客户在登录页面上输入了 Email 和口令后，提交表单，该请求由 CustomerController 类的 signin()方法处理。例程 14-9 是 CustomerController 类的源代码。

例程 14-9 CustomerController.java

```
@Controller
public class CustomerController {

  @Autowired
  NetstoreService netstoreService;

  /** 进入登录页面 */
  @RequestMapping("/viewsignin")
  public String login(){
    return "/security/signin";
  }
```

```
    /** 执行登录操作,检查 Email 和密码,把 Customer 对象保存在 session 范围内 */
    @RequestMapping(value = "/signin",method = RequestMethod.POST)
    public String signin(HttpSession session,
                         Model model,String email,String password){
      Customer customer = new Customer();
      customer.setEmail(email);
      customer.setPassword(password);
      try{
        customer = netstoreService.authenticate(
                    customer.getEmail(),customer.getPassword());
        session.setAttribute("customer",customer);

        List<Item> featuredItems = netstoreService.getItems(0,10);
        //把 featuredItems 对象保存到 request 范围内
        model.addAttribute( IConstants.FEATURED_ITEMS_KEY,
                            featuredItems );
        return "index";
      }catch(Exception e){
        model.addAttribute("customer",customer);
        model.addAttribute("errorMessage","Email 或密码错误!");
        return "/security/signin";
      }
    }

    /** 执行退出操作,结束当前会话 */
    @RequestMapping("/signoff")
    public String logout(HttpSession session,Model model) {
      session.invalidate();

      List<Item> featuredItems = netstoreService.getItems(0,10);
      //把 featuredItems 对象保存到 request 范围内
      model.addAttribute( IConstants.FEATURED_ITEMS_KEY,
                          featuredItems );
      return "/index";
    }

    /** 进入主页 */
    @RequestMapping(value = {"/home","/"})
    public String gohome(Model model) {
      List<Item> featuredItems = netstoreService.getItems(0,10);
      //把 featuredItems 对象保存到 request 范围内
      model.addAttribute( IConstants.FEATURED_ITEMS_KEY,
                          featuredItems );
      return "/index";
    }
}
```

在 signin()方法中,调用 CustomerService 接口的 authenticate()方法验证客户身份。如果该方法没有抛出异常,就表明验证成功,把 authenticate()方法返回的 Customer 对象保存在 session 范围内，代码如下：

```
customer = netstoreService.authenticate(
                customer.getEmail(),customer.getPassword());
session.setAttribute("customer",customer);
```

当客户在网页上选择“退出”链接，该请求由 CustomerController 类的 signoff()方法处理，该方法会结束当前会话，代码如下：

```
session.invalidate();
```

14.4.2 管理购物车

在一个 HTTP 会话中，客户会在 netstore 应用的网站上选购商品，把它们加入到购物车中，也会查看购物车，删除选购的商品，或者修改选购商品的数量。ShoppingCart 类表示购物车。ShoppingCartItem 类表示购物车中某一个商品条目的购买信息。ShoppingCart 类与 ShoppingCartItem 类之间是一对多关联关系，例如一个 ShoppingCart 对象可能包含两个 ShoppingCartItem 对象：第一个 ShoppingCartItem 表示选购剃须刀的商品条目，购买数量为 2；第二个 ShoppingCartItem 表示选购空调的商品条目，购买数量为 3。

例程 14-10 是 ShoppingCart 类的源代码。

例程 14-10　ShoppingCart.java

```
public class ShoppingCart {
  private List < ShoppingCartItem > items = null;

  /** 向购物车加入一个选购的商品条目 */
  public void addItem(ShoppingCartItem newItem) {
    ShoppingCartItem cartItem = findItem(newItem.getId());
    if(cartItem != null) {
      //如果购物车中已经存在该商品条目，就修改它的购买数量
      cartItem.setQuantity(cartItem.getQuantity()
                  + newItem.getQuantity());
    }
    else {
      // 向购物车加入一个商品条目
      items.add(newItem);
    }
  }

  public void setItems(List < ShoppingCartItem > otherItems) {
    items.addAll(otherItems);
  }

  public ShoppingCart() {
    items = new LinkedList < ShoppingCartItem >();
  }
```

```
public void setSize(int size) {}

/** 清空购物车 */
public void empty() {
  items.clear();
}

/** 计算购物车中所有商品的总价 */
public double getTotalPrice() {
  double total = 0.0;
  int size = items.size();
  for(int i = 0;i < size;i++) {
    total += items.get(i).getUnitPrice();
  }
  return total;
}

/** 删除购物车中的一个商品条目 */
public void removeItem(Long itemId) {
  ShoppingCartItem item = findItem(itemId);
  if(item != null) {
    items.remove(item);
  }
}

/** 删除购物车中的一组商品条目 */
public void removeItems(List<String> itemIds) {
  if(itemIds != null) {
    int size = itemIds.size();
    for(int i = 0;i < size;i++) {
      removeItem(Long.valueOf(itemIds.get(i)));
    }
  }
}

/** 更新购物车中一个商品条目的购买数量 */
public void updateQuantity(Long itemId,
                                      int newQty) {
  ShoppingCartItem item = findItem(itemId);
  if(item != null) {
    item.setQuantity(newQty);
  }
}

/** 返回购物车中商品条目的数目 */
public int getSize() {
  return items.size();
```

```
    }

    public List<ShoppingCartItem> getItems() {
      return items;
    }

    /** 查找购物车中特定的商品条目 */
    private ShoppingCartItem findItem(Long itemId) {
      ShoppingCartItem item = null;
      int size = getSize();
      for(int i = 0;i<size;i++) {
        ShoppingCartItem cartItem = items.get(i);
        if(itemId.equals(cartItem.getId())) {
          item = cartItem;
          break;
        }
      }
      return item;
    }
}
```

WEB-INF/jsp/include/head.inc 文件提供了所有 JSP 网页的共同代码。在 head.inc 文件中声明了一个 session 范围内的 ShoppingCart 对象，代码如下：

```
<jsp:useBean id="cart" scope="session"
                    class="netstore.framework.ShoppingCart"/>
```

<jsp:useBean>标签会先判断在 session 范围内是否存在属性名为 cart 的 ShoppingCart 对象，如果不存在，就创建一个表示空的购物车的 ShoppingCart 对象，把它作为 cart 属性保存在 session 范围内。

ShoppingCartController 类负责管理购物车。例程 14-11 是 ShoppingCartController 类的源代码。

例程 14-11　ShoppingCartController.java

```
@Controller
public class ShoppingCartController {
  @Autowired
  NetstoreService netstoreService;

  /** 处理购物车 */
  @RequestMapping("/cart")
        public String doCart(String method,HttpServletRequest request){
          switch(method){
            case "view": return view(request);
            case "update":return update(request);
            case "addItem":return addItem(request);
            default:return"/order/shoppingcart";
```

```
        }
    }

    /** 查看购物车 */
    public String view(HttpServletRequest request) {
      return "/order/shoppingcart";
    }

    /** 更新购物车 */
    public String update(HttpServletRequest request) {
      updateItems(request);
      updateQuantities(request);
      return "/order/shoppingcart";
    }

    /** 向购物车加入选购的商品条目 */
    public String addItem(HttpServletRequest request) {
      Long itemId = new Long(request.getParameter( IConstants.ID_KEY ));
      String qtyParameter = request.getParameter( IConstants.QTY_KEY );

      int quantity = 1;
      if(qtyParameter != null) {
        Format nbrFormat = NumberFormat.getNumberInstance();
        try {
          Object obj = nbrFormat.parseObject(qtyParameter);
          quantity = ((Number)obj).intValue();
        } catch(Exception ex) { }
      }

      Item item = netstoreService.getItemById( itemId );

      ShoppingCart cart = (ShoppingCart)request.getSession()
                                              .getAttribute("cart");
      cart.addItem(new ShoppingCartItem(item, quantity));
      request.setAttribute("id",itemId);
      return "/order/shoppingcart";
    }

    /** 删除购物车中的部分商品条目 */
    private void updateItems(HttpServletRequest request) {
      String[] deleteIds = request.getParameterValues("deleteCartItem");

      if(deleteIds != null && deleteIds.length > 0) {
        int size = deleteIds.length;
        List<String> itemIds = new ArrayList<String>();
        for(int i = 0;i < size;i++) {
          itemIds.add(deleteIds[i]);
        }
```

```
        ShoppingCart cart = (ShoppingCart)request.getSession()
                                        .getAttribute("cart");
        cart.removeItems(itemIds);
      }
    }

    /** 更新购物车中商品条目的数量 */
    private void updateQuantities(HttpServletRequest request) {
      Enumeration en = request.getParameterNames();
      while(en.hasMoreElements()) {
        String paramName = (String)en.nextElement();
        if(paramName.startsWith("qty_")) {
          System.out.println("paramName = " + paramName);
          Long id = Long.parseLong(
                        paramName.substring(4, paramName.length()));
          String qtyStr = request.getParameter(paramName);
          if(id != null && qtyStr != null) {
            ShoppingCart cart = (ShoppingCart)request.getSession()
                                        .getAttribute("cart");
            cart.updateQuantity(id, Integer.parseInt(qtyStr));
          }
        }
      }
    }
  }
```

当客户选购了一件商品，把它加入到购物车中，该请求由 ShoppingCartController 类的 doCart()方法处理，doCart()方法又调用 addItem()方法。addItem()方法创建一个表示选购商品条目的 ShoppingCartItem 对象，把它添加到 session 范围内的 ShoppingCart 对象中，代码如下：

```
ShoppingCart cart = (ShoppingCart)request.getSession()
                                        .getAttribute("cart");
cart.addItem(new ShoppingCartItem(item, quantity));
```

addItem()方法会先检查购物车中是否已经存在该商品条目，如果已经存在，就修改它的购买数量，否则向 ShoppingCart 对象的 items 集合属性中加入 ShoppingCartItem 对象，代码如下：

```
public void addItem(ShoppingCartItem newItem) {
  ShoppingCartItem cartItem = findItem(newItem.getId());
  if(cartItem != null) {
    //如果购物车中已经存在该商品条目，就修改它的购买数量
    cartItem.setQuantity(cartItem.getQuantity()
              + newItem.getQuantity());
  }else {
    // 向购物车加入一个商品条目
```

```
      items.add(newItem);
    }
  }
```

当客户浏览购物车网页时，如果修改了商品条目的购买数量，再选择“修改数量”选项，或者选中一些商品条目，再选择“删除选购商品”选项，这些请求将由 ShoppingCartController 类的 doCart()方法处理，doCart()方法又调用 update()方法，代码如下：

```
public String update(HttpServletRequest request) {
  updateItems(request);
  updateQuantities(request);
  return "/order/shoppingcart";
}
```

update()方法先调用 updateItems()方法，更新 session 范围内的 ShoppingCart 对象的 items 集合属性中的 ShoppingCartItem 对象，接着调用 updateQuantities ()方法，更新选购商品条目的数量。

14.4.3　管理订单

OrderController 类负责处理订单，它的@SessionAttributes 注解表明 customer 属性、cart 属性(表示购物车)和 orderNumber 属性(表示订单编号)都保存到 session 范围内，代码如下：

```
@SessionAttributes(value = {"customer","cart","orderNumber"})
@Controller
public class OrderController {...}
```

当客户在网站上选购了商品，购物信息先保存在 ShoppingCart 对象中。当客户发出提交订单的请求，控制器层的 OrderController 类的 processcheckout()方法负责处理这一请求，代码如下：

```
/** 提交订单 */
@RequestMapping("/processcheckout")
public String processcheckout(
              @SessionAttribute("customer") Customer customer,
              @SessionAttribute("cart") ShoppingCart cart,Model model){
  if(customer == null) {                    //如果没有登录,返回登录页面
    return "/security/signin";
  }
  saveOrder(customer,cart,model);          //保存订单
  return "/order/payment";
}

/** 根据购物车的内容生成订单,并保存订单 */
public void saveOrder( Customer customer,
```

```
                    ShoppingCart cart,Model model) {
  Order order = new Order();
  order.setCustomer(customer);
  order.setOrderNumber(
            new Double(Math.random() * System.currentTimeMillis())
            .toString().substring(3,8));

  List items = cart.getItems();
  Iterator it = items.iterator();
  while(it.hasNext()){
    ShoppingCartItem cartItem = (ShoppingCartItem)it.next();

    //把购物车中的 ShoppingCartItem 对象转换成 LineItem 对象
    LineItem lineItem = new LineItem(cartItem.getQuantity(),
                          cartItem.getBasePrice().doubleValue(),
                              order,cartItem.getItem());
    //把 LineItem 对象加入到 Order 对象中
    order.getLineItems().add(lineItem);
  }

  netstoreService.saveOrder(order); //保存订单
  model.addAttribute("orderNumber",order.getOrderNumber());
  cart.empty(); //清空购物车
}
```

processcheckout()方法的 customer 参数和 cart 参数用@SessionAttribute 注解来标识,因此它们的取值来自 session 范围内的 customer 属性和 cart 属性。processcheckout()方法调用 saveOrder()方法来保存订单对象。在 saveOrder()方法中,创建了一个 Order 对象,并把它与 Customer 对象关联,然后根据 ShoppingCart 对象的 items 集合中的 ShoppingCartItem 对象生成 LineItem 对象,再把这些 LineItem 对象都加入到 Order 对象的 lineItems 集合中,最后调用 netstoreService. saveOrder()方法保存这个 Order 对象。

当客户登录到网站上,如果选择"查看并编辑账户以及订单"链接,那么这个请求由 OrderController 类的 viewcustomerandorders()方法来处理,它的源代码如下:

```
/** 查看客户和订单信息 */
@RequestMapping("/viewcustomerandorders")
public String viewcustomerandorders(
          @SessionAttribute("customer") Customer customer,Model model){
  if(customer == null) { //如果没有登录
    return "/security/signin";
  }

  //加载包含 Customer 和 Order 的信息
  customer = netstoreService.getCustomerById(customer.getId());
  //把 Customer 对象保存在 session 范围内
  model.addAttribute("customer",customer);
  return "order/customerandorders";
}
```

viewcustomerandorders()方法先判断客户是否已经登录，如果没有登录，就把请求转发到登录页面；如果已经登录，就根据 session 范围内的 Customer 对象的 ID 调用 netstoreService. getCustomerById()方法，重新加载 Customer 对象，再把它保存到 session 范围内，最后把请求转发给 customerandorders. jsp 文件。重新加载 Customer 对象是为了加载与 Customer 对象关联的所有 Order 对象，这些 Order 对象将存放在 Customer 对象的 orders 集合内。接下来 customerandorders. jsp 会显示 Customer 对象的所有订单信息，图 14-5 显示了 customerandorders. jsp 生成的网页。假如 viewcustomerandorders()方法没有先重新加载 Customer 对象，就直接把请求转发给 customerandorders. jsp，那么当该 JSP 文件访问 Customer 对象的 orders 集合时，会抛出 LazyInitializationException 异常。

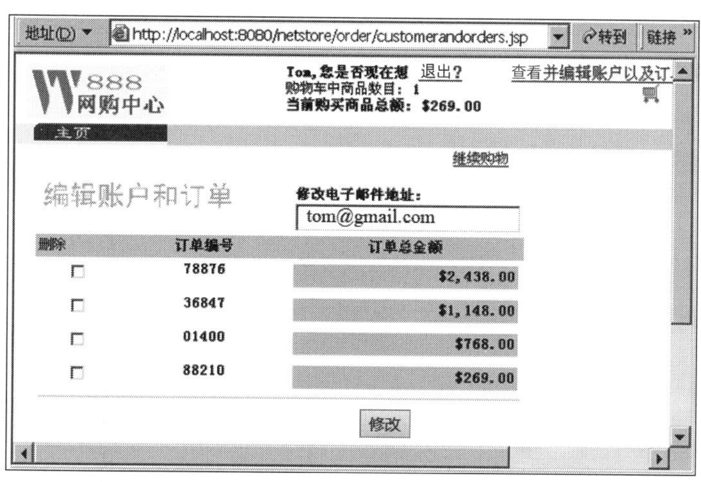

图 14-5 customerandorders. jsp 生成的网页

在 customerandorders. jsp 文件中，以下代码遍历访问 session 范围内的 Customer 对象的 orders 集合属性，把 orders 集合中所有的 Order 对象的信息输出到网页上。

```
<!-- 遍历访问所有订单 -->
<c:forEach var = "order" items = " ${sessionScope.customer.orders}">
  <tr bgColor = #ffffff >
    <!-- 用于删除订单的复选框 -->
    <td vAlign = top align = middle >
      <input type = "checkbox" value = " ${order.id}" name = "deleteOrder">
    </td >

    <-- 输出订单编号 -->
    <td vAlign = top noWrap align = middle >< font size = 2 >
                <b> ${order.orderNumber}< br ></b></font >
    </td >

    <!-- 输出订单价格 -->
    <td vAlign = top align = right >
      <table cellSpacing = 2 cellPadding = 3 width = "100 %" border = 0 >
        <tbody >
```

```
          <tr><td align=right bgColor=#ffcc00><font size=2><b>
            <fmt:formatNumber value="${order.price}" type="currency"/>
            <br></b></font>
          </td></tr>
        </tbody>
      </table>
    </td>
  </tr>
</c:forEach>
```

在图 14-5 的网页中，客户可以修改 Customer 对象的 email 属性，删除 orders 集合中的 Order 对象。当客户选择“修改”按钮，该请求由 OrderController 类的 editcustomerandorders() 方法处理，它的源代码如下：

```
/** 编辑客户和订单信息 */
@RequestMapping("/editcustomerandorders")
public String editcustomerandorders(@SessionAttribute("customer")
              Customer customer,Model model,HttpServletRequest request){
  if(customer == null) { //如果没有登录,返回登录页面
    return "/security/signin";
  }

  //重新加载包含关联 Order 对象的 Customer 对象
  customer = netstoreService.getCustomerById(customer.getId());
  String email = request.getParameter("email");
  customer.setEmail(email);

  String[] deleteIds = request.getParameterValues("deleteOrder");

  if(deleteIds != null && deleteIds.length > 0) {
    int size = deleteIds.length;
    List<String> orderIds = new ArrayList<String>();
    for(int i = 0;i < size;i++) {
      orderIds.add(deleteIds[i]);
    }
    //删除客户在网页上选中的 Order 对象
    customer.removeOrders(orderIds);
  }
  //级联保存或更新 Customer 对象以及关联的 Order 对象
  netstoreService.saveOrUpdateCustomer(customer);

  //把 Customer 对象保存在 session 范围内
  model.addAttribute("customer",customer);
  return "order/customerandorders";
}
```

editcustomerandorders()方法先判断客户是否已经登录，如果没有登录，就把请求转发到登录页面；如果已经登录，就修改 session 范围内的 Customer 对象的 email 属性，并且从 orders

集合中删除客户选中的 Order 对象。在 Customer 类中定义了 removeOrders()实用方法，它能根据 Order 对象的 ID 删除相应的 Order 对象。editcustomerandorders()方法最后调用 netstoreService. saveOrUpdateCustomer()方法更新 Customer 对象，saveOrUpdateCustomer()方法将执行用于更新 Customer 对象的 update 语句，以及用于删除 Order 对象和相关的 LineItem 对象的 delete 语句，代码如下：

```
update CUSTOMERS set EMAIL = ?, NAME = ?,PASSWORD = ? where ID = ?
delete from LINEITEMS where ORDER_ID = ?
delete from ORDERS where ID = ?
```

14.5　配置、发布和运行 netstore 应用

netstore 应用的 web. xml 文件、Spring MVC 配置文件以及 Spring 配置文件与第 13 章的 helloapp 应用基本相同。此外，在 Spring MVC 配置文件 springmvc-servlet. xml 中，增加了对消息文本资源文件的配置，代码如下：

```
<bean id = "messageSource"
        class = "org.springframework.context
                 .support.ResourceBundleMessageSource">
  <property name = "basenames">
    <list>
      <value>messages</value>
    </list>
  </property>

  <property name = "useCodeAsDefaultMessage" value = "false" />
  <property name = "defaultEncoding" value = "UTF-8" />
  <property name = "cacheSeconds" value = "60" />
</bean>
```

为了正确访问 JSP 文件中的图片文件，在 springmvc-servlet. xml 文件中，还对图片文件的路径做了如下映射：

```
<mvc:resources location = "/" mapping = "/resource/**" />
```

例如，在 JSP 文件 head. inc 中加入了如下 cart. gif 图片文件：

```
<img
  src = "${pageContext.request.contextPath}/resource/images/cart.gif"
  width = "35" height = "20" border = "0"/>
```

cart. gif 文件的实际文件路径为 netstore/images/cart. gif。

14.5.1　安装 SAMPLEDB 数据库

netstore 应用采用 MySQL 作为数据库服务器端，以下是在 MySQL 服务器端中安装

SAMPLEDB 数据库的步骤。

(1) 确保 MySQL 服务器端具有用户名为 root 的账号，口令为 1234。持久化层的 Hibernate 软件在访问数据库时将用这个账号连接数据库。

(2) 运行 schema/sampledb. sql 脚本中的 SQL 语句，该脚本负责创建 SAMPLEDB 数据库，以及 CUSTOMERS 表、ORDERS 表和 ITEMS 表等，并且向表中添加记录。

14.5.2 发布 netstore 应用

在 Tomcat 中发布 netstore 应用的步骤如下：

(1) 按照 14.5.1 节的内容安装 SAMPLEDB 数据库。

(2) 把整个 netstore 目录复制到 Tomcat 的 webapps 目录下。

14.5.3 运行 netstore 应用

netstore 应用的视图层主要包含以下 7 个页面。

(1) 主页。

(2) 客户登录页面。

(3) 显示商品详细信息页面。

(4) 管理购物车页面。

(5) 填写送货地址页面。

(6) 生成订单的确认页面。

(7) 查看并编辑账户及订单的页面。

运行 Tomcat 的 bin/startup. bat 批处理程序，启动 Tomcat 服务器端。接下来通过浏览器访问 http://localhost:8080/netstore，将进入 netstore 应用的主页，如图 14-6 所示。

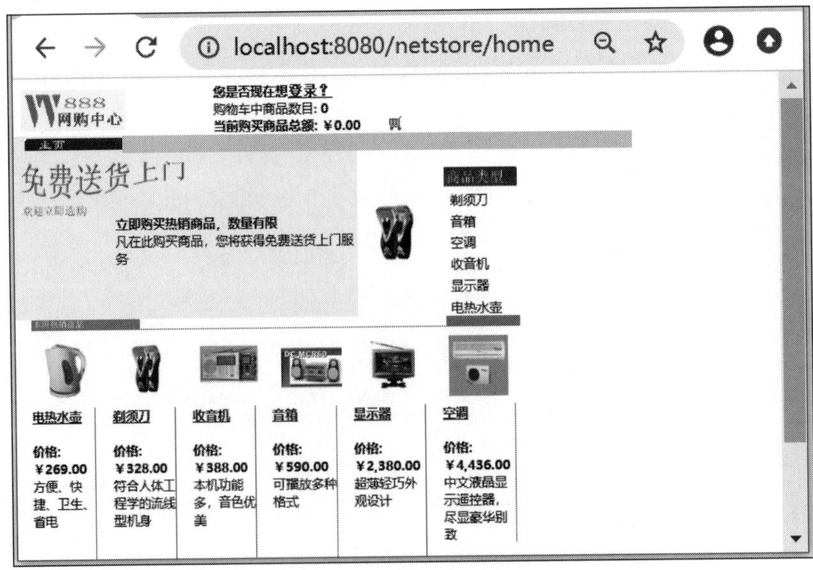

图 14-6　netstore 应用的主页

在 netstore 应用的主页上选择“登录”链接，就会进入到客户登录页面，如图 14-7 所示。

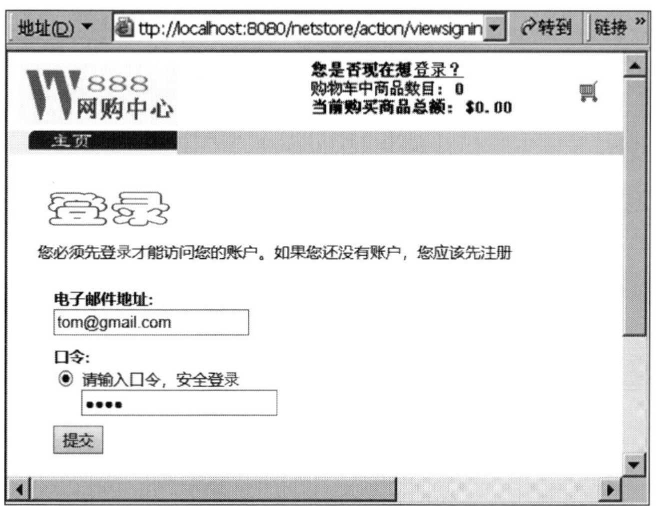

图 14-7 netstore 应用的登录页面

在 netstore 应用的登录页面上输入一个已经在 SAMPLEDB 数据库中存在的账户信息，电子邮件地址为 tom@gmail.com，口令为 1234，选择“提交”按钮，服务器端将进行客户验证。如果验证通过，就会返回图 14-6 所示的主页面。在主页面上选择某件商品的链接，如“电热水壶”链接，就会进入显示该商品详细信息的网页，如图 14-8 所示。

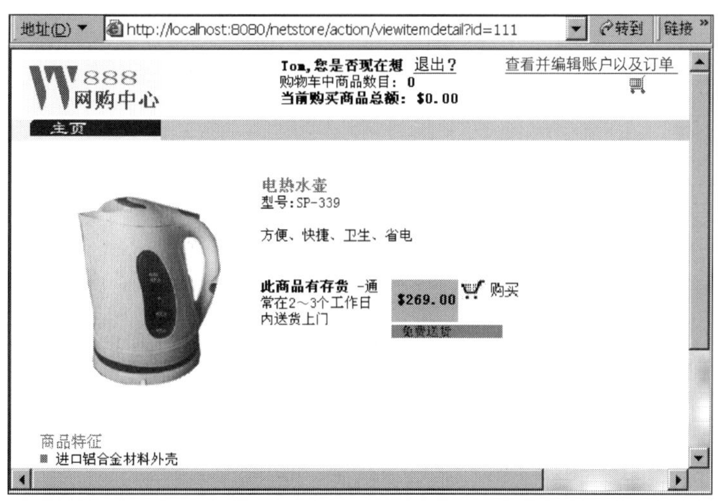

图 14-8 显示商品详细信息的网页

在图 14-8 所示的页面上选择“购买”选项，将进入管理购物车页面，如图 14-9 所示。

图 14-9 的管理购物车页面为客户提供了删除选购商品和修改购买数量的功能。如果选择“确认购买”选项，将进入填写送货地址页面，如图 14-10 所示。

在图 14-10 的送货地址表单中输入正确的信息后，单击“提交订单”按钮，将返回生成订单的确认页面，如图 14-11 所示，在确认页面上会显示订单编号。

当客户登录网站后，在每个网页上方都会显示“查看并编辑账户以及订单”的链接，选择

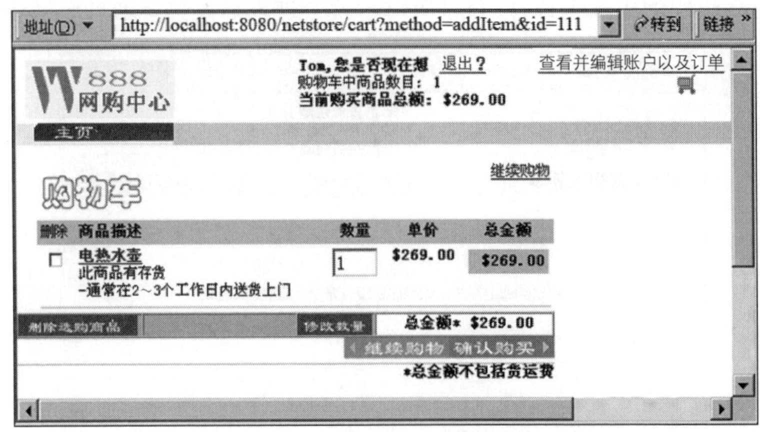

图 14-9　netstore 应用的管理购物车页面

图 14-10　填写送货地址页面

图 14-11　生成订单的确认页面

这个链接,将进入账户以及订单管理页面,如图 14-12 所示。该页面提供了修改电子邮件地址以及删除订单的功能。

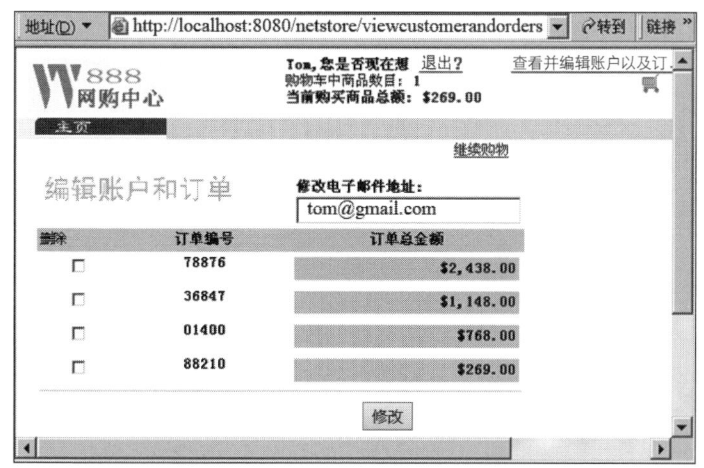

图 14-12 管理账户以及订单的页面

14.6 小结

本章以 netstore 应用为例，介绍了创建实用购物网站的过程。模型层负责对象-关系的映射，处理验证客户、保存订单等具体的业务逻辑。控制器层是 Web 应用的控制中枢，根据客户的请求调用模型层的相关服务方法，把模型层返回的 Customer 对象输出到视图层的网页上，或者根据客户的购物车信息生成订单，并且调用模型层的相关服务方法保存订单。

控制器层与模型层之间会传递 Customer、Order 和 Item 等实体对象，例如：

(1) 控制器层的 OrderController 类生成一个 Order 对象，再把它传给模型层，模型层的 saveOrder()方法把这个 Order 对象保存到数据库中。

(2) 模型层的 NetstoreServiceImpl 类的 authenticate()方法把一个 Customer 对象传给控制器层的 CustomerController 类，这个 Customer 对象的 orders 集合属性没有被初始化。

(3) 模型层的 NetstoreServiceImpl 类的 getCustomerById()方法把一个 Customer 对象传给控制器层的 OrderController 类，这个 Customer 对象的 orders 集合属性被初始化。

(4) 控制器层的 OrderController 类修改 Customer 对象的 email 属性，并删除 orders 集合属性中的一些 Order 对象，再把它传给模型层，模型层的 NetstoreServiceImpl 类的 saveOrUpdateCustomer()方法根据 Customer 对象的数据变化来更新数据库。

控制器层或视图层访问模型层提供的实体对象时，这些实体对象处于游离状态。如果控制器层或视图层访问实体对象的没有被初始化的属性，就会导致 LazyInitializationException 异常。没有被初始化是指实体对象的属性仅引用底层 Hibernate 提供的代理类实例，而没有被真正赋予来自数据库的相应数据。因此在编写访问游离对象的代码时，必须先明确这个游离对象的哪些属性没有被初始化。假如必须访问还没有被初始化的属性，应该通过模型层的相关方法到数据库中加载该属性。

控制器层和视图层之间会传递 Customer 对象、Item 对象和 ShoppingCart 对象。Customer 对象、和 ShoppingCart 对象存放在 session 范围内，Item 对象存放在 request 范围内。

图 14-13 归纳了 netstore 应用中各个层之间传递的共享数据。

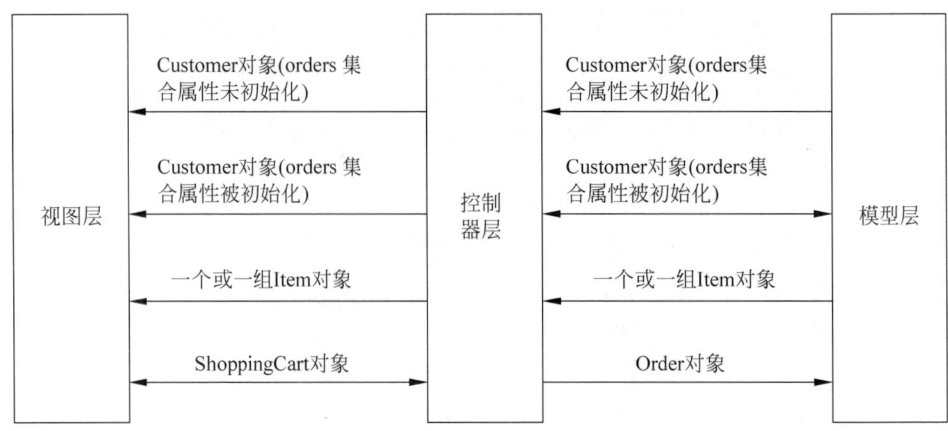

图 14-13　netstore 应用的各个层之间传递的共享数据

14.7　思考题

1. (　　)之间是一对多关联关系。(多选)
   A. Customer 类和 Order 类
   B. ShoppingCart 类和 ShoppingCartItem 类
   C. Order 类和 Item 类
   D. Order 类和 LineItem 类
2. (　　)属于 JPA API 中的对象-关系映射注解。(多选)
   A. @Entity　　　　B. @Repository
   C. @ManyToOne　　D. @Column
3. 在控制器类中,(　　)请求处理方法能够读取 session 范围内的引用 ShoppingCart 对象的 cart 属性。(多选)
   A.

```
public String test(@SessionAttribute("cart") ShoppingCart cart,
                           Model model){
  List<ShoppingCartItem> items = cart.getItems();
  model.addAttribute("items",items);
  return "result";
}
```

   B.

```
public String test(HttpSession session,Model model){
  ShoppingCart cart = (ShoppingCart)session.getAttribute("cart");
  List<ShoppingCartItem> items = cart.getItems();
  model.addAttribute("items",items);
  return "result";
}
```

C.

```
public String test(HttpServletRequest request,Model model){
  ShoppingCart cart =
          (ShoppingCart)request.getSession().getAttribute("cart");
  List<ShoppingCartItem> items = cart.getItems();
  model.addAttribute("items",items);
  return "result";
}
```

D.

```
public String test(ShoppingCart cart,Model model){
  List<ShoppingCartItem> items = cart.getItems();
  model.addAttribute("items",items);
  return "result";
}
```

4. 在 netstore 应用中，控制器类把（　　）保存在 session 范围内。（多选）
   A. 表示当前登录网站的客户的 Customer 对象
   B. 表示当前客户的购物车的 ShoppingCart 对象
   C. 表示当前客户正在浏览的商品信息的 Item 对象
   D. 表示当前商品所属类别的 Category 对象
5. 关于游离对象，以下说法正确的是（　　）。（多选）
   A. 在本范例中，NetStoreServiceImpl 类的 authenticate()方法返回的 Customer 游离对象的 orders 集合属性已经被初始化
   B. 对于 Customer 游离对象，如果它的 orders 集合属性还没有被初始化，那么试图调用它的 getOrders().iterator()方法会导致异常
   C. 在本范例中，NetStoreServiceImpl 类的 getCustomerById()方法返回的 Customer 对象是游离对象
   D. 游离对象不再位于底层 Hibernate 的持久化缓存中

第15章

创建RESTFul风格的Web应用

在日常生活中，有些词汇在不同的环境中会有不同的含义。

REST(Representational State Transfer，表述性状态转义)按照一词多义的思路，把在一种软件场景中已经存在的术语和概念运用到另一种软件场景中，并且给这些术语和概念赋予新的含义。本章介绍如何把RESTFul风格运用到Spring MVC框架中，赋予了客户端的HTTP请求的请求方式和URL一些新的含义，使得HTTP请求在请求访问服务器端的数据库资源时，变得更加优雅、规范。

本章范例是第13章范例的更新版本，原版本和新版本的业务逻辑服务层和DAO层基本相同，主要区别是重新创建了CustomerController类和视图层的JSP文件hello.jsp。

15.1 RESTFul风格的HTTP请求

根据HTTP协议的规定，客户端发出的HTTP请求可以使用多种请求方式，主要包括以下4种。

(1) GET：这种请求方式是最常见的，客户端通过这种请求方式访问服务器端上的一个文档，服务器端把文档发送给客户端。

(2) POST：客户端可通过这种方式发送大量信息给服务器端。HTTP请求除了包含要访问的文档的URL，还包括大量的请求正文，这些请求正文通常会包含HTML表单数据。

(3) PUT：客户端通过这种方式把文档上传给服务器端。

(4) DELETE：客户端通过这种方式删除远程服务器端上的某个文档。客户端可以利用PUT和DELETE请求方式管理远程服务器端上的文档。

从第12章、13章和14章的内容可以看出，Web应用响应客户端的请求时，经常会执行针对数据库的CRUD操作。为了让请求服务器端执行CRUD操作的HTTP请求更加优雅、规范和简洁，RESTFul风格应运而生，它能巧用HTTP请求方式来指定CRUD操作，也就是说，为HTTP请求方式赋予了新的含义：

（1）GET：执行查询操作。

（2）POST：执行新增操作。

（3）PUT：执行更新操作。

（4）DELETE：执行删除操作。

下面以对 Customer 对象进行 CRUD 操作为例，举例说明符合 RESTFul 风格的 URL 和请求方式。

```
//新增一个 Customer 对象
http://localhost:8080/helloapp/customer 请求方式为 POST

//更新 id 为 100 的 Customer 对象
http://localhost:8080/helloapp/customer/100 请求方式为 PUT

//删除 id 为 100 的 Customer 对象
http://localhost:8080/helloapp/customer/100 请求方式为 DELETE

//查询 id 为 100 的 Customer 对象
http://localhost:8080/helloapp/customer/100 请求方式为 GET

//查询所有的 Customer 对象
http://localhost:8080/helloapp/customer 请求方式为 GET
```

按照 HTTP 协议的规定，HTTP 请求的 URL 指定服务器端的特定资源的路径。例如，以下 URL 中的 100，按照常规的理解，它指的是 helloapp/customer 路径下的一个子路径 http://localhost:8080/helloapp/customer/100。

而 RESTFul 风格为 100 赋予了新的含义，把它当作 id 变量的值。15.2 节的范例 CustomerController 类会通过@PathVariable 注解来读取这个 id 变量的值，代码如下：

```
@RequestMapping(value = "/customer/{id}", method = RequestMethod.GET)
public Customer findById(@PathVariable("id")Long id) {...}
```

提示：确切地说，HTTP 请求由 URI(Uniform Resource Identifier，统一资源标识符)、请求方式、请求头和请求正文数据等组成。URL 是 URI 的子集。本书为了简化，采用了"HTTP 请求的 URL"这样的说法。

15.2 控制器类处理 RESTFul 风格的 HTTP 请求

9.3 节介绍了如何在控制器类中读取 JSON 格式的请求数据，以及发送 JSON 格式的响应数据。本节介绍的 CustomerController 类所处理的 HTTP 请求的请求方式和 URL 符合 RESTFul 风格，并且请求正文数据采用 JSON 格式。

例如，以下是一个要求更新 id 为 100 的 Customer 对象的 HTTP 请求的原文，请求方式为 PUT，请求的 URL 为/customer/100，请求正文为 JSON 格式的 Customer 对象的数据。

```
PUT /customer/100 HTTP/1.1
Content - Type: application/json;charset = UTF - 8
Accept - Encoding: gzip, deflate
User - Agent: Mozilla/5.0(Windows NT 10.0; WOW64;Trident/7.0; rv:11.0)
Host: localhost
Content - Length: 36
Connection: Keep - Alive
Cache - Control: no - cache

{"id":"100","name":"Tom","age":"21"}
```

CustomerController 类为了处理 RESTFul 风格的 HTTP 请求，用@RestController 注解来标识。@RestController 注解是@ResponseBody 和@Controller 注解的结合。这意味着 CustomerController 类中的所有请求处理方法，在默认情况下，都返回 JSON 格式的响应数据。

如果 CustomerController 类的请求处理方法不需要返回 JSON 格式的响应数据，而是需要把请求转发给一个 JSP 文件，可以把返回类型设为 ModelAndView，例如：

```
@RequestMapping("/input")
public ModelAndView input() {
  return new ModelAndView("hello");           //把请求转发给 hello.jsp
}
```

例程 15-1 是 CustomerController 类的源代码。除了 input()方法，insert()方法、update()方法、delete()方法、findById()方法和 findAll()方法都处理 RESTFul 风格的 HTTP 请求，执行 CRUD 操作。

例程 15-1　CustomerController.java

```
@RestController
public class CustomerController{
  @Autowired
  CustomerService customerService;

  @RequestMapping("/input")
        public ModelAndView input() {
          return new ModelAndView("hello");
        }

  @RequestMapping(value = "/customer", method = RequestMethod.POST)
  public StringResult insert(@RequestBody Customer customer) {
    boolean isSuccess = customerService.insertCustomer(customer);
    if(isSuccess)
      return new StringResult("对象插入成功");
    else
      return new StringResult("对象插入失败");
  }
```

```
@RequestMapping(value = "/customer/{id}",method = RequestMethod.PUT)
public StringResult update(@PathVariable("id")Long id,
                                    @RequestBody Customer customer) {
  Customer currentCustomer = customerService.findCustomerById(id);
  if(currentCustomer == null)
        return new StringResult("ID 为" + id + "的对象不存在");
  currentCustomer.setName(customer.getName());
  currentCustomer.setAge(customer.getAge());
      boolean isSuccess =
              customerService.updateCustomer(currentCustomer);
  if(isSuccess)
    return new StringResult("对象更新成功");
  else
    return new StringResult("对象更新失败");
}

@RequestMapping(value = "/customer/{id}",
                    method = RequestMethod.DELETE)
public StringResult delete(@PathVariable("id")Long id) {
  Customer customer = customerService.findCustomerById(id);
  Customer currentCustomer = customerService.findCustomerById(id);
  if(currentCustomer == null)
        return new StringResult("ID 为" + id + "的对象不存在");

  boolean isSuccess = customerService.deleteCustomer(customer);
  if(isSuccess)
    return new StringResult("对象删除成功");
  else
    return new StringResult("对象删除失败");
}

@RequestMapping(value = "/customer/{id}", method = RequestMethod.GET)
public Customer findById(@PathVariable("id") Long id) {
  Customer customer = customerService.findCustomerById(id);
  return customer;
}

@RequestMapping(value = "/customer", method = RequestMethod.GET)
public List<Customer> findAll() {
  List<Customer> customers = customerService.findAllCustomers();
  return customers;
}

@ExceptionHandler(Exception.class)
public String exHandle(HttpServletRequest request,
                                  Exception exception) {
```

```
        request.setAttribute("exception", exception);
        return "error";
    }
}
```

3.3.3节介绍了@RequestMapping注解的简写形式，CustomerController类中的@RequestMapping注解也可以改为简写形式，例如：

```
@RequestMapping(value = "/customer", method = RequestMethod.GET)
```

等价于：

```
@GetMapping("/customer")

@RequestMapping(value = "/customer/{id}",
                method = RequestMethod.DELETE)
```

等价于：

```
@DeleteMapping("/customer/{id}")
```

15.2.1 读取客户请求中的RESTFul风格的URL变量

当客户端发出的HTTP请求为http://localhost:8080/helloapp/customer/100且请求方式为PUT时，该请求由CustomerController类的update()方法来处理。update()方法的id参数用@PathVariable("id")注解来标识。@PathVariable("id")注解能够把URL中的100赋值给id参数。3.4.5节已经介绍了@PathVariable注解的用法。

15.2.2 读取客户请求中的JSON格式的Java对象的数据

CustomerController类的insert()方法用于向数据库保存一个Customer对象。客户端通过POST方式请求访问insert()方法，客户端发送的JSON格式的Customer对象的数据会作为HTTP请求中的请求正文。

在insert()方法中，customer参数用@RequestBody注解标识。@RequestBody注解的作用是把客户端发送的JSON格式的Customer对象的数据转换为Customer对象。

15.2.3 请求处理方法的返回类型

CustomerController类的findById()方法返回Customer对象，而insert()方法、update()方法、delete()方法和findAll()方法返回StringResult对象。StringResult类是自定义的符合JavaBean风格的String类的包装类，参见例程15-2。

例程 15-2 StringResult. java

```
package mypack;
public class StringResult {
  private String result;
  public StringResult(){}
  public StringResult(String result){ this.result = result; }

  public String getResult() { return this.result; }
  public void setResult(String result){ this.result = result; }
  public String toString(){ return result; }
}
```

insert()方法、update()方法、delete()方法和findAll()方法也可以返回一个Map类型的对象,在这个Map对象中包含了String类型的返回数据。例如,insert()方法可以按以下方式改写:

```
@RequestMapping(value = "/customer", method = RequestMethod.POST)
public Map<String,String> insert(@RequestBody Customer customer) {
  boolean isSuccess = customerService.insertCustomer(customer);
  Map<String,String> map = new HashMap<String,String>();
  if(isSuccess)
    map.put("result","对象插入成功");
  else
    map.put("result","对象插入失败");
  return map;
}
```

不论CustomerController类返回Customer对象、StringResult对象或Map对象,服务器端的JSON引擎都会把它们转换为JSON格式的响应数据,再发送到客户端。

在客户端的Ajax代码中,以下代码会读取响应数据中的StringResult对象的result属性值或者Map对象中Key为result的值。

```
//读取成功响应的结果
success : function(data) {                          //data 表示响应数据
  if (data != null) {
    $ ("input[type = reset]").trigger("click");     //触发 reset 按钮
    alert(data.result);
  }
}
```

在客户端的Ajax代码中,以下代码会读取响应数据中的Customer对象的各个属性。

```
//读取成功响应的结果
success : function(data) { //data 表示响应数据
  if (data != null && data != "") {
    alert("用户名:" + data.name
                 + ", 年龄:" + data.age);
  }
}
```

15.3 客户端发送 RESTFul 风格的 HTTP 请求

在本范例中，客户端的 hello.jsp 通过 Ajax 发送 RESTFul 风格的 HTTP 请求，并且请求正文数据采用 JSON 格式，Ajax 还会处理 JSON 格式的响应结果，参见例程 15-3。

例程 15-3 hello.jsp

```
<%@ page contentType="text/html; charset=UTF-8" %>
<html>
<head>
<title>Hello</title>
<script type="text/javaScript"
  src="${pageContext.request.contextPath}
          /resource/js/jquery-3.2.1.min.js">
</script>
</head>
<body>
  <form action="">
    ID: <input type="text" name="id" id="id"/><p>
    用户名:<input type="text" name="name" id="name"/><p>
    年龄:<input type="age" name="age" id="age" /><p>

    <input type="button" value="新增" onclick="insert()" />
    <input type="button" value="更新" onclick="update()" />
    <input type="button" value="删除" onclick="remove()" />
    <input type="button" value="根据 ID 查询" onclick="findById()" />
    <input type="button" value="查询所有" onclick="findAll()" />
    <input type="reset" name="重置" style="display: none;" />

  </form>
</body>
<script type="text/javaScript">
  function insert() {
    //获取输入的表单数据
    var v_id = $("#id").val();
    var v_name = $("#name").val();
    var v_age = $("#age").val();

    $.ajax({
      //请求路径
      url : "${pageContext.request.contextPath }/customer",

      //请求方式
      type : "post",

      //请求正文的数据格式为 JSON 字符串
      contentType : "application/json;charset=UTF-8",
```

```
        //data 表示发送的 JSON 格式的请求数据
        data : JSON.stringify({
          id : v_id,
          name : v_name,
          age: v_age
        }),

        //响应正文的数据格式为 JSON 字符串
        dataType : "json",

        //读取成功响应的结果
        success : function(data) { //data 表示响应数据
                if (data != null) {
            $("input[type = reset]").trigger("click");        //触发 reset 按钮
            alert(data.result);
          }
        }
      });
    }

    function update() {
      //获取输入的表单数据
      var v_id =  $("#id").val();
      var v_name =  $("#name").val();
      var v_age =  $("#age").val();

      $.ajax({
        //请求路径
        url : "${pageContext.request.contextPath}/customer/" + v_id ,

        //请求方式
        type : "put",

        //请求正文的数据格式为 JSON 字符串
        contentType : "application/json;charset = UTF-8",

        //data 表示发送的 JSON 格式的请求数据
        data : JSON.stringify({
          id : v_id,
          name : v_name,
          age: v_age
        }),

        //响应正文的数据格式为 JSON 字符串
        dataType : "json",

        //读取成功响应的结果
        success : function(data) {                              //data 表示响应数据
                if (data != null) {
```

```
        $ ("input[type = reset]").trigger("click");   //触发 reset 按钮
        alert(data.result);
      }
    }
  });
}

function remove() {...}

function findById() {
  //获取输入的表单数据
  var v_id =  $ ("#id").val();
  $ .ajax({
    //请求路径
    url : "${pageContext.request.contextPath }/customer/" + v_id,

    //请求方式
    type : "get",

      //响应正文的数据格式为 JSON 字符串
    dataType : "json",

    //读取成功响应的结果
    success : function(data) {                         //data 表示响应数据
      if (data != null && data != "") {
        alert("用户名:" + data.name
                          + ", 年龄:" + data.age);
      }
    }
  });
}

function findAll() {
  //获取输入的表单数据
  var v_id =  $ ("#id").val();
  $ .ajax({
    //请求路径
    url : "${pageContext.request.contextPath }/customer",

    //请求方式
    type : "get",

      //响应正文的数据格式为 JSON 字符串
    dataType : "json",

    //读取成功响应的结果
    success : function(data) {                         //data 表示响应数据
          if (data != null) {
            var info = "";
```

```
                for(var i = 0;i < data.length;i++) //遍历所有 Customer 对象
                  info += data[i].id + "," + data[i].name + "," + data[i].age + "\r\n";
                alert(info);
            }
          }
        });
      }
    </script>
    </html>
```

通过浏览器访问 http://localhost:8080/helloapp/input，就会显示 hello.jsp 的页面，参见图 15-1。

图 15-1　hello.jsp 生成的网页

在图 15-1 的网页上单击“更新”按钮，会执行 hello.jsp 的 update()方法，update()方法指定 RESTFul 风格的 HTTP 请求的 URL 和请求方式，代码如下：

```
//请求路径
url : "${pageContext.request.contextPath}/customer/" + v_id ,

//请求方式
type : "put",
```

15.4　通过 RestTemplate 类模拟客户程序

在实际的软件开发过程中，前端与后端的开发团队分别开发各自的软件模块。对于采用 RESTFul 风格的 Web 应用，如果等到前端与后端均开发完成自己的模块后，才整体调试和运行程序，就会大大影响软件开发的效率。

Spring API 提供了一个 org.springframework.web.client.RestTemplate 类，它支持在服务器端单独测试负责处理 RESTFul 风格的 HTTP 请求的控制器类。

RestTemplate 类提供了以下 4 个方法，模拟客户端，发出 RESTFul 风格的 HTTP 请求。

(1) 新增操作：postForEntity(String url, Object request, Class<T> responseType, Object... uriVariables)。

(2) 更新操作：put(String url, Object request, Object... uriVariables)。

(3) 删除操作：delete(String url, Object... uriVariables)。

(4) 查询操作：getForObject(String url, Class < T > responseType, Object... uriVariables)。

这 4 个方法分别采用 POST、PUT、DELETE 和 GET 请求方式，请求服务器端执行新增、更新、删除和查询操作。url 参数指定请求访问的 URL，request 参数表示请求正文数据，responseType 参数指定返回数据的类型，uriVariables 参数设定 URL 变量。

例程 15-4 通过 RestTemplate 类访问 CustomerController 类的各种请求处理方法。

例程 15-4 TestController. java

```
@Controller
public class TestController {
  @Autowired
  private RestTemplate restTemplate;
  private String SERVICE_URL =
               "http://localhost:8080/helloapp/customer";

  @RequestMapping("/insert")
  public String insert() {
    Customer customer = new Customer();
    customer.setId(null);
    customer.setName("Linda");
    customer.setAge(18);

    // 发送 POST 请求
    StringResult result =  restTemplate.postForObject(
                    SERVICE_URL , customer,StringResult.class);
    System.out.println(result);
    return "result";
  }

  @RequestMapping("/update")
  public String update() {
    Customer customer = new Customer();
    customer.setId(Long.valueOf(1L));
    customer.setName("Linda");
    customer.setAge(18);

    // 发送 PUT 请求
    restTemplate.put(SERVICE_URL + "/1" , customer);
    System.out.println("更新完毕");
    return "result";
  }

  @RequestMapping("/delete")
  public String delete() {
    // 发送 DELETE 请求
```

```
    restTemplate.delete(SERVICE_URL + "/1");
    System.out.println("删除完毕");
    return "result";
  }

  @RequestMapping("/findone")
  public String findById() {
    // 发送 GET 请求
    Customer customer = restTemplate.getForObject(SERVICE_URL + "/1",
                                                  Customer.class);
    if(customer!= null)
      System.out.println(customer.getId() + ","
                      + customer.getName() + "," + customer.getAge());
    return "result";
  }

  @RequestMapping("/findall")
  public String findAll() {
    // 发送 GET 请求
    Customer[] customers = restTemplate
              .getForObject(SERVICE_URL,Customer[].class);
    System.out.println("查询到" + customers.length + "个 Customer 对象");
    for(Customer c : customers)
      System.out.println(c.getId() + "," + c.getName() + "," + c.getAge());
    return "result";
  }
}
```

TestController 类的 restTemplate 实例变量由 Spring 框架提供，在 Spring 的配置文件 applicationContext.xml 中配置了 restTemplate Bean 组件，代码如下：

```
<bean id = "restTemplate"
          class = "org.springframework.web.client.RestTemplate" />
```

通过浏览器访问以下 URL：

```
http://localhost:8080/helloapp/insert
http://localhost:8080/helloapp/update
http://localhost:8080/helloapp/findone
http://localhost:8080/helloapp/findall
http://localhost:8080/helloapp/delete
```

这些 URL 会访问 TestController 类的相关方法，而这些方法又会通过 RestTemplate 类发出 RESTFul 风格的 HTTP 请求，请求访问 CustomerController 类的相关方法。

15.5 小结

在 RESTFul 风格的 HTTP 请求中，GET 请求方式、POST 请求方式、PUT 请求方式和 DELETE 请求方式被赋予了新的含义，分别是指向数据库执行查询、新增、更新和删除操作。URL 中还可以包含变量。

这种新的含义由控制器类来解读。在控制器类的请求处理方法中，会根据特定的请求方式来调用业务逻辑服务层的相关方法，执行 CRUD 操作。请求处理方法还会通过@PathVariable 注解读取 URL 中的变量。

Spring API 提供的 RestTemplate 类能够模拟客户程序，发出 RESTFul 风格的 HTTP 请求，从而测试服务器端的控制器类的功能。图 15-2 显示了本章范例中各个组件之间的调用关系。

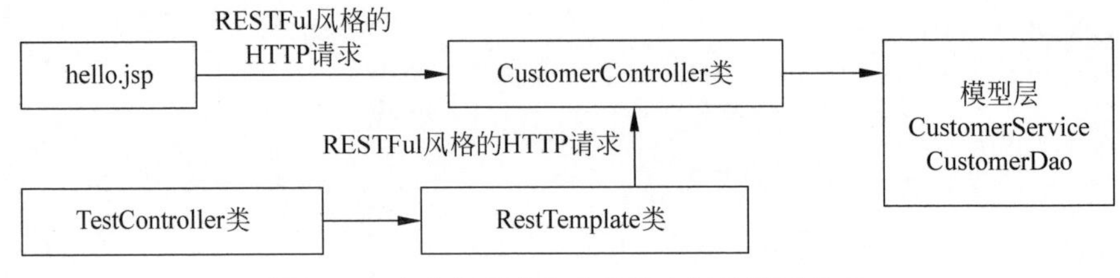

图 15-2　本章范例中各个组件之间的调用关系

15.6 思考题

1. 对于 RESTFul 风格，(　　)HTTP 请求方式对应 CRUD 中的更新操作。(单选)

   A. GET　　B. PUT　　C. POST　　D. DELETE

2. (　　)符合 RESTFul 风格，表示查询 id 为 50 的 Customer 对象。(单选)

   A. http://localhost:8080/helloapp/customer/50，请求方式为 POST

   B. http://localhost:8080/helloapp/customer? id=50，请求方式为 GET

   C. http://localhost:8080/helloapp/customer/50，请求方式为 DELETE

   D. http://localhost:8080/helloapp/customer/50，请求方式为 GET

3. @RestController 注解是(　　)注解的结合。(单选)

   A. @Controller 和@RequestBody

   B. @ResponseBody 和@RequestBody

   C. @Controller 和@ResponseBody

   D. @Controller 和@PathVariable

4. 以下选项中的 restTemplate 变量是 RestTemplate 类型，customer 变量引用 id 为 1 的 Customer 对象。(　　)用于更新 id 为 1 的 Customer 对象。(单选)

   A. restTemplate.put("http://localhost:8080/helloapp/customer/1"，customer);

   B. restTemplate.getForObject("http://localhost:8080/helloapp/customer/1"，customer);

   C. restTemplate.postForEntity("http://localhost:8080/helloapp/customer/1"，customer);

   D. restTemplate.put("http://localhost:8080/helloapp/customer? id=1"，customer);

5. 以下说法正确的是(　　)。(多选)

   A. RESTFul 是 HTTP 协议的最新版本中的规范

   B. RESTFul 对一些 HTTP 请求方式赋予了 CRUD 的含义

   C. Servlet 容器提供了专门的 REST 引擎，负责解析 RESTFul 风格的 HTTP 请求

D. 控制器类通过@PathVariable注解读取RESTFul风格的URL中的变量

6. 客户端发送了一个RESTFul风格的HTTP请求，要求新增一个Customer对象，在控制器类中应该用(　　)声明处理该请求的方法。(多选)

A.

```
@RequestMapping(value = "/customer", method = RequestMethod.POST)
public StringResult insert(@RequestBody Customer customer){...}
```

B.

```
@RequestMapping(value = "/customer", method = RequestMethod.POST)
public StringResult insert(@RequestParam Customer customer){...}
```

C.

```
@RequestMapping(value = "/customer", method = RequestMethod.INSERT)
public StringResult insert(Customer customer){...}
```

D.

```
@PostMapping("/customer")
public StringResult insert(@RequestBody Customer customer){...}
```

第16章

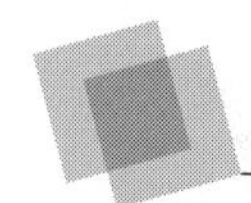

WebFlux响应式编程

视频讲解

在介绍本章主题之前，先通过一个生活例子来解释异步非阻塞通信的概念。小王去饺子店买水饺，先在收银台付钱，再领取自己的水饺。小王领取水饺有以下两种模式。

(1) 同步阻塞模式：小王必须排队等候，直到领到水饺为止。如果队伍很长，或者水饺还在烧煮过程中，那么小王不得不等待很长时间。这种等待的状态也称为阻塞状态。在阻塞状态中，小王没有办法处理其他的事情，如去旁边的水果店买些水果。假如小王一定要中断阻塞去干其他事情，那么接下来还需要重新排队，等候水饺。

(2) 异步非阻塞模式：水饺店给小王分配了一个就餐号码。小王不必排队等候，只需要经常留意一下店员是否叫过自己的号码。如果已经叫过自己的号码，就说明自己的水饺已经准备就绪，可以领取水饺。小王在未领到水饺的这段时间内，可以去处理其他事情，如去旁边的水果店买些水果。

由此可见，异步非阻塞模式的一个特征是不用为了等待特定资源而长时间的阻塞。它的另一个特征是允许陆陆续续地获取资源。例如，小芳到饭店点了 6 道菜，饭店给小芳上菜有以下两种模式。

(1) 同步阻塞模式：饭店把 6 道菜全部烧好，再一次性地给小芳端上桌。

(2) 异步非阻塞模式：饭店把烧好的菜先给小芳端上桌。有时给小芳送一道菜，有时送两道菜，小芳可以一边吃菜，一边等待下一道菜。

水饺店给小王提供水饺和饭店给小芳上菜的过程与网络中 Web 服务器端和浏览器的通信过程很相似。水饺和菜类似通信双方交互的数据。Web 服务器端和浏览器的通信有两种模式：同步阻塞模式和异步非阻塞模式。表 16-1 对这两种通信模式做了比较。

表 16-1　同步阻塞通信模式和异步非阻塞通信模式

通信模式	接收方	发送方
同步阻塞模式	在接收特定大小的数据时，必须一直等待，直到接收到了特定大小的数据，或者已经接收到了所有剩余的不足特定大小的数据	在发送特定大小的数据时，必须一直等待，直到发送完特定大小的数据，或者已经发送完所有剩余的不足特定大小的数据

续表

通信模式	接收方	发送方
异步非阻塞模式	在接收特定大小的数据(如 10M 数据)时,无须一直等待。接收方会经常去查询发送方是否发送了一些数据,如果已经发送了部分数据(如 1M 数据),那么就先读取并处理部分数据。接收方不断轮询,直到接收到了所有的数据	在发送特定大小的数据(如 10M 数据)时,无须一直等待。不断尝试发送数据直到发送完所有的数据,而实际上每次发送的数据大小受限于网络的带宽和传输速度等因素

接收方或发送方都可以单方面采用同步阻塞模式或异步非阻塞模式。再以饭店给小芳上菜为例,饭店作为发送方,如果采用异步非阻塞模式,那么饭店会陆陆续续地把烧好的菜给小芳端上桌,并且在给小芳送菜的间隙,还可以为别的顾客烧菜或送菜。小芳作为接收方,如果采用同步阻塞模式,就意味着无论饭店采用什么模式上菜,小芳都坚持要等到所有的菜上齐才开始用餐。

异步非阻塞模式可以减少接收或发送数据的等待时间,充分利用本来只能等待的时间去做其他的事情,在某些情况下,这种模式具有更好的通信效率和并发性能。但是,并不是在所有的场合,异步非阻塞模式都会发挥它的优势。以生活中的例子来说明,例如,住在西藏拉萨的小丁向上海的一个口罩厂商订购了 1000 只口罩。如果口罩厂商采用异步非阻塞模式,就意味着口罩厂商会陆陆续续地给小丁发送口罩,直到所有口罩发送完毕。如果小丁也采用异步非阻塞模式,就意味着小丁会经常收到取货的短信通知,陆陆续续地接收口罩。考虑到昂贵的运输成本,并且对小丁来说,频繁取货的过程也很烦琐,这时采用异步非阻塞模式显然是不划算的。

总的来说,异步非阻塞模式适用于以下三种通信场合。

(1) 传输的数据量很大,传输时间长。

(2) 接收方在接收到部分数据后,就可以对数据进行处理。

(3) 高并发,如一个网站同时被十万或更多的用户在线访问。

总的来说,同步阻塞模式适用于以下 4 种通信场合。

(1) 传输的数据量小,传输时间短。

(2) 接收方必须接收到全部数据后,才能对数据进行处理。

(3) 低并发,网站的在线用户不是很多,可以保证每个用户有较快的响应速度。

(4) 接收方并不急于接收到数据,有足够的时间等待接收到所有数据后再处理。

以上提供的适合两种通信模式的通信场合仅作为参考,到底采用哪种通信模式,还是要根据具体的应用需求来决定。

早期的 HTTP 协议采用同步阻塞模式。浏览器发出第一个 HTTP 请求后,必须等接收到了 Web 服务器端发出的第一个 HTTP 响应,浏览器才会发出第二个 HTTP 请求,参见图 16-1。

HTTP 2 开始支持异步非阻塞模式。如图 16-2 所示,浏览器可以同时发出多个 HTTP 请求,然后陆陆续续地接收 Web 服务器端发回来的 HTTP 响应。有可能浏览器先接收到针对第 2 个请求和第 3 个请求的响应结果,然后再接收到针对第 1 个请求的响应结果,这是因为服务器端处理第 1 个请求所花的时间特别长,或者第 1 个响应结果的数据量特别大。

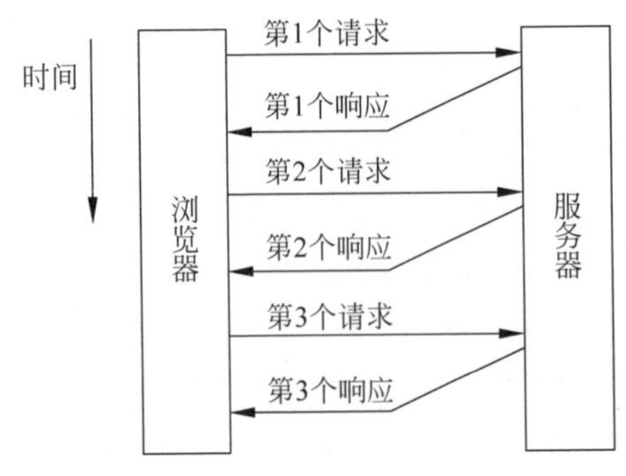

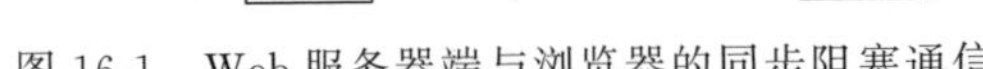
图 16-1 Web 服务器端与浏览器的同步阻塞通信

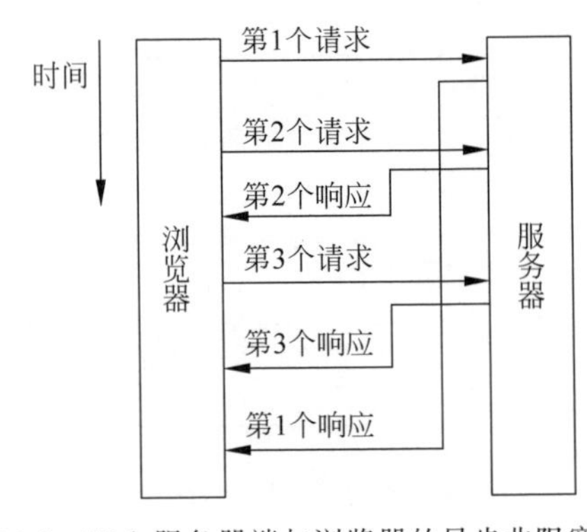

图 16-2 Web 服务器端与浏览器的异步非阻塞通信

此外，浏览器在接收每个响应结果时，不是在某个时间点一下子接收到响应结果中的所有数据，而是在一段时间内，陆陆续续接收数据，直到接收完所有数据。例如在图 16-2 中，当浏览器发出第 1 个请求后，就开始陆陆续续地接收第 1 个响应结果的数据，但是由于第 1 个响应结果的数据量太大，直到第 3 个响应结果的数据都已经接收完毕，才接收完第 1 个响应结果的所有数据。

一些 Web 服务器端，如 Tomcat 和 Jetty，它们的新版本都支持异步非阻塞通信。而 Netty 服务器端从一开始就支持异步非阻塞通信。

本章介绍通过 Spring 的 WebFlux 框架来开发支持异步非阻塞通信的 Web 应用。WebFlux 框架封装了底层异步非阻塞通信的细节，简化了开发异步非阻塞的 Web 应用的过程。

本章范例利用 Intellij IDEA 集成开发工具来进行开发，本书配套源代码包的 sourcecode/chapter16/helloapp 目录包含了整个开发项目的源代码。

16.1 Spring WebFlux 框架概述

当 Web 服务器端和客户程序进行异步非阻塞通信时，网络的各个通信层分别采用不同的技术来实现。在套接字层，需要创建支持非阻塞通信的套接字。而在应用层，通过响应式(Reactive)编程模型来封装下层非阻塞通信的细节，如图 16-3 所示。

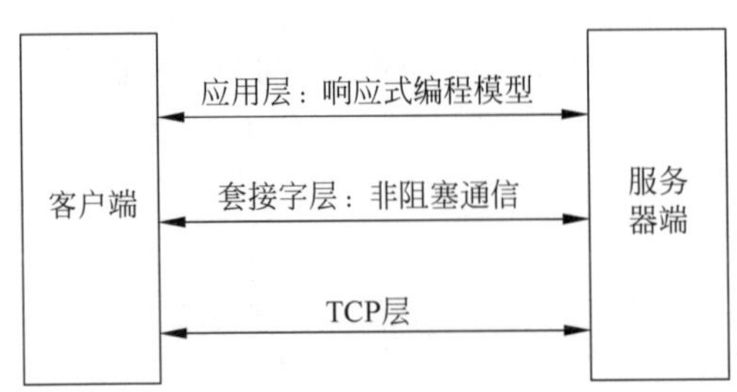

图 16-3 响应式编程模型位于网络通信的应用层

在响应式编程模型中，数据流(Stream)陆陆续续地从发送方(Publisher)“流向”接收方(Subscriber)。之所以称作响应式编程，是因为接收方会更加主动地对发送方发送的数据做出响应，还可以通知发送方及时调整发送数据的行为，这个过程叫作背压（Back Pressure）。如果把发送方发送数据比作从水管里流出水，那么接收方相当于持有一个水龙头，它可以控制何时出水、何时停止出水，以及调整水流的大小。换句话说，接收方在接收数据时，拥有更多的主动权。而在阻塞通信模式中，接收方处于阻塞状态，被动地等待接收方发送数据。

提示："响应"这个词最初用在服务器端，服务器端对客户端的请求做出"响应"。而响应式编程中的"响应"是英文单词 Reactive 的中文翻译，实际上，它未能贴切地表达 Reactive 的本义。Reactive 中的 Re 意味着客户端对服务器端做出积极的回馈反应，所以响应式编程主要是指客户端可以更加积极主动地控制通信的过程。但是，客户端为了获得主动权，也需要付出代价。服务器端与客户端之间需要更紧密的配合，采用更加复杂的协议进行通信。客户端与服务器端都需要运用诸多框架和算法来支持异步非阻塞通信。所以，前端编程的工作量也越来越庞大。本书主要讲的是后端编程。

在响应式编程领域，由第三方提出了许多规范和 API，运用比较广泛的是开源组织 AdoptOpenJDK 制定的 Reactive Stream API，在这个 API 中，最核心的接口包括以下两种。

(1) org. reactivestreams. Publisher 接口：表示数据发送方。

(2) org. reactivestreams. Subscriber 接口：表示数据接收方。

随后，Oracle 公司在 JDK 9 中也加入了响应式编程规范以及相应的 JDK Stream API，在这个 API 中，最核心的类是 java. util. concurrent. Flow，它包含一些静态的内部接口：

(1) Flow. Publisher 接口：表示数据发送方。

(2) Flow. Subscriber 接口：表示数据接收方。

为了与 JDK Stream API 兼容，在 AdoptOpenJDK 的 Reactive Stream API 中提供了用于兼容 JDK Stream API 的适配器类。

无论是 JDK Stream API，还是 AdoptOpenJDK 的 Reactive Stream API，都仅按照规范提供了响应式编程的接口，而没有提供真正的实现。开源项目 Reactor 软件包则实现了响应式编程模型，在 Reactor API 包中，比较核心的类包括：

(1) reactor. core. publisher. Flux 类：表示能够发送 0 到 n 个元素的数据发送方。

(2) reactor. core. publisher. Mono 类：表示能够发送 0 到 1 个元素的数据发送方。

Flux 类和 Mono 类都实现了 Reactive Stream API 中的 org. reactivestreams. Publisher 接口。以下代码通过 Mono 类发送一个 Customer 对象，通过 Flux 类发送多个 Customer 对象。

```
Customer customer = …
Mono < Customer > mono = Mono. just(customer);          //设定发送一个 Customer 对象

List < Customer > customers = …
//设定发送 customers 列表中的多个 Customer 对象
Flux < Customer > flux =  Flux. fromIterable(customers);
```

值得注意的是，对于 Mono 类发送的数据，只有当接收方接收（也称作订阅）数据时，发送方才会真正发送数据。接收方接收数据有两种方式。第一种方式是调用 Mono 类的 block()方法，按照同步阻塞方式接收数据，代码如下：

```
//发送方发送 Hello 字符串
Mono<String> mono = Mono.just("Hello");

//接收方按照同步阻塞方式接收 Hello 字符串
String value = mono.block();
```

第二种方式是采用异步非阻塞方式接收数据，代码如下：

```
//发送方发送 Hello 字符串
Mono<String> mono = Mono.just("Hello");

//接收方按照异步非阻塞方式接收 Hello 字符串
mono.subscribe(
    value -> System.out.println(value),
    error -> error.printStackTrace()
);
```

mono.subscribe()方法指定了接收数据的处理行为，如果正确收到数据，就打印它；如果遇到异常，就打印错误信息。执行 mono.subscribe()方法的线程不会在 subscribe()方法中阻塞。subscribe()方法仅向底层的 Reactor 实现提交了一个异步接收数据的任务。

如何把响应式编程模型运用到 Java Web 应用中呢？Spring WebFlux 框架就是支持响应式编程的 Java Web 应用的框架，它和 Reactor API 的关系参见图 16-4。

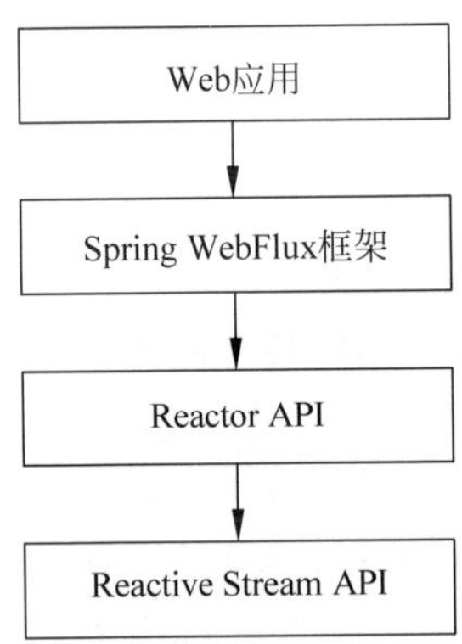

图 16-4 Spring WebFlux 框架和 Reactor API 的关系

Spring WebFlux 框架集成了 Reactor API，同时依然可以按照 MVC 的分层思想来处理 HTTP 请求，WebFlux 框架支持以下两种开发模式。

(1) 注解开发模式：用@Controller 注解和@RestController 注解来指定控制器类，用@RequestMapping 注解、@GetMapping 注解和@PostMapping 等注解来映射 URL，参见 16.3 节。

(2) 函数式开发模式：创建任意的相当于控制器类的请求处理类。在请求处理类中，ServerRequest 接口表示客户请求，ServerResponse 接口表示响应结果，Mono<ServerResponse>

表示异步非阻塞的响应结果，RouterFunction 路由函数接口用来设定映射路径，参见 16.4 节。

16.2 WebFlux 框架访问 MySQL 数据库

传统的关系数据库，如 MySQL，采用同步阻塞模式与客户程序通信。例如，当程序向数据库查询 CUSTOMERS 表中的所有记录时，如果 MySQL 还没有返回查询结果，那么程序就会阻塞，直到获得查询结果。

如图 16-5 所示，假如采用 WebFlux 框架的 Web 应用与浏览器进行异步非阻塞通信，而 Web 应用与数据库进行同步阻塞通信，那么对于浏览器的用户而言，还是无法体验到异步非阻塞通信的优势。

图 16-5 Web 应用与数据库采用同步阻塞通信

为了克服上述问题，有以下两种解决方案。

(1) 采用支持异步非阻塞通信的数据库，如 MongoDB 数据库，参见图 16-6。

图 16-6 Web 应用与数据库采用异步非阻塞通信

(2) 采用传统的关系数据库，如 MySQL。通过 Spring Data R2DBC(Reactive Relational Database Connectivity)连接器对数据库进行异步非阻塞通信，参见图 16-7。本章范例采用这种解决方案。

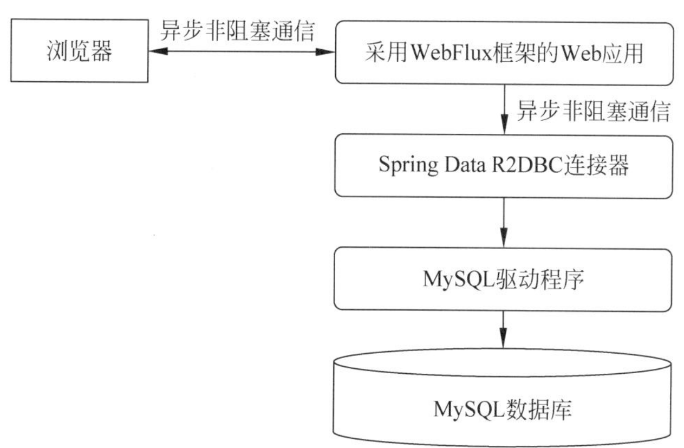

图 16-7 Web 应用通过 Spring Data R2DBC 连接器与关系数据库采用异步非阻塞通信

16.3 WebFlux 框架的注解开发模式

对于已经熟悉 Spring Web MVC 框架的开发人员来说,用@Controller 和@RequestMapping 等注解开发基于 WebFlux 框架的 Web 应用比较容易上手。由于 WebFlux 框架并不依赖 Servlet API,因此在采用 WebFlux 框架的控制器类的请求处理方法中,不能访问来自 Servlet API 的 HttpServletRequest 和 HttpServletResponse 等接口。

本节介绍的范例还是采用 MVC 设计模式,分为视图层、控制器层和模型层,图 16-8 展示了本节范例的主要架构。

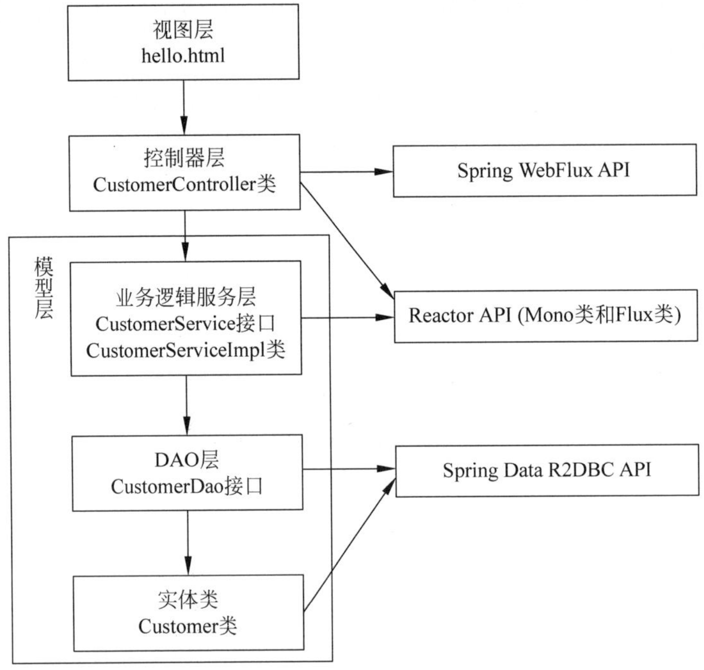

图 16-8 helloapp 应用的主要架构图

16.3.1 用 R2DBC 映射注解来映射 Customer 实体类

Spring Data R2DBC API 属于 Spring Data API。因此,尽管 R2DBC 连接器致力于和数据库进行异步非阻塞通信,但是它的 API 的用法和第 13 章介绍的 Spring Data API 的用法很相似。

在 Customer 实体类中,需要通过 R2DBC 映射注解设定 Customer 类和数据库中 CUSTOMERS 表的映射关系。例程 16-1 是 Customer 类的源代码。

例程 16-1 Customer.java

```
package mypack;
import org.springframework.data.annotation.Id;
```

```
import org.springframework.data.relational.core.mapping.Table;
import org.springframework.data.relational.core.mapping.Column;

@Table("CUSTOMERS")
public class Customer {
  @Id
  @Column("ID")
  private Long id;

  @Column("NAME")
  private String name;

  @Column("AGE")
  private int age;

  public Customer() {}
  public Customer(Long id) {this.id = id;}
  public Customer(String name, int age) {
    this.name = name;
    this.age = age;
  }
  //省略显示 get 和 set 方法
  …
}
```

@Table 注解和@Column 注解来自 Spring R2DBC API,而不是来自 JPA API。

16.3.2 创建 CustomerDao 接口

CustomerDao 接口继承了 Spring R2DBC API 中的 ReactiveCrudRepository 接口,例程 16-2 是 CustomerDao 接口的源代码。

例程 16-2 CustomerDao.java

```
package mypack;
import org.springframework.stereotype.Component;
import org.springframework.stereotype.Repository;
import org.springframework.data.repository
                    .reactive.ReactiveCrudRepository;

@Repository("customerDao")
public interface  CustomerDao
            extends  ReactiveCrudRepository<Customer,Long>{}
```

CustomerDao 接口继承了 ReactiveCrudRepository 接口的 save()方法、delete()方法、findById()方法和 findAll()方法,Spring 框架在运行时会为 CustomerDao 接口的方法自动提供动态实现,所以程序不必实现 CustomerDao 接口。

值得注意的是,CustomerDao 接口的方法的返回类型是 Mono 类型或 Flux 类型,这体

现了程序访问数据库的异步非阻塞的通信方式,如:

```
Mono<Customer> save(Customer customer)
Mono<Void> delete(Customer customer)
Mono<Customer> findById(Long id)
Flux<Customer> findAll()
```

16.3.3 创建 CustomerService 业务逻辑服务接口以及实现类

CustomerService 接口中的方法的返回类型也是 Mono 类型或者 Flux 类型,参见例程 16-3。

例程 16-3 CustomerService.java

```
package mypack;
import reactor.core.publisher.Flux;
import reactor.core.publisher.Mono;

public interface CustomerService {
  public Mono<Customer> insertCustomer(Customer customer);
  public Mono<Customer> updateCustomer(Customer customer);
  public Mono<Void> deleteCustomer(Customer customer);
  public Mono<Customer> findCustomerById(Long customerId);
  public Flux<Customer> findAllCustomers();
}
```

CustomerServiceImpl 类通过 CustomerDao 接口访问数据库,进行异步非阻塞通信,参见例程 16-4。

例程 16-4 CustomerServiceImpl.java

```
package mypack;
import org.springframework.beans.factory.annotation.Autowired;
import org.springframework.stereotype.Service;
import reactor.core.publisher.Flux;
import reactor.core.publisher.Mono;

@Service("customerService")
public class CustomerServiceImpl implements CustomerService{
  @Autowired
  private CustomerDao customerDao;

  public Mono<Customer> insertCustomer(Customer customer){
    return customerDao.save(customer);
  }

  public Mono<Customer> updateCustomer(Customer customer){
    return customerDao.save(customer);
  }
```

```
    public Mono<Void> deleteCustomer(Customer customer){
      return customerDao.delete(customer);
    }

    public Mono<Customer> findCustomerById(Long customerId){
      return customerDao.findById(customerId);
    }

    public Flux<Customer> findAllCustomers(){
      return customerDao.findAll();
    }
}
```

16.3.4 创建 CustomerController 类

WebFlux 框架中的 CustomerController 类尽管也用@RestController 注解来标识，但是它的实现原理和 Spring MVC 框架中的控制器类不一样。WebFlux 框架不依赖 Servlet API，因此 WebFlux 框架中不存在中央控制枢纽 DispatcherServlet。

例程 16-5 是 CustomerController 类的源代码，它采用 RESTFul 的编程风格。CustomerController 类通过 CustomerService 接口访问数据库，它的所有请求处理方法的返回类型是 Mono 类型或 Flux 类型。

例程 16-5 CustomerController.java

```
@RestController
public class CustomerController{
  @Autowired
  private CustomerService customerService;

  @PostMapping("/customer")
  public Mono<Customer> insert(@RequestBody Customer customer) {
    customer.setId(null);
    return customerService.insertCustomer(customer);
  }

  @PutMapping("/customer/{id}")
  public Mono<Customer> update(@PathVariable("id")Long id,
                               @RequestBody Customer customer) {
    return customerService.updateCustomer(customer);
  }

  @DeleteMapping("/customer/{id}")
  public Mono<Void> delete(@PathVariable("id")Long id) {
    Customer customer = new Customer(id);
    return customerService.deleteCustomer(customer);
  }
```

```
@GetMapping("/customer/{id}")
public Mono<Customer> findById(@PathVariable("id") Long id) {
  System.out.println("id = " + id);
  return customerService.findCustomerById(id);
}

@GetMapping("/customer")
public Flux<Customer> findAll() {
  return customerService.findAllCustomers();
}

@RequestMapping(value = "/quote", method = RequestMethod.GET)
public Flux<Integer> quote() {
  return doQuote();
}
@RequestMapping(value = "/quotestream",
    method = RequestMethod.GET, produces = "application/stream+json")
public Flux<Integer> quotestream() {
  return doQuote();
}
public Flux<Integer> doQuote() {
  List<Integer> scores = new ArrayList<Integer>();
  int num = 1024 * 1024;
  for(int i = 0; i < num; i++)
    scores.add(i);

  return Flux.fromIterable(scores);
 }
}
```

以上 CustomerController 类与例程 15-1 的 CustomerController 类都能对数据库中的 Customer 对象进行 CRUD 操作，区别在于本节的 CustomerController 类与浏览器客户以及与数据库都是进行异步非阻塞通信。

CustomerController 类中还定义了两个用于演示 Flux 类的用法的 quote()方法和 quotestream()方法，代码如下：

```
@RequestMapping(value = "/quote", method = RequestMethod.GET)
public Flux<Integer> quote(){
  return doQuote();
}

@RequestMapping(value = "/quotestream",
        method = RequestMethod.GET, produces = "application/stream+json")
public Flux<Integer> quotestream(){
  return doQuote();
}
```

quote()方法和 quotestream()方法都调用 doQuote()方法，而 doQuote()方法又调用了

Flux.fromIterable(scores)方法，该方法指定按照异步非阻塞方式发送 scores 列表中的元素。

尽管 quote()方法和 quotestream()方法的实现代码相同，但是这两个方法的@RequestMapping 注解的 produces 属性的取值不一样，produces 属性用来设置响应结果的数据类型。

对于采用 RESTFul 风格的 CustomerController 类，quote()方法的@RequestMapping 注解的 produces 属性取值是默认的 application/json，而 quotestream()方法的@RequestMapping 注解的 produces 属性被显式设置为 application/stream+json。

用 Intellij IDEA 运行本范例程序，再通过浏览器分别访问 quote()以及 quotestream()方法的 URL：http://localhost:8080/quote 和 http://localhost:8080/quotestream。

将看到如图 16-9 和图 16-10 所示的网页。

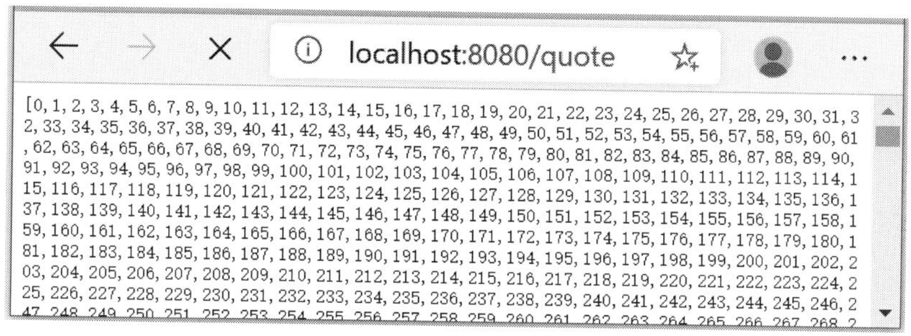

图 16-9　quote()方法返回的网页

图 16-10　quotesteam()返回的网页

对比图 16-9 和图 16-10 可以看出，@RequestMapping 注解的 produces 属性会影响浏览器对响应结果的处理行为。对于 application/json 类型的响应数据，浏览器会立刻把所有接收到的数据展示在网页上。而对于 application/stream+json 类型的响应数据，浏览器会一边接收数据，一边把已经接收到的数据展示到网页上。如何处理不同类型的响应数据，取决于浏览器与 Web 服务器端约定的协议。此外，在进行前端编程时，客户端脚本程序也有一定程度的自由发挥空间。

16.3.5　上传和下载文件

9.1 节和 9.2 节介绍了在 Spring Web MVC 框架中上传和下载文件的方法。本节介绍在 WebFlux 框架中采用异步非阻塞的方式上传或下载文件。

例程 16-6 中的 upload()方法和 download()方法分别用于上传和下载文件。

例程 16-6 FileController. java

```
@RestController
public class FileController {
  @PostMapping(value = "/upload",
        consumes = MediaType.MULTIPART_FORM_DATA_VALUE)
  public Mono<String> upload(
        @RequestPart("file") FilePart filePart) throws IOException {

    System.out.println(filePart.filename());
    File newFile = new File("C:\\helloapp", filePart.filename());
    newFile.createNewFile();
    Path destFile = Paths.get("C:\\helloapp", filePart.filename());

    //第一种上传方式
    filePart.transferTo(destFile.toFile());

    //第二种上传方式
    /*
    AsynchronousFileChannel channel =
               AsynchronousFileChannel.open(destFile,
                                    StandardOpenOption.WRITE);

    DataBufferUtils.write(filePart.content(), channel, 0)
               .doOnComplete(() ->{
                   System.out.println("finish");
               })
                   .subscribe();
    */

    System.out.println(destFile);
    return Mono.just(filePart.filename());
  }

  @GetMapping("/download")
  public Mono<Void> download (
                ServerHttpResponse response) throws IOException {

    String filename = "static\\book.png";
    ZeroCopyHttpOutputMessage zeroCopyResponse =
                         (ZeroCopyHttpOutputMessage) response;
    response.getHeaders().set(HttpHeaders.CONTENT_DISPOSITION,
                              "attachment; filename=" + filename);
    response.getHeaders().setContentType(MediaType.IMAGE_PNG);

    Resource resource = new ClassPathResource(filename);
    File file = resource.getFile();
    return zeroCopyResponse.writeWith(file, 0, file.length());
  }
}
```

1. 上传文件

下面对 9.1 节的 FileController 类的 upload()方法和本节的 upload()方法的声明形式做一个比较。

```
//9.1 节的 upload()方法
public String upload(HttpServletRequest request, MultipartFile file,
        Model model)

//本节的 upload()方法
public Mono<String> upload(@RequestPart("file") FilePart filePart)
```

9.1 节的 upload()方法的 file 参数为 org.springframework.web.multipart.MultipartFile 类型，它的 transferTo()方法采用同步阻塞的方式上传文件。同步阻塞是指只有当 file.transferTo()方法完成了上传任务，才会从该方法中返回，否则执行该方法的线程就会处于阻塞状态，无法执行后续的代码。

本节的 upload()方法的 filePart 参数为 org.springframework.http.codec.multipart.FilePart 类型，FilePart 类的 transferTo()方法采用异步非阻塞的方式上传文件。异步非阻塞是指 transferTo()方法仅向底层 Spring 框架提交了一个上传文件的任务，而执行 transferTo()方法的当前线程不会在方法中阻塞，而是立即退出来，执行后续代码，向客户端返回响应数据。所以当客户端收到响应结果时，有可能服务器端还在后台继续执行上传文件的任务。

FilePart 接口的 transferTo()方法的返回类型为 Mono<Void>，代码如下：

```
reactor.core.publisher.Mono<Void> transferTo(File dest)
```

本节介绍的上传文件有两种方式，第一种方式是调用 filePart 参数的 transferTo()方法，代码如下：

```
filePart.transferTo(destFile.toFile());
```

第二种方式是通过异步文件通道 java.nio.channels.AsynchronousFileChannel 来上传文件，代码如下：

```
AsynchronousFileChannel channel =
            AsynchronousFileChannel.open(
                    destFile, StandardOpenOption.WRITE);

DataBufferUtils.write(filePart.content(), channel, 0)
                .doOnComplete(() -> {
                    System.out.println("finish");
                })
                    .subscribe();
```

2. 下载文件

FileController 类的 download()方法的 response 参数表示响应结果，它属于

ServerHttpResponse 类型。ServerHttpResponse 接口来自 WebFlux API,它能够按照异步非阻塞的方式输出响应数据,这意味着客户端在下载文件的过程中不会被阻塞,可以同时执行其他的操作。

3. 运行程序

用 Intellij IDEA 运行本范例程序,再通过浏览器访问 http://localhost:8080/fileio.html,会出现如图 16-11 所示的网页。在网页上执行上传文件的操作,FileController 类会把文件上传到服务器端的 helloapp 根目录下。在网页上执行下载文件的操作,FileController 类会把服务器端的 helloapp\target\classes\static\book.png 文件下载到客户端。

图 16-11 fileio.html 网页

16.4 WebFlux 框架的函数式开发模式

函数式开发模式是和面向对象开发模式相对的一个概念。在面向对象的开发模式中,对象是程序中的主角,程序在运行时会创建各种对象,这些对象产生各种行为,彼此之间互相协作,最后产生运算结果。而在函数式开发模式中,实现特定功能的各种方法是程序中的主角,一个接一个的方法被调用,环环相扣,最后产生运算结果,就像生产流水线,而至于是哪些对象来提供这些方法,可以被忽略。

例如以下代码中的 Lambda 表达式就体现了函数式编程思想,Lambda 表达式定义了处理所接收到的数据的功能,而至于这些功能属于哪个匿名对象,在这里被忽略。

```
//发送方发送 Hello 字符串
Mono<String> mono = Mono.just("Hello");

//接收方按照异步非阻塞方式接收 Hello 字符串
mono.subscribe(
  value -> System.out.println(value),
  error -> error.printStackTrace()
);
```

由于 Java 语言本质是面向对象的开发语言,因此程序在引入函数式开发模式时,实际上是面向对象开发和函数式开发两种模式夹杂在一起。

在 WebFlux 框架的函数式开发模式中，控制器类是任意的用@Component 组件标识的类。例程 16-7 就是控制器类。

例程 16-7　DataHandler.java

```
…
import static org.springframework.web.reactive
                        .function.server.ServerResponse.ok;
@Component
public class DataHandler {
  public Mono<ServerResponse> greet(ServerRequest request) {
    String currentTime = "Now is "
          + new SimpleDateFormat("HH:mm:ss").format(new Date());

    return ok().contentType(MediaType.TEXT_PLAIN)
               .body(Mono.just(currentTime),String.class);
  }

  public Mono<ServerResponse> count(ServerRequest request) {
    List<Integer> scores = new ArrayList<Integer>();
    for(int i = 0;i<100000;i++)
      scores.add(i);

    Flux<Integer> data = Flux.fromIterable(scores);

    return ok()
               .contentType(MediaType.APPLICATION_STREAM_JSON)
               .body(data,Integer.class);
  }

  public Mono<ServerResponse> push(ServerRequest request) {
    List<Integer> scores = new ArrayList<Integer>();
    for(int i = 0;i<100000;i++)
      scores.add(i);

    //间隔 5 秒发送一次数据
    Flux<Integer> data = Flux.interval(Duration.ofSeconds(5))
                        .fromIterable(scores);
    return ok()
            .contentType(MediaType.TEXT_EVENT_STREAM)
            .body(data,Integer.class);
  }
}
```

DataHandler 类的请求处理方法有一个表示客户请求的 ServerRequest 类型的请求参数，返回类型是 Mono<ServerResponse>类型。DataHandler 类的 greet()方法、count()方法和 push()方法分别返回以下不同类型的响应结果：

(1) MediaType.TEXT_PLAIN：纯文本类型。

(2) MediaType.APPLICATION_STREAM_JSON：JSON 格式的异步非阻塞的数

据流。

(3) MediaType. TEXT_EVENT_STREAM：事件驱动的异步非阻塞的文本数据流。9.5 节已经介绍了这种类型的响应数据的发送和接收原理。

以 greet()方法为例，它的以下代码体现了函数式编程的思想。

```
import static org.springframework.web.reactive
                        .function.server.ServerResponse.ok;
…
return ok().contentType(MediaType.TEXT_PLAIN)
                      .body(Mono.just(currentTime),String.class);
```

ok()方法是静态引入的方法，它具有返回正常响应结果的功能。接下来又调用 contentType()方法和 body()方法设置响应结果的数据类型和正文内容。运算结果是由一系列的方法调用产生的，对象在程序中的主导地位被削弱了，这就体现了函数式编程的思想。

DataHandler 类没有用@Controller 注解标识，所以不能用@RequestMapping 等注解为它的请求处理方法设定映射路径。在这种情况下，用 RouterFunction 路由函数接口来设定映射路径，这种方式也称作设定路由。

在例程 16-8 中，为 DataHandler 类的三个请求处理方法均设定了路由。

例程 16-8　DataRouter. java

```
@Configuration
public class DataRouter {
  @Bean
  public RouterFunction<ServerResponse> route(
                                          DataHandler dataHandler) {
    return RouterFunctions
      .route(RequestPredicates.GET("/greet")
      .and(RequestPredicates.accept(MediaType.TEXT_PLAIN))
                                              ,dataHandler::greet)
      .andRoute(RequestPredicates.GET("/push")
      .and(RequestPredicates.accept(
                                        MediaType.TEXT_EVENT_STREAM))
                                        ,dataHandler::push)
      .andRoute(RequestPredicates.GET("/count")
      .and(RequestPredicates.accept(
                        MediaType.APPLICATION_STREAM_JSON)),
                        dataHandler::count);
  }
}
```

由于 DataRouter 类用@Configuration 注解标识，表明 DataRouter 类属于配置类，因此 Spring 框架在启动时会把 DataRouter 类设定的路由加载到内存中。root()方法用@Bean 注解标识，表明 root()方法返回的 RouterFunction 对象会作为 Bean 组件注册到 Spring 框架中。

在 Intellij IDEA 中运行本范例程序，DataRouter 类为 DataHandler 类的 greet()方法、push()方法和 count()方法设定的映射路径分别为 http://localhost:8080/greet、http://localhost:8080/push 和 http://localhost:8080/count。

16.5 用 Intellij IDEA 开发工具开发 WebFlux 应用

Intellij IDEA 是一个功能强大的 Java 软件开发工具，它能够与 Spring、ANT、Maven、Tomcat 和 Netty 等多种 Java 软件集成，为软件开发提供了统一便捷的开发环境。Intellij IDEA 的官方下载网址为 https://www.jetbrains.com。

下文把 Intellij IDEA 简称为 IDEA。安装好 IDEA 后，为了创建基于 Spring 的应用，需要安装 Spring Assistant 插件。在 IDEA 中选择 File→Settings→Plugins 选项，就可以安装 Spring Assistant 插件，参见图 16-12。

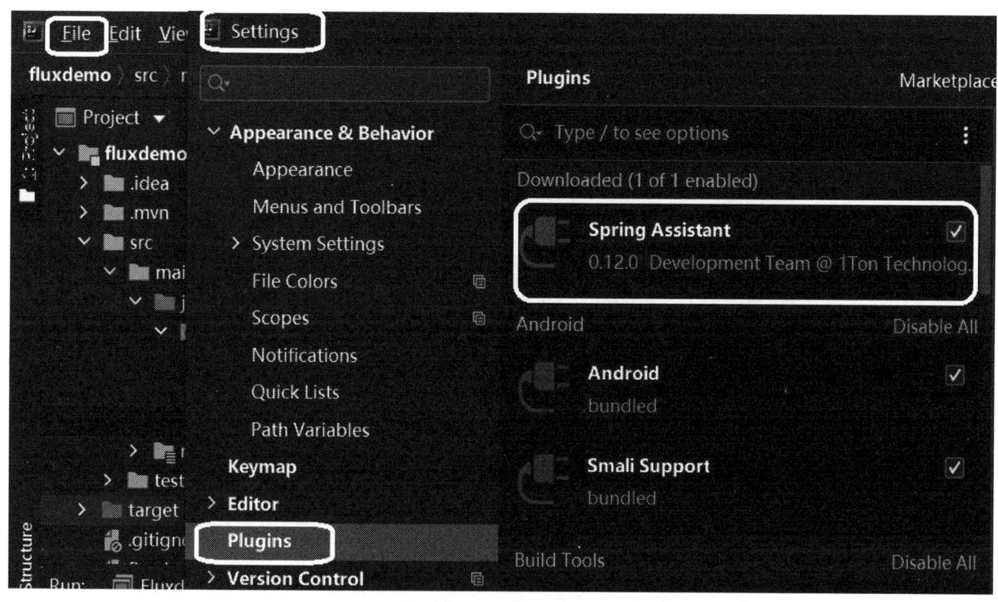

图 16-12 安装 Spring Assistant 插件

从前面章节创建的范例可以看出，创建一个基于 Spring 的 Web 应用很烦琐，需要下载程序所依赖的各种类库文件，还要创建配置文件，在配置文件中配置各种各样的 Bean 组件。Spring Assistant 插件会自动为开发人员提供 Web 应用所需要的类库文件以及基本的配置文件。Spring Assistant 插件还会启用 SpringBoot 工具，SpringBoot 工具会自动为 Web 应用程序创建一个启动类，这个启动类会启动嵌入式 Tomcat 或 Netty 等服务器端运行 Web 应用。Spring Assistant 大大简化了开发基于 Spring 框架的 Web 应用的过程。

16.5.1 搭建 helloapp 应用的基本框架

以下是通过 IDEA 以及 Spring Assistant 插件创建本章范例的基本框架的步骤。

(1) 在 IDEA 中，选择 File→New→Project→Spring Assistant 选项，创建一个基于

Spring Assistant 的应用，参见图 16-13。

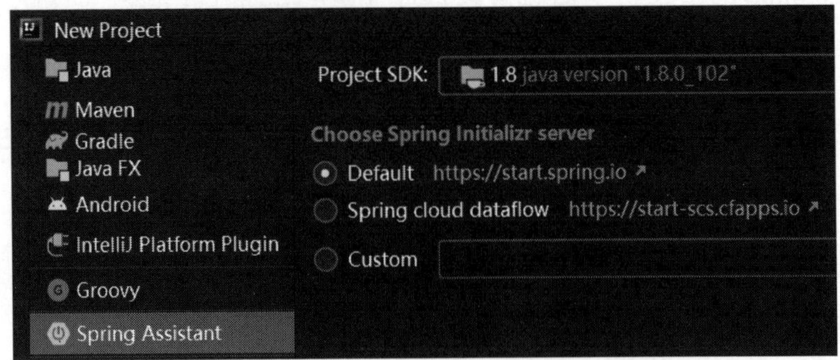

图 16-13 创建基于 Spring Assistant 的应用

（2）设置 helloapp 应用的名字、JDK 版本和包的名字等信息，参见图 16-14。

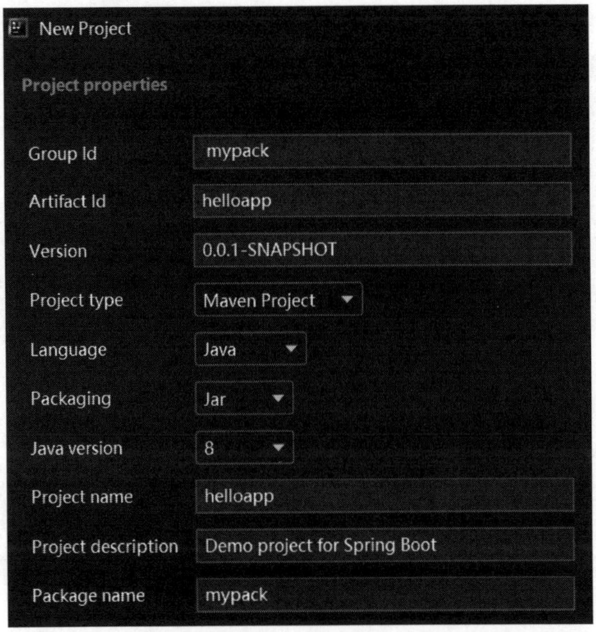

New Project
Project properties
Group Id mypack
Artifact Id helloapp
Version 0.0.1-SNAPSHOT
Project type Maven Project
Language Java
Packaging Jar
Java version 8
Project name helloapp
Project description Demo project for Spring Boot
Package name mypack

图 16-14 设置 helloapp 应用的基本信息

（3）在 Filter 窗口中，选择 Web→Spring Reactive Web 选项，参见图 16-15。Spring Assistant 会依据这个选择为应用程序提供所依赖的类库。

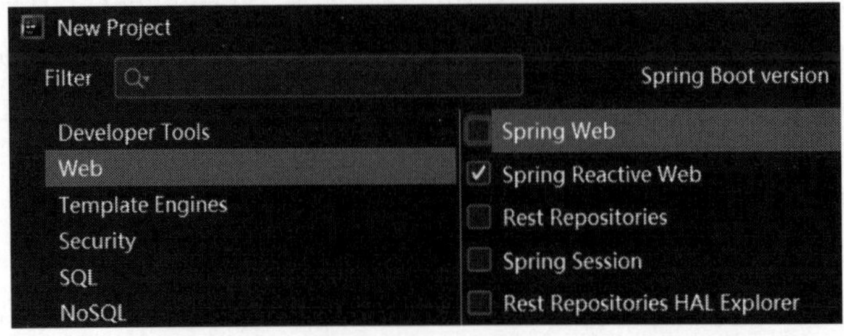

图 16-15 选择 Spring Reactive Web 选项

(4) 设定 helloapp 应用的根路径为 C:\helloapp，参见图 16-16。

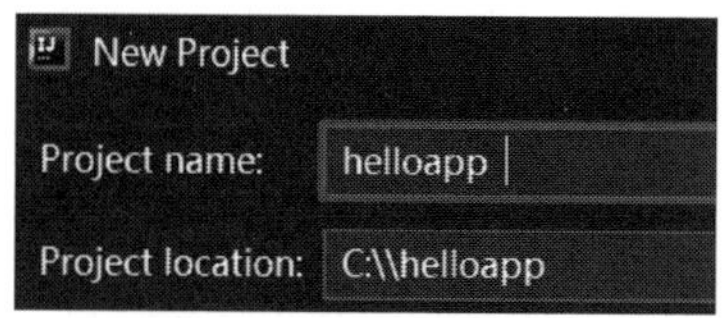

图 16-16 设定 helloapp 应用的根路径为 C:\helloapp

以上就是搭建 helloapp 应用的基本框架的步骤。IDEA 为 helloapp 应用生成的目录结构如图 16-17 所示。

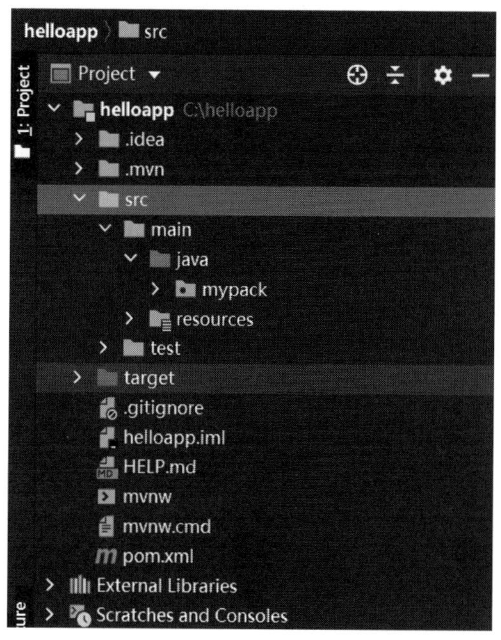

图 16-17 helloapp 应用的目录结构

16.5.2 创建 Java 类以及 Spring 属性配置文件

在本书配套源代码包的 chapter16/helloapp 目录下包含了本章范例作为 IDEA 工程的所有源代码。把配套源代码包的 chapter16/helloapp/src 目录下的内容复制到 C:/helloapp/src 目录下。src 目录包含以下内容。

(1) 在 src/main/java 目录中包含了范例的 Java 源文件。

(2) 在 src/main/resources 目录中包含了 application.properties 属性配置文件。

(3) 在 src/main/resources/static 目录中包含了 HTML 文件等静态资源文件。

src/main/resources/application.properties 属性配置文件为 Spring R2DBC，它设置了连接 MySQL 数据库的属性。

```
spring.r2dbc.url = r2dbc:mysql://127.0.0.1:3306/sampledb
                        ?useUnicode = true&characterEncoding = UTF - 8
                        &serverTimezone = GMT
                        &autoReconnect = true
                        &useSSL = false
                        &zeroDateTimeBehavior = convertToNull
spring.r2dbc.username = root
spring.r2dbc.password = 1234
spring.r2dbc.name = r2dbc
spring.r2dbc.pool.enabled = true
```

当 IDEA 创建(build)工程时，会把编译生成的 Java 类文件存放在 helloapp/target/classes 目录下，并且把 helloapp/src/main/resources 目录中的内容复制到 helloapp/target/classes 目录下。

16.5.3 创建 Maven 配置文件 pom.xml

本章范例依赖许多第三方类库文件。IDEA 通过 Maven 管理程序所依赖的类库文件。在 Maven 的配置文件 C:\helloapp\pom.xml 文件中，需要指定这些类库文件。以下是 pom.xml 文件中的主要内容。

```
<dependency>
  <groupId>org.springframework.boot</groupId>
  <artifactId>spring-boot-starter-data-r2dbc</artifactId>
</dependency>

<dependency>
  <groupId>org.springframework</groupId>
  <artifactId>spring-context</artifactId>
</dependency>

<dependency>
  <groupId>org.springframework.data</groupId>
  <artifactId>spring-data-r2dbc</artifactId>
</dependency>

<dependency>
  <groupId>org.springframework.boot</groupId>
  <artifactId>spring-boot-starter-webflux</artifactId>
</dependency>

<dependency>
  <groupId>org.springframework</groupId>
  <artifactId>spring-beans</artifactId>
</dependency>
```

```
<dependency>
  <groupId>org.springframework</groupId>
  <artifactId>spring-core</artifactId>
</dependency>
<dependency>
  <groupId>org.springframework</groupId>
  <artifactId>spring-expression</artifactId>
</dependency>
<dependency>
  <groupId>dev.miku</groupId>
  <artifactId>r2dbc-mysql</artifactId>
  <scope>runtime</scope>
</dependency>
<dependency>
  <groupId>mysql</groupId>
  <artifactId>mysql-connector-java</artifactId>
  <scope>runtime</scope>
</dependency>
```

IDEA 所集成的 Maven 工具会根据 pom.xml 文件，到网上仓库去下载相应的类库文件，把它们存放在本地机器上。在本书配套源代码包的 chapter16/helloapp/lib 目录下也包含了本章范例所依赖的所有类库文件。

16.5.4 由 Spring Boot 创建的 HelloappApplication 启动类

Spring Assistant 插件集成了 Spring Boot 项目。Spring Boot 会自动配置应用程序，并为应用程序提供启动类。用 IDEA 创建了 helloapp 应用的基本框架后，Spring Boot 会创建一个 HelloappApplication 类。为了启用 R2DBC 的功能，还需要增加@ EnableR2dbcRepositories 等注解。例程 16-9 是改进后的 HelloappApplication 的源代码。

例程 16-9 HelloappApplication.java

```
@EnableR2dbcRepositories
@EntityScan
@SpringBootApplication(scanBasePackages = "mypack")
public class HelloappApplication {
  public static void main(String[] args) {
    SpringApplication.run(HelloappApplication.class, args);
  }
}
```

16.5.5 运行 helloapp 应用

在 IDEA 中，选择 Build→Build Project 选项，就会编译整个 helloapp 应用。

本范例程序会访问 MySQL 数据库，所以要在 MySQL 中创建 SAMPLEDB 数据库和 CUSTOMERS 表。在配套源代码包的 chapter16/helloapp/schema/sampledb.sql 文件中

提供了创建 SAMPLEDB 数据库和 CUSTOMERS 表的 SQL 脚本。

在 IDEA 中,选择 Run→Run HelloappApplication 选项,就会运行 HelloappApplication 启动类。HelloappApplication 类会启动内置的 Netty 服务器端,它监听 8080 端口,参见图 16-18。

```
Run:  HelloappApplication
--- [  : No active profile set, falling back to defau
--- [  : Multiple Spring Data modules found, entering
--- [  : Bootstrapping Spring Data R2DBC repositories
--- [  : Finished Spring Data repository scanning in
--- [  : Netty started on port(s): 8080
--- [  : Started HelloappApplication in 8.772 seconds
```

图 16-18　运行 HelloappApplication 启动类

接下来,通过浏览器访问以下 URL,就可以访问 CustomerController 类、FileController 类和 DataHandler 类中的请求处理方法:

```
http://localhost:8080/hello.html        //访问 CustomerController 类
http://localhost:8080/fileio.html       //访问 FileController 类
http://localhost:8080/greet             //访问 DataHandler 类的 greet()方法
http://localhost:8080/push              //访问 DataHandler 类的 push()方法
http://localhost:8080/count             //访问 DataHandler 类的 count()方法
```

16.5.6　整合 JUnit 编写测试程序

IDEA 整合了 JUnit 测试工具,可以方便地在集成环境中灵活地编写或运行各种测试程序。

用 IDEA 搭建了 helloapp 应用的基本框架后,在 helloapp/src/test/java 目录下有一个 mypack.HelloappApplicationTests 类,它是由 Spring Boot 自动为 helloapp 应用创建的测试类。可以在这个类中添加各种测试方法,测试方法用@Test 注解标识,参见例程 16-10。

例程 16-10　HelloappApplicationTests.java

```
@SpringBootTest
public class HelloappApplicationTests {
  @Test
  void contextLoads() {}

  @Test
  void testMono()throws Exception{                //测试 Mono 类
    Mono<String> mono = Mono.just("Hello");      //发送 Hello 字符串
    mono.subscribe(
      value -> System.out.println(value),
      error -> error.printStackTrace()
    );
    Thread.sleep(3000);
  }
```

```
    @Test
    void testFlux()throws Exception{ //测试 Flux 类
      List<Integer> scores = new ArrayList<Integer>();
      for(int i=0;i<100000;i++) scores.add(i);

      Flux<Integer> flux = Flux.fromIterable(scores);
      flux.subscribe(
        value -> System.out.println(value),
        error -> error.printStackTrace()
      );
      Thread.sleep(3000);
    }

    @Test
    void testCustomerDao()throws Exception{ //测试 CustomerDao 接口
      Mono<Customer> mono = customerDao.findById(Long.valueOf(1));
      mono.subscribe(
        value -> {System.out.println(((Customer)value).getName());},
        error -> error.printStackTrace()
      );
      System.out.println("等待查询结果");
      Thread.sleep(10000);
    }
}
```

testMono()和 testFlux()方法用来测试 Mono 类和 Flux 类的用法。testCustomerDao()方法用于测试 CustomerDao 类。

在 IDEA 中运行 HelloappApplicationTests 类，就会执行这个类中所有用@Test 注解标识的测试方法。

16.6 小结

前文所介绍的 Spring Web MVC 框架是用于开发同步阻塞 Web 应用的框架，而 Spring WebFlux 框架是用于开发异步非阻塞 Web 应用的框架，图 16-19 把 Spring Web MVC 框架和 WebFlux 框架做了对比。

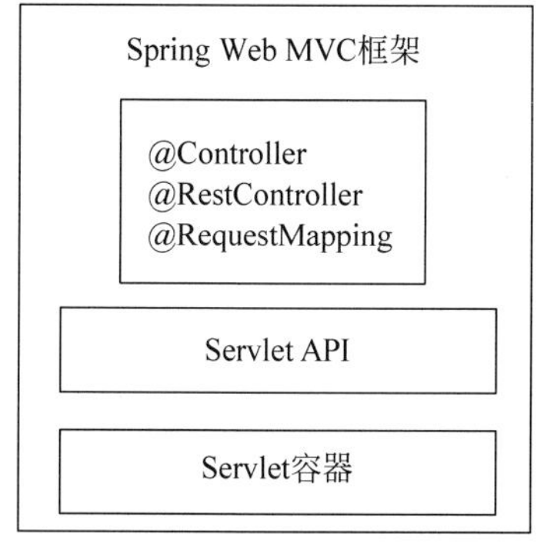

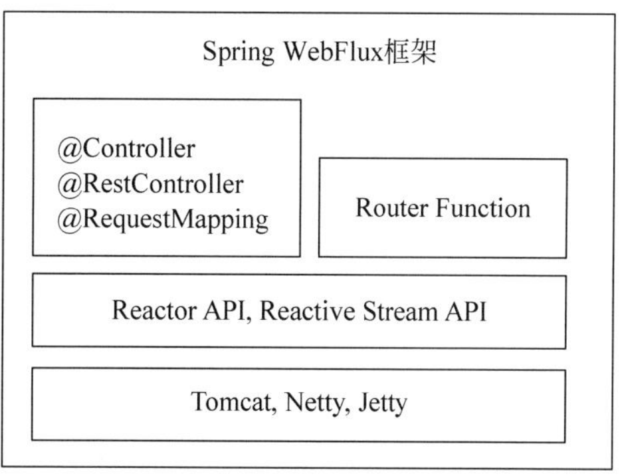

图 16-19 对比 Spring Web MVC 框架和 Spring WebFlux 框架

图 16-19 的左侧是传统的基于 Servlet API 的 Spring Web MVC 框架，右侧是从 Spring 5 版本开始引入的支持异步非阻塞通信的 Spring WebFlux 框架。

在 Web 容器的选择上，Spring WebFlux 框架既支持像 Tomcat 和 Jetty 这样的支持异步通信的传统容器，又支持像 Netty 这样的异步容器。不管是何种 Web 容器，Spring WebFlux 框架都会将其输入输出流适配成 Flux 类型或 Mono 类型，以便进行统一处理。

Reactor API 中的 Flux 类和 Mono 类表示数据发布者，Flux 类会发送 0 个或多个元素，而 Mono 类会发送 0 个或 1 个元素。

WebFlux 框架中，控制器类的请求处理方法的返回类型是 Mono 或 Flux 类型，例如：

```
@PostMapping("/customer")
public Mono<Customer> insert(@RequestBody Customer customer) {
  customer.setId(null);
  return customerService.insertCustomer(customer);
}

@GetMapping("/customer")
public Flux<Customer> findAll() {
  return customerService.findAllCustomers();
}
```

16.7 思考题

1. 符合异步非阻塞通信思想的行为是(　　)。(多选)
   A. 小王开车外出，路上遇到堵车只能停下来等待，直到道路恢复通畅才继续前行
   B. 小王在网上观看电影，一边下载，一边观看
   C. 小王在包子店铺排队等着买包子
   D. 小王在手机上接收到取件的短信通知，到附近的丰巢快递专柜去取快递
2. 第 10 章介绍了服务器端异步处理客户请求的方法，它和本章的异步非阻塞通信的区别是(　　)。(多选)
   A. 第 10 章的 Web 服务器端可以采用同步阻塞模式与客户端通信
   B. 本章的 Web 服务器端与客户端采用异步非阻塞模式通信
   C. 第 10 章的异步过程发生在 Web 服务器端已经接收到客户请求，接下来处理客户请求的时候
   D. 本章的异步过程发生在 Web 服务器端与客户端接收和发送数据的时候
3. 在 WebFlux 框架中，(　　)接口表示响应结果。(多选)
   A. org.springframework.http.server.reactive.ServerHttpResponse
   B. org.springframework.web.reactive.function.server.ServerResponse
   C. javax.servlet.http.HttpServletResponse
   D. javax.servlet.ServletResponse
4. Mono 类和 Flux 类来自(　　)。(单选)
   A. WebFlux API　　　　B. Reactor API

C. Servlet API　　D. JDK API

5. CustomerDao 接口继承了 Spring R2DBC API 中的 ReactiveCrudRepository 接口：

```
public interface CustomerDao extends
                    ReactiveCrudRepository < Customer, Long >{}
```

CustomerDao 接口的 findById()方法的返回类型是(　　)。(单选)

A. Customer　　B. Mono < Void >

C. Mono < Customer >　　D. Flux < Customer >

第17章

基于WebSocket的双向通信

视频讲解

在基于 HTTP 协议的网络通信中，始终是由客户端先发出请求，服务器端再返回响应结果。9.5 节介绍了基于 HTTP 协议的服务器端推送机制。在这种推送机制中，无论是在多个 TCP 连接中推送数据还是在一个长 TCP 连接中推送数据，都始终是由客户端先发出请求，再接收服务器端返回的响应结果。

基于 HTTP 协议的服务器端推送机制依靠客户端主动轮询，试图获取服务器端返回的最新数据，这种方式会增加客户端的运行负荷。这就好比顾客小王需要经常到包子铺去查看包子是否已经蒸好。因为如果顾客不主动到包子铺去查看，店员是不会把蒸好的包子送到顾客手中的。尽管顾客多次到包子铺去查看，但是很多时候是白跑一趟。

在一些 Web 应用中，Web 服务器端需要频繁地向客户端推送一些数据，如何让 Web 服务器端与客户端的通信过程变得更加直接高效呢？从 HTTP 5 开始，引入了 WebSocket 技术。WebSocket 是指在 Web 应用中利用套接字实现 Web 服务器端与客户端的双向通信。无论是 Web 服务器端还是客户端，都可以随时主动地向对方发送数据，这样就会让双方的通信过程变得更加直接、高效。

再以小王买包子为例，解释 WebSocket 的通信过程。小王和包子店铺达成了特定的服务协议后，包子铺会主动把蒸好的包子送到小王手中，无须小王经常去询问。当然，小王也会主动把买包子的费用转账给包子铺。

本章首先介绍 WebSocket 的基本原理，接着介绍如何通过 Spring WebSocket API 创建一个聊天应用。如图 17-1 所示，一个客户首先群发了一条 Hello 的聊天信息，Web 服务器端会把这条聊天信息推送到所有的客户端。

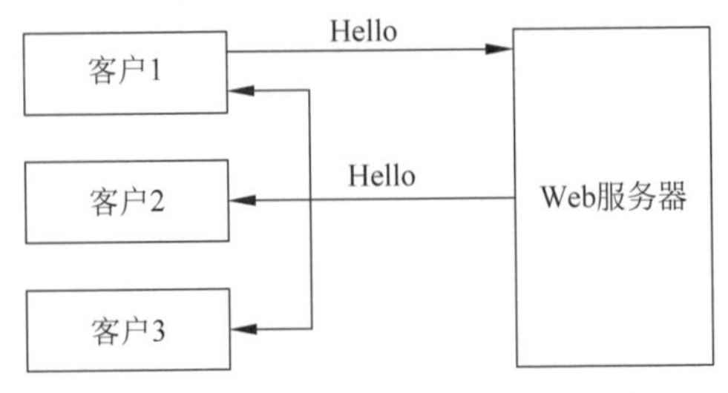

图 17-1　Web 服务器端推送聊天信息

在图 17-1 中，客户 1 主动向 Web 服务器端发送聊天信息，然后收到了 Web

服务器端返回的响应结果。而对于客户 2 和客户 3，它们并没有主动向 Web 服务器端发出请求，也会接收到 Web 服务器端主动推送过来的聊天信息，这体现了 WebSocket 的双向通信的功能。

17.1　WebSocket 的基本原理

WebSocket 允许 Web 服务器端与客户端在一个长 TCP 连接中进行多次通信。如图 17-2 所示，客户端与服务器端建立了 TCP 连接后，首先通过一个回合的 HTTP 请求/HTTP 响应建立 WebSocket 连接，这个回合的通信也称为 WebSocket 握手(HandShake)。接下来，客户端与服务器端就开始正式通信，此时不是以 HTTP 请求/HTTP 响应的数据格式来发送数据，而是发送以帧为单位的数据，这种形式的数据里无须再包含请求头/响应头等多余的信息，可以节省带宽，提高通信效率。

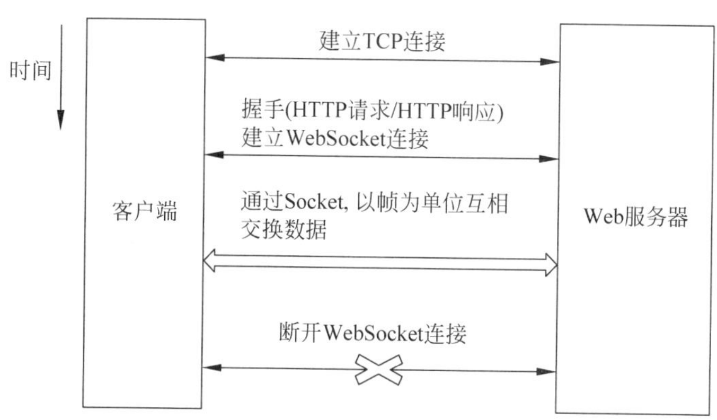

图 17-2　WebSocket 的基本通信原理

客户端与 Web 服务器端之间从建立 WebSocket 连接到断开 WebSocket 连接之间的通信过程称作 WebSocket 会话。

17.2　Spring WebSocket API 简介

Java WebSocket API 提供了开发基于 WebSocket 的 Web 应用的接口，而 Spring WebSocket API 对 Java WebSocket API 做了进一步封装，使得 Web 应用可以直接在 Spring 框架中进行 WebSocket 通信。

通过 Spring WebSocket API 开发 Web 应用时，依赖以下类库：

```
<dependency>
  <groupId>org.springframework</groupId>
  <artifactId>spring-messaging</artifactId>
</dependency>

<dependency>
  <groupId>org.springframework</groupId>
```

```
    <artifactId>spring-websocket</artifactId>
</dependency>

<dependency>
    <groupId>javax.websocket</groupId>
    <artifactId>javax.websocket-api</artifactId>
</dependency>
```

在本章范例的 helloapp/WEB-INF/lib 目录下，已经包含了范例所依赖的所有类库文件。在 Tomcat 的 lib 目录下，也包含了 Java WebSocket API 的类库文件 websocket-api.jar。值得注意的是，如果把 helloapp 应用发布到 Tomcat 中，必须确保 helloapp/WEB-INF/lib 目录和 Tomcat 的 lib 目录中的 websocket-api.jar 文件保持一致。否则在程序运行时，会出现客户端无法与服务器端建立 WebSocket 连接的错误。

Spring WebSocket API 包括以下 4 个常用的接口和类。

(1) TextMessage 类：表示接收或发送的文本消息。

(2) WebSocketSession 接口：表示 WebSocket 会话。它的 sendMessage()方法用于发送消息。

(3) HttpSessionHandshakeInterceptor 类：表示 WebSocket 握手拦截器。它能捕获 WebSocket 握手的事件，在握手之前或握手之后都可以从 HTTP 请求中获得当前的 HttpSession 对象，把存放在 HttpSession 对象中的数据存放到一个 Map 类型的对象中，随后 Spring WebSocket API 的底层实现会把 Map 对象中的数据再复制到 WebSocketSession 对象中，这样就能把 HTTP 会话中的共享数据复制到 WebSocket 会话中。

(4) TextWebSocketHandler 类：表示 WebSocket 通信处理器。它能够处理 WebSocket 连接成功、WebSocket 连接关闭以及接收到文本消息等事件。

17.3 用 WebSocket 创建聊天应用

用 WebSocket 创建聊天应用包含以下 5 个步骤。

(1) 创建 WebSocket 握手拦截器类：ChatWebSocketInterceptor 类。

(2) 创建 WebSocket 通信处理器类：ChatWebSocketHandler 类。

(3) 在 Spring MVC 的配置文件中配置 ChatWebSocketInterceptor 类和 ChatWebSocketHandler 类。

(4) 创建负责登录聊天室的控制器类：ChatController 类。

(5) 创建负责生成登录页面的 JSP 文件 login.jsp 和负责客户端 WebSocket 通信的 JSP 文件 send.jsp。

17.3.1 创建 WebSocket 握手拦截器类

17.1 节已经讲到，当进行 WebSocket 握手时，客户端会发送一个采用 HTTP 请求格式的握手请求，服务器端会返回一个采用 HTTP 响应格式的握手响应。握手拦截器能够捕获握手事件，在握手之前以及握手之后进行特定的操作，如读取 HTTP 握手请求中的相关信

息或者由 HTTP 握手请求获得当前的 HTTP 会话。

例程 17-1 是 ChatWebSocketInterceptor 类的源代码，它的 beforeHandshake()方法和 afterHandshake()方法分别在握手之前和握手之后进行特定的操作。

例程 17-1　ChatWebSocketInterceptor.java

```
public class ChatWebSocketInterceptor
                extends HttpSessionHandshakeInterceptor {

  /** WebSocket 握手之前调用此方法 */
  public boolean beforeHandshake(ServerHttpRequest request,
                ServerHttpResponse response,
                WebSocketHandler wsHandler,
                Map<String, Object> attributes) throws Exception{

    System.out.println("Before Handshake");
    if (request instanceof ServletServerHttpRequest) {
      ServletServerHttpRequest servletRequest =
                   (ServletServerHttpRequest) request;
      HttpSession session =        //获取 HTTP 会话
                   servletRequest.getServletRequest().getSession();
      if (session != null) {
        //从 HttpSession 对象中读取 userName 属性
        String userName = (String) session.getAttribute("userName");
        //把 userName 属性存放到 attributes 对象中
        if (userName!= null) {
          attributes.put("userName",userName);
        }
      }
    }
    return super.beforeHandshake(request,
                       response, wsHandler, attributes);
  }

          /** WebSocket 握手之后调用此方法 */
  public void afterHandshake(ServerHttpRequest request,
              ServerHttpResponse response, WebSocketHandler wsHandler,
              Exception ex) {
    System.out.println("After Handshake");
    super.afterHandshake(request, response, wsHandler, ex);
  }
}
```

在 beforeHandshake()方法中，由表示 HTTP 握手请求的 request 请求参数得到当前的 HttpSession 对象，读取其中的 userName 属性，再把它存放到 attributes 参数中。Spring WebSocket API 的底层实现会把 attributes 参数中存放的数据复制到 WebSocketSession 对象中。因此，beforeHandshake()方法实际上的作用是把当前 HTTP 会话中的 userName 属性复制到 WebSocket 会话中。那么，HTTP 会话中的 userName 属性从何而来呢？ChatWebSocketController 类把客户端发送过来的 userName 请求参数存放到 HTTP 会话中，17.3.4 节将会进一步介绍。

提示：为什么 beforeHandshake()方法有一个 Map 类型的 attributes 参数，而不是直接提供 WebSocketSession 类型的参数呢？这是因为只有当握手成功后，才会创建 WebSocketSession 对象。在调用 beforeHandshake()方法时，WebSocketSession 对象还不存在，所以只能用临时的 attributes 参数来存放将要复制到 WebSocketSession 对象中的数据。

17.3.2 创建 WebSocket 通信处理器类

WebSocket 握手成功后，就会建立 WebSocket 连接，接下来服务器端与客户端就能进行 WebSocket 通信。

例程 17-2 是 ChatWebSocketHandler 类的源代码，它会在 WebSocket 连接成功、接收到客户端的文本消息、WebSocket 连接关闭以及通信出现异常时执行特定的操作。

例程 17-2 ChatWebSocketHandler.java

```
public class ChatWebSocketHandler extends Text{
  //Map 中存放了 WebSocketSession 对象,key 为 userName
  //表示在线用户列表以及每个用户对应的 WebSocketSession 对象
  private static final Map<String, WebSocketSession> users =
                        new HashMap<String, WebSocketSession>();

  /** WebSocket 连接成功的时候触发此方法 */
  public void afterConnectionEstablished(WebSocketSession session)
                              throws Exception {
    System.out.println("成功建立 WebSocket 连接");
    String userName = (String) session.getAttributes().get("userName");
    //向用户列表中增加一个新登录的用户信息
    users.put(userName,session);
    System.out.println("当前线上用户数量:" + users.size());
  }

  /** 关闭 WebSocket 连接后触发此方法 */
  public void afterConnectionClosed(WebSocketSession session,
                        CloseStatus closeStatus) throws Exception {
    String userName = (String) session.getAttributes().get("userName");
    System.out.println("用户" + userName + "已退出");
    users.remove(userName); //从用户列表中删除退出的用户信息
    System.out.println("剩余在线用户" + users.size());
  }

  /** 接收到文本消息时触发此方法 */
  protected void handleTextMessage(WebSocketSession session,
                        TextMessage message) throws Exception {
    super.handleTextMessage(session, message);
```

```
    System.out.println("服务器端收到消息:" + message);
    System.out.println("服务器端收到的具体文本消息:" + message.getPayload());

    if(message.getPayload().startsWith("#anyone#")){
      //单发文本消息
      sendMessageToUser(
                (String)session.getAttributes().get("userName"),
                new TextMessage("服务器端单发:" + message.getPayload())) ;

    }else if(message.getPayload().startsWith("#everyone#")){
      //群发文本消息
      sendMessageToUsers(new TextMessage("服务器端群发:"
                      + message.getPayload()));
    }
  }

  /** 通信中出现异常时触发此方法 */
  public void handleTransportError(WebSocketSession session,
              Throwable exception) throws Exception {
    System.out.println("通信出现异常,关闭 WebSocket 连接... ");
    String userName = (String) session.getAttributes().get("userName");
    users.remove(userName);
    if(session.isOpen()){
      session.close();
    }
  }

  public boolean supportsPartialMessages() {
    return false;
  }

  /** 给单个用户发送消息 */
  public void sendMessageToUser(String userNameParam,
                                TextMessage message) {
    for (String userName : users.keySet()) {
      if (userName.equals(userNameParam)) {
        try {
          if (users.get(userName).isOpen()) {
            users.get(userName).sendMessage(message);
          }
        } catch (IOException e) {
              e.printStackTrace();
        }
        break;
      }
    }
  }

  /** 给所有在线用户发送消息 */
```

```
    public void sendMessageToUsers(TextMessage message) {
      for (String userName : users.keySet()) {
        try {
          if (users.get(userName).isOpen()) {
            users.get(userName).sendMessage(message);
          }
        } catch (IOException e) {
          e.printStackTrace();
        }
      }
    }
  }
```

在 ChatWebSocketHandler 类中主要包含以下三个方法。

(1) afterConnectionEstablished()：WebSocket 连接建立后，会触发此方法。该方法从 WebSocketSession 对象中取出 userName 属性，然后把 userName 属性和 WebSocketSession 对象作为一对 key/value 保存到 users 对象中。

(2) afterConnectionClosed()：WebSocket 连接关闭后，会触发此方法。该方法从 WebSocketSession 对象中取出 userName 属性，然后删除 users 对象中和该 userName 属性对应的 key/value 数据。

(3) handleTextMessage()：当接收到客户端发送过来的文本消息时，会触发此方法。该方法依据文本消息的内容，把文本消息发送给单个用户或者群发给所有用户。

17.3.3 配置 WebSocket 握手拦截器类和通信处理器类

对于 Spring MVC 的控制器类，需要为它的每个请求处理方法指定映射路径。当客户端请求访问某个 URL 路径时，相应的控制器类的特定请求处理方法就会被调用。

而对于 WebSocket 握手拦截器类以及通信处理器类，并不是当客户端请求访问某个 URL 时，它们的特定方法就会被直接调用。在 Spring WebSocket API 的底层软件的实现中，当特定的事件发生时，才会触发 WebSocket 握手拦截器类以及通信处理器类的相关方法。

在 Spring MVC 的配置文件中，需要配置 WebSocket 握手拦截器类以及通信处理器类，代码如下：

```
<!-- 配置 WebSocket 通信处理器类 -->
<bean id = "chatHandler" class = "mypack.ChatWebSocketHandler" />

<!-- 配置 WebSocket 握手拦截器类 -->
<bean id = "handshakeInterceptor"
           class = "mypack.ChatWebSocketInterceptor" />

<!-- 为 WebSocket 通信处理器类设定映射路径和握手拦截器 -->
<websocket:handlers>
  <websocket:mapping path = "/websocket" handler = "chatHandler" />
```

```
    <websocket:handshake-interceptors>
      <ref bean="handshakeInterceptor" />
    </websocket:handshake-interceptors>
</websocket:handlers>

<!-- 配置 sockJS,sockJs 是 Spring 对不支持 WebSocket 协议
         的客户端提供的一种模拟通信 -->
<websocket:handlers>
   <websocket:mapping path="/sockjs/websocket"
                        handler="chatHandler" />
   <websocket:handshake-interceptors>
       <ref bean="handshakeInterceptor" />
   </websocket:handshake-interceptors>
   <websocket:sockjs />
</websocket:handlers>
```

<websocket:mapping>元素为 ChatWebSocketHandler Bean 组件映射了以下两个路径:

```
<websocket:mapping path="/websocket" handler="chatHandler" />
<websocket:mapping path="/sockjs/websocket" handler="chatHandler" />
```

因此,对于支持 WebSocket 协议的客户端,以下 JavaScript 脚本会与 Web 服务器端建立 WebSocket 连接,并且由 ChatWebSocketHandler Bean 组件负责本次 WebSocket 会话中的通信。

```
var websocket =
            new WebSocket("ws://localhost:8080/helloapp/websocket");
```

对于不支持 WebSocket 协议的客户端,以下 JavaScript 脚本会与 Web 服务器端建立 WebSocket 连接,并且由 ChatWebSocketHandler Bean 组件负责本次 WebSocket 会话中的通信。

```
var websocket =
    new WebSocket("ws://localhost:8080/helloapp/sockjs/websocket");
```

17.3.4 创建负责登录聊天室的控制器类

ChatController 类与客户端仍然按照 HTTP 协议进行通信,它完成以下两个任务。

(1) enter()方法返回 login.jsp 登录页面。

(2) 当客户提交登录表单后,login()方法把表示用户名的 userName 请求参数保存到 HTTP 会话中,并且返回 send.jsp 页面。

例程 17-3 是 ChatController 类的源代码。

例程 17-3 ChatController.java

```
@Controller
public class ChatController {
  @RequestMapping("/websocket/enter")
  public String enter() throws Exception {
    return "login";              //转到 login.jsp
  }

  @RequestMapping("/websocket/login")
  public String login(String userName,HttpSession session)
                                          throws Exception {
    System.out.println(userName + "登录");

    //把用户名保存到 HTTP 会话中
    session.setAttribute("userName", userName);
    return "send";              //转到 send.jsp
  }
}
```

17.3.5 创建负责客户端登录以及 WebSocket 通信的 JSP 文件

本范例包括以下两个 JSP 文件。

(1) login.jsp：登录页面，允许用户输入用户名，再提交表单。

(2) send.jsp：和服务器端建立 WebSocket 连接，然后接收和发送文本消息。

例程 17-4 和例程 17-5 分别是 login.jsp 和 send.jsp 的源代码。

例程 17-4 login.jsp

```
<%@ page language="java" contentType="text/html; charset=UTF-8" %>
<%@ taglib uri="http://java.sun.com/jsp/jstl/core" prefix="c" %>

<c:set var="ctx" value="${pageContext.request.contextPath}"/>

<html>
<head>
    <title>登录页面</title>
</head>
<body>

<form action="${ctx}/websocket/login">
    登录名:<input type="text" name="userName"/>
    <input type="submit" value="登录聊天室"/>
</form>
</body>
</html>
```

例程 17-5　send.jsp

```
<%@ page contentType="text/html; charset=UTF-8" %>
<%@ taglib uri="http://java.sun.com/jsp/jstl/core" prefix="c" %>
<c:set var="ctx" value="${pageContext.request.contextPath}"/>

<html>
<head>
<title>聊天页面</title>
<script type="text/javaScript"
  src="${ctx}/resource/js/jquery.min.js">
</script>
</head>

<body>
  <form action="" >
  请输入:<br><textarea rows="5" cols="10" id="inputMsg"
                          name="inputMsg"></textarea>
    <p>
    <input type="button" value="发送" onclick="doSendUser()" />
    <input type="button" value="群发" onclick="doSendUsers()"/>
    <input type="button" value="关闭连接"
                                  onclick="closeWebSocket()" />
  </form>
</body>

<script type="text/javaScript">
  var websocket =
            new WebSocket("ws://localhost:8080/helloapp/websocket");
  websocket.onopen = onOpen;
  websocket.onmessage = onMessage;
  websocket.onerror = onError;
  websocket.onclose = onClose;

  /** 建立 WebSocket 连接时触发此方法 */
  function onOpen() {
    console.log("建立 WebSocket 连接");
  }

  /** 接收到消息时触发此方法 */
  function onMessage(evt) {
    alert(evt.data);
  }

  /** WebSocket 通信出现错误时触发此方法 */
  function onError() {
    console.log("出现错误");
  }

  /** WebSocket 连接关闭时触发此方法 */
```

```
    function onClose() {
      console.log("关闭 WebSocket 连接");
    }

    /** 向服务器端发送"#anyone#..." 形式的文本消息 */
    function doSendUser() {
      if (websocket.readyState == websocket.OPEN) {
        var msg = document.getElementById("inputMsg").value;
        websocket.send("#anyone#" + msg);
        alert("发送成功!");
      } else {
        alert("连接失败!");
      }
    }

    /** 向服务器端发送"#everyone#..." 形式的文本消息 */
    function doSendUsers() {
      if (websocket.readyState == websocket.OPEN) {
        var msg = document.getElementById("inputMsg").value;
        websocket.send("#everyone#" + msg);
        alert("发送成功!");
      } else {
        alert("连接失败!");
      }
    }

    window.close = function() {
      closeWebSocket();
    }

    function closeWebSocket() {
      websocket.close();
      alert("连接关闭");
    }
  </script>
  </html>
```

在 send.jsp 的脚本中，创建了一个连接 Web 服务器端的客户端 WebSocket 对象：

```
var websocket =
        new WebSocket("ws://localhost:8080/helloapp/websocket");
```

以上 WebSocket 构造方法中的 URL 与服务器端的 ChatWebSocketHandler 类的映射路径对应。当 WebSocket 构造方法和服务器端建立 WebSocket 连接时，会触发服务器端的 ChatWebSocketInterceptor 类和它的相关方法，如握手前触发 ChatWebSocketInterceptor 类的 beforeAfterHandshake()方法，连接建立成功后触发 ChatWebSocketHandler 类的 afterConnectionEstablished()方法。

当客户端与服务器端通过 WebSocket 进行连接以及通信时，也会触发客户端的以下三个相关 JavaScript 函数。

(1) WebSocket 连接建立成功后，触发 onOpen()函数。

(2) WebSocket 连接关闭后，触发 onClose()函数。

(3) 收到服务器端发送的消息时，触发 onMessage()函数。

当用户在网页上选择“发送”和“群发”选项，会分别调用以下方法：

(1) doSendUser()：向单个用户发送消息。

(2) doSendUsers()：向所有在线用户发送消息。

17.3.6　运行范例程序

把 helloapp 应用发布到 Tomcat 服务器端中，通过浏览器访问 http://localhost:8080/helloapp/websocker/enter。

该请求由 ChatController 类的 enter()方法处理，它返回 login.jsp，login.jsp 生成的网页参见图 17-3。

图 17-3　login.jsp 生成的网页

在图 17-3 的 login.jsp 网页上单击“登录聊天室”按钮，接下来由 ChatController 类的 login()方法处理。该方法把 userName 请求参数保存到 HTTP 会话中，再把请求转发给 send.jsp，send jsp 生成的网页参见图 17-4。

图 17-4　send.jsp 生成的网页

当浏览器第一次访问 send.jsp 时，会执行 send.jsp 中的以下 JavaScript 代码，建立与服务器端的 WebSocket 连接。

```
var websocket =
        new WebSocket("ws://localhost:8080/helloapp/websocket");
```

在建立连接的过程中会触发客户端以及服务器端的相关方法，参见图 17-5。

接下来，用户在 send.jsp 的网页上输入一个字符串 Hello，然后单击“发送”按钮，客户端的

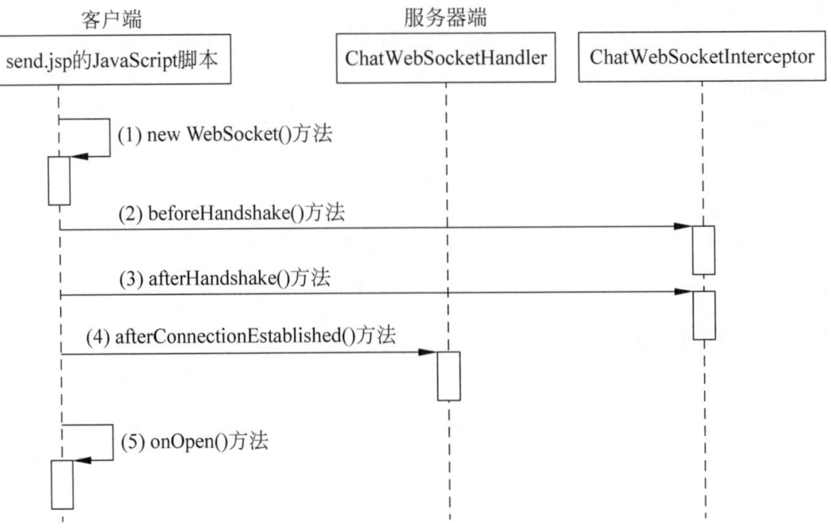

图 17-5　客户端与服务器端建立 WebSocket 连接的过程

doSendUser()函数会向服务器端发送文本消息＃anyone＃Hello，服务器端再向客户端返回文本消息＃anyone＃Hello，客户端的 onMessage()函数会显示接收到的消息，参见图 17-6。

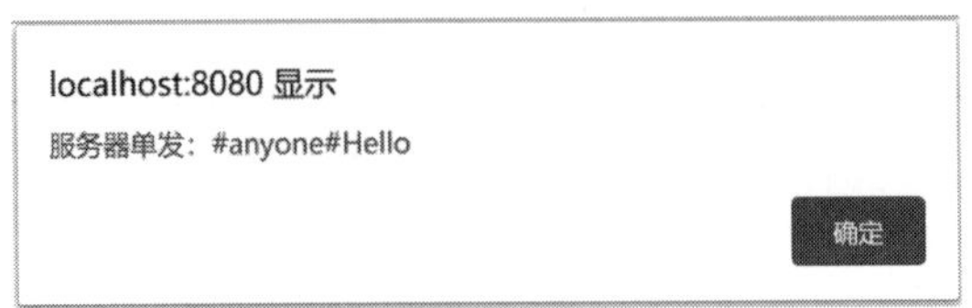

图 17-6　客户端的 onMessage()函数显示接收到的消息

图 17-7 展示了客户端与服务器端发送和接收文本消息的过程。

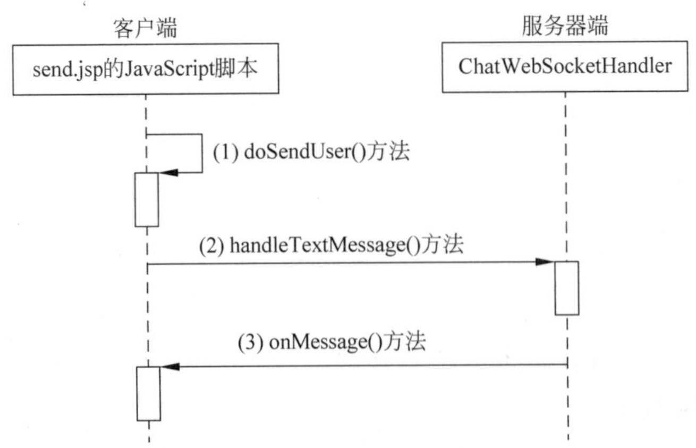

图 17-7　客户端与服务器端发送和接收消息的过程

打开两个浏览器，用不同的用户名登录，接着在一个浏览器的 send. jsp 网页上输入一个字符串 Hello，然后单击“群发”按钮，这时服务器端会把消息文本＃everyone＃Hello 群发给所有在线用户。因此，在两个浏览器的 send. jsp 网页上，都会显示接收到的消息文本

#everyone#Hello。图 17-1 就显示了这种群发消息的通信过程。

17.4 小结

在进行 WebSocket 通信时，客户端与服务器端首先会进行 WebSocket 握手，在握手过程中，客户端与服务器端交换 HTTP 格式的数据，客户端发送一个 HTTP 握手请求，服务器端返回一个 HTTP 握手响应。

WebSocket 连接建立后，客户端与服务器端都可以随时向对方发送数据。在客户端的 JavaScript 脚本中，WebSocket 对象的 send()方法向服务器端发送数据。WebSocket 对象的 onopen 属性用来设定接收到服务器端发送的数据时所执行的函数。在服务器端，WebSocketSession 对象的 sendMessage()方法向客户端发送数据。当接收到客户端发送的数据，会触发 WebSocket 通信处理器对象的 handleTextMessage()方法。

17.5 思考题

1. 关于 WebSocket，以下说法正确的是(　　)。(多选)
   A. WebSocket 支持服务器端主动向客户端推送数据
   B. WebSocket 在握手过程中发送一个回合的 HTTP 请求和 HTTP 响应
   C. WebSocket 会话和 HTTP 会话具有同样长的生命周期
   D. WebSocket 通信处理器会处理 WebSocket 握手事件
2. WebSocket 通信处理器会处理(　　)事件。(多选)
   A. WebSocket 握手
   B. 接收到客户端的 WebSocket 对象发送的数据
   C. WebSocket 连接建立成功
   D. WebSocket 连接关闭
3. (　　)具有用于发送消息的 sendMessage()方法。(单选)
   A. HttpSessionHandshakeInterceptor 类　　B. TextMessage 类
   C. WebSocketSession 接口　　D. TextWebSocketHandler 类
4. (　　)可以把存放在 HTTP 会话中的数据存放到一个 Map 对象中，随后 Spring WebSocket API 的底层实现会把 Map 对象中的数据再复制到 WebSocket 会话中？(单选)
   A. HttpSessionHandshakeInterceptor 类　　B. TextMessage 类
   C. WebSocketSession 接口　　D. TextWebSocketHandler 类
5. (　　)属于 TextWebSocketHandler 类的 handleTextMessage()方法的参数类型？(多选)
   A. WebSocketSession 接口　　B. HttpServletRequest 接口
   C. HttpServletResponse 接口　　D. TextMessage 类

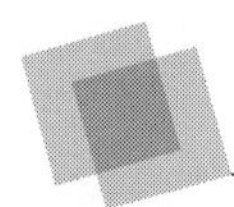

第18章 用Spring整合CXF开发Web服务

视频讲解

当 Web 服务器端与浏览器客户程序通信时，客户端向 Web 服务器端发出请求后，Web 服务器端通常会生成 HTML 网页形式的响应结果返回给客户。这种通信方式也称作 B2C (Business To Client，企业到客户)通信方式。B2C 通信方式被广泛地运用到单个用户与企业网站的交互中，如大型购物网站或媒体信息发布网站。

也有一些应用程序存在这样的需求，它们仅希望获得 Web 服务器端上的某种服务，并不需要获得网页形式的响应结果。如图 18-1 所示，Web 服务器端 C 上有一个 weatherapp Web 应用，它能够提供天气预报的服务。独立的桌面应用程序 desktopapp 以及另一个 helloapp Web 应用都会访问 weatherapp 应用提供的天气预报服务。

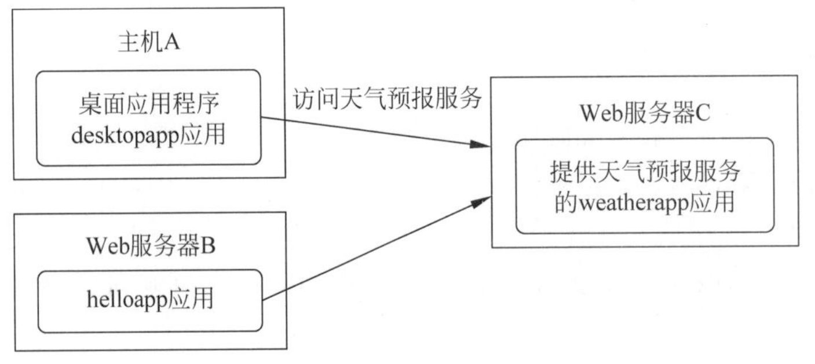

图 18-1　客户程序访问远程的天气预报服务

weatherapp 应用是由气象台发布的 Web 应用，而 desktopapp 应用以及 helloapp 应用是分别由另外两个企业发布的应用。因此，这是企业与企业之间的通信，采用了 B2B (Business To Business，企业到企业)通信方式。

无论客户程序是何种类型，服务的发布方都是运行在 Web 服务器端上的 Web 应用，所以称这种服务为 Web 服务。

CXF 是由 Apache 开源软件组织开发的 Web 服务框架。本章将结合具体的范例，介绍如何利用 Spring 和 CXF 的整合框架创建、发布和访问 Web 服务。

本章会创建图 18-1 中的两个 Web 应用：

(1) weatherapp 应用：提供天气预报 Web 服务。

(2) helloapp 应用：作为客户程序，访问天气预报 Web 服务。

18.1 Web 服务运作的基本原理

Web 服务确立了一种基于 Internet 网的分布式软件体系结构。Web 服务支持两个运行在不同平台上甚至用不同编程语言创建的软件应用能够相互通信。

Web 服务最初是一个抽象的概念。要让抽象的 Web 服务概念落实为具体的软件实现，需要先解决以下三个问题。

(1) 客户端发出的 Web 服务请求以及服务器端返回的 Web 服务响应采用什么样的数据格式？

(2) 如何描述特定的 Web 服务，从而让 Web 服务器端能够“看得懂”一个个具体的 Web 服务，能够顺利地发布、管理并且调用客户端所请求访问的特定 Web 服务？

(3) 客户端到底如何访问 Web 服务？

针对以上问题，在 Web 服务技术领域出现了以下三个相应的协议和规范。

(1) SOAP(Simple Object Access Protocol，简单对象访问协议)协议：基于 XML 语言的数据交换协议，规定了 Web 服务请求和 Web 服务响应的数据格式。

(2) WSDL(Web Service Description Language，Web 服务描述语言)语言：基于 XML 语言的 Web 服务描述语言。

(3) RPC(Remote Procedure Call，远程过程调用)通信模式：客户端与服务器端之间的通信模式。

SOAP 协议是在分布式环境中交换数据的简单协议，它规定客户端发送的 Web 服务请求以及服务器端返回的 Web 服务响应都采用 XML 语言。它还规定了 Web 服务请求以及响应的具体数据格式。下文把基于 SOAP 协议的 Web 服务请求简称为 SOAP 请求，把基于 SOAP 协议的 Web 服务响应简称为 SOAP 响应。

两个软件应用之间通过 SOAP 协议通信的过程如图 18-2 所示。

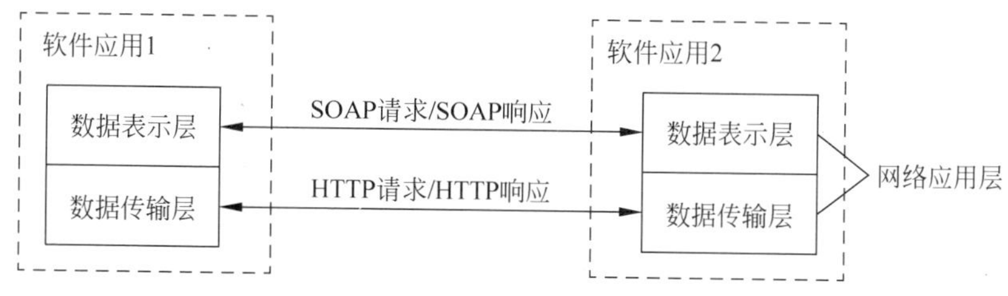

图 18-2　软件应用之间采用 SOAP 协议进行通信

按照网络的分层模型，SOAP 协议和 HTTP 协议都属于应用层协议。在图 18-2 中，把网络应用层又细分为数据传输层和数据表示层。SOAP 协议建立在 HTTP 协议的基础之上，具体细节如下。

(1) HTTP 协议的软件实现负责应用层的数据传输,即它负责把客户端的 SOAP 请求包装为 HTTP 请求,再把该请求传输给服务器端,并且负责把服务器端的 SOAP 响应包装为 HTTP 响应,再把该响应传输给客户端。

(2) SOAP 协议的软件实现负责应用层的数据表示,即它负责产生 XML 格式的 SOAP 请求和 SOAP 响应。

客户端与服务器端的 Web 服务通信通常采用 RPC 通信模式。RPC 的工作流程如图 18-3 所示。可以看到,RPC 建立在 HTTP 的请求/响应模式的基础上。客户端和服务器端交换的是符合 SOAP 协议的 XML 数据,这些 XML 数据被协议连接器包装为 HTTP 请求或 HTTP 响应,然后在网络上传输。RPC 采用 HTTP 作为数据传输协议,HTTP 是一个无状态协议,无状态协议非常适合弱耦合系统,而且对于负载平衡等都有潜在的优势和贡献。

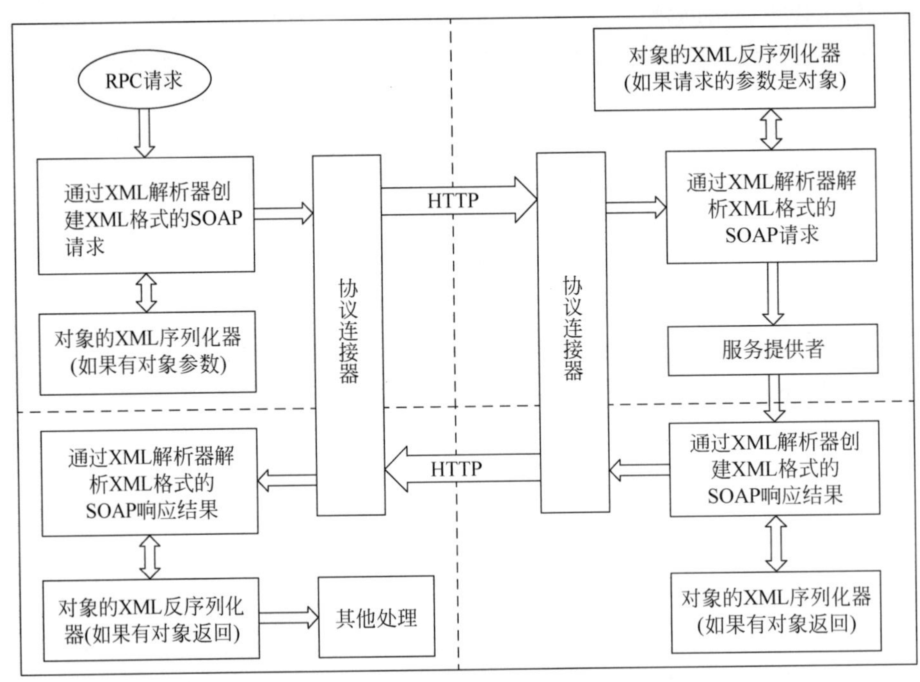

图 18-3 基于 SOAP 协议的 RPC 通信模式

客户端访问服务器端上的 Web 服务的流程如下。

(1) 客户端创建一个 XML 格式的 SOAP 请求,它包含了提供服务的服务器端的 URI、客户请求调用的方法名和参数信息。如果参数是对象,则必须进行序列化操作(把对象转换为 XML 数据)。

(2) 客户端的协议连接器把 XML 格式的 SOAP 请求包装为 HTTP 请求,即把 SOAP 请求作为 HTTP 请求的正文,并且增加 HTTP 请求头。

(3) 服务器端的协议连接器接收到客户端发送的 HTTP 请求,对其进行解析,获得其中的请求正文,请求正文就是客户端发送的 XML 格式的 SOAP 请求。

(4) 服务器端对 XML 格式的 SOAP 请求进行解析,如果参数中包含对象,先对其进行反序列化操作(把 XML 格式的参数转换为对象),然后执行客户请求的方法。

(5) 服务器端方法执行完毕后,如果方法的返回值是对象,则先对其进行序列化操作

(把对象转换为XML数据),然后把返回值包装为XML格式的SOAP响应。

(6) 服务器端的协议连接器把XML格式的SOAP响应包装为HTTP响应,即把SOAP响应作为HTTP响应的正文,并且增加HTTP响应头。

(7) 客户端的协议连接器接收到服务器端发送的HTTP响应,对其进行解析,获得其中的响应正文,响应正文就是服务器端发送的XML格式的SOAP响应。

(8) 客户端解析XML格式的SOAP响应,如果返回值中包括对象,则先对其进行反序列化操作(把XML格式的返回值转换为对象),最后获得返回值。

提示：XML解析器具有创建XML文本以及解析XML文本的功能。

客户端和服务器端之间采用符合SOAP协议的XML数据进行通信。例如以下是客户端向服务器端发送的SOAP请求数据。

```
<soap:Envelope
        xmlns:soap = "http://schemas.xmlsoap.org/soap/envelope/">
  <soap:Body>
    <ns2:predicate xmlns:ns2 = "http://mypack/">
      <arg0>2020 - 09 - 29T13:11:29.963 + 08:00</arg0>
    </ns2:predicate>
  </soap:Body>
</soap:Envelope>
```

该SOAP请求实际上请求访问服务器端的一个服务对象的predicate()方法,<arg0>元素用来设定向predicate()方法提供的参数。以下是服务器端向客户端返回的SOAP响应数据。

```
<soap:Envelope
      xmlns:soap = "http://schemas.xmlsoap.org/soap/envelope/">
  <soap:Body>
    <ns2:predicateResponse xmlns:ns2 = "http://mypack/">
      <return>
        2020 - 09 - 29 的天气:晴转多云,阵风 3 级
      </return>
    </ns2:predicateResponse>
  </soap:Body>
</soap:Envelope>
```

XML数据中的<ns2:predicateResponse>元素表示这是predicate()方法的响应结果,<return>元素包含了predicate()方法的返回值。

18.2　CXF框架和JWS API

Oracle公司在Java领域为开发Web服务制定了统一的规范。JDK中的JWS(Java Web Service)API就是基于这一规范的。对于程序来说,要声明一个Web服务非常简单,

只需要利用 JWS API 的注解。

例如，例程 18-1 的 WeatherService 接口用@WebService 注解标识，表明它是一个 Web 服务接口，它的 predicate()方法用@WebMethod 注解标识，表明这是一个可以被远程访问的 Web 服务方法。

例程 18-1　WeatherService.java

```
package mypack;
import javax.jws.WebMethod;
import javax.jws.WebService;
import java.util.Date;

@WebService
public interface WeatherService {

  /** 预报天气情况 */
  @WebMethod
  public String predicate( Date date) ;
}
```

那么到底如何在 Web 服务器端发布 Web 服务，并且如何在客户程序中访问远程 Web 服务呢？JWS API 并没有提供具体的实现。有一些第三方框架软件为此提供了具体的实现。CXF 就是实现 JWS API 的软件框架，且 CXF 与 Spring 可以方便地整合到一起，18.3.2 节和 18.4 节将会介绍通过在 Spring 的配置文件中配置与 CXF 相关的 Bean 组件，把 CXF 整合到 Spring 中。

从 18.1 节可以看出，基于 SOAP 协议的 Web 服务建立在 HTTP 协议的基础上。在进行客户程序与服务器端之间的通信时，CXF 框架会完成以下两个任务。

(1) 在提供 Web 服务的服务器端：从 HTTP 请求中获得 SOAP 请求，把 SOAP 响应包装为 HTTP 响应。

(2) 在访问 Web 服务的客户端：把 SOAP 请求包装为 HTTP 请求，从 HTTP 响应中获得 SOAP 响应。

图 18-4 显示了服务器端与客户程序通过 JWS API 和 CXF 框架进行通信的过程。

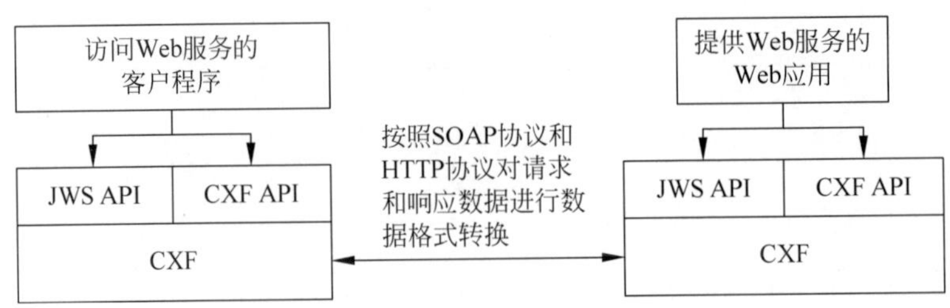

图 18-4　通过 JWS API 和 CXF 框架进行 Web 服务通信

CXF 框架的类库文件的下载地址为 http://cxf.apache.org/download.html。此外，在本章范例的 WEB-INF/lib 目录下已经包含了范例所依赖的所有类库文件。

18.3 创建提供 Web 服务的 Web 应用

weatherapp 应用负责提供天气预报 Web 服务。创建 weatherapp 应用包括以下三个步骤。

(1) 创建 Web 服务接口 WeatherSerivce 和实现类 WeatherServiceImpl。

(2) 在 Spring 的配置文件中配置 Web 服务。

(3) 在 web.xml 配置文件中配置 CXF 框架提供的 CXFServlet 类。

18.3.1 创建 Web 服务接口和实现类

例程 18-1 已经列出了 WeatherService 接口的源代码。它通过 JWS API 中的@WebService 注解声明 Web 服务接口，通过@WebMethod 注解声明 predicate()方法是 Web 服务方法，代码如下：

```
@WebService
public interface WeatherService {
  @WebMethod
  public String predicate( Date date) ;
}
```

例程 18-2 的 WeatherServiceImpl 类实现了 WeatherService 接口，它通过@WebService 注解声明自身是 Web 服务实现类。

例程 18-2　WeatherServiceImpl.java

```
package mypack;
import javax.jws.WebService;
import java.util.Date;
import java.text.SimpleDateFormat;

@WebService
public class WeatherServiceImpl implements WeatherService {
  /** 预报天气情况 */
  public String predicate(Date date) {
    SimpleDateFormat dateFormat = new SimpleDateFormat("yyyy-MM-dd");
    return dateFormat.format(date) + "的天气:" + "晴转多云,阵风 3 级";
  }
}
```

18.3.2 在 Spring 配置文件中配置 Web 服务

从例程 18-2 的源代码可以看出，Web 服务的实现类是普通的 Java 类，它有一个普通的 predicate()方法。那么，这个 WeatherServiceImpl 类是如何变成可以被客户端远程访问的

Web 服务的呢？这需要整合 Spring 框架和 CXF 框架，在 Spring 的配置文件中配置一个表示 WeatherService 服务的 Bean 组件。

例程 18-3 是 Spring 的配置文件，它通过< jaxws:endpoint >元素配置了一个表示 WeatherService 服务的 Bean 组件。客户端将通过< jaxws:endpoint >元素的 address 属性值远程定位并访问这个服务。

例程 18-3 applicationContext.xml

```
<beans xmlns = …>

  <jaxws:endpoint id = "weatherService"
                  implementor = "mypack.WeatherServiceImpl"
                  address = "/WeatherService">
    <jaxws:features>
      <bean class = "org.apache.cxf.ext.logging.LoggingFeature"/>
    </jaxws:features>
  </jaxws:endpoint>

</beans>
```

18.3.3 在 web.xml 配置文件中配置 CXF

为了把在 Spring 和 CXF 的整合框架中创建的 Web 服务发布到 Java Web 应用中，还需要在 Web 应用的配置文件 web.xml 中配置 CXF 框架的 CXFServlet 类，代码如下：

```
<servlet>
  <servlet-name>CXFServlet</servlet-name>
  <servlet-class>
    org.apache.cxf.transport.servlet.CXFServlet
  </servlet-class>
  <load-on-startup>1</load-on-startup>
</servlet>

<servlet-mapping>
  <servlet-name>CXFServlet</servlet-name>
  <url-pattern>/WS/*</url-pattern>
</servlet-mapping>
```

CXFServlet 类是 CXF 框架提供的核心处理器。从以上< servlet-mapping >元素可以看出，当客户端请求访问的 URL 以/WS 开头，Tomcat 服务器端就会把请求交给 CXFServlet 类来处理，而 CXFServlet 类会根据客户请求去调用相应的 Web 服务。

18.3.4 在 Tomcat 中发布 Web 服务

发布 WeatherService 服务非常简单，只要把整个 weatherapp 应用发布到 Tomcat 中即可，步骤如下：

（1）把 weatherapp 目录复制到 Tomcat 根目录的 webapps 目录下。

（2）运行 Tomcat 根目录的 bin/startup.bat 批处理文件，启动 Tomcat 服务器端。

（3）通过浏览器访问 http://localhost:8080/weatherapp/WS/。该 URL 会列出在 weatherapp 应用中发布的 WeatherService 服务，参见图 18-5。

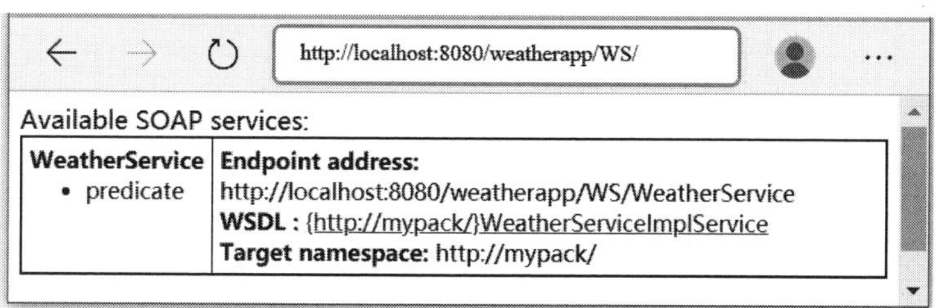

图 18-5　显示在 weatherapp 应用中发布的 WeatherService 服务

（4）通过浏览器访问 http://localhost:8080/weatherapp/WS/WeatherService? wsdl。该 URL 会显示 WeatherService 服务的 WSDL 服务描述信息，参见图 18-6。

```
http://localhost:8080/weatherapp/WS/WeatherService?wsdl

▼<wsdl:definitions xmlns:xsd="http://www.w3.org/2001/XMLSchema"
 xmlns:wsdl="http://schemas.xmlsoap.org/wsdl/" xmlns:tns="http://mypack/"
 xmlns:soap="http://schemas.xmlsoap.org/wsdl/soap/"
 xmlns:ns1="http://schemas.xmlsoap.org/soap/http" name="WeatherServiceImplService"
 targetNamespace="http://mypack/">
  ▼<wsdl:types>
    ▼<xs:schema xmlns:xs="http://www.w3.org/2001/XMLSchema" xmlns:tns="http://mypack/"
     elementFormDefault="unqualified" targetNamespace="http://mypack/" version="1.0">
       <xs:element name="predicate" type="tns:predicate"/>
       <xs:element name="predicateResponse" type="tns:predicateResponse"/>
     ▼<xs:complexType name="predicate">
       ▼<xs:sequence>
           <xs:element minOccurs="0" name="arg0" type="xs:dateTime"/>
         </xs:sequence>
       </xs:complexType>
     ▼<xs:complexType name="predicateResponse">
       ▼<xs:sequence>
           <xs:element minOccurs="0" name="return" type="xs:string"/>
         </xs:sequence>
       </xs:complexType>
     </xs:schema>
   </wsdl:types>
  ▼<wsdl:message name="predicateResponse">
     <wsdl:part element="tns:predicateResponse" name="parameters"> </wsdl:part>
   </wsdl:message>
  ▼<wsdl:message name="predicate">
```

图 18-6　WeatherService 服务的描述信息

18.4　创建访问 Web 服务的 Web 应用

CXF 对 Web 服务的通信细节进行了封装，简化了客户程序通过 CXF API 访问 Web 服务的过程。客户程序只要获得了 Web 服务的客户端代理，就能按照 RPC 通信模式，像调用本地方法一样，方便地调用远程服务方法。

helloapp 应用的 HelloController 类会访问 WeatherService 服务。例程 18-4 是 HelloController 类的源代码。

例程 18-4 HelloController. java

```
@Controller
public class HelloController {
  @Autowired
  WeatherService weatherService;

  @RequestMapping("hello1")
  public String greet1(Model model) throws Exception {
    // 创建 Web 服务的客户端代理工厂
    JaxWsProxyFactoryBean factory = new JaxWsProxyFactoryBean();
    // 注册 Web 服务接口
    factory.setServiceClass(WeatherService.class);
    // 设置 Web 服务的地址
    factory.setAddress("http://localhost:8080/
                        weatherapp/WS/WeatherService?wsdl");
    // 获得服务接口的客户端代理对象
    WeatherService service = (WeatherService) factory.create();
    String result = service.predicate(new Date());
    model.addAttribute("result",result);

    return "hello";          //转到 hello.jsp
  }

  @RequestMapping("hello2")
  public String greet2(Model model) throws Exception {
    String result = weatherService.predicate(new Date());
    model.addAttribute("result",result);

    return "hello";          //转到 hello.jsp
  }
}
```

greet1()方法和 greet2()方法都会访问 WeatherService 服务。greet1()方法访问 WeatherService 服务的步骤如下：

(1) 创建 Web 服务的客户端代理工厂 JaxWsProxyFactoryBean。

(2) 在 JaxWsProxyFactoryBean 工厂中设置 WeatherService 服务的接口以及 URL 地址。

(3) 通过 JaxWsProxyFactoryBean 工厂的 create()方法创建一个 WeatherService 对象，这个 WeatherService 对象并不是服务器端的 WeatherServiceImpl 类的实例，而是由 CXF 框架提供的 WeatherService 客户端代理类的实例。这个 WeatherService 客户端代理类也实现了 WeatherService 接口，并且它是程序在运行时由 CXF 框架动态生成的。

(4) 调用 WeatherService 客户端代理对象的 predicate()方法。

图 18-7 展示了 HelloController 类通过 WeatherService 客户端代理类访问 WeatherService 服务的过程。

从图 18-7 中可以看出，当 HelloController 类调用 WeatherService 客户端代理类的 predicate( )方法时，WeatherService 客户端代理类会通过 CXF 框架远程调用

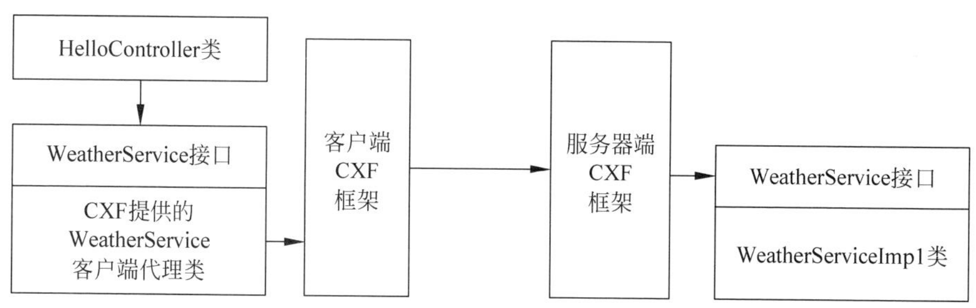

图 18-7 通过 WeatherService 客户端代理类来访问 WeatherService 服务的过程

WeatherServiceImpl 类的 predicate()方法。

除了可以用编程的方式来创建 JaxWsProxyFactoryBean 工厂对象和 WeatherService 客户端代理对象，还可以在 Spring 的配置文件中把它们配置为 Bean 组件，由 Spring 框架来管理它们的生命周期。例程 18-5 是 helloapp 应用的 Spring 配置文件。

例程 18-5 applicationContext.xml

```
<beans xmlns = …>
  <bean id = "weatherService" class = "mypack.WeatherService"
              factory - bean = "weatherServiceFactory"
              factory - method = "create" />

  <bean id = "weatherServiceFactory"
                   class = "org.apache.cxf.jaxws.JaxWsProxyFactoryBean">
    <property name = "serviceClass" value = "mypack.WeatherService" />
    <property name = "address" value = "http://localhost:8080/weatherapp
                                        /WS/WeatherService?wsdl" />
  </bean>
</beans>
```

以上配置代码的作用和 HelloController 类的 greet1()方法中创建 JaxWsProxyFactoryBean 工厂对象和 WeatherService 客户端代理对象的代码的作用相同。

在 HelloController 类中，用@Autowired 注解标识的 weatherService 属性会引用 Spring 配置文件中 id 为 weatherService 的 WeatherService Bean 组件，它实际上是 WeatherService 客户端代理对象，代码如下：

```
@Autowired
WeatherService weatherService;
```

HelloController 类的 greet2()方法直接通过在 Spring 框架中注册的 WeatherService Bean 组件来访问 WeatherService 服务，代码如下：

```
String result = weatherService.predicate(new Date());
```

把 helloapp 应用也发布到 Tomcat 中，通过浏览器访问 http://localhost:8080/helloapp/hello1 和 http://localhost:8080/helloapp/hello2。

以上请求分别由 HelloController 类的 greet1()方法和 greet2()方法处理。这两个方法都会访问 weatherapp 应用的 WeatherService 服务,最后由 hello.jsp 页面展示 WeatherService 服务的响应结果,参见图 18-8。

图 18-8　hello.jsp 展示 WeatherService 服务的响应结果

18.5　小结

本章介绍了在 Spring 和 CXF 的整合框架中创建、发布和访问 Web 服务的方法。Web 服务是指由 Web 服务器端对外提供的服务。Web 服务本来是一个抽象的概念,而 SOAP 协议、WSDL 服务描述语言以及 RPC 通信模式对 Web 服务的请求和响应数据格式、服务描述方式和访问过程做了具体的规定。

CXF 框架与 Spring 框架能够和谐地整合到一起。在服务器端,需要在 Spring 配置文件中配置 Web 服务。在客户端,可以在 Spring 配置文件中配置 Web 服务的客户端代理对象。

CXF 框架实现并封装了复杂的 Web 服务的通信过程,为程序提供了非常简单、易用的 API。从不同的角度看待 Web 服务通信的过程,如图 18-9 所示。站在客户程序与 Web 服务通信的角度,可以按照 RPC 模式把访问远程 Web 服务看作是调用远程方法;而站在客户端与服务器端的底层 CXF 框架通信的角度,在客户端以及服务器端都需要进行三种烦琐的数据格式的相互转换:Java 对象、XML 格式的 SOAP 请求和 SOAP 响应,以及 HTTP 请求和 HTTP 响应。幸运的是,这个烦琐的数据格式转换过程对应用程序来说是透明的。

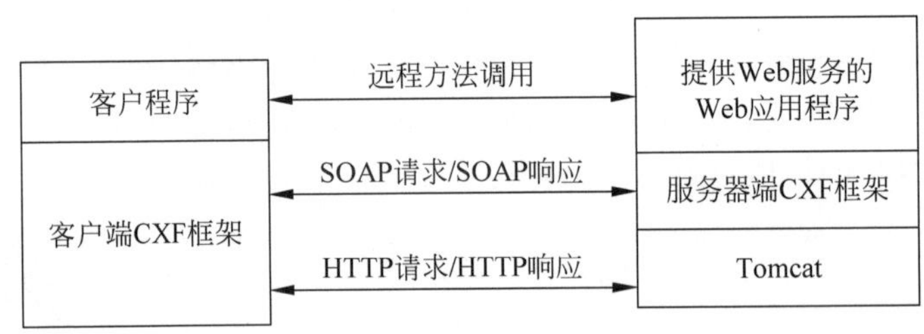

图 18-9　从不同的角度看 Web 服务通信

18.6　思考题

1. SOAP 协议规定了(　　)。(多选)

A. 客户端发出的访问 Web 服务的请求的数据格式

B. 服务器端返回的 Web 服务的响应的数据格式
C. 服务器端描述 Web 服务的数据格式
D. 定位 Web 服务的 URL 格式

2. @WebService 注解来自(　　)。(单选)
A. JWS API　　B. Spring MVC API
C. Spring API　　D. CXF API

3. 应该在(　　)中配置 CXF 框架的 CXFServlet 类。(单选)
A. Spring 的配置文件　　B. Spring MVC 的配置文件
C. Java Web 应用的配置文件 web.xml　　D. 开发人员自定义的 Java 类

4. 对于建立在 HTTP 协议上的 SOAP 协议,SOAP 请求与 HTTP 请求之间的关系是(　　)。(单选)
A. HTTP 请求是 SOAP 请求的正文部分
B. SOAP 请求是 HTTP 请求的正文部分
C. SOAP 请求是 HTTP 请求的头部分
D. 两者没有关系

5. 关于 CXF 框架,以下说法正确的是(　　)。(多选)
A. 在客户端,通过由 CXF 框架提供的 Web 服务客户端代理类来访问 Web 服务
B. CXF 框架实现了 RPC 通信模式
C. 在客户端以及服务器端的 web.xml 文件中,都要配置 CXF 框架的 CXFServlet 类
D. CXF 框架可以方便地整合到 Spring 框架中

6. 在 Spring 和 CXF 的整合框架中,Spring 负责的任务是(　　)。(多选)
A. 在服务器端,管理注册过的表示 Web 服务的 Bean 组件的生命周期
B. 管理 CXFServlet 的生命周期
C. 在客户端,管理注册过的表示 Web 服务客户端代理对象的 Bean 组件的生命周期
D. 在服务器端,接收客户端的 SOAP 请求,去调用相应的 Web 服务

7. 对于以下这段程序代码:

```
JaxWsProxyFactoryBean factory = new JaxWsProxyFactoryBean();
factory.setServiceClass(WeatherService.class);
factory.setAddress("http://localhost:8080/
                    weatherapp/WS/WeatherService?wsdl");
WeatherService service = (WeatherService) factory.create();
String result = service.predicate(new Date());
```

以下说法正确的是(　　)。(多选)
A. service 变量引用 WeatherServiceImpl 类的实例
B. service 变量引用 WeatherService 接口的客户端代理类的实例
C. 执行 service.predicate(new Date())方法时,参数中的 Date 对象会被序列化为 XML 数据,传输到服务器端
D. 执行 service.predicate(new Date())方法时,服务器端会调用 WeatherServiceImpl 对象的 predicate()方法

第19章

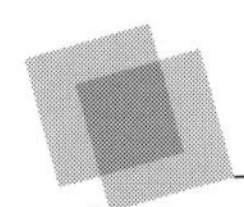

用Spring Cloud开发微服务

视频讲解

第 18 章介绍了两个不同的软件应用之间的通信。一个软件应用对外提供的服务称作 Web 服务，Web 服务使得不同的软件应用之间可以按照 RPC 通信模式进行数据交换。

随着单个软件应用的规模越来越庞大，单个主机的 CPU 和存储空间无法承担整个软件应用的运行负荷。因此，需要把单个软件应用细分为多个模块，这些模块运行在不同的主机上，彼此之间会进行频繁的数据交换。单个模块所提供的服务称作微服务。

由此可见，Web 服务和微服务都采用分布式的软件架构，区别在于 Web 服务属于不同软件应用之间的通信，而微服务属于同一个软件应用的不同模块之间的通信，参见图 19-1。

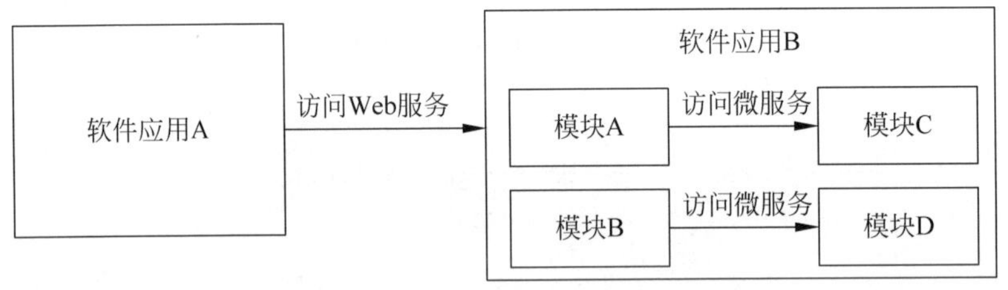

图 19-1　Web 服务架构和微服务架构

Spring Cloud 框架为微服务的创建、发布和访问提供了统一的框架。本章结合具体的范例，介绍了在 Intellij IDEA 中创建基于 Spring Cloud 框架的分布式软件应用的方法。

提示： 在 IT 领域，一些技术术语并没有统一的定义，如软件应用(Application)、软件工程(Project)和软件模块等。在本书中，软件应用是指针对特定业务领域开发出来的独立完整的软件系统。

19.1　微服务架构的基本原理

为了把一个软件应用划分成多个微服务模块，需要对软件应用进行解耦，削弱各个模块之间的依赖性，便于软件团队独立开发和调试各自的模块。与非分布式的软件架构相比，微服务架构具有以下4个优势。

(1) 各个模块之间是弱耦合的，无论是开发还是部署，都可以由单独的开发团队独立完成。

(2) 微服务模块可以用不同的语言开发。

(3) 每个微服务模块既可以有自己的独立数据库，也可以访问公共的数据库。

(4) 把微服务模块分布到不同的主机上，就能通过扩充硬件资源来提高软件应用的并发性能和运行性能。

虽然微服务模块之间是弱耦合的，但是毕竟这是属于同一个软件应用中不同模块之间的通信，显然要比不同软件应用之间的通信更加频繁。这就好比一个公司内部的员工为了合作完成一个项目，他们之间会密切配合，频繁沟通。如果是两个相隔千里的公司合作完成一个项目，就会尽量把项目划分成独立的子项目，由两个公司独自完成，尽量减少公司与公司之间的互相依赖和频繁沟通。

把一个软件应用按照分布式架构划分成多个微服务模块，并让这些模块分别运行在不同的主机上，就构成了一个集群系统。这会带来一个显著的优点，即可以通过扩充硬件资源来提高软件应用的并发性能和运行性能。但是这也会带来新的技术难题，那就是如何对需要频繁通信的分布式的微服务模块进行高效地管理和调度。

如图19-2所示，假定有一个购物网站应用，在遇到购物高峰时，同一时刻会生成数百万订单。为了减轻单个主机的运行负荷，由三台主机同时提供订单服务，并且由三台主机同时提供商品出库服务。订单服务会调用商品出库服务，也就是说，订单服务依赖商品出库服务。

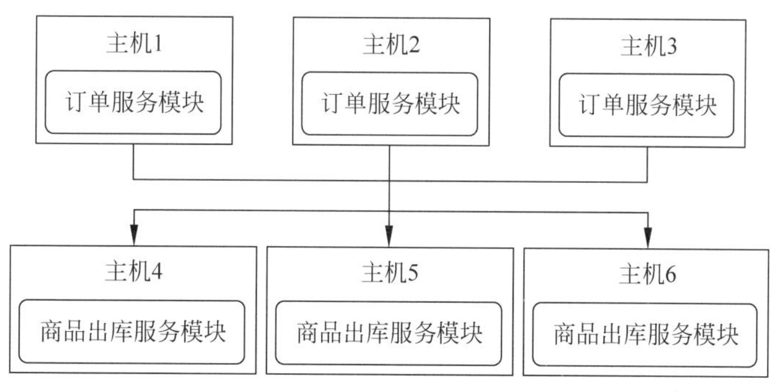

图19-2　需要互相协调的微服务集群系统

在微服务集群系统中，各个微服务模块分布在不同的主机上，如果某一台主机出现故障而崩溃，就无法再提供微服务。所以，微服务的调用方必须能准确找到可以及时提供特定微服务的主机。例如，对于订单服务的调用方，需要从主机1、主机2和主机3中找到处于工作状态并且比较空闲的主机，并请求访问它的订单服务，这样才能获得及时高效的响应。

再例如，对于主机1、主机2和主机3上的订单服务，需要从主机4、主机5和主机6中找到处于工作状态并且比较空闲的主机，并请求访问它的商品出库服务，这样才能获得及时高效的响应。

总的来说，微服务引发了以下5个新问题。

(1) 部署、管理和调度复杂：微服务数量非常多，部署、管理和调度的工作量很大。

(2) 定位故障非常困难：微服务模块分布在多个主机上，当系统运行出现故障，要定位故障点非常困难。

(3) 软件系统的稳定性下降：当微服务数量变多，彼此依赖关系复杂，会导致其中一个微服务出现运行故障的概率增大，并且一个微服务出现故障可能会导致整个系统崩溃。事实上，在高并发访问的运行场景下，出现故障几乎是难免的。

(4) 协同开发困难：各个软件团队都按照各自的进度独立开发特定的微服务模块，这增加了团队之间协同开发的难度。

(5) 测试复杂：软件应用被拆分后，原本对单个程序的测试变为对多个微服务进行互相调用的测试，因此测试变得更加复杂。

针对以上问题，在微服务技术领域出现了各种解决方案，参见表19-1。

表19-1 微服务技术领域针对各种技术难题的解决方案

问　题	解决方案
部署、管理和调度复杂	动态注册，利用网关来统一调用服务
定位故障困难	监控、链路跟踪、日志分析
软件系统的稳定性下降	熔断机制、服务降级、限流
协同开发困难	对软件应用的拆分进行优化，削弱模块之间的耦合，并且对软件团队本身的组织结构进行优化
测试复杂	端到端测试：覆盖整个软件系统，一般在用户界面上测试
	服务测试：针对服务接口进行测试
	单元测试：针对代码单元进行测试

本章不会深入探讨这些解决方案的实现细节，这是Spring Cloud这样的微服务框架需要解决的问题。本章主要站在运用Spring Cloud框架的角度，了解Spring Cloud框架中的各个软件的功能，从而能熟练灵活地对它们进行配置和整合。

19.2 Spring Cloud框架概述

为了让复杂、精细、可以无限扩展的微服务架构有条不紊地运作起来，Spring Cloud框架整合了许多第三方提供的软件，而且在技术发展的过程中不断优化，从诸多软件中筛选出性能最优的软件搭建微服务架构。

目前，Spring Cloud框架中比较核心的软件包括：

(1) Eureka：Eureka服务器端负责微服务模块的注册、管理和监控等。客户端的EurekaClient插件会从Eureka服务器端上获得微服务模块的信息。

(2) Ribbon：客户端的负载均衡器。当客户端需要访问某个微服务时，如果有多个主机提供同样的微服务，Ribbon需要根据特定的算法，依据各个主机的状态，决定访问哪个主

机上的微服务。这就好比铁路售票大厅里有多个柜台都提供售票服务，有的柜台正在工作中，有的柜台暂停受理，有的柜台已经有很多顾客在排队等候，Ribbon 要帮助顾客选择一个最合适的柜台。

（3）Feign：通过集成 Ribbon，也能作为客户端的负载均衡器。此外，Feign 还为微服务的调用方提供了 RPC 通信模式。

（4）GateWay：网关。为微服务提供统一的路由。

本章主要介绍 Eureka 和 Feign 的用法。站在 Eureka 的角度，软件应用中的模块具有以下三种角色。

（1）Eureka 服务器端：是微服务模块的注册中心，负责注册微服务模块，并且会监控和管理它们。

（2）微服务的提供者(Provider)：发布微服务，并且会把微服务模块注册到 Eureka 服务器端中。

（3）微服务的消费者(Consumer)：也称作微服务的客户端或调用方，会访问微服务。

软件应用中的一个模块有可能仅担当一种角色，也有可能同时担当两种角色。例如，一个模块有可能既是微服务 A 的提供者，又是微服务 B 的消费者。

本章将利用 Itellij IDEA 开发软件创建一个采用 Spring Cloud 框架的 cloudapp 应用，它包括以下三个模块。

（1）eurekamodule 模块：Eureka 服务器端。

（2）servicemodule 模块：微服务的提供者，提供天气预报服务。

（3）clientmodule 模块：微服务的消费者，访问天气预报服务。

如图 19-3 所示，这三个模块分别运行在不同的 Tomcat 服务器端进程中，三个模块之间进行远程通信，三个 Tomcat 服务器端分别监听 8001 端口、8088 端口和 8080 端口。

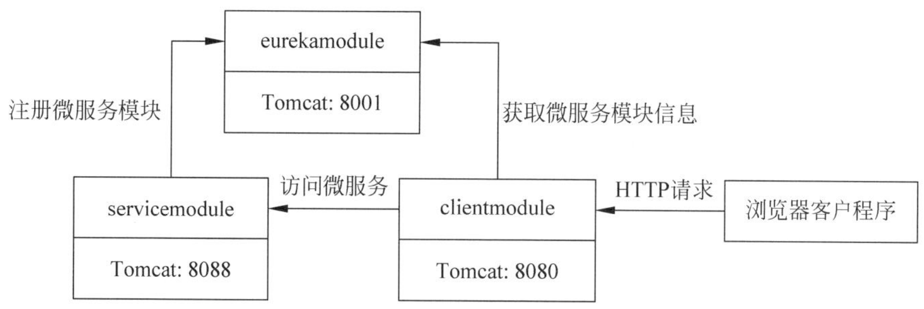

图 19-3 cloudapp 应用的三个模块

在图 19-3 中，servicemodule 模块向 eurekamodule 模块注册自身，并且会为 clientmodule 模块提供微服务。clientmodule 模块从 eurekamodule 模块获取已经注册的微服务模块的信息，并且会访问 servicemodule 模块的微服务。

提示：在图 19-3 中，任意两个模块之间的通信都遵循 Server/Client 模式。例如，当 eurekamodule 模块与 clientmodule 模块通信时，前者是 Server 端，后者是 Client 端。当 clientmodule 模块与浏览器客户程序通信时，前者是 Server 端，后者是 Client 端。图中的箭头由 Client 端指向 Server 端。

在 Spring Cloud 框架中，每个模块都要运行在 Tomcat 中，这是因为从头开发服务器端程序涉及许多高端技术，难度很大。而 Tomcat 是目前被广泛运用的很成熟的服务器端，为了简化 Spring Cloud 框架的搭建过程，直接对现成的 Tomcat 进行一些改造或增加一些插件，就能把 Tomcat 变成 Eureka 服务器端或者能够发布微服务的服务器端。

尽管 Tomcat 服务器端与它的客户程序实际上采用 HTTP 协议进行通信，但是 Spring Cloud 框架中的 Eureka 和 Feign 等软件会渗透到各个模块中，对 HTTP 请求/HTTP 响应进行封装和包装。因而站在应用程序的角度，各个模块之间进行的是和注册以及访问微服务相关的通信。

19.3 创建采用 Spring Cloud 框架的 cloudapp 应用

cloudapp 应用包括三个模块。本节先介绍在 IDEA 中创建 cloudapp 应用的过程，步骤如下。

(1) 在 IDEA 中，选择 File→New→Project→Spring Assistant 选项，创建基于 Spring Assistant 的应用，参见图 19-4。

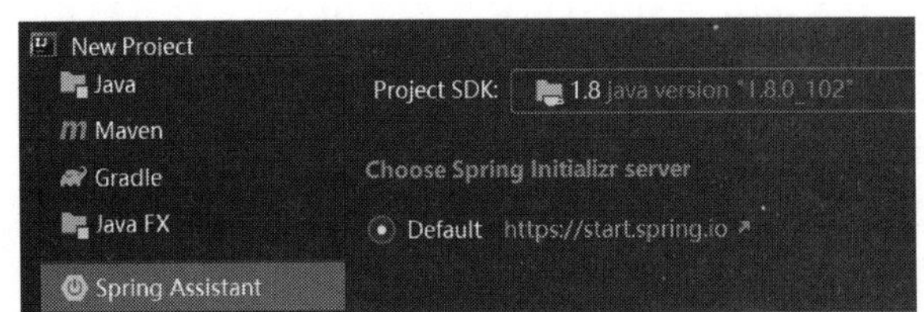

图 19-4 创建基于 Spring Assistant 的应用

(2) 设置 cloudapp 应用的名字、JDK 版本和包的名字等信息，参见图 19-5。

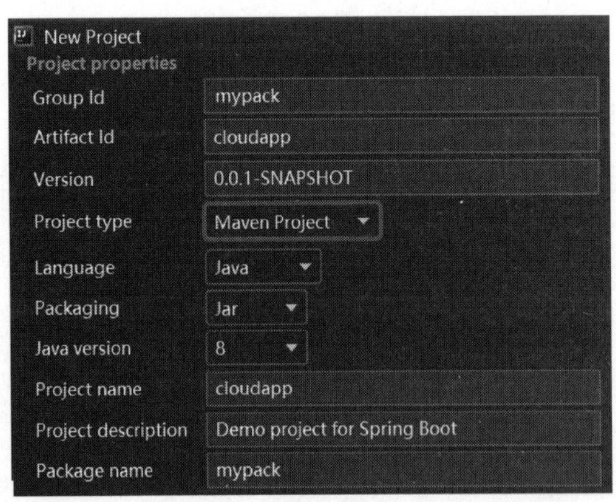

图 19-5 设置 cloudapp 应用的基本信息

(3) 在 Filter 窗口中，选择 Spring Cloud→Cloud Bootstrap 选项，参见图 19-6。Spring Assistant 会依据这个选择为应用程序提供所依赖的类库。

(4) 设定 cloudapp 应用的根路径为 C:\\cloudapp，参见图 19-7。

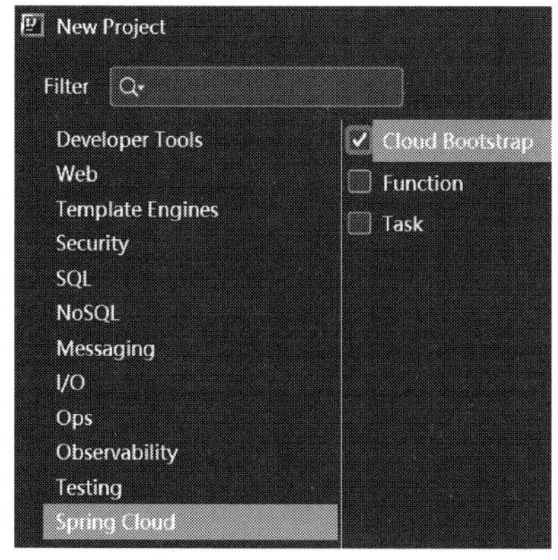

图 19-6　选择 Cloud Bootstrap 选项

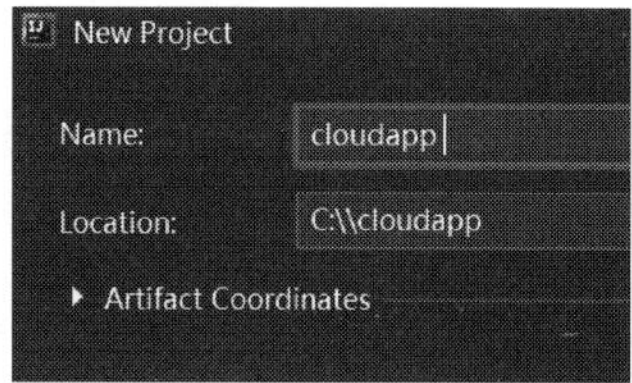

图 19-7　设定 cloudapp 应用的根路径

19.4　创建微服务注册中心 eurekamodule 模块

微服务注册中心也叫作 Eureka 服务器端。Eureka 服务器端并不是从头开发的服务器端程序，它实际上是通过在 Tomcat 中运行一个负责注册微服务模块的 Eureka Web 应用来实现的。这个 Eureka Web 应用是由 Eureka 软件提供的。如图 19-8 所示，在 Tomcat 中运行了负责注册微服务模块的 Eureka Web 应用，这个 Tomcat 就被成功改造成了 Eureka 服务器端。

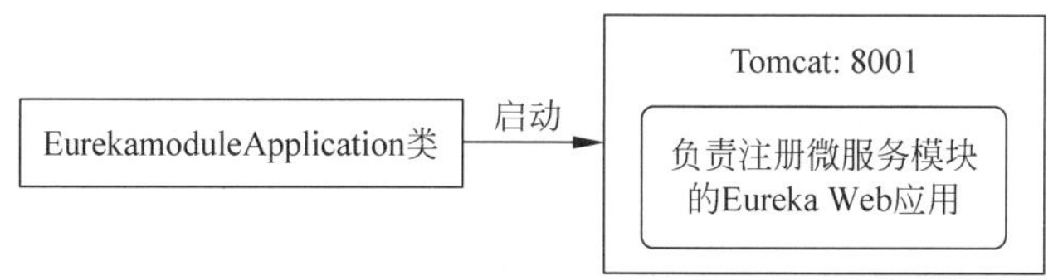

图 19-8　Eureka 服务器端的结构

EurekamoduleApplication 类是 eurekamodule 模块的启动类，负责启动 Eureka 服务器端。EurekamoduleApplication 类先由 IDEA 中的 SpringBoot 工具自动生成，接下来还需要再对它稍作修改，19.4.1 节会对此做进一步介绍。

以下是创建 eurekamodule 模块的步骤。

(1) 在 IDEA 中，选择 File→New Module→Spring Assistant 选项，创建基于 Spring Assistant 的模块，参见图 19-9。

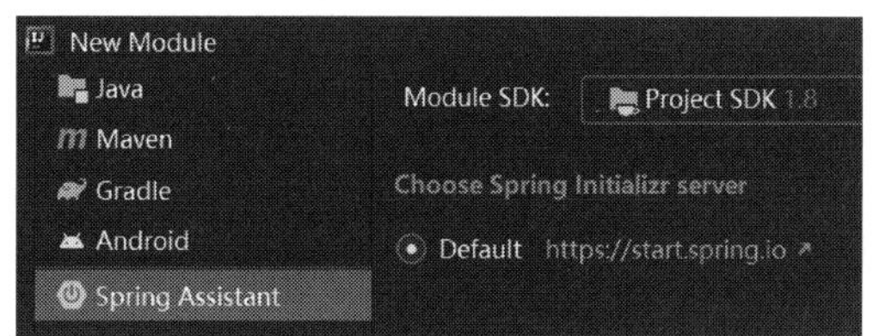

图 19-9　创建基于 Spring Assistant 的模块

(2) 设置 eurekamodule 模块的名字、JDK 版本和包的名字等信息，参见图 19-10。

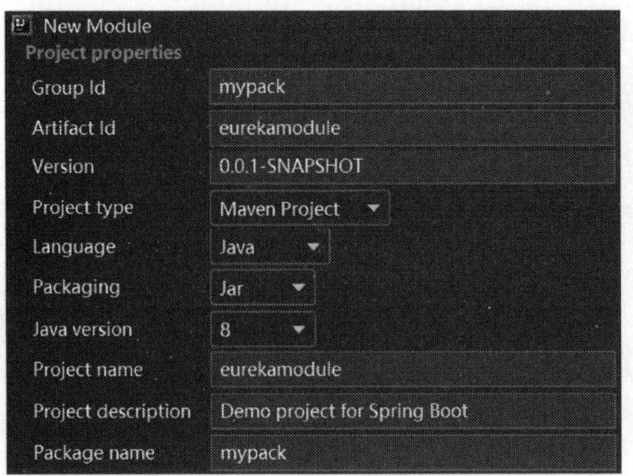

图 19-10 设置 eurekamodule 模块的基本信息

(3) 在 Filter 窗口中,选择 Spring Cloud Discovery→Eureka Server 选项,参见图 19-11。Spring Assistant 会依据这个选择为应用程序提供所依赖的类库,使得当前模块能够启用 Eureka 服务器端。

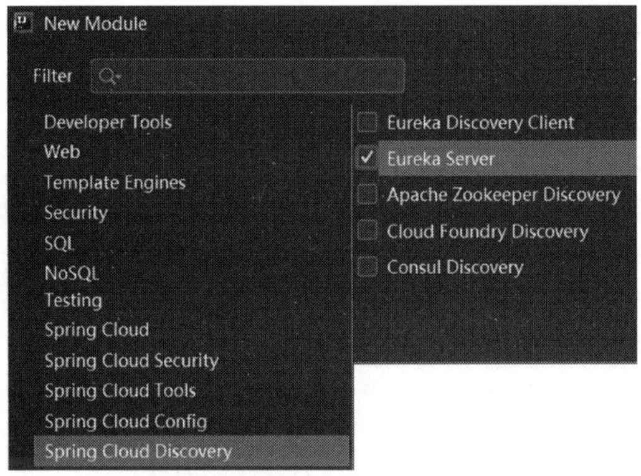

图 19-11 选择 Eureka Server 选项

(4) 设定 eurekamodule 的根路径为 C:\cloudapp\eurekamodule,参见图 19-12。

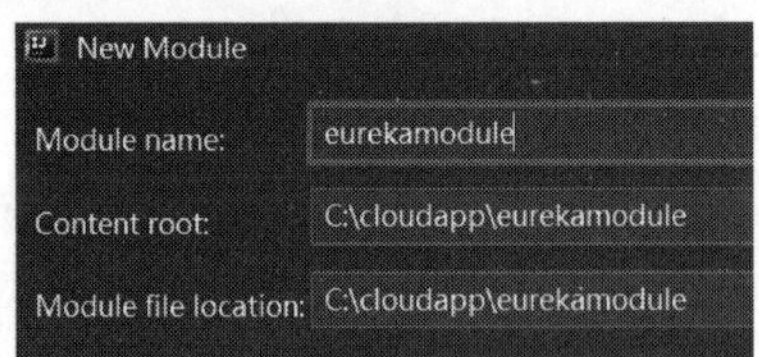

图 19-12 设定 eurekamodule 模块的根路径

19.4.1 创建 EurekamoduleApplication 启动类

eurekamodule 模块创建好以后,SpringBoot 工具会自动创建一个 EurekamoduleApplication 启动类,在这个类中增加@EnableEurekaServer 注解,参见例程 19-1。@EnableEurekaServer 注解的作用是启动 Eureka 服务器端。

例程 19-1 EurekamoduleApplication. java

```
@SpringBootApplication
@EnableEurekaServer
public class EurekamoduleApplication {
  public static void main(String[] args){
    SpringApplication.run(mypack.EurekamoduleApplication.class);
  }
}
```

19.4.2 配置 eurekamodule 模块

在 C:\cloudapp\eurekamodule\src\main\resources 目录中创建 Spring 的配置文件 application. yml。例程 19-2 是 application. yml 的源代码。

例程 19-2 application. yml

```
server:
  port: 8001

eureka:
  instance:
    hostname: localhost
  client:
    registerWithEureka: false
    fetchRegistry: false
    serviceUrl:
      defaultZone:
          http://${eureka.instance.hostname}:${server.port}/eureka/
  server:
    waitTimeInMsWhenSyncEmpty: 0
    #清理无效节点,以 ms 为单位,默认值为 60×1000ms,即 60 秒
    eviction-interval-timer-in-ms: 5000
```

Spring 的配置文件可以采用 XML 格式、属性名=属性值的文本格式,或者采用 YML 格式(也称作 YAML 格式)。YML 格式的特点是比较简洁,没有重复的属性名,采用缩进对齐来表示嵌套和层级关系。

例程 19-2 的 application. yml 配置文件等价于例程 19-3 的采用属性名=属性值格式的 application. properties 配置文件。

例程 19-3 application. properties

```
server.port=8001
eureka.instance.hostname= localhost
eureka.client.registerWithEureka= false
eureka.client.fetchRegistry= false
eureka.client.serviceUrl.defaultZone=
```

```
    http://${eureka.instance.hostname}=${server.port}/eureka/
eureka.server.waitTimeInMsWhenSyncEmpty=0
eureka.server.eviction-interval-timer-in-ms=5000
```

这个配置文件主要设置了以下 5 个属性。

(1) server.port 属性：指定 Tomcat 服务器端监听 8001 端口，也可以理解为 Eureka 服务器端监听 8001 端口。

(2) eureka.client.registerWithEureka 属性：指定 EurekaClient 插件是否将当前模块注册到 Eureka 服务器端中，该属性的默认值为 true。由于当前模块是 Eureka 服务器端，不对外提供微服务，故而把该属性设为 false。

(3) eureka.client.fetchRegistry 属性：指定 EurekaClient 插件是否从 Eureka 服务器端中获取微服务模块的注册信息，该属性的默认值为 true。由于本范例只有一个 Eureka 服务器端，不需要同步其他的 Eureka 服务器端节点的数据，故而把该属性设为 false。

(4) eureka.client.serviceUrl.defaultZone 属性：指定 EurekaClient 插件访问的 Eureka 服务器端的地址。如果设定了多个地址，以逗号来分隔。

(5) eureka.server.eviction-interval-timer-in-ms 属性：指定 Eureka 服务器端间隔多长时间会清除注册列表中已经无效的微服务模块。当 Eureka 服务器端不再接收到微服务模块中 EurekaClient 插件发送的心跳，就会认为它已经无效，19.5.3 节会进一步介绍心跳监测机制。19.5.4 节还会结合实验进一步介绍 eureka.server.eviction-interval-timer-in-ms 属性的作用。

19.4.3 通过浏览器访问 Eureka 服务器端

在 IDEA 中运行 EurekamoduleApplication 启动类，就会启动 Eureka 服务器端，它监听 8001 端口。

通过浏览器访问 http://localhost:8001，就会返回 Eureka 服务器端的主页，参见图 19-13。

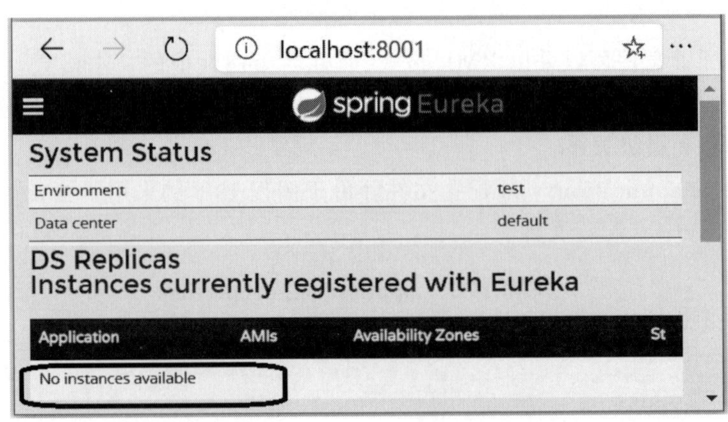

图 19-13 Eureka 服务器端的主页

从图 19-13 中可以看出，目前还没有任何微服务模块在 Eureka 服务器端上注册。注册微服务模块是本书为了保证叙述一致采用的说法。Eureka 服务器端实际上注册的是应用实例（Application Instance），应用实例是指一个独立的程序进程。19.5 节将创建的 servicemodule 模块是属于 cloudapp 应用的模块，但是由于 servicemodule 模块会作为独立的应用程序来运行，所以它可以作为应用实例，注册到 Eureka 服务器端中。

19.5　创建提供微服务的 servicemodule 模块

阅读完前面几节的内容，微服务看上去还是一个很抽象的概念。servicemodule 模块将要创建微服务，并且把当前模块注册到 Eureka 服务器端中。

如图 19-14 所示，servicemodule 模块包含以下 4 部分内容。

（1）Tomcat 服务器端：监听 8088 端口，是运行 ServiceController 类的 Web 容器。

（2）ServiceController 类：采用 RESTFul 风格的控制器类，它的 getWeather()方法提供天气预报的微服务。

（3）EurekaClient 插件：负责和 Eureka 服务器端通信，把当前模块注册到 Eureka 服务器端中，并且会每隔一段时间自动从 Eureka 服务器端获取最新的微服务模块注册列表，把它保存在自身的缓存中。

（4）ServicemoduleApplication 启动类：启动 Tomcat 服务器端，并且启用 EurekaClient 插件。

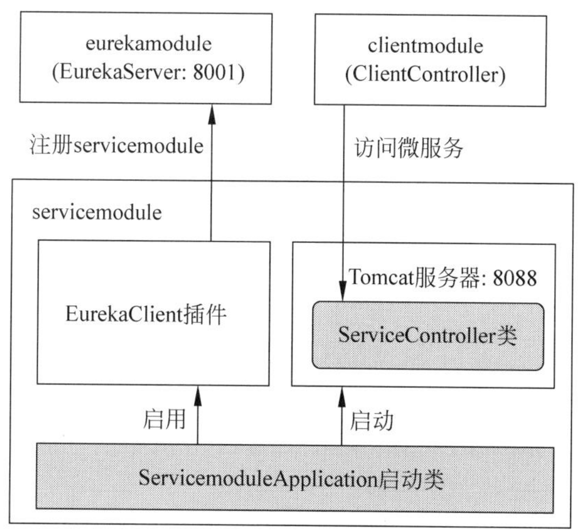

图 19-14　servicemodule 模块的结构

在 IDEA 中，参考 19.4 节创建 eurekamodule 模块的步骤进行 servicemodule 模块的创建，它的根路径为 C:\cloudapp\servicemodule。

在 Filter 窗口中，选择 Web→Spring Web 选项，再选择 Spring Cloud Discovery→Eureka Discovery Client 选项，参见图 19-15 和图 19-16。Spring Assistant 会依据这个选择为应用程序提供所依赖的类库，使得当前模块支持 Spring MVC 框架，并且会包含 EurekaClient 插件。

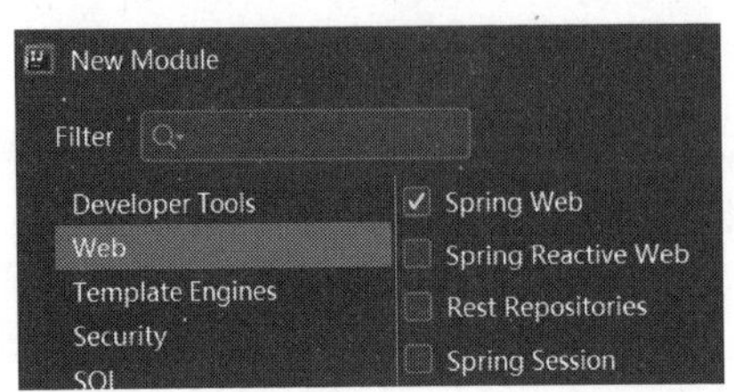

图 19-15　选择 Spring Web 选项

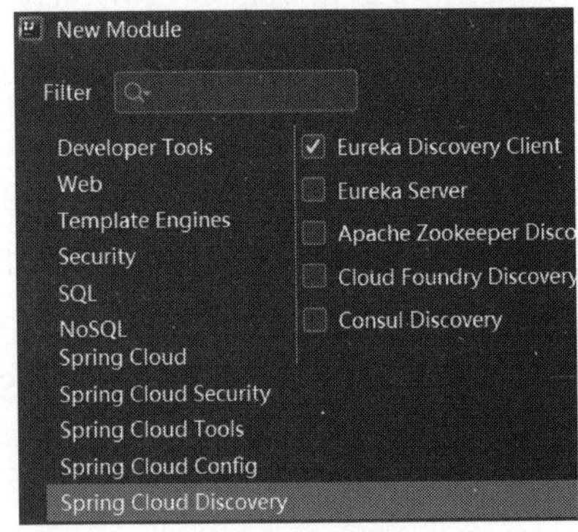

图 19-16　选择 Eureka Discovery Client 选项

19.5.1　创建 ServicemoduleApplication 启动类

servicemodule 模块创建好以后,SpringBoot 工具会自动创建一个 ServicemoduleApplication 启动类,在这个类中增加@EnableEurekaClient 注解,参见例程 19-4。@EnableEurekaClient 注解的作用是启用 EurekaClient 插件。servicemodule 模块会通过 EurekaClient 插件向 Eureka 服务器端注册自身。

例程 19-4　ServicemoduleApplication. java

```
@SpringBootApplication
@EnableEurekaClient
public class ServicemoduleApplication {
  public static void main(String[] args) {
    SpringApplication.run(ServicemoduleApplication.class, args);
  }
}
```

19.5.2　创建微服务入口 ServiceController 类

ServiceController 类是一个普通的采用 RESTFul 风格的控制器类,它的 getWeather() 方法能提供天气预报的微服务,参见例程 19-5。

例程 19-5　ServiceController. java

```
@RestController
public class ServiceController {

  @RequestMapping("weather/{date}")
  public String getWeather(@PathVariable("date")String date){
    return date + "的天气: " + "晴转多云,阵风 3 级";
  }
}
```

普通的 ServiceController 类置身于 Spring Cloud 庞大的框架中就变成了微服务的入口。之所以称它是微服务的入口，而不是微服务的实现类，是因为在实际的应用程序中，控制器类往往是通过调用模型层的方法来提供具体的业务逻辑服务。本范例做了简化，直接由 ServiceController 类的 getWeather()方法来提供微服务。

到此为止，神秘、抽象的微服务又进一步被揭开了面纱，原来它的入口是 Spring MVC 框架中的控制器类。

19.5.3　配置 servicemodule 模块

在 C:\cloudapp\servicemodule\src\main\resources 目录中创建 Spring 的配置文件 application.yml。例程 19-6 是 application.yml 的源代码。

例程 19-6　application.yml

```
server:
  port: 8088
eureka:
  client:
    serviceUrl:
      defaultZone: http://localhost:8001/eureka/

  instance:
    #间隔多长时间发送心跳给 Eureka 服务器端,表明当前模块仍然活着,默认为 30 秒
    lease-renewal-interval-in-seconds: 5

    #Eureka 服务器端在接收到当前模块最后一次发出的心跳后
    #需要过多长时间才能认定当前模块已经无效
    lease-expiration-duration-in-seconds: 10
spring:
  application:
    name: WEATHER-SERVICE
```

以上配置文件指定当前模块的 Tomcat 服务器端监听 8088 端口。EurekaClient 插件所访问的 Eureka 服务器端的地址为 http://localhost:8001/eureka/。EurekaClient 插件向 Eureka 服务器端注册当前模块时，把注册名字设为 WEATHER-SERVICE。

EurekaClient 插件向 Eureka 服务器端注册了当前模块后，如果当前模块在运行中异常终止，那么 Eureka 服务器端如何能监测到这一情况呢？解决方法是由 EurekaClient 插件定时向 Eureka 服务器端发送一个表明当前模块还活着的信息，可以把这个信息形象地称为心跳。以上配置文件中的 lease-renewal-interval-in-seconds 属性就用来设定发送心跳的间隔时间，以 s 为单位。15.5.4 节还会结合实验进一步介绍该属性的作用。

假如 EurekaClient 插件每隔 5 秒发送一次心跳，后来当前模块终止运行，Eureka 服务器端再也没接收到当前模块的心跳。从最后一次接收到心跳的时刻开始，超过了 lease-expiration-duration-in-seconds 属性所设置的时间(以秒为单位)后，Eureka 服务器端就可以认定当前模块已经无效。15.4.2 节已经介绍过，Eureka 服务器端每隔一段时间就会从注

册列表中清除无效的微服务模块。

19.5.4 运行 servicemodule 模块

先运行 eurekamodule 模块,然后在 IDEA 中运行 ServicemoduleApplication 类,就会运行 servicemodule 模块。ServicemoduleApplication 类会启动监听 8088 端口的 Tomcat 服务器端,并且还会启用 EurekaClient 插件,把当前模块注册到 Eureka 服务器端中。

通过浏览器访问 http://localhost:8001,就会返回 Eureka 服务器端的主页,参见图 19-17,此时会看到在 Eureka 服务器端中已经注册了一个名为 WEATHER-SERVICE 的应用实例,实际上它就是指 servicemodule 模块。

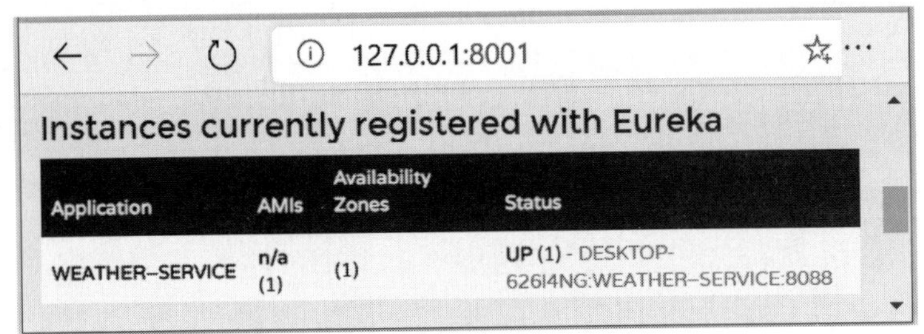

图 19-17 Eureka 服务器端的主页

通过浏览器访问 http://localhost:8088/weather/2020-10-02,就会按照普通的访问 RESTFul 风格的控制器类的方式,访问 ServiceController 类的 getWeather()方法,在网页上会展示 getWeather()方法的返回结果,参见图 19-18。

图 19-18 访问 ServiceController 类的 getWeather()方法

下面测试 19.4.2 节的 eurekamodule 模块的 application.yml 配置文件中的 eviction-interval-timer-in-ms 属性的作用,步骤如下:

(1) 先后运行 eurekamodule 模块和 servicemodule 模块,然后再终止 servicemodule 模块,接着立即通过浏览器访问 http://localhost:8001,这时仍然会看到图 19-17 所示的结果,表明注册名字为 WEATHER-SERVICE 的模块仍然位于 Eureka 服务器端的注册列表中。

(2) 过几秒后,再次通过浏览器访问 http://localhost:8001,这时会发现注册名字为 WEATHER-SERVICE 的模块已经不再位于 Eureka 服务器端的注册列表中。这是因为 Eureka 服务器端每次需要间隔一段时间后,才会清除注册列表中已经无效的微服务模块,这个间隔时间由 eviction-interval-timer-in-ms 属性来指定。

下面再测试 19.5.3 节的 servicemodule 模块的 application.yml 配置文件中的 lease-renewal-interval-in-seconds 属性的作用,步骤如下:

(1) 先运行 servicemodule 模块,过一段时间后运行 eurekamodule 模块,再立即通过浏览器访问 http://localhost:8001，此时会发现 Eureka 服务器端的注册列表中不存在注册名字为 WEATHER-SERVICE 的模块。这是因为 servicemodule 模块的 EurekaClient 插件每次要间隔一段时间，才会向 Eureka 服务器端发送一次心跳，这个间隔时间由 lease-renewal-interval-in-seconds 属性来指定。当 Eureka 服务器端尚未接收到 EurekaClient 插件发送的心跳时，就不会监测到 servicemodule 模块。

(2) 过几秒钟后，再次通过浏览器访问 http://localhost:8001，这时会发现注册名字为 WEATHER-SERVICE 的模块已经位于 Eureka 服务器端的注册列表中。这是因为 Eureka 服务器端已经接收到了 servicemodule 模块的 EurekaClient 插件发送的心跳。

19.6 创建访问微服务的 clientmodule 模块

clientmodule 模块会访问 Eureka 服务器端，获得注册的微服务模块信息，同时还会访问 servicemodule 模块的具体的微服务，实际上就是访问 ServiceController 类的 getWeather()方法。

clientmodule 模块包含以下 6 部分内容，如图 19-19 所示。

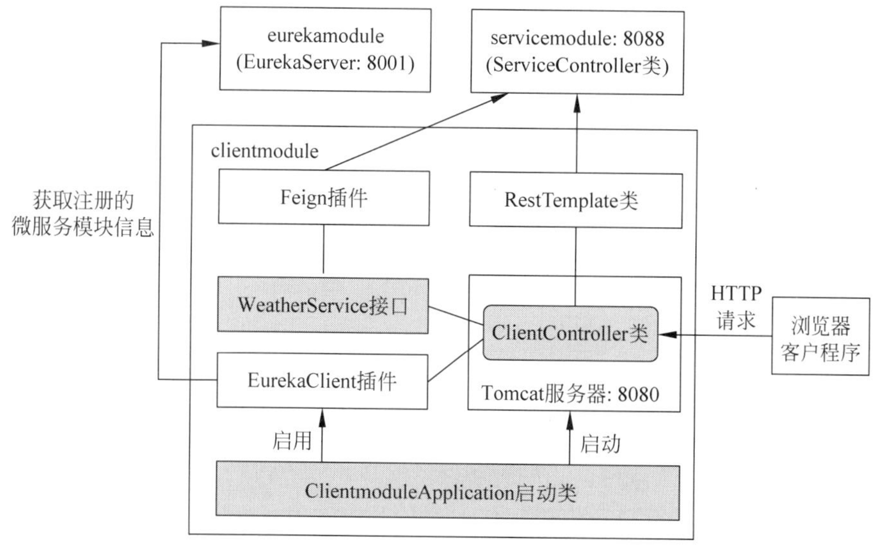

图 19-19 clientmodule 模块的结构

(1) Tomcat 服务器端：监听 8080 端口，是运行 ClientController 类的 Web 容器。

(2) ClientController 类：采用 RESTFul 风格的控制器类，它的 info()和 get1()方法会通过 EurekaClient 插件获取 Eureka 服务器端上注册的微服务模块信息；get1()和 get2()方法还会通过 RestTemplate 类或者 WeatherService 接口以及 Feign 插件去访问 serviemodule 模块提供的微服务。

(3) EurekaClient 插件：负责和 Eureka 服务器端通信，获取 Eureka 服务器端上注册的微服务模块信息。

(4) Spring API 的 RestTemplate 类：访问 servicemodule 模块的 ServiceController 类。15.4 节已经介绍了 RestTemplate 类的用法。

(5) Feign 插件：通过集成 Ribbon 来负责客户端的负载均衡，并且为 ClientController 类提供了访问微服务的 RPC 通信模式。

(6) ClientmoduleApplication 启动类：启动 Tomcat 服务器端，并且启用 EurekaClient 插件。

在 IDEA 中，参考 19.5 节创建 servicemodule 模块的步骤，创建 clientmodule 模块，它的根路径为 C:\cloudapp\clientmodule。

在 Filter 窗口中，选择 Web→Spring Web 选项，再选择 Spring Cloud Discovery→Eureka Discovery Client 选项。

clientmodule 模块创建好以后，还需要在 Maven 的 pom.xml 配置文件中加入以下 Feign 插件的依赖配置代码。

```
<dependency>
  <groupId>org.springframework.cloud</groupId>
  <artifactId>spring-cloud-starter-feign</artifactId>
</dependency>
```

19.6.1 创建 ClientmoduleApplication 启动类

clientmodule 模块创建好以后，SpringBoot 工具会自动创建一个 ClientmoduleApplication 启动类，在这个类中增加@EnableEurekaClient 注解，参见例程 19-7。

例程 19-7 ClientmoduleApplication.java

```
@EnableEurekaClient             //启用 EurekaClient 插件
@SpringBootApplication
@Configuration
@EnableFeignClients             //启用 Feign 插件
public class ClientmoduleApplication {

  @Bean                         //向 Spring 框架注册 RestTemplate Bean 组件
  public RestTemplate restTemplate() {
    return new RestTemplate();
  }

  public static void main(String[] args) {
    SpringApplication.run(ClientmoduleApplication.class, args);
  }
}
```

@EnableEurekaClient 注解的作用是启用 EurekaClient 插件。ClientController 类会通过 EurekaClient 插件来获取 Eureka 服务器端上注册的微服务模块的信息。

ClientmoduleApplication 类还使用了@EnableFeignClients 注解，@EnableFeignClients 注解会启用 Feign 插件。ClientController 类的 get2()方法会通过 Feign 插件去访问 servicemodule 模块的微服务。

ClientmoduleApplication 类还通过@Bean 注解向 Spring 框架注册了一个 RestTemplate Bean 组件，ClientController 类的 get1()方法会通过这个 Bean 组件去访问 servicemodule 模块的微服务。

19.6.2 创建访问微服务的 ClientController 类

ClientController 类是一个普通的采用 RESTFul 风格的控制器类，它有以下三个请求处理方法。

(1) getServiceInfo()方法：通过 EurekaClient 插件中的 EurekaClient 类来访问 Eureka 服务器端上的微服务模块信息。

(2) get1()方法：通过 EurekaClient 插件中的 EurekaClient 类来访问 Eureka 服务器端上的微服务模块信息；访问 servicemodule 模块的微服务，实际上是通过 Spring API 的 RestTemplate 类访问 servicemodule 模块的 ServiceController 类的 getWeather()方法。

(3) get2()方法：访问 servicemodule 模块的微服务，实际上是通过自定义的 WeatherService 接口以及 Feign 插件去访问 servicemodule 模块的 ServiceController 类的 getWeather()方法。

例程 19-8 是 ClientController 类的源代码。

例程 19-8 ClientController.java

```
@RestController
public class ClientController {
  @Autowired
  EurekaClient client;

  @Autowired
  RestTemplate restTemplate;

  @Autowired
  WeatherService weatherService;

  @RequestMapping("info")
  public String getServiceInfo(){
    //从 Eureka 服务器端上获得 WEATHER-SERVICE 微服务模块的信息
    InstanceInfo instanceInfo = client.getNextServerFromEureka(
                                  "WEATHER-SERVICE", false);
    return instanceInfo.getAppName() + ", "
           + instanceInfo.getHomePageUrl();
  }

  @RequestMapping("get1")
  public String get1(){
    InstanceInfo instanceInfo = client.getNextServerFromEureka(
                                  "WEATHER-SERVICE", false);
    String rootUrl = instanceInfo.getHomePageUrl();

    SimpleDateFormat dateFormat =
                     new SimpleDateFormat("yyyy-MM-dd");
```

```
    String date = dateFormat.format(new Date());

    String serviceUrl = rootUrl + "/weather/" + date;
    //或者 String serviceUrl = "http://localhost:8088/weather/" + date;

    ResponseEntity<String> responseEntity =
                restTemplate.getForEntity(serviceUrl,String.class);
    String result = responseEntity.getBody();
    return result;
  }

  @RequestMapping("get2")
  public String get2(){
    SimpleDateFormat dateFormat =
                      new SimpleDateFormat("yyyy-MM-dd");
    String date = dateFormat.format(new Date());
    return weatherService.getWeather(date);
  }
}
```

ClientController 类的 get1()方法和 get2()方法是访问微服务模块中的控制器类的请求处理方法,具体细节如下:

(1) get1()方法通过 Spring API 的 RestTemplate 类访问 ServiceController 类。15.4 节已经详细介绍了 RestTemplate 类的用法。

(2) get2()方法依靠 Feign 插件来进行 RPC 通信,19.6.3 节会对此做进一步介绍。

get1()方法在设定微服务的地址时,有以下两种方式。

```
//方式一:通过 EurekaClient 插件来获得微服务的根路径
InstanceInfo instanceInfo = client.getNextServerFromEureka(
                            "WEATHER-SERVICE", false);
String rootUrl = instanceInfo.getHomePageUrl();
String serviceUrl = rootUrl + "/weather/" + date;

//方式二:直接指定微服务的地址
String serviceUrl = "http://localhost:8088/weather/" + date
```

第一种方式先通过 EurekaClient 类从 Eureka 服务器端上获取注册名字为 WEATHER-SERVICE 的微服务模块信息,再从中获取微服务的根路径。这样会保证 get1()方法访问的是已经在 Eureka 服务器端上注册并且有效的微服务模块。19.6.5 节还会通过实验来进一步介绍 EurekaClient 类的 getNextServerFromEureka()方法的实现细节。确切地说,它是从存放在 EurekaClient 插件的缓存中的注册列表获取微服务模块信息。

第二种方式实际上绕开了 Eureka 服务器端的监控,直接去访问 servicemodule 模块的微服务,在访问之前无法得知 servicemodule 模块的运行状态,它有可能已经无效,因此这种访问方式在 Spring Cloud 集群系统中是不安全的。

19.6.3　通过 Feign 访问微服务

第 18 章已经介绍了 RPC 通信模式，它使得服务调用方能够像调用本地方法一样调用远程方法。而 Feign 插件为访问微服务提供了 RPC 通信模式，参见图 19-20。

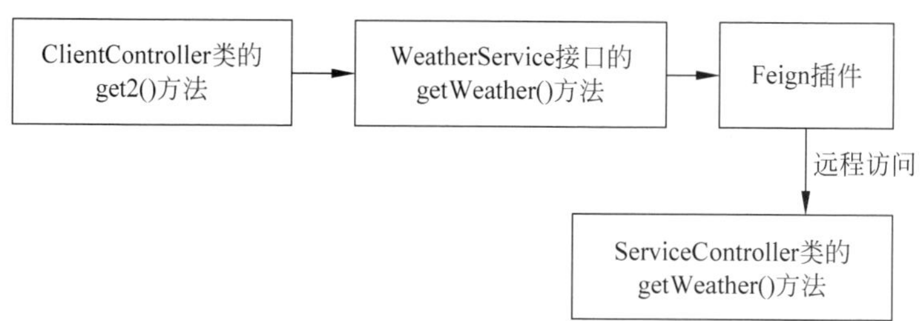

图 19-20　Feign 插件为访问微服务提供的 RPC 通信模式

在图 19-20 中，WeatherService 接口是自定义的访问微服务的接口。例程 19-9 是 WeatherService 接口的源代码。Feign 插件会动态实现 WeatherService 接口，因此程序无须实现 WeatherService 接口。

例程 19-9　WeatherService 接口

```
@FeignClient("WEATHER - SERVICE")
public interface WeatherService {
  @RequestMapping(method = RequestMethod.GET,
                           value = "/weather/{date}")
  String getWeather(@PathVariable("date")String date);
}
```

WeatherService 接口用@FeignClient("WEATHER-SERVICE")注解标识，这里的 WEATHER-SERVICE 是 servicemodule 模块在 Eureka 服务器端中的注册名字。因此，Feign 插件会推算出 WeatherService 接口的 getWeather()方法访问的微服务的地址是 http:// WEATHER-SERVICE: 8088/weather/{date}，对应 servicemodule 模块中 ServiceController 类的 getWeather()方法。

Feign 插件不仅会动态实现 WeatherService 接口，还会创建 WeatherService 接口的动态实现类的实例，把它作为 Bean 组件注册到 Spring 框架中。所以在 ClientController 类中可以通过@Autowired 注解直接引用这个 Bean 组件，代码如下：

```
@Autowired
WeatherService weatherService;
```

在 ClientController 类的 get2()方法中，只需要调用以上 WeatherService Bean 组件的 getWeather()方法，就能访问远程的 ServiceController 类的 getWeather()方法。这种通信模式也被称作是模拟的 RPC 通信模式。之所以是模拟 RPC，是因为在真正的 RPC 通信模式中，客户端与服务器端具有同样的 WeatherService 服务接口。例如，在第 18 章的范例中，客户端与服务器端都具有 WeatherService 接口，服务器端真正实现了 WeatherService

接口,客户端则会生成 WeatherService 接口的动态代理类实例。而在本章的范例中,微服务的调用方和提供方并不存在相同的微服务接口。

19.6.4 配置 clientmodule 模块

在 C:\cloudapp\clientmodule\src\main\resources 目录中创建 Spring 的配置文件 application.yml。例程 19-10 是 application.yml 的源代码。

例程 19-10 application.yml

```
server:
  port: 8080
eureka:
  client:
    #表示间隔多长时间去获取 Eureka 服务器端上的微服务模块注册列表,默认为 30 秒
    registry-fetch-interval-seconds: 30
    registerWithEureka: false
    serviceUrl:
      defaultZone: http://localhost:8001/eureka/
feign:
  hystrix:
      enabled: true
```

以上配置文件指定当前模块的 Tomcat 服务器端监听 8080 端口。EurekaClient 插件所访问的 Eureka 服务器端的地址为 http://localhost:8001/eureka/。registerWithEureka 属性的取值为 false,因为当前模块并不会对外提供微服务,所以 EurekaClient 插件不必向 Eureka 服务器端注册当前模块。EurekaClient 插件会定时从 Eureka 服务器端获取注册列表,在注册列表中包含了当前有效的微服务模块的清单。registry-fetch-interval-seconds 属性设定 EurekaClient 插件定时获取注册列表的间隔时间,以秒为单位。19.6.5 节还会通过实验来进一步介绍 registry-fetch-interval-seconds 属性的作用。

19.6.5 运行 clientmodule 模块

确保已经运行 eurekamodule 模块和 servicemodule 模块,然后在 IDEA 中运行 ClientmoduleApplication 启动类,就会运行 clientmodule 模块。ClientmoduleApplication 启动类会启动监听 8080 端口的 Tomcat 服务器端,还会启用 EurekaClient 插件和 Feign 插件。

通过浏览器访问 http://localhost:8080/info,就会访问 ClientController 类的 getServiceInfo()方法,它的返回结果参见图 19-21。

图 19-21 ClientController 类的 getServiceInfo()方法的返回结果

从图 19-21 可以看出,ClientController 类的 getServiceInfo()方法会读取 WEATHER-SERVICE 微服务模块的信息,返回它的注册名字和地址。

通过浏览器访问 http://localhost:8080/get1 和 http://localhost:8080/get2,就会访问 ClientController 类的 get1()和 get2()方法,它们的返回结果相同,参见图 19-22。

图 19-22　ClientController 类的 get1()方法的返回结果

从图 19-22 可以看出,ClientController 类的 get1()或 get2()方法调用 ServiceController 类的 getWeather()方法来获得天气预报信息。

在 clientmodule 模块的 application. yml 配置文件中,registry-fetch-interval-seconds 属性的取值为 30 秒,下面测试该属性的作用,步骤如下:

(1) 先运行 servicemodule 模块和 clientmodule 模块,但是不运行 eurekamodule 模块。

(2) 通过浏览器访问 http://localhost:8080/info,会出现状态代码为 500 的服务器端出错信息。这是因为 clientmodule 模块的 EurekaClient 插件无法连接还没有启动的 Eureka 服务器端。

(3) 运行 eurekamodule 模块,再立即重复步骤(2),还是会出现错误。这是因为尽管 Eureka 服务器端已经启动,但是 EurekaClient 插件要间隔由 registry-fetch-interval-seconds 属性指定的 30 秒,才会去读取 Eureka 服务器端上的注册列表,把它存放到自身的缓存中,所以 EurekaClient 插件的缓存的当前注册列表中还没有注册名字为 WEATHER-SERVICE 的微服务模块。

在 ClientController 类的 getServiceInfo()方法中,会调用 EurekaClient 类的 getNextServerFromEureka()方法,代码如下:

```
InstanceInfo instanceInfo = client.getNextServerFromEureka(
                                  "WEATHER-SERVICE", false);
```

client. getNextServerFromEureka()方法只会从 EurekaClient 插件的缓存中查找注册名字为 WEATHER-SERVICE 的微服务模块信息,参见图 19-23。

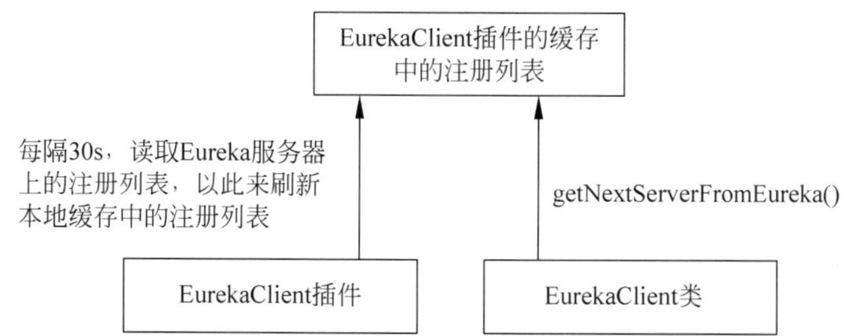

图 19-23　EurekaClient 类从 EurekaClient 插件的缓存中获取微服务模块的信息

(4) 过了 30 秒后,再次重复步骤(2),此时 EurekaClient 插件的缓存中的注册列表已经被刷新,与 Eureka 服务器端的注册列表保持同步,这时就能得到正常的访问结果。

可以看出,把 registry-fetch-interval-seconds 属性的值设置得越小,就越能保证 EurekaClient 插件的缓存中的注册列表与 Eureka 服务器端的注册列表的一致性。但是这也会带来一个弊端,EurekaClient 插件需要更频繁地去访问 Eureka 服务器端。所以必须根据实际需求为 registry-fetch-interval-seconds 属性设置一个合理的值。

19.7 小结

本章前面介绍的 Spring MVC 框架和 Spring WebFlux 框架都是针对单个 Java Web 应用的框架,而 Spring Cloud 框架允许把一个应用划分为多个 Web 应用模块,Web 应用模块之间可以互相访问微服务。Web 应用模块也可以作为普通的 Web 应用,直接被浏览器客户程序访问,参见图 19-24。

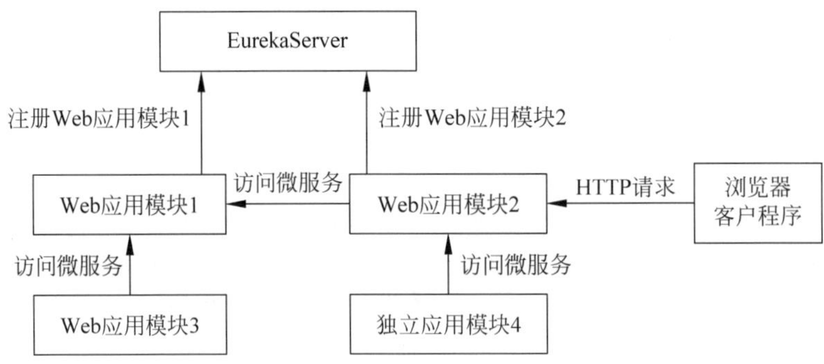

图 19-24 基于 Spring Cloud 框架的软件应用的分布式架构

Eureka 服务器端负责管理和监控提供微服务的 Web 应用模块。提供微服务的 Web 应用模块称作 Provider,访问微服务的应用模块称作 Consumer。Provider 会通过 EurekaClient 插件向 Eureka 服务器端注册自身。Consumer 则通过 EurekaClient 插件从 Eureka 服务器端上获得注册过的 Provider 的信息。另外,访问微服务的 Consumer 不仅包括需要运行在 Web 容器中的 Web 应用模块,还包括不需要 Web 容器就能运行的独立应用模块。一个应用模块无论是否运行在 Web 容器中,安装了 EurekaClient 插件就能访问 Eureka 服务器端,通过 RestTemplate 类或者 Feign 插件就能访问微服务。

在图 19-24 中,Provider 为 Web 应用模块 1 和 Web 应用模块 2,Consumer 为 Web 应用模块 2、Web 应用模块 3 和独立应用模块 4。此外,浏览器客户程序会访问 Web 应用模块 2。

19.8 思考题

1. 在 Spring Cloud 框架中,(　　)必须运行在 Tomcat 等 Web 容器中。(多选)

   A. Eureka 服务器端

   B. 提供微服务的 Web 应用模块(Provider)

   C. 访问微服务的 Web 应用模块(Consumer)

D. 访问微服务的独立应用模块(Consumer)

2. 以下属于 EurekaClient 插件的功能的是(　　)。(多选)

A. 访问 Provider 上的特定微服务

B. 向 Eureka 服务器端注册当前微服务模块

C. 从 Eureka 服务器端上获得注册过的微服务模块的信息

D. 向浏览器客户程序返回 HTTP 响应结果

3. 有一个 Web 应用模块的 application.yml 配置文件的代码如下：

```
server:
  port: 8001
eureka:
  client:
    registerWithEureka: false
    serviceUrl:
      defaultZone: http://localhost:7001/eureka/
```

以下说法正确的是(　　)。(多选)

A. 当前 Web 应用模块所在的 Tomcat 服务器端监听 7001 端口

B. 当前 Web 应用模块不会注册到 Eureka 服务器端中

C. 当前 Web 应用模块的 EurekaClient 插件会从监听 7001 端口的 Eureka 服务器端上获得注册过的微服务模块的信息

D. 当前 Web 应用模块所在的 Tomcat 服务器端监听 8001 端口

4. 以下属于 Feign 插件的功能的是(　　)。(多选)

A. 通过集成的 Ribbon 来提供客户端负载均衡功能

B. 为 Consumer 提供 RPC 通信模式

C. 向 Eureka 服务器端注册当前微服务模块

D. 从 Eureka 服务器端上获得注册过的微服务模块的信息

5. 有一个 Web 应用模块的 HelloApplication 类使用了以下注解：

```
@EnableEurekaClient
@SpringBootApplication
@Configuration
@EnableFeignClients
public class HelloApplication {...}
```

以下说法正确的是(　　)。(多选)

A. HelloApplication 类是当前 Web 应用模块的启动类

B. 在 HelloApplication 类中可以向 Spring 框架注册 Bean 组件

C. 该 Web 应用模块启用了 EurekaClient 插件

D. 该 Web 应用模块启用了 Feign 插件

附录A

部分软件的安装和使用

本附录归纳了本书涉及的所有软件的下载地址，以及部分软件的安装方法。此外，在书的相关章节中也介绍了部分软件的安装方法。本附录还介绍了书中范例的编译方法。

A.1 本书所用软件的下载地址

本书涉及的各种软件的下载网址请扫描下方二维码阅读。

软件下载

A.2 部分软件的安装

本节介绍JDK、ANT以及Tomcat的安装方法。此外，书的相关章节中介绍了其他软件的安装方法。

A.2.1 安装JDK

直接运行JDK的安装程序。假定JDK安装到本地后的根目录为<JAVA_HOME>，在<JAVA_HOME>/bin目录下提供了以下两个工具。

(1) javac.exe：Java编译器，把Java源文件编译成Java类文件。

(2) java.exe：运行Java程序。

为了便于在 DOS 命令行下直接运行这些工具，需要把<JAVA_HOME>/bin 目录添加到操作系统的系统环境变量 Path 变量中，参见图 A-1。

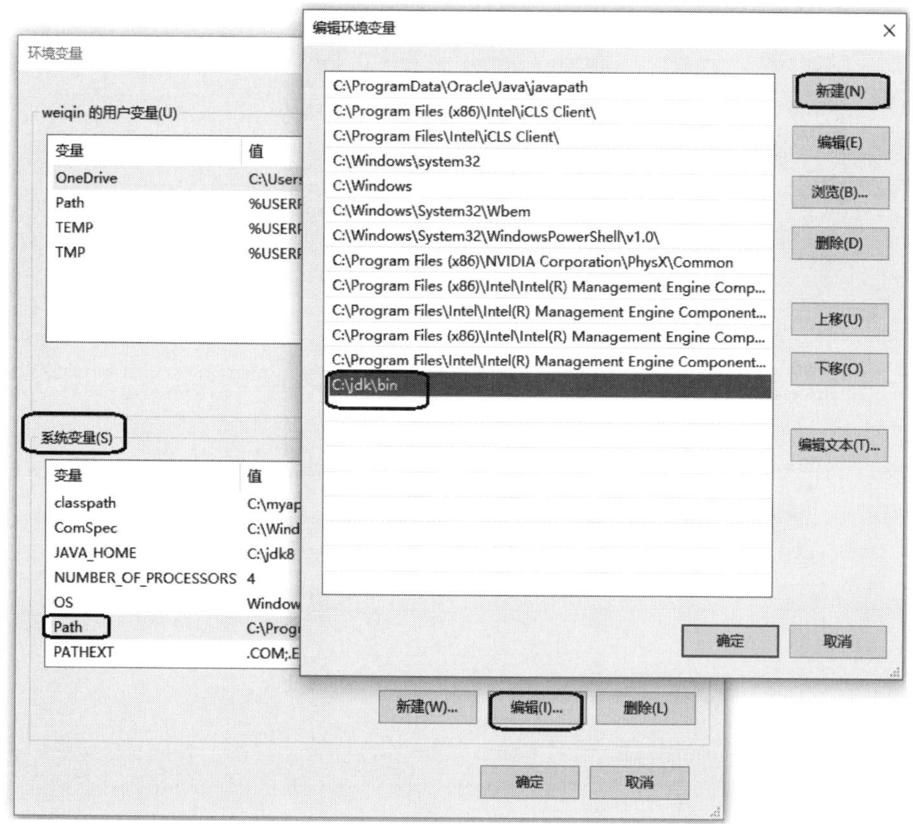

图 A-1　把<JAVA_HOME>/bin 目录添加到操作系统的系统环境变量 Path 变量中

A.2.2　安装 ANT

ANT 工具是 Apache 的一个开放源代码项目，它是一个优秀的软件工程管理工具。安装 ANT 之前，首先需要安装 JDK。接下来把 ANT 的压缩文件 apache-ant-X-bin.zip 解压到本地硬盘，假设解压后 ANT 的根目录为<ANT_HOME>。

然后在操作系统中设置以下三个系统环境变量。

(1) JAVA_HOME：JDK 的安装根目录。

(2) ANT_HOME：ANT 的安装根目录。

(3) Path：把<ANT_HOME>/bin 目录添加到 Path 变量中，以便从 DOS 命令行下直接运行 ant 命令。

图 A-2 演示了如何设置 JAVA_HOME 系统环境变量。设置完成后，就可以使用 ANT 工具了。

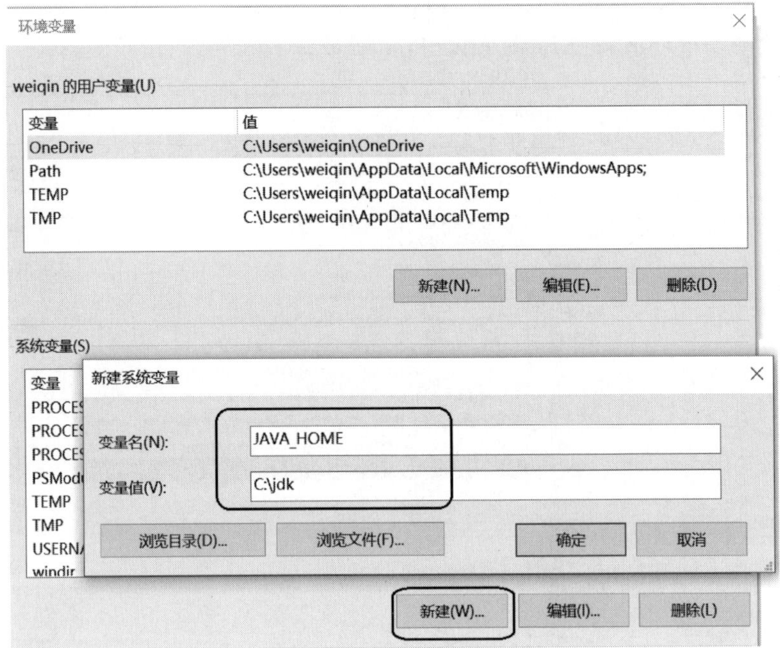

图 A-2 设置 JAVA_HOME 系统环境变量

A.2.3 安装 Tomcat

安装 Tomcat 之前，首先需要安装 JDK。接下来，解压 Tomcat 压缩文件 apache-tomcat-X.zip。解压 Tomcat 压缩文件的过程就相当于安装过程。随后，需要设定以下两个系统环境变量。

(1) JAVA_HOME：JDK 的安装根目录。

(2) CATALINA_HOME：Tomcat 的安装根目录。

要测试 Tomcat 的安装，必须先启动 Tomcat 服务器端。Tomcat 安装根目录下的 bin 子目录下的 startup.bat 批处理文件用于启动 Tomcat 服务器端。Tomcat 服务器端启动后，就可以通过浏览器访问 http://localhost:8080/。如果浏览器中正常显示 Tomcat 的主页，就表示 Tomcat 安装成功了。

A.3 编译源程序

本书第 *X* 章的源程序放在 chapter*X* 目录下。以第 2 章的 helloapp 应用为例，在 chapter02/helloapp 目录下有一个 build.xml 文件。它是 ANT 工具的工程文件，负责编译源程序。在 build.xml 文件中设置了 Tomcat 的安装根路径：

```
<property name = "tomcat.home" value = "C:/tomcat" />
```

需要修改以上配置代码，确保 tomcat.home 属性的取值为本地 Tomcat 的安装根路径。

因为本书部分范例依赖 Servlet API，所以在编译时，会用到 Tomcat\lib 目录下的 servlet-api.jar 文件。

把 ANT 工具安装好以后，转到 chapter02/helloapp 目录下，运行命令 ant compile，就会对 chapter02\helloapp\src 目录下的 Java 源文件进行编译，编译生成的.class 文件位于 chapter02\helloapp\WEB-INF\classes 目录下。

对于本书的范例，除了可以用 ANT 工具来编译，也可以把它们加载到 Eclipse 和 Intellij IDEA 等 Java 开发工具软件中进行编译和运行。

A.4　处理编译和运行错误

本书提供的配套源代码全部用 JDK 8 编译并调试通过。如果读者在编译或运行程序时出现错误，可能是由于以下三个原因。

(1) 如果使用低于 JDK 8 版本的 JDK 来运行程序，需要对源代码用本地机器的 JDK 重新编译再运行，否则部分程序可能会出错。

(2) 本书有一些范例需要读写本地系统的文件，如果在运行程序时遇到 FileNotFoundException 异常，需要修改程序，确保在本地文件系统中存在该文件。

(3) 本书许多范例使用了第三方提供的开源软件，如果从网上下载的软件版本与书中源代码不匹配，编译就会出错。建议使用本书提供的软件类库，或者根据最新软件版本修改范例源代码。

附录B

思考题答案

第 1 章

1. AD　2. BC　3. CD　4. B　5. C　6. A　7. BCD

第 2 章

1. B　2. ABC　3. ACD　4. BC　5. D　6. C　7. A

第 3 章

1. BCD　2. AD　3. ABCD　4. ABC　5. D　6. C　7. A

第 4 章

1. ABD　2. AC　3. ABD　4. BCD　5. A　6. AD

第 5 章

1. ACD　2. BD　3. B　4. AB　5. BCD

第 6 章

1. B　2. ABC　3. AC　4. CD

第 7 章

1. B　2. A　3. C　4. AD

第 8 章

1. AB　2. C　3. C　4. AD

第 9 章

1. ABC 2. B 3. BCD 4. ACD 5. BC 6. C

第 10 章

1. BC 2. BCD 3. AB 4. BCD

第 11 章

1. A 2. C 3. AD 4. ABCD 5. ABD 6. ABCD

第 12 章

1. ABD 2. C 3. D 4. ABC 5. B

第 13 章

1. ACD 2. AB 3. C 4. D 5. BCD

第 14 章

1. ABD 2. ACD 3. ABC 4. AB 5. BCD

第 15 章

1. B 2. D 3. C 4. A 5. BD 6. AD

第 16 章

1. BD 2. ABCD 3. AB 4. B 5. C

第 17 章

1. AB 2. BCD 3. C 4. A 5. AD

第 18 章

1. AB 2. A 3. C 4. B 5. ABD 6. AC 7. BCD

第 19 章

1. ABC 2. BC 3. BCD 4. AB 5. ABCD

图 书 资 源 支 持

感谢您一直以来对清华版图书的支持和爱护。为了配合本书的使用，本书提供配套的资源，有需求的读者请扫描下方的“书圈”微信公众号二维码，在图书专区下载，也可以拨打电话或发送电子邮件咨询。

如果您在使用本书的过程中遇到了什么问题，或者有相关图书出版计划，也请您发邮件告诉我们，以便我们更好地为您服务。

我们的联系方式：

地　　址：北京市海淀区双清路学研大厦 A 座 714

邮　　编：100084

电　　话：010-83470236　010-83470237

客服邮箱：2301891038@qq.com

QQ：2301891038（请写明您的单位和姓名）

资源下载：关注公众号“书圈”下载配套资源。

资源下载、样书申请

书圈

获取最新书目

观看课程直播